JN287854

東部戦線、極寒の悪夢
チェルカッシィ包囲突破戦

上

ダグラス・E・ナッシュ著
斎木 伸生訳

HELL'S GATE
THE BATTLE OF THE CHERKASSY POCKET
JANUALY-FEBRUARY 1944

大日本絵画
dainippon kaiga

HELL'S GATE
The Battle of the Cherkassy Pocket
Janualy-February 1944

by Douglas E. Nash

English Edition Published by RZM Imports,Inc.
151 Harvard Ave,Stamford,CT 06902 USA
Tel : 203-653-2272 Fax : 203-965-0047
e-mail : info@rzm.com
www.rzm.com

Copyright ©2005 by RZM Imports,Inc.

Japanese Edition Published by Dainippon Kaiga Co.,Ltd
Kanda Nishikicho 1-7,Chiyoda-ku,Tokyo 100-0054 Japan
http : //www.kaiga.co.jp

Translation by Nobuo Saiki
Supervised by Atsuhiko Ogawa

Copyright ©Dainippon Kaiga 2007
Printed in japan

——私の妻ジルとダグJrとディアナ。
あなたたちの愛と援助がなければこの本は完成しなかった。
そしてトーマス・マクギールにも感謝する。——

チェルカッシィ包囲突破戦

【 目 次 】

- 献辞 ……… 6
- 序文 ……… 9
- 【第1部】舞台の設定
  - 第1章 南方軍集団の年代記 ……… 18
  - 第2章 対決する部隊 ……… 44
  - 第3章 第2のスターリングラードのためのソ連の計画 ……… 94
- 【第2部】ロシアのスチームローラー
  - 第4章 ハンマーは振り下ろされた―コーニェフの攻撃 ……… 114
  - 第5章 バトゥーチンの打撃 ……… 137
  - 第6章 ダムの決壊 ……… 154
  - 第7章 ズヴェニゴロドカで罠は閉じられた ……… 169
- 【第3部】フォン・マンシュタイン、救援へ
  - 第8章 大釜の南部戦線の構築 ……… 194
  - 第9章 空の懸け橋 ……… 218
  - 第10章 ソ連軍を包囲するマンシュタインの計画 ……… 233
  - 第11章 大釜内の危機 ……… 253
  - 第12章 ブライス、「ヴァンダ」作戦を発動する ……… 300
- 【第4部】絶望の日々
  - 第13章 さまよう包囲陣 ……… 330
  - 第14章 交渉の試み ……… 358
  - 第15章 シュテンマーマンの攻撃 ……… 375

東部戦線、極寒の悪夢

【 収 録 地 図 】

ドニエプル戦区の経過 1943年7〜10月	16
南方軍集団の戦況 1944年1月23日	43
ドイツ軍とソ連軍の配置 1944年1月24日	93
攻撃開始 1944年1月24〜26日	112
カピタノフカの防衛線突破 1944年1月24〜26日	136
ソ連軍の防衛線突破 1944年1月27日	153
包囲陣の南部戦線の構築 1944年1月29〜31日	192
「ヴィーキング」のオルシャナ防衛 1944年1月29〜30日	217
第1次救出作戦 1944年2月1〜8日	252
さまよう包囲陣 1944年2月11〜14日	328
シャンデロフカの戦闘 1944年2月11〜12日	379
第105擲弾兵連隊の夜間攻撃 1944年2月12〜16日	397

献辞

「洪水の激流は、我々ではなく自分自身を飲み尽くしていった!」

「チェルカッシィ・ポケット」、このように名付けられた包囲陣の戦闘に関する精密な研究書は、数年前、「ヴィーキング」師団のベテラン達によって出版された。

1944年2月17日から18日にかけて、SS戦車師団「ヴィーキング」［註：「ヴィーキング」は1940年11月20日、SS師団「ゲルマニア」として編成された。部隊はSS擲弾兵連隊「ゲルマニア」、ワロン人（主にベルギー南東部、エノー、ブラバント、リエージュ、ナミュール、リュクサンブール州に多く住む。シーザーのガリア征服によってローマ領となりラテン化した地域で、フランス語を話す。ラテン語系のワロン語も存在するが、現在ではフランス語が日常的に使用されている）、オランダ人、ノルウェー人義勇兵を基幹に編成されている。「バルバロッサ」作戦に参加、南方軍集団に所属し、リボフ、ジトミール、カメンカを経てドニエプル川に到達した。その間、1941年8月3日にSS師団「ヴィーキング」と改称された。師団は自動車化歩兵師団で、自動車化歩兵連隊3個、戦車駆逐大隊1個、偵察大隊1個、砲兵連隊1個、対空大隊1個、工兵大隊1個等から編成されていた。9月末にはスターリノ方面に転進し、翌年春まではミウス川戦域で防御戦闘にあたった。

1942年7月16日、師団は戦線から引き揚げられA軍集団に加えられて、1942年の夏季攻勢に参加する。ロストフへと突進し、さらにコーカサス山脈を越えてマイコプへ到達し「チェルカッシィ・ポケット」、1942年9月11日付で師団はSS機甲擲弾兵師団「ヴィーキング」に改称されている。師団は機甲擲弾兵連隊3個、戦車大隊1個、戦車駆逐大隊1個、偵察大隊1個、砲兵連隊1個、対空大隊1個、工兵大隊1個等から編成されていた。しかしソ連軍の反攻により、スターリングラードで第6軍が包囲され、A軍集団にも包囲の危機が迫ったため、コーカサスからの撤退が開始され、師団はバタイスクを経由してロストフへと撤退し、その後、ドネッツ戦区で冬季の防衛戦を戦った。

1943年3月末から7月にかけて再編成が行われ、8月には師団はハリコフ戦に投入された。その後、撤退戦を行い9月27日にチェルカッシィ付近でドニエプル川を渡った。1943年10月22日、師団はSS第5戦車師団「ヴィーキング」と改称された。SS戦車大隊「ヴィーキング」第1大隊となったが、第2大隊はすぐには配属されなかった」、そしてそれに配属されたSS義勇旅団「ヴァロニエ」［註：ベルギーは1830年にオランダから独立したが、その国土は、北部がフラマン人、南部がワロン人の住む地域として

6

言語的、文化的に完全に別れている。彼らは独立以来、言語戦争と言われるように、さまざまな面で争い対立して来た。ワロン人の独立を目指す一派、民族団体レックス党員を主とする人々は、青年部指導者のレオン・デグレールに率いられ、ドイツ軍に加わった。彼らは当初国防軍に参加していたが、処遇等不満があり、後にSSに転じた。彼らによって1943年6月1日、SS義勇突撃旅団「ヴァロニエ」が編成された。旅団は、旅団本部と自動車化歩兵大隊1個（3個自動車化歩兵中隊、1個機関銃中隊、1個戦車駆逐中隊、1個突撃砲中隊、1個自走軽対空砲中隊、1個重対空砲中隊等）から編成されていた。10月22日、旅団はSS第5義勇突撃旅団「ヴァロニエ」に改称された」、エストニア義勇大隊〔註：バルト三国の一国エストニアは、第一次世界大戦後ロシアから独立したが、第二次世界大戦中の1940年強引にソ連に併合された。

1941年夏、ドイツ軍はエストニアに侵攻するが、彼らはエストニアの独立と防衛に供する目的で、ヴァッフェンSSに参加する。エストニア大隊（SS義勇大隊「ナルヴァ」）は、1943年3月、「ヴァイキング」のフィンランド大隊が解隊された代わりとして、7月、「ヴァイキング」に配属され、機甲擲弾兵連隊「ノルトラント」第3大隊となった。エストニア大隊は「ノルトラント」がSS第11機甲擲弾兵師団「ノルトラント」の編成のため「ヴァイキング」を離れた後も、そのまま「ヴァイキング」に留まりSS第10機甲擲弾兵連隊「ヴェストランド」第3大隊となった」の兵士達は、陸軍の師団の戦友達と並んで戦い、30,000名を越えるドイツ軍兵士が、包囲陣の外からの戦闘部隊の支援を受けて、勇敢かつ断固として自由への道を戦いとることができたのである。

ダグラス E・ナッシュは、アメリカ陸軍の参謀将校であり、本書によって全世界の軍事史家に、包囲陣で罠にかけられたドイツ兵が経験した悲劇をわかりやすく伝えるという事業に成功した。ナッシュは、前線のドイツ、ソビエト両者の作戦上のできごとを、いかなるバイアス（偏向）をかけることなく、描き出している。

著者は、この労作に対して、信じがたいほど大量の時間と注意を払った。彼の出典となった資料は、アメリカおよびロシアの両者の公文書と、同じくその他の資料がもとになっている。最も重要なことは、目撃者による口頭および文書による述懐を、注意深く調査された文書に織り込んでいることである。

ナッシュは、「ヴァローン」旅団のチェルカッシの生き残りと、ウクライナの友人ともに、この地域に赴いており、多数の戦場の鍵となる地域を同定し識別することができた。そこで展開した戦闘は、自然的特質から言っても最も激しいものであった。

本書の著者と、そして私自身にとっても、アメリカ人士官と戦友の仲間と、私個人的経験を思い出すことができるように、個人的経験を思い出

してまとめることができたのは、非常に喜ばしいことであった。

ダグラス・ナッシュと私は、1995年以来、親しい友人の間柄にある。

本書が、読者、とりわけすべての年代の兵士達の理解を増進することになることを希望する。

私は結びの語を、死者と未だ行方不明のすべての者に捧げたい。包囲戦闘中の彼らの犠牲は、悲劇的結末を迎えたのである。

ヴィリィ・ハイン
SS第5戦車師団「ヴィーキング」元大尉および中隊長

1998年9月

WILLY HEIN
Former captain and tank company commander,
5.SS-Panzer Division "Wiking"
September 1998

序　文

グニロイ・ティキチェ（ネーロイ・テーキッシュと発音される）川は、大河ドニエプル川の西のウクライナで見られる、典型的な小流である。源流をジャシュコフ（ウマニの北約50キロの町、現在の人口約2万人）の北の沼地に発し、ウクライナの農地をうねってほとんど100キロにわたって南東に曲がりくねり、ミダノフカでもっと大きなグニロイ・タシュリク川に注ぎ、そしてシポルカ川に合流する。

夏の間、川はその川床を曲がりくねる。通常、川はたった3、4フィート（約0.9～1.2メートル）の深さしかなく、多くの場所で渡ることができる。冬の間は、しばしば厚い氷で覆われ、氷はトラックの重さを支えることができる。その流れは低木と木々に縁取られている。

この小流を注目すべきものとしていた唯一の事柄は、その川岸の急傾斜であった。ウクライナの冬に典型的な春の雪解けにより積雪が溶けるとき、グニロイ・ティキチェ川の持つ力が無言のうちに証明される。このとき、雪はまるで一度に溶けたように、何百万ガロン（1ガロンは約4リットル）もの水を小流に流し込み、その川岸を越え周囲の低地に溢れ出る。川を越えることは、周囲に点在するいくつかの橋以外では問題外となる。しかし1944年冬は、ひとついつもと違う事柄があった。それは、春の雪解けが2ヵ月も早くやって来たことであった。

戦争中の悲劇の最後の一幕が、この小流の川岸に沿って起こった。ここではおよそ50,000名の、かつては強大であったドイツ国防軍が、彼ら個人個人のカルバリ（キリストはりつけの地）に直面したのである。グニロイ・ティキチェ川は、6フィートを越える深さ（約1.8メートル）で、12ヤードの幅（約10メートル）で、何百立方フィートもの雪解けによって与えられた力を持つ奔流によって、シュテンマーマン集団の包囲された部隊～チェルカッシィと名付けられた町の西の包囲陣から突破した生き残りの、直面した最後にして最も困難な障害となった。

多くの者は、ここで水死することになった。そしてその他多くの者はこれを越え救いを得た。この戦闘を経験し九死に一生を得たすべての者は、その後、戦争の残りの期間に彼らに何が起こったかに関係なく、彼らの残された生涯を通じてそれを記憶し続けたのである。

チェルカッシィの戦い（同じくコルスン包囲戦として知られているが）は本質的に英語圏では知られていないが、旧ソ連、ドイツの両者の、この叙事詩的な戦闘の主人公の間でいまだに論争を引き起こしている。チェルカッシィ包囲陣の戦いは、モスクワ、スターリングラード、そしてクルスクの巨大な戦

【註：1941年6月22日、ソ連に侵攻する「バルバロッサ」作戦を開始したドイツ軍は、北方、中央、南方軍集団の三本の攻勢軸をとって、バルト諸国、ベラルーシ、そしてウクライナへと侵入した。彼らは秋までにはキエフを陥とし、レニングラードを包囲し、ついにはソ連の首都モスクワ前面に迫った。

9月30日／10月2日、戦力を整えたドイツ軍による、モスクワ占領を目指す「タイフーン」作戦が発動された。第2、第3、第4戦車集団は、西、南西方からモスクワへと迫った。しかし秋雨、寒気といった自然条件、シベリアから招来された増援部隊によって、ドイツ軍の前進は阻まれた。12月5日／6日、ソ連軍の反攻が開始され、ドイツ軍は敗走した。ヒットラーの死守命令によって、部隊はなんとか踏みとどまることに成功したが、ドイツ軍不敗神話は消え去り、ソ連に対する勝利の見込みも遠のいたのである。

1941年の冬、大損害を被ったドイツ軍であったが、ソ連軍はそれ以上の損害を被っていた。とくに1942年早春のロシア南部戦区での無謀な攻勢の失敗の結果、再び戦いの天秤はドイツ軍へと傾いていた。ヒットラーは1942年の夏季攻勢の目標をロシア南部に置いた。ウクライナからバクー油田、コーカサスまで進撃し、資源地帯を奪取しようというのである。ドイツ軍が再びモスクワを攻略しようと考えていたソ連軍は完全に虚を突かれた。ドイツ軍は再び快進撃を開始し、ボルガ川へと迫った。しかし前年とは異なり、ソ連軍は死守戦術を取らず、ドイツ軍による包囲を避けて後退した。ドイツ軍はソ連軍を追いかけて、スターリングラード、コーカサスへと進撃した。スターリンの名前を冠した町スターリングラードは、ボルガ川沿いの要衝であった。ヒットラーはこの町を奪取することを厳命し、ドイツ軍部隊は砂糖に群がる蟻のように引き寄せられて行った。しかしソ連軍は頑強に抵抗し、なかなか町から追い出すことができなかった。

11月19日、ソ連軍の反攻が開始された。ソ連軍はドイツの同盟国ルーマニア軍の守る弱体な戦線を突破した。南北から挟撃したソ連軍は、23日にはスターリングラードの南西方ソヴィエトスキーで握手し、スターリングラードにあったドイツ第6軍と第4戦車軍の一部、その他、ルーマニア軍部隊約33万人が包囲された。ドイツ軍は、マンシュタイン指揮するドン軍集団部隊によって、スターリングラードに包囲された部隊の救援にあたったが、ソ連軍の新たな攻勢によって、南部戦区そのものの崩壊の危機が招来し、救援はあきらめざるを得なかった。スターリングラードに包囲された部隊は、寒気と補給の不足に悩まされながら戦い続けたが、1943年2月2日に降伏し約9万1000人が捕虜となった。

スターリングラード戦に続き、ソ連軍はモスクワ南方からアゾフ海に至る広範な戦線で攻勢を開始した。その結果、ドイツ軍は各所で敗走を続けた。しかし、ソ連軍部隊もあまりに進撃し過ぎて補給は不足し、攻勢終末点へと到達しつつあった。ド

イツ軍のマンシュタイン元帥は、この機を捕らえて反撃に移り、ソ連南西方面軍、ヴォロネジ方面軍の戦車集団を撃破しハリコフを再び占領した。しかし春の雪解けとともに部隊は行動不能となり、戦線にはクルスク周辺にソ連軍の突出部が形成されて残された。

1943年の夏季攻勢でドイツ軍が狙ったのが、このクルスク突出部であった。突出部を南北から挟撃し切り落とすとともに、そこにいるソ連軍を殲滅しようというのである。しかし雪解けが終わるとすぐ開始されるはずだった攻勢は、戦力の蓄積のため延期され、7月5日にまでずれ込んでしまった。この間、ドイツ軍の攻勢の情報をつかんでいたソ連軍は、防御を固めて攻勢を待ち構えていた。その結果、開始された攻勢は、北方ではほとんど成果を上げず、南方でもクルスクへの道半ばで停止した。

7月12日にはソ連軍の反撃が開始され、連合軍のシシリー上陸もあり、ドイツ軍のクルスク攻勢は、南方ではもうしばらく続けられたものの、結局、何の成果も上げず中止された〔註:1944年春、東部戦線はエストニア国境からにスモレンスク西方から、ウクラ〕に比べればその規模において小さいが、ロシア・ドイツ戦争において抜きん出た地位を占めている。まさにチェルカッシにおいて、ウクライナにおける最後のドイツ軍攻勢戦力が消耗し尽くされ、ソ連の1944年春と夏に、ポーランド、ルーマニアそしてバルカンへの勝利に包まれた前進

イナ北部プリピャチ湿地帯で大きく西方に突出し、ブレスト・リトフスク南方から南にルーマニア国境に達していた。

1944年6月22日、独ソ戦開始3年目を記念する日、ソ連軍のベラルーシ、ポーランドへの大攻勢、「バグラチオン」作戦は開始された。ソ連軍はドイツ中央軍集団が守るベラルーシからプリピャチ湿地帯に至る戦線全部で攻勢に出た。ドイツ軍はソ連軍がプリピャチ湿地帯西部からバルト海を目指す挟撃作戦を取ると思い込んでいたため、この攻勢に対処することができなかった。圧倒的な戦力を誇るソ連軍は、ドイツ中央軍集団部隊を文字通り粉砕し、ベラルーシからさらにポーランド領内深く進撃した。ソ連軍は、ようやく8月末、バルト海沿岸のリガ、東プロイセン、ワルシャワ前面ヴィスワ川の線で停止したが、これはあまりに急速な進撃で、補給線が伸び切ったためであった。ドイツ軍は中央軍集団が壊滅し、北方軍集団はドイツ本国と切り離されてしまった。

「バグラチオン」作戦の成功に続いて、7月半ばにはソ連軍はプリピャチ湿地帯南部でも攻勢を開始した。第1ウクライナ方面軍による、リボフとサンドミルを目指す攻勢で、ドイツ北ウクライナ軍集団部隊は分断され、ブロドイの南西では8個師団が包囲殲滅。ソ連軍は8月末には、ヴィスワ川からスロバキア、ハンガリー国境に到達した。続いてソ連軍は、8月20日にはルーマニア方面でも攻勢を開始した。第2、第3ウクライナ方面軍による、ヤシとキシニョフを目指す攻勢で、ドイツ南

ウクライナ軍集団部隊は分断され、ドイツ軍18個師団とルーマニア第3軍が包囲殲滅された。8月23日にはルーマニアは降伏、連合軍側に加わり31日にはブルガリアに進駐し、同日、スロバキア東部を目指した東カルパチア作戦を開始し、10月末にはスロバキア東部とティサ地方北部からドイツ軍を追い出したのである」の条件が作り出されたのである。

100万人あるいはそれ以上が戦闘に参加することがありふれた、かほどに巨大な規模を持った戦争の陰に隠されてしまい、グニロイ・ティキチェ川の河岸に沿って起こった出来事は色あせて見えなくなってしまった。しかし1944年1月の終わりにそこで包囲された60,000名のドイツ兵にとって、この戦いは彼らがそれまで経験した中で、おそらく最も残酷で、肉体的に過酷で、精神的に過大なものを要求する戦いのひとつであったろう。彼らのうちのまるまる34パーセントが、脱出できなかったのである。

しかしこれらすべては先の話である。前年の9月および10月中に、ドイツ軍部隊がドニエプル川の後方に撤退したとき、彼らはようやくその前の、7月のクルスクの戦いの敗北の後に踵を接するように追いすがり勝ち誇る赤軍に対する、何カ月もの撤退と遅帯戦闘からの安全と休息が得られると考えたのである。多くの者は彼らがトート機関（ドイツの準軍事的建設機関）によって建設された快適な掩蔽壕や戦闘拠点に、入ることができることをめざしていた。他の多くの者は戦闘の休止で、うまくすれば休暇か通行証をもらって、ドイツあるいはその他ヨーロッパの他の国にいる、愛する者のもとを訪れることに視線を向けた。

彼らのこれまでの経験が、最悪の時期が訪れる先触れに過ぎなかったと考えた者はほとんどいなかった。ましてウクライナの冬のさなかに、荒れ狂う流れを泳がなければならなくなると想像できたものはほとんど皆無だった。もしやしくも、彼らのうちの誰かがチェルカッシィ、コルスン、あるいはズヴェニゴロドカの町の名前を聞いたことがあったとしても、それはドイツのロシアへの侵攻の初期段階──ヒットラーの部隊が1941年8月および9月にドニエプル川を渡る道程〔註：1941年6月22日、ロシアに侵攻したドイツ軍の中で、ウクライナに侵攻した南方軍集団は、当初ソ連軍の激しい抵抗に悩まされたが、激戦の後なんとか前進を開始した。勢いづいた第1戦車集団は、7月9日には国境から300キロのジトミールに到達した。

ドイツ軍は8月2日、ウマニ付近で小包囲を完成させると、後退するソ連軍を追って東方へと進撃し、9日にはドニエプル河畔に到達した。その後、20日頃までにはキエフを除く、ドニエプル西岸、カーニエフ、チェルカッシィ、クレメンチュークからドニエプロペトロフスク、ザポロジェに至る河畔をほぼすべて手中にした。ドニエプロペトロフスクでは22日より激しい

市街戦が生起し、26日にはついにドイツ軍は東岸に橋頭堡を確保することに成功し、さらにクレメンチュークでも31日には渡河に成功したのである――でそれらの町を通過した――のものであった。1943年秋には、もちろん、これら元の東部戦線戦士でまだその地位にある者はほとんどなく、知っている者には誰でも、これらの町は「後方」の安全な場所となっていた。

ソ連にとってこの戦いは、ロシア・ドイツ戦争における彼ら自身の軍事的能力と戦力が、彼らの憎むべき敵を凌駕したポイントを画した。この戦闘の後、赤軍の第1、第2ウクライナ方面軍の兵士達は、彼らが勝るとは言わないまでも、同等の基盤で機動戦を遂行する彼らの能力にたいして自信を抱き、彼らの敵と対面できることを証明した。チェルカッシィは6カ月前のクルスクの戦いのように、エリートの戦車師団が再びその取るに足らない増加戦力を絞り取られた時期を記した。まさにこのとき、ヒットラーの戦車師団の8個が、彼らが決して回復することができないポイントに至り、まるまる2個の歩兵軍団が、能力を有する戦闘部隊としては実質的に破砕されたのである。

チェルカッシィの戦いは、1941年7月および8月にほとんど敗北を喫したとき以来の、イオセフ・スターリンの労農赤軍が達成した成果と言うだけではなかった。それはまた両軍の兵士達の激しい個人個人の戦いでもあった。ほとんどあるいはまったく休息も無く、絶え間無い戦闘に、何日間、何週間も耐え抜いて、水の浸ったタコツボに入った歩兵から、敵戦車と1対1の対決を何十回となく行った戦車兵、情況をなんとかしようと奮闘し、督促され過重労働となった両軍の参謀、お互い知力を競った将軍そして元帥に至るまで、チェルカッシィの戦いは、その残虐さ、破壊性、そして無慈悲さで並外れた戦闘として特徴付けられる、最も過酷で絶望的な戦いのひとつとして際立っているのである。

デミャンスク、ヴェリキエ・ルーキ、ルジェフそしてホルムの戦いを特徴づけた戦闘の獰猛さと同様に、チェルカッシィでは、圧倒的なソビエト軍部隊、砲兵、そして戦車の大群にたいして、英雄的に戦うドイツ軍兵士が、数的に圧倒され貧弱な防衛態勢で配置されていた。しかし、このときは違いがあった。これらその他の戦いではすべて、ドイツ兵は、怖じけづかされるような「ドイッぺ（ランドザー、兵卒）」は、数は多いけれどもまずい指揮による自殺的な人の海と、不器用に運用された戦車と戦ったのであるが、チェルカッシィの戦いでドイツ軍が対戦した赤軍は、高度に機動的で、柔軟な戦力であった。一般の「ドイッぺ（ランドザー、兵卒）」は、怖じけづかせられるようなすべてのソビエト戦闘部門間の協同ぶりを目撃したのである。過去には――わかっていたが――、冷静さを保っている限り、数で圧倒されていてさえ、敵を撃退することができた。しかしいまや、どうにももはや問題ならないようだった。というのもどれだけ巧妙に戦い、あるいはどれだけのソビエト兵を殺しても、遅かれ早かれ圧倒されてしまうからだ。

戦争のこの時期にはまた、包囲は、東部戦線のドイツ軍兵士によって、ますます当たり前な出来事として経験されることになっていた。ドイツ軍の損失が積み重なり、戦術的柔軟性が何千キロも離れたヒットラーの司令部〔註：第二次世界大戦中、ヒットラー総統は戦争を指導するため、東西にいくつかの本営を設けたが、このうち最も長期間に渡って使用されたのが、東プロイセンのラシュテンブルクに設けられたヴォルフシャンツェ（狼の砦）であった。ヴォルフシャンツェの建設は1940年秋に開始されたが、工事は逐次追加され1944年秋まで続けられた。ヴォルフシャンツェはひとつの町と言って良く、ヒットラー、カイテル、ボルマンらの掩蔽壕、空軍や海軍、外務省の連絡事務所等、全部でおよそ80もの建物があった。さらに2つの飛行場、専用の鉄道駅、発電所、給排水システム、暖房、通信センター、郵便局までもが併設されていた。ここでは約300名の高官、高級将校、約1200名の保安要員、その他、民間人を含めて全部で約2,000名が働いていた。ヒットラーは「バルバロッサ」作戦が開始されたすぐ後の1941年7月24日、初めてヴォルフシャンツェを訪れた。その後、ウクライナのヴィニツィアにも本営が設けられたが、ヒットラーは戦争中のほとんど、約900日をヴォルフシャンツェで過ごした。1944年7月20日、ここでヒットラー暗殺未遂事件が起きた。ソ連軍が東プロインに迫ったため、11月20日、ヒットラーは専用列車でヴォルフシャンツェを離れ、二度と戻

ることはなかった〕からますます制限されるようにしていがって、赤軍のいやます数的優位が最終的に薄っぺらに広がったドイツ軍防衛線を圧倒してしまうのである。死守命令はドイツ軍部隊が彼らの防御陣地に縛り付けられたままであることを保証した一方で、ソビエト軍機械化部隊は彼らの敵の指揮、兵站施設を捜し求めた。

スターリングラードの惨劇は、こうした包囲戦の最初のそして最も有名なものでしかなかった。多くの者がその例に続かなければならなかったのである。スターリングラードにおけるパウルス元帥の第6軍の100,000名を越える人員が捕虜となったことは、ロシアにあるドイツ軍の士気と、ドイツの全体的な戦略状況に深刻な影響を与えた。

スターリングラードはまた、ソビエト最高司令部、スタフカにも衝撃を与えた。そこではスターリングラードに次いでの大規模な戦略的に決定的な包囲を仕掛けようと試み続けたのである。チェルカッシィは、こうした勝利のひとつと考えられる。

チェルカッシィの戦いがドニエプルのスターリングラードとならなかった理由は、多くの要因によるものであり、まったくもって両軍の兵士の示した信じがたいヒロイズムによるわけではない。すべてを計算に入れて、赤軍はスターリングラードでの彼らの成功を、ここ風の吹きすさぶウクライナの野原で繰り返そうとしたが、そうはならなかった。包囲されたドイツ軍師団は、ほとんどすべての装備を損失するか放棄したが、部隊の

個人の兵士の視点から、包囲され何日も最後の日まで戦い行軍し包囲陣から脱出した経験にいくらかの光りを投げかけ、一方、シンプルな義務への献身、ヒロイズム、そして普通の「ドイツっぽ」や「ロスケ（イワン）」の自己犠牲に光芒をあてることを希望する。記憶はおぼろげになり、生き残ったベテランがしだいにその数を減らすにつけ、本書は、圧倒的な数の差に直面して良好に統率された兵士によって何が達成されうるか、どれだけ相違を克服する回復力が得られるか、敗北の中でさえ人間の精神が精力を取り戻すことができるかを、思い出させるものとして役立つことであろう。

チェルカッシィの戦いは多くの戦後の戦史に言及されているけれども、いくつかの公式のソビエトのバージョンを除いては〜これらは戦闘後すぐに書かれた実際の報告書と相違するのだが〜ほとんどの本はそれに触れていない。戦闘に関するドイツ側の記事は、ベテランの協会の雑誌か全般にロシア戦線を扱った本の中の一節に限定されている。公的な出版物で取り扱うときは、チェルカッシィは非常にしばしば、包囲作戦中に何もしない例、あるいは部隊に寸土の土地も明け渡すなというアドルフ・ヒットラーの要求の愚かさを描き出す証拠として使用される。

コルスン-シェフチェンコフスキー作戦は印象的なソビエトの軍事的勝利であるのは間違いないのであるが、ジューコフ元帥とコーニェフ元帥の大勝利は非常に多くのドイツ軍が脱出したことを隠蔽し、勝利をもっと巨大で印象的なものと見せるためドイツ軍の損失を誇張してスターリンにウソをついた事実によって汚された。実際今日まで論争は続いており、ここで起こったことの意義をあいまいにし、成果を単なるドイツ軍の戦死者数の計算に矮小化させたのである。

ほとんどはなんとかして脱出し、この戦闘はその士気の上の勝利という意味するところすべてとともに、ドイツのダンケルクにたとえられる。

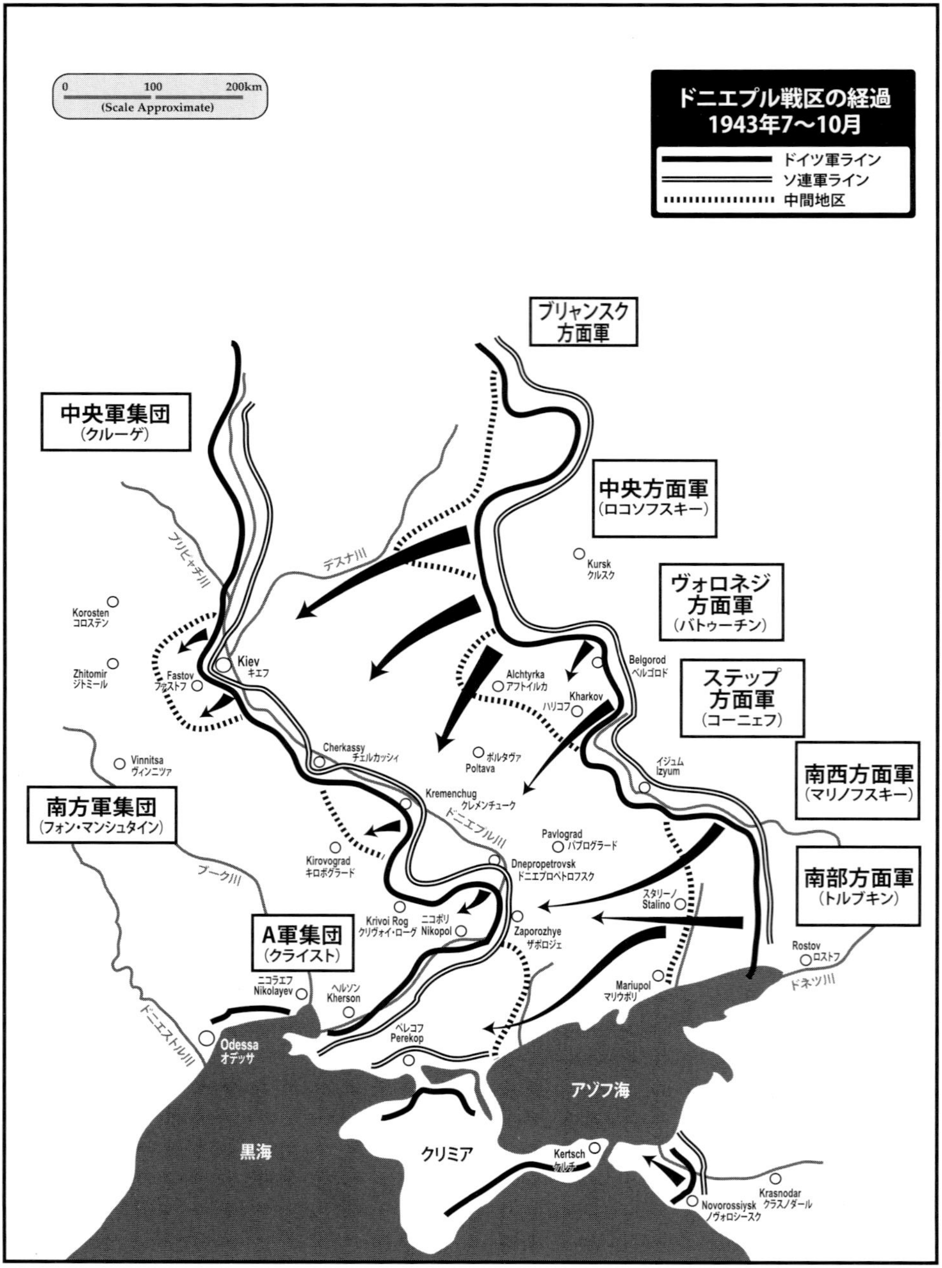

ドニエプル戦区の経過
1943年7～10月
ドイツ軍ライン
ソ連軍ライン
中間地区
0 100 200km
(Scale Approximate)
ブリャンスク方面軍
中央軍集団
(クルーゲ)
中央方面軍
(ロコソフスキー)
ヴォロネジ方面軍
(バトゥーチン)
ステップ方面軍
(コーニェフ)
南西方面軍
(マリノフスキー)
南部方面軍
(トルブキン)
南方軍集団
(フォン・マンシュタイン)
A軍集団
(クライスト)
デスナ川
プリピャチ川
Kursk
クルスク
Korosten
コロステン
Zhitomir
ジトミール
Kiev
キエフ
Fastov
ファストフ
Belgorod
ベルゴロド
Alchtyrka
アフトイルカ
Kharkov
ハリコフ
Cherkassy
チェルカッシィ
Poltava
ポルタヴァ
Vinnitsa
ヴィンニツァ
イジュム
Izyum
Kremenchug
クレメンチューク
ドニエプル川
Pavlograd
パブログラード
Kirovograd
キロボグラード
ブーク川
Dnepropetrovsk
ドニエプロペトロフスク
スタリーノ
Stalino
Krivoi Rog
クリヴォイ・ローグ
ニコポリ
Nikopol
Zaporozhye
ザポロジェ
Rostov
ロストフ
ドネツ川
ニコラエフ
Nikolayev
ヘルソン
Kherson
Mariupol
マリウポリ
ドニエストル川
Odessa
オデッサ
ペレコフ
Perekop
アゾフ海
黒海
クリミア
Kertsch
ケルチ
Krasnodar
クラスノダール
Novorossiysk
ノヴォロシースク

【第1部】

舞台の設定

第1章：南方軍集団の年代記
第2章：対決する部隊
第3章：第2のスターリングラードのためのソ連の計画

第1章　南方軍集団の年代記

「東方での荘重体の作戦の時期は、いまや去った」

「バルバロッサ」作戦中のエーリッヒ・フォン・マンシュタインにたいするアドルフ・ヒットラーの言葉

エルンスト・シェンク大尉が、1943年12月に数ヵ月の療養の後に、彼の大隊の指揮を執るためウクライナに戻ったとき、彼がみつけたものは意気が上がるようなものではなかった。彼がクルスクの戦いすぐ後、重傷でドイツに送還されたとき、彼の連隊、第110擲弾兵連隊（Gren. Rgt.）は3個のほぼ完全な戦力の大隊から構成されていた。

シェンクは、フランコニアのディケルスビュールの町出身の30才の経験ある職業軍人で、1939年以来、彼の連隊に勤務していた。彼は彼の連隊が彼の不在の間絶え間無い戦闘を行っていたことを知っていたが、彼の帰隊時にはまだ完全であることを期待していた。彼が驚きろうばいしたことには、もはや連隊などは存在しなかった。実際前の秋からの後退戦闘間の激しい戦闘のために、各連隊内の大隊はそれらをまとめて1個大隊サイズの部隊に集成しなければならない〜いまや第110連隊集団（Rgt. Gr.）と命名された〜ような損害を被っていた。彼の部隊あるいは彼の師団である第112歩兵師団（Inf. Div.）では、使用しうる補充がなかったことで、事態は悪化していた。実際、損害は非常に大きくマンパワーの状況は危

機的で、彼の多くの兵士が戦死した師団は師団集団（Div. Gr.）と再命名されたほどだった。そして今度は部隊は、B軍団支隊（K. Abt.）に配属された。支隊は第112、第255、そして第332の3個師団集団から構成されていたが、すべてがウクライナでの夏季戦闘と、その秋のドニエプル川の防衛線への後退の間に、かなりの損害を被っていた。

シェンクの連隊および師団に起ったことは、ドイツ軍南方軍集団に共通した出来事になった。というのもドニエプルへの後退と厳しい防衛戦闘は多くの師団を消耗させ、彼らをさらに使用する期待をもって、粉砕された部隊を編合するような極端な手段が必要になったのである。南方軍集団が喉から手が出るほど必要とした交替部隊は、西部戦線に注ぎ込まれた。そこではそれらは、海峡沿岸に沿った予想される連合軍の上陸を撃退するために予定された、師団の蓄積にあてられたのである。ヒットラーによれば、その戦いに勝つまでは、ロシアのドイツ軍は、部隊が転用されて東方に戻れるようになるまで、持っているものでなんとかしなければならないのであった。

1943年11月3日に公布された総統指令51号では、ヒット

B軍団支隊第110連隊集団長、エルンスト・シェンク大尉。(Photo courtesy of Ernst Schenk)

ラーはソビエトのドイツにたいする危険性はまだ大きなものであるものの、大きな脅威は西で～長く待たれた英米の侵攻から生じると述べていた。ヒットラーは、「もはや西部戦線が戦争のその他の戦域のために弱体化されるのを許すことの責任を引き受けることはできない」と指令していた。

結局、もしも東部戦線で事態がどんどん悪化しても、ヒットラーは彼の軍は土地を時間と交換することができると感じていた。ソ連は、道理の赴くところによれば、結局巨大な土地で、その国境は帝国からはまだ数百マイル（1マイルは1・6キロ）も離れて安全であった。ヒットラーが大量の土地を得られる利益と交換して引き渡そうとしたかどうかは、まず答えの出ない問題であるが、彼は彼の軍が占領した土地をあきらめることに、

非常に気の進まない様子を示した。

こうしてエルンスト・シェンクは、編合大隊に非常にたくさんの新顔を見つけ、カイザー中尉やグリム大尉のような、彼がともに多くの危機に直面し、親しい友人となった、多数の古顔がいなくなったことに気がついたのである。両者ともにドニエプルへの後退中に、彼の師団が一連の後衛戦闘を強いられているときに戦死したのである。いまや彼は彼らのことを深く悼んだ。

彼の大隊サイズの連隊集団は、400～500名の歩兵と100名前後の支援部隊からなり、カーニェフの近郊の約4キロの長さの戦線を保持していた。大隊の重火器はいまや、何門かの中迫撃砲と1ダースの機関銃からなり、歩兵にたいして支援火力を提供するには、とても十分ではなかった。

前線の彼の戦区はすでに薄く配兵されているだけだったが、1944年1月初め、その左の隣接大隊の戦区を引き継いだことで、すでに薄っぺらく配兵された前線にさらに8キロが加えられることになり、部隊密度は1キロあたり40名以下とさらに薄くなってしまった。広い範囲の雪に覆われた掩蔽壕にいる部下の兵士を訪れるためには、シェンクは一人でスキーを履いて首から短機関銃を下げて通わなければならなかった。というのもソ連軍は頻繁に、伝令を殺したり捕虜を捕らえるため、彼の前線を侵したからである。しかし彼はこうした訪問が、ほとんどの戦闘が実際に起こる前線の監視哨の本当の状況を確認し、

第1章：南方軍集団の年代記

彼の部隊の士気を高めるために重要だと信じていた。ボブリツァの彼の指揮所は、第112師団集団の右翼（そして第XXXII軍団司令部の最右翼）に位置し、シェンクは東を望むことができ、そこには強大なドニエプルがその厚い氷の下に横たわっていた。そして南にはカーニェフの町があり、そこは前の10月にソ連軍が大胆だが悲劇に終わった空挺作戦で奪取しそこねた場所だった。カーニェフそのものには、いまはSS第5戦車師団「ヴィーキング」の捜索大隊の部隊が駐屯し、隣接する第XI軍団の左翼をカバーしていた。

シェンクの見たところでは、戦争はまったくお休みとなったようだった。B軍団支隊戦区の左翼の第88歩兵師団は何週間も戦闘行動中であったが、B軍団支隊戦区では、彼が療養休暇から戻って以来、意味のあるソ連軍の攻撃行動はまったくなかった。しかし地域的な小規模なソ連軍の攻撃、あるいはパトロールによる絶え間無い脅威は～東部戦線では常に考慮しなければならない要素だったが～シェンクの兵士達を絶え間無い警戒状態に置き、すでに切迫していた身体条件と士気に影響を与えた。

こうした情況を経験した兵士の一人が、ハレの町出身のハンス・クウェイチシュ上等兵であった。彼は衛生兵として訓練を受け、1943年9月27日に東部戦線に送られ、そこですぐ歩兵として第112歩兵師団第258擲弾兵連隊第6中隊に配属された。クウェイチシュは当時18歳で、まだヒットラーと最終的勝利を信じていた。しかしこれは彼が赴いた塹壕で直面した現実に、ほとんど寄与することはなかった。彼の中隊はおよそ65名の戦力に減少し、シェンクの第110連隊集団に隣接してドニエプル沿いの防御陣地に入っていた。ここから彼は直接にドイツ兵としての毎日の生活の経験を得たのである。

我々の陣地の衛生状態は最悪だった。1943年11月および12月には、我々はボブリツァの近くの陣地にあったが、そこは比較的平穏だった。近くの村には、だれかが洗濯工場を建てていた。我々は古い洗い桶に熱いお湯を満たし、我々のうちの5人が一度に飛び込むことができた。近くの別の小屋では、ある者は我々の軍服を洗い、アイロンがけしようとしていた。残念なことに、それは虫にはなんの影響も与えられなかった。

我々はどうしても洗い物をしなければいけない唯一のこの機会にバケツを捜しださなければならず、そこでできるだけ清潔にした。我々はときどき雪と石鹸を交ぜて使ったりした。髪を切ることが少なくとも手と顔は洗うことができた。私が最後に散髪したのは、1943年9月に前線に出発する前のことだった。次の機会は負傷して1944年2月9日に包囲陣から飛行機で脱出した後だった。

予備の下着は背嚢の中に入れていたが、これは中隊の荷車に積まれていた。ただ一度、12月9日に我々はそれを取り出し、下着と靴下を替えることが許された。我々の個人所持品を保管するためには、我々には パン袋と軍服のポケットしかなかった。軍服そのものは昼も夜も着ており、洗濯のために取り替えるこ

とはできなかった。雪解けの時期となればいつでも、我々はタコツボからすぐに上から下まで泥にまみれた。幸運にも我々の軍服のポケットにはフラップがついており、少なくとも泥で満たされるのは防がれた。我々のパン袋と飯盒は泥の固まりとなった。

気温が氷点下に下がったときは常に、我々は苦しめられた。ときどき我々の飯盒のお茶やコーヒーは、完全に氷となった。すべての分隊は小さな掩蔽壕用ストーブを持っていた。しかし我々が開けた野原の陣地に入った場合、そこには木はなかったので、我々はつねにそれを炊くわけにはいかなかった。もしストーブが大量の煙りをあげれば、すぐに迫撃砲か機関銃火がやってくる。我々がしばしば陣地を変えるほど、掩蔽壕をきれいにするあるいは暖かい掩蔽壕を建設することはできなかった。

寒さに加えて、我々はしばしば虱に悩まされた。だれかが歩哨として外に立つならいつでも、虱はほとんど兵士を悩ませることはない。しかし彼が彼のタコツボに戻りちょっと暖まるといつも、虱は非常にひどく、それに耐えることはできない。虱のせいで兵士は歩哨の間の1時間か2時間に、なんとか1時間かそこら眠ることができるだけなのだ。

日中は、我々にはほとんど眠る機会はない。というのも常に何かしなければならないことがあるからだ。タコツボと監視哨はきちんとしなければならない。春が近づいたら、水は汲んで

シェンク大尉（右から2番目）。1944年1月初め、ボブリツァ近郊の彼の大隊の指揮所にて。
(Photo courtesy of Ernst Schenk)

来なければならない。木は集めなければならない。武器と装備は整備しなければならない。メッセージを中隊本部とやり取りしなければならない、などなど…。

◆
◆
◆

シェンクもクウェイチシュも、ドニエプルの膝（ドニエプル川がカーニェフの近くで屈曲しているから）で陣地に入っている他のドイツ兵もすべて、彼らにたいして吹きつけられる嵐の大きさについていかなる考えも持っていなかった。最終的に後退が停止したことを喜ばず、シェンクの大隊の兵士、そして東部での戦争の3回目の冬にウクライナで防御陣地に入っている残りのドイツ兵にとっては、生き残ることが最も差し迫った優先順位となっていたのは、彼らの中のだれが想像したよりも悪い状況で、彼らの生命のために彼らが戦うことになろうとはわからなかった。もがすぐに彼らのために戦うことになろうとはわからなかった。

チェルカッシィ包囲陣の戦いへの道は、6ヵ月前のクルスクでのヒットラーの「ツィタデラ」作戦の失敗とともに始まった。1943年7月の最初の2週間にまさにここで、注意深く蓄積された機甲予備によって東方での戦略的イニシアチブを再得する第三帝国の最後の試みは、良好に構築された赤軍の防御陣地帯と、強力な機甲部隊による反撃に直面して立ち往生した。ヒットラーは同じ月のシシリーへの連合軍の上陸のために攻勢

を中止し、スターリンはこの機会をとらえて彼自身の反撃を発動することができた。

1943年7月20日までに、赤軍の6個方面軍（方面軍はドイツの軍集団に対応する）が攻撃に加わり、ドイツ軍集団をゆっくりと、とくにウクライナで後退を強いた。ソビエトの目標はドイツ軍をドニエプル川まで打ち負かし、彼らが安全に西岸にわたれる橋の使用を拒絶し、軍、軍団そして師団を粉々に粉砕することであった。彼らはまさしくほとんどこのプランの遂行に成功するところであった（P16地図参照）。ドイツ軍はまったくかろうじてではあったが、ドニエプル川への競走に勝利した。南方軍集団司令官のエーリッヒ・フォン・マンシュタイン元帥と、彼にしたがうドイツ軍予備の老練な指揮官による、残存ドイツ軍予備の老練な運用によって、カタストロフの繰り返しは回避された。機動戦闘の実用的運用においては追求するソ連軍ははるかにおよぶところではなく、フォン・マンシュタインは彼の師団、特に戦車師団を使用して、赤軍の打撃を巧みに受け流した。ソ連軍は繰り返し着実に後退するドイツ軍を包囲しようと試みたが、成功しなかった。ハリコフでは～1943年8月の戦闘で3回目に、そして最終的にソ連軍の手に落ちていた何度もその持ち主を変えた。ドイツ軍は1941年の夏季攻勢において10月24日、第6軍がハリコフを占領した。1941／42年の冬季攻勢でソ連軍第6軍および第38軍はハリコフ奪還を試みたが、ドイツ軍クライスト集団および第6軍の反撃に

よって大損害を受けて失敗した。1942/43年の冬季攻勢で、ソ連軍はスターリングラードの包囲に続き、ブリヤンスク、ヴォロネジ、南西、南方面軍による大攻勢を発動し、ヴォロネジ方面軍の第40軍と第3戦車軍によって、2月上旬、ハリコフは解放された。しかし、ソ連軍は戦力を消耗し補給も不足してすでに攻勢終末点に達していた。この機を捕らえて、ドン軍集団のマンシュタインは機甲兵力をかき集めて反撃に転じる。マンシュタインはまず南西方面軍部隊を撃破し、さらに北へと進撃した。3月4日、ハリコフ南西に集結したドイツ軍の4個戦車集団の反撃により、15日にソ連軍はハリコフを放棄して撤退した。ハリコフが最終的にソ連軍の手中に落ちたのは、クルスクの戦いに続く、1943年夏のソ連軍の攻勢においてであった。マンシュタインの南方軍集団は、南からクルスクを目指したが攻勢の中止に伴い、8月3日、ヴォロネジ方面軍とステップ方面軍による攻勢が開始された。ヒットラーは死守命令を発した。ハリコフを守るドイツ軍はソ連軍第5親衛戦車軍、第7親衛軍および第57軍の猛攻に頑強に抵抗した。しかし包囲を恐れたマンシュタインは22日には撤退を命じ、23日、ハリコフは最終的にソ連軍によって解放された〔ケンプフ軍支隊（後に第8軍となる）の軍団と師団は、バトゥーチン大将のヴォロネジ方面軍の追撃する部隊にたいして、一連の大損害を与える反撃を見せた。

8月19日、パーベル・ロトミストロフ大将の第5親衛戦車軍は、クルスクでSS第Ⅱ戦車軍団に大勝利を飾っていたが、第Ⅲ戦車軍団の戦車師団〜SS第3、第2機甲擲弾兵師団「ダス・ライヒ」および「ヴィーキング」の砲列によって、その戦車の184輛を失った。ソ連軍の攻撃はその行足を停止させられた。しかしスターリンは頑固だった。彼はあらゆる犠牲を払ってハリコフの解放を望んだ。

数百輛の増援のソ連軍戦車が、ドイツ軍守備兵にたいして叩きつけられ、攻撃側に多大の犠牲があったものの、ゆっくりと彼らを市の外縁から後退させた。市がほとんど包囲されたとき、フォン・マンシュタインは、ヒットラーの市を固守する希望を拒絶し、8月22日、守備するシュテンマーマン大将の第XI軍団に撤退を命じ、うまいぐあいにこうして彼の部隊がスターリングラードの運命から逃れるのを可能にした。

この撤退の間は事態があまりにも流動的であったため、ヒットラーでさえ時宜に合わせてフォン・マンシュタインの手をしばるよう反応することはできなかった。そうであってもフォン・マンシュタインは後退の間に、ヒットラーと個人的に話をするため、7回も飛ばなければならなかった。フォン・マンシュタインの側では、できるだけ多くの師団、戦車そして兵士を救おうと試みた。というのは、彼はドニエプルの防衛線を保持するために、すべてが必要なことを知っていたのである。ハリコフで示されたような、巧みに遂行されたドイツ軍の遅帯戦術は、赤軍歩兵と戦車部隊に手痛い損失を与え続け、赤軍による追撃

を彼らが勝利を手中にするころには、ほとんど這うようにまで低下させた。

ドイツ軍の後衛部隊は瀬戸際でソ連軍を持ちこたえ、南方軍集団の残余は7つのドニエプルの渡渉点〜北から南に、キエフ、カーニェフ、クレメンチューク、ドニエプロペトロフスク、ザポロジェ、ベレスラフ、そしてケルソン〜に集中し、安全にそれを渡った。9月30日までに、ほとんどすべてのドイツ軍部隊は、成功裏にドニエプルを越えて脱出した。戦車、人員、砲、そして航空機での圧倒的な優位にもかかわらず、ポポフ、ロコソフスキー、バトゥーチン、コーニェフそしてマリノフスキー元帥【註：マルキァン・M・ポポフ大将は、1902年生まれ。開戦時はレニングラード軍管区司令官で、後にレニングラード方面軍第61軍司令官を努める。1942年にはブリャンスク方面軍司令官となる。同年末、第5打撃軍を率いて、スターリングラード救援を試みたホト集団に反撃を阻止する。その後、ポポフ戦車集団を率いてドニエプロペトロフスクからアゾフ海を目指したが、マンシュタインの反撃で撃破された。クルスクの戦いではブリャンスク方面軍を指揮し、ソ連軍の反攻後、オリョールを解放した。1944年には第2バルト方面軍を指揮する。コンスタンチン・K・ロコソフスキー元帥は、1896年生まれ、父親はポーランド人であった。革命後、赤軍に加わった。フルンゼ陸軍大学を卒業するが、スターリンの粛正に会いその後復帰する。ウクライナ第9軍司令官から、第16軍司令官となりモスクワ防衛にあたる。開戦時はレニングラード軍管区司令官で、後にレニングラード方面軍司令官となる。1942年のスターリングラード戦では、ドン方面軍司令官、クルスク戦では中央方面軍司令官を勤める。1944年6月からは第1ベラルーシ方面軍司令官となり、「バグラチオン」作戦を指揮する。その後、ポーランドからドイツ北部に侵攻し、終戦を迎える。ロジオン・Y・マリノフスキー元帥は、1898年生まれ。開戦時はオデッサで軍司令官を勤めていたが、12月には南西方面軍の指揮を任せられる。1942年末にはスターリングラードでマンシュタインの反撃を阻止する。1943年から44年にかけて、南西方面軍、第3ウクライナ方面軍の司令官を勤め、ドネツ盆地と西ウクライナ地方で戦う。その後、第2ウクライナ方面軍司令官となり、ルーマニアに侵攻、さらにハンガリーに進撃して、1945年2月にはブタペストを占領、4月にはスロバキアへ侵攻する。極東に転じ8月には満州侵攻を指揮した】の方面軍は、ドイツ軍を追い詰めることはできなかった。ドイツ軍は川への競走に勝利したが、戦線を保持する戦いは始まったばかりであった。

1943年初めには、キエフからケルソンの近くの黒海まで400キロを越えて広がったこの広大な防衛陣地を保持するために、南方軍集団はたった37個師団しか持っておらず、そのひとつとして完全な戦力を保持していなかった。この総数は前線の1マイルあたりおよそ80名に相当し、極めて挑戦的な任務に

たいしてばかばかしいほど不十分な数であった。再び東部戦線のドイツ軍は、あまりに少数であまりにたくさんの任務を課せられたのである。南方軍集団の延び過ぎた戦線は、すぐに多くの箇所で寸断され、その最終的な崩壊は単に時間の問題であった。フォン・マンシュタインの師団によって準備された陣地でさえ、彼らは単にソ連軍の前進を遅帯させるだけだった。

長く期待された、ドニエプル川に沿ったいわゆる「ヴォータン線」および「パンター陣地」といった、ドイツ軍防御陣地によって得られる安全は、幻想であることがはっきりした。これらの防御陣地は、野戦築城、部隊用掩体、通信線および塹壕を持っていて、完全に準備されていると考えられていた。これらには、弱体なドイツ軍がその戦力を回復し予想されるソ連軍の攻勢を容易に防ぐことを可能にする、大量の弾薬とその他の補給物資が貯蔵されていると考えられていた。

しかし地方のドイツ民生組織とナチ党官吏は、完全にこの任務を遂行しそこねた。党と軍との協力関係のレベルは、あまりにもひどかった。加えて、命令、すなわち1943年8月12日に公布された「総統指令第10号」は、南方軍集団がドニエプル陣地を用意することを認可していたが、この任務に責任ある官吏がともかく多くを成すにはあまりにも遅すぎた。南方軍集団の撤退する部隊は、後でこれらの陣地はキエフのようなごく少数の場所でしか完成していないことに気づいた。いくつかの、そして最高のものは、トート機関〔註：戦前、ヒットラー政権下でドイツ道路総監フリッツ・トートによって創設された機関で、元々はドイツ国内のアウトバーン網の建設が目的だった。道路、橋梁建設作業員の組織で、開戦後は非ドイツ人青年配下の労働者が多かったが、戦前は比較的年配の労働者が多かったが、開戦後は非ドイツ人青年が配下を占めるようになった。トートは1940年から軍需相となるが、1942年2月に飛行機事故で死亡した〕の建設人員によって調査されていた。しかしほとんどの陣地は、まったく準備されていなかった。

川に沿ったほとんどの場所では、高く立つ木や潅木がその縁に茂り、ソ連軍が渡渉を試みる場所に、監視や射撃を困難にしていた。川に沿ったその他多くの場所が、ソ連軍の渡渉に適していたが、これらの場所は新しく到着した守備兵には報告されていなかった。多くの場合、彼らは彼らの陣地を自身で偵察する時間は、まったくもってほとんど皆無であった。

こうして南方軍集団の兵士は、本当の休暇地区と考えた場所に最終的に到着したときに彼らが見たものに、ひどく失望したのである。第57歩兵師団のハンス・シュミット大佐は、9月23日にカーニェフの南でドニエプルに沿った新しい陣地に入っているが、こう語っている。

彼ら（部隊）はドニエプルの後方に、そこで彼らが戦闘からの休息をとることのできる、準備された陣地を見いだせることを期待した。しかし彼らがそこで見つけたものは、準備された陣地でも歓迎パーティでもなく、ロシア人だけだった。その結

果、彼らの士気はどん底にまで打ち砕かれたのである。

◆　◆　◆

多くの士官、兵士が、ドニエプルを渡って脱出した後発見したものによって、このような大きなショックを受けた。ドイツ軍部隊は、彼ら自身の国家が放送した宣伝を信じていたため、彼らのための防御陣地の準備がこれほどまでなされていなかったことがまったく信じられなかった。しかし防御陣地の準備の不足が、ウクライナで戦うよう配置されたドイツ軍の多数を占める、フォン・マンシュタインの第1、第4戦車軍、そして第8軍の兵士が直面した、ただひとつの問題というわけではなかった。彼らの敵もまた、ドイツ軍が休息を享受するのを許そうとはしなかった。

1943年10月の最初の週までに、赤軍は川に沿っていくかの箇所で、橋頭堡を確保した。ドイツ軍は彼らの最後の部隊が安全に渡った後、ドニエプルに沿ったすべての橋を破壊していたが、ソ連兵は、木切れを集めて結んで作った筏、漁師の小船、そしてロープによる渡し場のようななんでも利用可能な資材を使用して、無数の小規模な渡河を遂行した。ソ連軍司令官および部隊は、この時期に数多くの個人的なイニシアチブを示した。これはドイツ軍の、敵はこのようなものを欠いているという見解に反したもので、彼らをおおいに驚かした。

これら小さな橋頭堡のいくつかは、せいぜい数百名で大急ぎで作られたものであったが、驚くべき短い時間で素早く巨大な展開地域に変貌し、連隊、師団、あるいは軍団でさえ保持しうるまで巨大になった。ドイツ軍は、彼らの側面と後方に沿って突然現われたこれらの陣地を完全に一掃するための人的余力がなかった。しかし多くの場合これらに沿って突進するソ連軍のすべての試みが成功したわけではなかった。ただしドニエプルを渡るソ連軍のすべての試みがなかった。

ソ連軍の企てでひとつ特別に呪われたものとなったものは、9月24日から25日にかけて、空挺部隊の展開によってカーニェフの渡河点を奪取しようとする試みであった。この試みでは、第1、第3、そして第4親衛空挺旅団が先鋒となったが、カーニェフの橋を奪取し、そして第ⅩⅩⅣ戦車軍団の撤退を拒絶し、そしてドイツ軍防戦を撃破するバトゥーチンの機械化部隊のために、縦深に橋頭堡を形成できるのに十分なまで、長く保持しようと企図したものであった。奇襲はモシュニイの南で、第1、第3、そして第4空挺旅団によって発動された。

しかしこのプランにはひどい欠陥があり、いいかげんに計画されており、ドイツ軍が「ヴィーキング」や第19戦車師団のような機械化部隊を、脅威を受けた地域にすばやく移動させたことで悲劇に終わり、空挺兵の80パーセントが死ぬか捕虜となった。ひとつの空挺集団はグリゴロフカの町の近くの、第112歩兵師団第258擲弾兵連隊の1個中隊の集結地点に降下した

のである。ドイツ軍守備兵は、畏敬の念に打たれ、彼らの目を疑った。というのも彼らの誰もがかつて以前に、数百名もの空挺兵が頭の上で白昼堂々空を占める、このような光景を見たことがなかったからである。

ドイツ軍はわずかな時間で平静さを取り戻し、恐ろしい殺戮を開始した。その数は第5空挺旅団の数百名に上った。彼らの航空機は進路を外れたのである。捕虜になるのを免れたわずかなソ連軍空挺兵は、森の中、とくにチェルカッシィの町の西のイルディン湿地に消え、そこですでに活動していたパルチザンに加わった。

リュテシ、ザポロジェ、そしてメリトポリのような、その他のソ連軍橋頭堡は、砕くには堅すぎる殻だった。1943年10月および11月のドイツ軍の必死の反撃にもかかわらず、それらの橋頭堡は抹殺されないままで、全ウクライナを解放するためのソ連軍の攻勢の跳躍台となった。1943年10月半ば、何十万ものソ連軍部隊、戦車、そして砲を含む強力な攻勢が、北部ではキエフの北西のリュテシ橋頭堡から、中央部ではザポロジェから、そして南部ではメリトポリから発動された。11月の終わりまでには、ドニエプルに沿ったドイツ軍の防衛陣地は大混乱となり、南方軍集団の将来の生存は危殆に瀕した。

南方軍集団の最初の大規模な反撃は、ラウス大将の第4戦車軍によって遂行されたもので、1943年11月半ばから12月初めまで発動され、ジトミールの重要な鉄道分岐点を奪還し

ようというものであった。しかし結局赤軍の前進速度を遅らせただけに終わった。一時的な地域の獲得やラウスの戦車による多数の戦車の撃破にもかかわらず、バトゥーチン大将の新たに命名された、第1ウクライナ方面軍を先鋒としたソ連軍は、1943年12月に第1および第4戦車軍の間を突破し、数百平方マイルが解放された。前進するソ連軍部隊の一部は、はるか深くプリピャチ湿地帯〔註：現ベラルーシ、ウクライナ国境地帯の、ブレスト南方に発し、ピンスク、マズィルからキエフに至りキエフ湖南方に流れる、ドニエプル川の支流、プリピャチ川流域に広がる湿地帯。ポレーシェ湿地とも言われる。プリピャチ川が蛇行して流れ、おおむね平坦な地形で、森林も多く人口はまばらである〕の中まで侵攻し、南方軍集団を中央軍集団から切断し、2個軍集団を分かち、1944年4月の終わりに撤退するドイツ軍によって塞がれるまで開いたままとなる、有名な「国防軍の穴」を作り出した。

1944年1月初めに、ジトミール〜ベルジチェフおよびキロボグラード作戦中のソ連軍のさらなる地域の獲得の後、ドイツ軍がまだ保持していたドニエプル地域の唯一の部分は、南部の小さなニコポリ橋頭堡を除いて、北はカーニェフからチェルカッシィの北東数キロまで走る、全部でおよそ80キロの範囲であった。これによって南方軍集団は、1944年半ばには、北はロヴノから、南東はジトミール、カーニェフ、シュポラ、キロボグラード、そしてニコポリで、そこで前線は南西に曲が

り黒海のヘルソンに向かう、ほとんど800キロの長さに拡大された戦線を持つことになった（P43地図参照）。

これは東部戦線の年代記の中でも、ユニークな状態を現出させることになった。そこではいくつかのドイツ軍師団は、彼らがソ連に侵攻したその日の1941年6月22日以来なじんだような東向きに代わって、実際西に向いた配置を占めることになったのである。多くのドイツ軍守備兵には、戦闘中あるいは戦後の文書で証言されたように、見通しはまったく落胆させるものだとわかった。というのも、もし彼らが退却を命じられたら、まず東に行軍しなければならなかったからである。

カーニェフ近くのドイツ軍前線の突出部は、ドニエプルに向かって奇妙に突き出していたが、これはドイツ軍最高司令部の遠大な計画の結果でなく、1943年10月から1944年1月までの、ドニエプルの延長に沿った、絶え間無い戦闘の副産物であった。この突出部は、ソ連側からは「カーニェフ突出部」と命名されたが、単に一時的にソ連軍が西と南西への攻撃を停止したために存在しただけだった。

もっと注目すべきは、誰でも〜ただの歩兵でさえ〜わかる、仕掛けられた罠から抜け出す代わりに、ドイツ軍は彼らの最高軍事的権力者、ヒットラー自身から、彼らの陣地に留まり東に向かっての新たな攻勢を準備するよう命令されたことであった。これはフォン・マンシュタインと彼の幕僚を悩ませた。彼らはカーニェフ突出部は、ソ連軍の包囲を口を開いて招き寄せているのを知っていたのである。

不運にもフォン・マンシュタインの部隊は、いまやヒットラーが発し彼のみが撤回できた「死守」命令により、この脆弱な陣地から撤退するのを妨げられた。ヒットラーは自身を傑出した戦略家、戦術家であると考えていたが、証拠から見て戦略家としては良くて並程度の才能しかなく、戦術概念は第一次世界大戦にさかのぼるものだった。実際、彼の「死守」命令は、1941〜42年の冬季間においてモスクワ前面でのドイツ軍の敗走と破滅を防ぐことを保障する間に合わせの手段であったが、東部での戦争の3回目の冬には、確固としたドクトリンとなっていた。

本質的に「死守」命令は、1942年9月8日に「総統守備命令」として正式化されたもので、赤軍の増大する数的優位を認め、固定的な防衛陣地に拠ることを強調して、できうる限り地域を防衛し、保持しようとするものであった。部隊はすべての弾薬を撃ち尽くすまで陣地を放棄してはならず、事実上最後の一兵まで戦う、あるいは確実に包囲されることを運命づけられ、いかなる成功の機会もとうの昔になくなっていた。この課題に関する権威が記したところによれば、「ヒットラーが実際望んだものは…1916〜17年の冬季間中に弾力的防御を採用する以前にドイツ軍が運用した、固定的な、土地を確保する線状の防御に戻るものであった」。

ヒットラーがますます作戦および戦術的決定に干渉するよう

になったことは、ドイツ軍指揮官は自身の責任で命令を無視できないことを意味した。その司令官、パウルス元帥が彼の良心に従うよりも、ヒットラーの死守政策に固守したことによって、まるまる1個軍が失われたスターリングラードの惨劇にもかかわらず、ヒットラーは彼の軍事的無謬性を信じ続けた。

特徴的なことに、ヒットラーは、東部における戦争を指揮する責任を持つドイツ陸軍最高司令部司令官としての彼の責任の下に、この突出部を大きな危機としてよりも、チャンスととらえた。突出部はドニエプルに沿って身構え、後方からキエフを奪還して赤軍を、川を越えて撃退する、そしてすぐにモスクワを狙う新たな攻勢のための、理想的な跳躍台となると考えたのである。第三帝国と陸軍最高司令部の長は、このような壮大な計画を心に抱くことができた。というのも彼は本気で赤軍がウクライナでの冬季戦で消耗し尽くしており、国防軍が準備の整っていない敵にたいして打撃する機会を作り出していると信じていたのだ。彼の想像力は、実際に前線陣地を訪れどのようにして彼の部隊が生きているか見ることによってのみ得られる、実際の情況の認識や彼の部隊の状態に縛られることはなかった。ヒットラーは夢を見るままにあったのである。

※

しかし南方軍集団の指揮官および指導者は、事態に関してこのような楽観的見解を持ってはおらず、彼らの部隊がこのような壮大な任務を達成するのに必要な戦闘力を保有していないこ

とを知っていた。当時、陸軍最高司令部参謀長を勤めていたカール・ツァイツラー大将も、ヒットラーに退却を許可するよう説得を試みたが失敗に終わった。不運にもこの段階では、陸軍最高司令部の自慢の参謀部は、せいぜい戦争中の命令を東部戦線に配給する水道管の役目におとしめられており、第一次世界大戦前、そして戦争中以前に享受していた貴重な権力をほとんど発揮し得なかった。フォン・マンシュタインの、突出部を保持しキエフを奪還することに対する、熱心な反対でさえ効果がなかった。ヒットラーは優越した意志の力だけで、彼の目的を達成するには十分だと信じていた。カーニェフの突出部はそれゆえ残った～南方軍集団が大規模反撃のために戦車、機械化師団を集中する準備を始めるまで、撤退すべきではなく、現在陣地に入っている部隊はそこで穴にこもるのだ。

突出部を占めたのは、南方軍集団の2個軍団、第XIおよび第XXXII軍団で、実質戦力は全部で6個師団と1個独立旅団であった。厳しく圧迫された軍団は両者とも、何週間も休みなく戦闘行動に巻き込まれており、消耗し切っていた。言うほどのいかなる常備の予備戦力もなかったが、これは両軍団のすべての部隊が、広大な前線をカバーするためかなり薄く広がっていたからである。事態を複雑にしていたのが、各々は異なる軍に所属していた～突出部の西半分にいる第XXXII軍団は第1戦車軍隷下で、一方東の第XI軍団は第8軍隷下である～ことだっ

た。

※ヒットラーは1941年12月19日、フォン・ブラウチッヒ元帥がソ連軍の反攻に直面して解任された後、陸軍最高司令官の衣鉢を我が物とした。これは、ある記録資料によれば、自身の司令官の指揮権に留まった海軍や空軍に比較して、陸軍の作戦、戦術指揮権を縮小するものであった。(Source:Albert Seaton,The Russo-German War.1941-45,p.212)

各々の報告はそれぞれの高位司令部へ送られ、補給支援はそれぞれの司令部から送られた。これは包囲の初期段階において、彼らの部隊の指揮、統制そして補給をはなはだしく複雑にした。包囲の危険がこれほど明らかなのに、なぜ両軍団が単一の軍指揮下に置かれなかったかは、謎のままである。おそらくフォン・マンシュタインは、ひとつあるいは他の隷下軍司令官が、あまりにも少ない、あるいはあまりにも多い軍団を、彼の直接の指揮範囲に置くのを望まなかったのだろう。

アドルフ・ヒットラーの元帥のすべての中でも、エーリッヒ・フォン・マンシュタインは、間違いなく最良のひとりであった。彼は大規模機械化戦闘の知識の権威であり、おそらく情況が必要とした技術と才気を有した。ただ一人のドイツ軍軍事指導者であった。実際、彼は過去に何度も～とくにドニエプル川の防衛線への後退戦闘の出来事の中で～赤軍を妨害した。彼の証明

された軍事能力に加えて、彼はヒットラーに立ち向かい、そしてヒットラーが間違っているとき～そうすることが非常に危険なことがわかっていてさえ～ヒットラーに具申する勇気をまた、持ち合わせていた。

おそらく同じ信念を持っていた他の将軍は、ハインツ・グデーリアンとヴァルター・モーデル【註：ハインツ・グデーリアンは、機甲部隊理論および運用の権威である。1888年クルム（現ポーランド）に、プロイセン陸軍士官の息子に生まれる。第一次世界大戦ではコブレンツ第3無線大隊に生きる。第一次世界大戦後は、ヴァイマール共和国軍に残り自動車総監部に勤務し、ルッツ将軍の下で、機甲部隊戦術を研究する。1937年には『アハトゥンク、パンツァー！（気をつけろ戦車だ！）』を著し、後の電撃戦につながる理論を唱導している。1938年には第2戦車師団その他を指揮してオーストリアを併合し、さらに第16戦車軍団を指揮してズデーデンラントを占領する。1939年9月のポーランド戦では第19戦車軍団を率い、ポーランド回廊を横断し、ブレスト・リトフスクまで進撃した。1940年5月の西方戦役では、同じく第19戦車軍団を率い、アルデンヌの森を突破してフランス領内に突入し、一気にイギリス海峡まで突破して戦争の帰趨を決する活躍を見せた。1941年6月のロシア侵攻にあたっては、第2戦車集団を率い、中央軍集団の主力として、ミンスクからスモレンスクを攻略し、一気にモスクワ攻略の跳躍台イエリニャに進出する。し

かし、ヒットラーの命によりキエフ攻略にあたり、モスクワ攻略の「タイフーン」作戦が発動されたのは9月末/10月初めとなった。グデーリアンの第2戦車軍（軍に昇格）は南方からモスクワを目指すが、ツーラを落とすことができず、攻撃は頓挫した。グデーリアンは後退して越冬すべきとヒットラーに進言するが解任される。その後、長く軍職を離れるが、1943年3月になり機甲総監に任命され、ドイツ軍機甲部隊の再建にあたる。1944年7月には参謀総長に任命され、ドイツ防衛に重責を担う。しかし、1945年3月末、ベルリン陥落を前にして再びヒットラーと衝突し解任される。最終階級は上級大将。

ヴァルター・モーデルは、精力的で疲れを知らぬ断固たる指揮ぶりで知られ、防御戦で手腕を発揮した。ヒットラーの信任厚く、総統の火消し役との異名を得る。1881年生まれ。父親は宮廷の音楽監督を勤めていた。第一次世界大戦で武勲を重ね、戦後ヴァイマール共和国軍に残り1938年に少将に昇進する。ポーランド戦では第9軍団参謀長、西方戦役では第16軍参謀長を勤める。その後第3戦車師団長に任命され、ロシア侵攻に参加する。スモレンスク攻略、キエフ包囲戦で戦果を上げ、モスクワ攻略戦に参加。その後、第9軍司令官に任命され、ドイツ軍が総崩れとなる中で、巧みな防御戦闘で戦線を安定させ、この功績でヒットラーに認められる。その後、危殆に瀕した戦線に度々送られ、火消し役として手腕を発揮する。クルスク戦には第9軍司令官として参加するが、ほとんど戦果を上げ

ることはできなかった。どうやらモーデルは、攻勢作戦向きでなかったようだ。1944年3月にヒットラーと衝突してマンシュタインが解任されると、後を引き継いで南方軍集団、北ウクライナ軍集団司令官に任命され元帥に昇進する。「バグラチオン」作戦にあたっては中央軍集団司令官も兼務し、戦線の立て直しにあたる。1944年9月、西部戦線のB軍集団司令官に任じられ、ここでも危機的な戦線の立て直しにあたる。最終的に1945年4月にはルール地方に包囲され、降伏を潔しとせず自殺する。

カール・R・G・フォン・ルンテシュテットは、卓越した手腕を持つというよりは、プロイセン陸軍の伝統を引く長老として国防軍を支える重鎮と言うべき存在であった。1875年、ハルツ地方のアシュスレーベンの、代々軍人を輩出したユンカーの家系に生まれる。第一次世界大戦では歩兵中隊を指揮し、総司令部の勤務も経験した。ヴァイマール共和国軍の参謀将校として勤務するが、1938年にヒットラーの保守派将校追放策謀により一旦退役を強いられる。しかし1939年に現役復帰、ポーランド戦、西方戦役では、A軍集団を率いその功績で元帥に昇進する。ロシア侵攻にあたっては、南方軍集団司令官

らの考えを総統に話した。これは1944年1月にはほとんど見られない資質となった。というのも戦争のこの段階では、ヒットラーは、フォン・ボック、そしてフォン・レープ〔註：に再任された〕、フォン・ルンテシュタット（彼は西部戦線の指揮官

を勤める。しかし1941年12月、ロストフからの撤退を巡り、ヒットラーより解任される。1942年に復帰して西部方面軍総司令官となるが、連合軍の上陸後、早期講和を求めてヒットラーと対立し、1944年7月に解任されるが、9月には再びヒットラーと呼び戻される。12月にはアルデンヌ攻勢を指揮するが成功せず、1945年3月に最終的に退役した。フェドーア・フォン・ボックは、戦争初期のドイツ軍の電撃戦を支えた軍集団司令官の一人である。1880年キュストリンに生まれる。第一次世界大戦では参謀将校として勤務し、1918年にはプール・ル・メリット勲章（プール・ル・メリット勲章、いわゆるブルー・マックスはプロイセン王国のフリードリッヒ大王が1740年に制定し、以来プロイセン、ドイツと引き継がれた由緒ある勲章である。ドイツ軍人の武勲にたいして与えられる最高の勲章である。第一次世界大戦中には、レッド・バロンとして有名なフォン・リヒトフォーフェンや、ナチ党幹部となったヘルマン・ゲーリング、第二次世界大戦で勇名を馳せたエルヴィン・ロンメル等が授章したことで知られる。第一次世界大戦の敗戦後、ヴァイマール共和国軍に残る。ポーランド戦では北方軍集団司令官、西方戦役ではB軍集団司令官を勤め、その功績で元帥に昇進する。ロシア侵攻にあたっては、中央軍集団司令官を勤め、モスクワ攻略にあたるが、寒気とソ連軍の反撃により失敗に終わり、12月にヒットラーから解任される。しかし、1942年1月、ライヘナウ元帥の病死に

より、南方軍集団司令官に任命される。1942年の夏季攻勢を指揮するが、7月に作戦方針を巡ってヒットラーと対立し解任される。その後、現役復帰することは無かった。1945年5月、イギリス軍機の銃撃を受けて戦死。ヴィルヘルム・リッター・フォン・レープは、バイエルンの砲兵将校を勤めた人物である。戦前のドイツ陸軍のトップを勤めた人物である。1876年生まれ。1938年にヒットラーの保守派将校追放の策謀により一旦退役。1939年に現役復帰、ポーランド戦に際しC軍集団司令官となり、西方戦役ではC軍集団を率いマジノ線を攻撃する。ロシア侵攻にあたっては、北方軍司令官を勤めレニングラードに侵攻するが、1942年1月、ヒットラーより解任される。最良の野戦指揮官のほとんどを罷免していたのだ。実際、フォン・マンシュタインはまれなタイプ～フォン・シュリーフェン、フォン・モルトケ、そしてルーデンドルフ〔註：アルフレート・グラーフ・フォン・シュリーフェンは、フランス侵攻計画、いわゆるシュリーフェンプランの策定者として知られる。1833年、ベルリンにプロイセン軍将校の家に生まれる。プロイセン軍入隊後軍参謀として勤務し、1866年の普墺戦争、1870～71年の普仏戦争に参加する。その後陸軍参謀総長となる。1890年のビスマルクの失脚後、ドイツのフランス孤立化政策は破綻し、フランスとロシアは同盟してドイツにあたるようになった。このため戦争となったらドイツはフランスとロシアとの二正面作戦を取らざ

るを得ず、これを避けるため1905年に、シュリーフェンは、フランスを電撃的に下す「シュリーフェンプラン」を考案した。

「シュリーフェンプラン」は、フランス軍が待ち構えるフランス・ドイツ国境地帯の攻撃を避け、中立国ベルギーに侵攻し、そこからイギリス海峡沿岸を通過し、反時計回りにフランス軍主力を背後から包囲し殲滅して、国境地帯のフランス軍主力を制圧して、国境地帯のフランス軍主力をようというものであった。1913年没。ヘルムート・K・B・フォン・モルトケは、プロイセンの軍人、1800年、ドイツとデンマーク国境地帯のメクレンブルクに生まれる。当初デンマーク軍士官となるが後にプロイセンに転じ、陸軍参謀総長にまで昇進する。1864年の普瑞戦争、1866年の普墺戦争、1870～71年の普仏戦争を指導しプロイセンに勝利をもたらし、ドイツ統一の立役者となった。甥で同じく陸軍参謀総長として第一次世界大戦を指導したモルトケと区別して、大モルトケと呼ばれる。1891年没。エーリッヒ・ルーデンドルフは、第一次世界大戦の英雄であり、戦後はヒットラーのミュンヘン一揆に参加したことで知られる。1865年、西プロイセンのポーゼンの近くで、商人の息子として生まれる。陸軍幼年学校に入り、そのまま士官学校に進み、卒業後参謀将校として勤務、シュリーフェンと小モルトケに認められる。第一次世界大戦では開戦時第2軍の参謀長として、リエージュを占領する。その後、第8軍参謀長に転じタンネンベルク包囲戦をヒンデンブルクとともに戦う。その後、参謀総長となったヒンデンブルクの下参謀次長となり戦争を指導する。無制限潜水艦戦争によりアメリカの参戦を招き、最後の西方攻勢、ルーデンドルフ攻勢も失敗に終わり、第一次世界大戦の敗戦を迎える。戦後は右翼運動に加わり、ミュンヘン一揆ではヒットラーに担がれ、検挙されるがその後、国会議員となる。さらにその後ナチ党から大統領候補に出馬し惨敗する。1937年に没した）の引き写しの真のプロイセン将校団～の少数の集団に属していた。

彼は1887年11月24日に、エーリッヒ・フォン・レヴィンスキーとして生まれ、子供のいなかった母の姉妹の養子となった。軍人の家族の中で成長し（彼の養父はフォン・マンシュタイン将軍）、エーリッヒはベルリンのグロース・リヒターフェルデの士官学校に入学した。第一次世界大戦中は、1914年11月に重傷を負うまで、東部、西部戦線両者で近衛第2予備連隊に勤務した。

戦争の残りの期間、彼は躍進して高位の参謀部員として勤務し、ヴェルダン、ソンムの戦い、そして西部戦線における最後のドイツ軍攻勢に参加した、戦争が終わるまでそこで勤務し続けた。戦争の間には、彼は各種の参謀として勤務し、機知に富み沈思する参謀将校としての気性を示した。1935年には、彼はドイツ陸軍の、極めて力があり影響力を持つ地位である、作戦部長となった。

彼の上司である、ドイツ陸軍最高司令官のフライヘーア・フォ

ン・フリッチュ上級大将が、1938年2月にヒットラーによって解任された〔註：ヴェルナー・フライヘル・フォン・フリッチュは、戦前のドイツ国防軍でヒットラーに対抗しうる力を持っていた数少ない軍人の一人。1880年生まれ。第一次世界大戦では砲兵将校として勤務し、戦後は参謀将校としてヴァイマール共和国軍に残る。1934年に陸軍総司令官に任命される。当初はヒットラーを指示していたが、オーストリアやチェコの併合で意見を異にし、ヒムラーとは武装親衛隊の創設をめぐって対立した。1938年にナチスの陰謀により、ブロンベルク国防大臣の結婚スキャンダルとともに、同性愛のかどで罷免される。しかし彼は抗弁することなくこれを受け入れ、第12砲兵連隊長の職に就く。連隊長としてポーランド戦に参加し、流れ弾に当たって戦死する〕とき、フォン・マンシュタインは第18歩

南方軍集団司令官、エーリッヒ・フォン・マンシュタイン元帥。(U.S.National Archives)

兵師団長に追いやられたが、そこで大部隊の指揮に関して価値ある実用的な経験を得た。この年の終わりに、彼は軍参謀長の地位に任命された。フォン・マンシュタインは、フォン・ルンテシュタット上級大将によって、ポーランド侵攻時に、彼の軍参謀長に任ずるよう選ばれ、すぐに来るべきフランス侵攻をカバーする行動計画に関する論争に巻き込まれることになった。彼の計画は、戦車部隊によってアルデンヌの森を抜けて攻撃することによってマジノ線を回避することを心に描いたもので、最終的にヒットラーに採用された。しかしそのときには、フォン・マンシュタインは第ⅩⅩⅩⅧ軍団の司令官に任命されていた。同軍団はフランス戦役中には彼の指揮により、傑出した活躍を見せたのである。

1941年3月、彼は第ⅬⅪ戦車軍団の指揮を執るよう選ばれ、「バルバロッサ」作戦の初期段階中、北方軍集団の一部として導き、東プロイセンのイルメン湖畔から走りだし、ほとんどレニングラードの入り口にまでたどり着いた。その後彼は不本意にも南方軍集団に移され、第11軍司令官に任命された。彼が軍をクリミアで率いている間に、彼の部隊は1942年7月にセバストポリの要塞を攻略した。

この業績を評価して、彼は喜んだヒットラーによって元帥に昇進された。1942年8月に彼は司令部要員とともにレニングラード戦線に移され、同市奪取の責任を任された。彼の軍はソ連軍の反撃を撃退し、1個突撃軍を撃破したが、はるか南の

34

状況のために新たなレニングラード攻撃は取りやめねばならなかった。

フォン・マンシュタインは、1942年12月にドン軍集団の司令官に任じられ、さらに大きな任務～スターリングラードで包囲された第6軍の救出～を与えられた。冬の天候、膨大な補給の問題、そして赤軍からの断固とした攻撃にもかかわらず、彼の即席の軍集団の部隊は、包囲された部隊に到達し、ステップを越える発砲炎を見ることができるまで、近くまで包囲陣に接近して、ほとんど成功するところだった。パウルスが自分の責任で突破することを拒否したとき、スターリングラードで包囲された部隊の命運は尽き、フォン・マンシュタインは彼の救出部隊が最終的に撃退されるのを希望なく見守るしかなかった。この苦い体験に深く影響されて、フォン・マンシュタインは

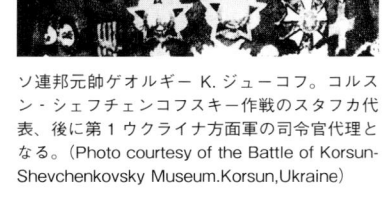

ソ連邦元帥ゲオルギー K. ジューコフ。コルスン‐シェフチェンコフスキー作戦のスタフカ代表、後に第1ウクライナ方面軍の司令官代理となる。(Photo courtesy of the Battle of Korsun-Shevchenkovsky Museum.Korsun,Ukraine)

ドイツ陸軍の戦運のいくらかを回復することができた。彼の軍集団は、すぐに南方軍集団に改名されたが、ロシアのドイツ軍の右翼を勤め、1943年にハリコフを奪還したとき、ソ連軍に大打撃を与えた。この偉業は現在でも軍事史家から、第二次世界大戦中に遂行された最も輝かしい戦役のひとつと見なされているが、彼の騎士十字章に柏葉を加えることになった。

1943年夏に、彼は失敗に終わったクルスク攻勢中彼の軍集団を率いたが、ここで彼の部隊はソ連軍防衛陣地に、中央軍集団のフォン・クルーゲ元帥の部隊よりも、はるかに深く浸透することに成功した。その後、フォン・マンシュタインは、ドニエプル川までの輝かしい後退戦闘を行った。それによって、1944年1月までにそこでは、ひとつの小さな地歩がまだドイツ軍の手にあった。チェルカッシィ包囲陣の戦いは、おそらく彼の軍事的経歴における、最大の挑戦であろう。

前年冬のハリコフの反撃とクルスクの戦いで彼の敵手となったのは、別の大戦の偉大なる元帥、最高司令官代理、そしてソ連邦第一国防人民委員代理ゲオルギー・コンスタンチノビッチ・ジューコフであった。彼らは再びお互い競争させられることになった。今回はカーニェフ突出部の運命を巡ってである。

ゲオルギー・ジューコフは、1896年12月2日にカルーガ県のストレルコフカの村で、貧しい農民の子として生まれた。

● 35　第1章：南方軍集団の年代記

彼は第一次世界大戦に騎兵の下士官として勤務し、敵戦線後方のパトロールに精通し、これによって帝政ロシアの最高軍事勲章のサンクト・ゲオルギー勲章、これによって帝政ロシアに与えられた勲章は、帝政ロシア時代に最高の武勲を立てた軍人に与えられた勲章である。授与式はクレムリンのゲオルギー間で行われた。そもそもサンクト・ゲオルギーとは、聖ゲオルギウス、英語ではセント・ジョージのことである。その伝説は、2世紀リビアの町に、人身御供を要求する悪いドラゴンがいて、たまたま通りがかったセント・ジョージがドラゴンを退治し、人身御供とされたお姫様を助け、その土地の住民がキリスト教に帰依したというものである。各地のキリスト教化に伴い、いろいろな国や民族の守護聖人となっている〕を2回授章した。彼は、ツァーリと当時のロシアの政治、経済状態に満足せず、1918年1月に紅衛兵に加わった。1919年のロシア内戦中に彼の軍事的指導により、彼はソ連邦の赤旗勲章を授与された。

1923年までには、彼は27歳にして騎兵師団を指揮していた。1920年代と30年代の間に、ジューコフは野戦および参謀勤務を兼ね備え、その間に彼の軍事的学究を夜間に学び続けた。彼は彼の職業について多くの同僚に比してかなり以上に興味を抱いており、彼らは彼が自由時間を宿舎で地図を研究して過したことに驚かされた。ひとつの講評で、彼の部隊長で、後にソ連邦元帥になるコンスタンチン・ロコソフスキーは、ジューコフを「強い意志を持ち決断力があり…広い範囲のイニシアチブを持ち、どのようにそれを実現するかを知っている」と評している。

しかし、1937年にスターリン〔註：イオセフ・スターリンはソ連の独裁者で、第二次世界大戦中はソ連軍総司令官となり戦争を指導した。本名はイオセフ・ビッサリリオノビッチ・ジュガシビリ、1879年、グルジアのゴリで靴屋の家に生まれた。チフリスの神学校で学ぶが、そこで秘密社会主義組織に入会し放校となった。1901年、社会民主党チフリス委員会の委員の時にバツームに収監され、シベリア流刑後は暴力的革命派のボルシェビキに加わる。1912年にはボルシェビキ中央委員となる。ロシア10月革命に選出され、革命中には日和見的態度を取るが、革命後の干渉戦争で活躍した。1922年に中央委員会書記長になり、革命を指導したレーニンの死後権力を掌握する。一国社会主義政策を採用し、農業の集団化、重工業化をすすめる。この間政治的には革命したライバルを次々蹴落とし、独裁体制を確立する。スターリンは猜疑心の強い人間で、権力維持のため1936～39年には大々的な粛清を行ったことは知られる。このとき多くの有為な軍人も粛正されたことで、第二次世界大戦緒戦に、ソ連軍が苦戦する理由となった。1939年8月、不倶戴天の敵であるはずのナチスドイツと不可侵条約を結び、世界を驚かせた。「バルバロッサ」作戦開始後は総司令官として戦争を指導し、ロシ

アの民衆に対して祖国の危機を訴え本来共産党から離反していた人心を掌握した。当初は口出ししたものの、軍事作戦はジューコフとヴァシリエフスキーに任せ、一方、西側同盟国との政治交渉でかなりの手腕を発揮し、ソ連の勝利と戦後の国際的に高い地位を獲得することに成功した〕によって赤軍指導者の粛正が命じられたとき、ジューコフは当時、第3騎兵師団を指揮していた。モロトフ〔註：ヴャチェスラフ・モロトフは、ソ連の人民委員会議長（首相）、外務人民委員（外相）として第二次世界大戦前後の時代、スターリンの片腕としてソ連外交を主導した。本名は、ミハイロビッチ・スクリャーピン、1880年、ロシアのノリンスク生まれ。1906年にロシア社会民主労働党入党、1909年にシベリア流刑となる。脱走しペトログラードに潜伏、ロシア革命に参加、ペトログラード、北ロシア、ボルガ、ドネツ地方で革命を指導する。1921年共産党中央委員会書記、1926年には党政治局員となる。1930年に人民委員会議長（1941年にスターリンに譲る）となり、1939年には外務人民委員を兼務する。世界を驚愕させた「独ソ不可侵条約」、いわゆるモロトフ＝リッベントロップ協定調印の当事者として有名である。その後外相として日本と「日ソ中立条約」を調印し、戦争中は西側連合国との交渉にあたり、さらに戦後も外相の地位に留まり西側諸国と渡り合った。スターリンの死後、非スターリン化を進めるフルシチョフと対立し1957年に外相を解任された。その後、党籍も剥奪され、

隠遁生活を送った〕によって率いられた共産党中央委員会総会に召還されたとき、彼をいわゆる反乱分子に連座する告発文書にはモロトフの署名もあったが、ジューコフは強く否定してモロトフと対決し、モロトフによっては信じられなかったにせよ、総会によって受け入れられた。それにもかかわらず、ジューコフは、当時は降格と見なされる、ビアリストック軍管区の司令官代理に就任するよう移動された。

ジューコフは1939年6月1日に、国防人民委員のK・ヴォロシーロフ〔註：クリメント・ヴォロシーロフ元帥は戦争中、野戦軍の指揮官として、幕僚として、また外交的役割をも演じた人物である。1881年生まれ、内戦当時、スターリンとブジョンヌイとともに働く。1934年に国防人民委員に任命され、ソ連軍の機械化を指導する。1940年防衛委員会副委員長。1941年7月、スターリン、モロトフ、ベリヤ等とともに、戦争全般の遂行と資源の動員を管理する、国家防衛会委員となる。北西方面軍の指揮を任せられるが、ドイツ軍の進撃を止めることができず、スターリンに図らずにジェダノフとともにレニングラード防衛のための軍事会議を設立したことで罷免された。その後は終戦まで幕僚勤務となる。国家防衛委員会委員として連合国との協議にも多く登場し、1943年11月のテヘラン会談にも参加している〕の命令で、クレムリンでの会議に召還されたが、ジューコフは最悪の事態を恐れた。というのもこうした要求は普通個人の逮捕とその後の処刑を意味

「ヴィーキング」のSS戦時報道員～下士官待遇～が、どこか「ヴィーキング」守備戦区の地方から提供された、何か煎った穀物～おそらくひまわりの種であろう～を調べている。何ヵ月も近く暮らした後で、ドイツ兵と地域住民は、しばしばお互い用心深い信頼関係を築き上げた。(U.S.National Archives)

したからである。ジューコフは驚いたことに、モンゴルのカルキン・ゴル〔註：カルキン・ゴルとは、日本でいうところのノモンハン事変のことである。ノモンハン事変は、満州事変の後1932年に旧満州（現中国東北部）に、旧清国皇帝溥儀を担ぎ、日本が建国した満州国と、1921年にソ連の支援を受けて中国北部に建国されたモンゴル人民共和国との間に発生した国境紛争である。モンゴルと中国の国境となっていた、ハルハ東端部とホロンバイル草原南部の国境に関して、満州国はルハ川を国境と主張し、両国の紛争となっていた。1939年5月、両国の国境警備隊の交戦に端を発する紛争は、満州国軍、モンゴル軍だけでなく、日本軍、ソ連軍が出動する大規模紛争へと発展した。5月の第一次ノモンハン事件はまだ連隊規模の戦いで、日本軍の敗北に終わった。7～8月の第二次ノモンハン事件では、両軍ともに数個師団を投入する本格的な戦闘となった。7月中、日本軍はハルハ川西岸へと越境攻撃を繰り返したが、地勢的な不利もあり撃退された。8月下旬、兵力を集結させたソ連軍は戦車を集中した大反撃を開始し、日本軍を包囲殲滅しノモンハン地域から一掃した。この攻勢中停戦交渉が開始され、9月16日に停戦協定が結ばれた。従来この戦いは日本軍の惨敗と言われて来たが、最近の研究ではソ連軍も日本軍に劣らない大損害を被ったことが知られている。ただし、後の外交交渉では停戦ラインで国境が確定する結果となり、日本側がその戦略目的を達成できなかったという意味で敗北であったことは間違

いないだろう」で、そこの軍管区を指揮することを命じられたのである。当時、そこでは隣接する満州からの日本軍の決定的敗北によって、直接の脅威にさらされた。

ジューコフはモスクワ防衛を担当するさまざまな方面軍の行動を調整するために呼び戻され、再び方面軍司令官を、その精力的性格で、督戦したりなだめたりした。ドイツ軍のモスクワ攻略の失敗とその後の市前門での敗北は良く知られているが、ジューコフは偉大な勝利の達成を可能とした場面の背後にある、鍵となる役者の一人であった。

彼が最高司令官代理、そして第一国防人民委員代理に任命された1942年8月から1943年7月まで、彼はスターリングラード、ハリコフ、そしてクルスクを含む、実質的にすべての鍵となる戦闘に、ソ連最高司令部すなわちスタフカの最高代表として働いた。スタフカの「最高代表」として、彼の任務は、すべての大規模方面軍作戦の、準備と遂行の両者について、戦略と戦役の計画を指導することが必要とされた。この間、彼は机の前に座っているよりほとんどモスクワにいなかった。彼は前線にあって準備を進め戦闘計画を行動に移すよう、指揮官を助けることを好んだ。

彼はまた、もし大規模な作戦で目的達成のためにいくつかの方面軍が協力する必要がある場合、彼らの行動を調整するのを助けた。カーニェフ突出部を除去する、来るべき攻勢のために、ジューコフはスターリンによってウクライナに第1、第2ウ

ソ連首都を奪取するための最後の総力を挙げての作戦、「タイフーン」作戦によって、1941年11月にはモスクワが、ドイツ軍のソ連首都を奪取するための最後の総力を挙げての作戦、「タイフーン」作戦によって、直接の脅威にさらされた。

これを為したが、1941年11月にはモスクワが、ドイツ軍の威を受けていた。引き続く戦闘と日本軍の決定的敗北によって、ジューコフは、疑い無く彼の大規模機械化部隊の、才能あり激烈な指導者としての能力を証明した。

ドイツ軍のソ連侵攻が開始されたとき、ジューコフは1941年1月以来、赤軍参謀部長を勤めていた。1941年6月から7月の間に次ぎから次ぎへと導かれた打ち続く災難の中で、ジューコフは部隊を戦闘に導くのではなく、参謀将校であったことにいらだたせられたが、戦闘に加入した方面軍のいくつかの行動を調整する役に選ばれた。1941年7月30日、スターリンが、当時、モスクワへの接近路を守るために急ぎ編成していた予備方面軍の指揮を任せたことにより、彼の望みは満たされた。

このときから戦争の終結まで、ジューコフは絶え間無く行動し、スターリンのワンマン消防隊として、ひとつの危機地点から次へと指揮を執りつつ移動した。9月には彼はレニングラード市の防衛に責任を持つ方面軍の司令官として、レニングラードの防衛を任された。レニングラードは、彼の精力的で冷酷なリーダーシップによって保持された。

10月に西方および予備方面軍が、ヴィヤジマ近郊で崩壊の危険にさらされたとき、ジューコフはスターリンによって事態を評価し必要とあらば指揮を執るためそこに派遣された。彼は

第1章：南方軍集団の年代記

ライナ方面軍の行動を調整するよう命じられた。ジューコフは彼の地位が重要であることを知っていたが、名誉ある参謀将校として勤務するより、大規模作戦を指揮することを好んだ。

1944年1月12日までに、カーニェフ突出部は、幅125キロ深さ90キロからなり、これはまたスターリンの興味をひいた。ジューコフも彼の指導者の両者とも、まだドニエプル川に沿って連なるドイツ軍は、関係するふたつの方面軍(第1、第2ウクライナ)の内翼に過度に広がって位置した脅威であるとともに、チャンスでもあった。もし赤軍が決然として行動すれば、一年前にスターリングラードでうまくいった方法を適用して、赤軍部隊は突出部を占めているドイツ軍の防衛力を弱めることができ、そしてウクライナの全ドイツ軍を包囲して撃破することができる。おそらく彼らが素早く行動すれば、これらのドイツ軍軍団および師団は、彼らを締め上げる輪縄から脱出するチャンスを得る前に、急速な包囲作戦中に撃破することができるだろう。

運が良ければ、大戦の緒戦にその効果を証明した有名なドイツ軍の電撃戦のように、大きな犠牲をもたらす戦闘を行うことなしに実行しうるだろう。ヒットラーのキエフを奪還しモスクワへ勝利の行軍を続ける壮大な計画と異なり、ソ連の計画は現実的な雰囲気を有していた〜少なくともスターリンは、彼がそうしようと決めれば、彼の計画を実行できる戦力を保持していた。そして彼は、前年夏にドイツが完全に失ってしまった〜東部戦線だけでなくそのすべての戦域で〜イニシアチブを有していた。第三帝国はいまやどこでも、戦略的防勢となっていた。

ヒットラーとスターリンの決定、そしてフォン・マンシュタインとジューコフのリーダーシップは、すぐに東部における全南部戦区の作戦遂行と、何万の兵士の運命に大きく影響するようになる。ソ連軍のウクライナへの攻勢と1943年夏の終わりと秋のドニエプルへの競走に続く事態は、スターリンと彼の将軍達にスターリングラード規模のもうひとつの作戦を遂行するすばらしい機会を与えた。彼らはこの機会を、クルスク以来繰り返したように、1インチたりとも手放すまいと誓った。ヒットラーの土地を1インチたりとも手放すまいという願望は、部下の専門家のアドバイスを向こう見ずにも無視したこととあいまって、ソ連軍が任務を達成するのを、そのときまで考えられたよりも簡単にしただけだった。

チェルカッシィの戦いが、ドニエプル岸のもうひとつのスターリングラードとならなかった理由は、多数の要因に帰せられるが、そのひとつとして決して総統の考える将帥としての技によるものではなかった。そうではなくその他の多くの要因が結びついて、ソ連自身が描いた計画とはまったく異なるような、結果へと影響を与えたのである。本当の結果は、1941年6月22日以来お互い戦い続けた、両軍の兵士と指揮官によっても、また、大きくお互い影響されたのであろう。

5人のウクライナ農民の子供が、SSの写真家に向かってポーズをとる。1944年2月、「ヴィーキング」の守備戦区のどこかである。すべて適当な衣服を着て適切な栄養状態であるが、カメラの前で恥ずかしがっているように見える。バラライカを持っている男の子は、遺棄されたソ連軍の冬季帽とブーツを着用しているようだ。ドイツ軍兵士は、しばしば彼らの野戦炊飯所から地域の住民に食料を与え、そして世界中のすべての兵士と同様に、子供をボンボンあるいはキャンディを与えてもてなした。(U.S.National Archives)

SS戦時報道員が地方の老人と、友好的な会話を行っている。多くの例で、ドイツ軍部隊は地方住民の家を宿舎とし、彼らの指揮官は人々を、戦術状況が許す限り公平に、そしてていねいに取り扱うことを希望した。(U.S.National Archives)

自宅でパンを焼くウクライナの婦人。広く流布されたドイツ軍が略奪したというソ連側の非難にもかかわらず、この家はまったくもって完全なように見える。1944年1月終わりか2月初めに撮影されたもの。(U.S.National Archives)

村の井戸から水を汲む、友好的な様子のウクライナ女性。スタイリッシュな服装ではないけれども、彼女の衣服はよく手入れされているように見える。(U.S.National Archives)

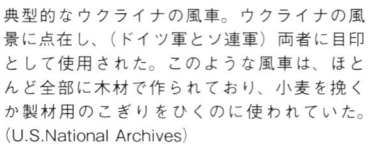

典型的なウクライナの風車。ウクライナの風景に点在し、(ドイツ軍とソ連軍) 両者に目印として使用された。このような風車は、ほとんど全部に木材で作られており、小麦を挽くか製材用のこぎりをひくのに使われていた。(U.S.National Archives)

典型的なウクライナの造り付け暖炉。寝所が上部にしつらえられており、ここでは「ヴィーキング」の戦時報道部隊の隊員が横になっていて、彼らの被服と装備は近くに掛けられている。(U.S.NationalArchives)

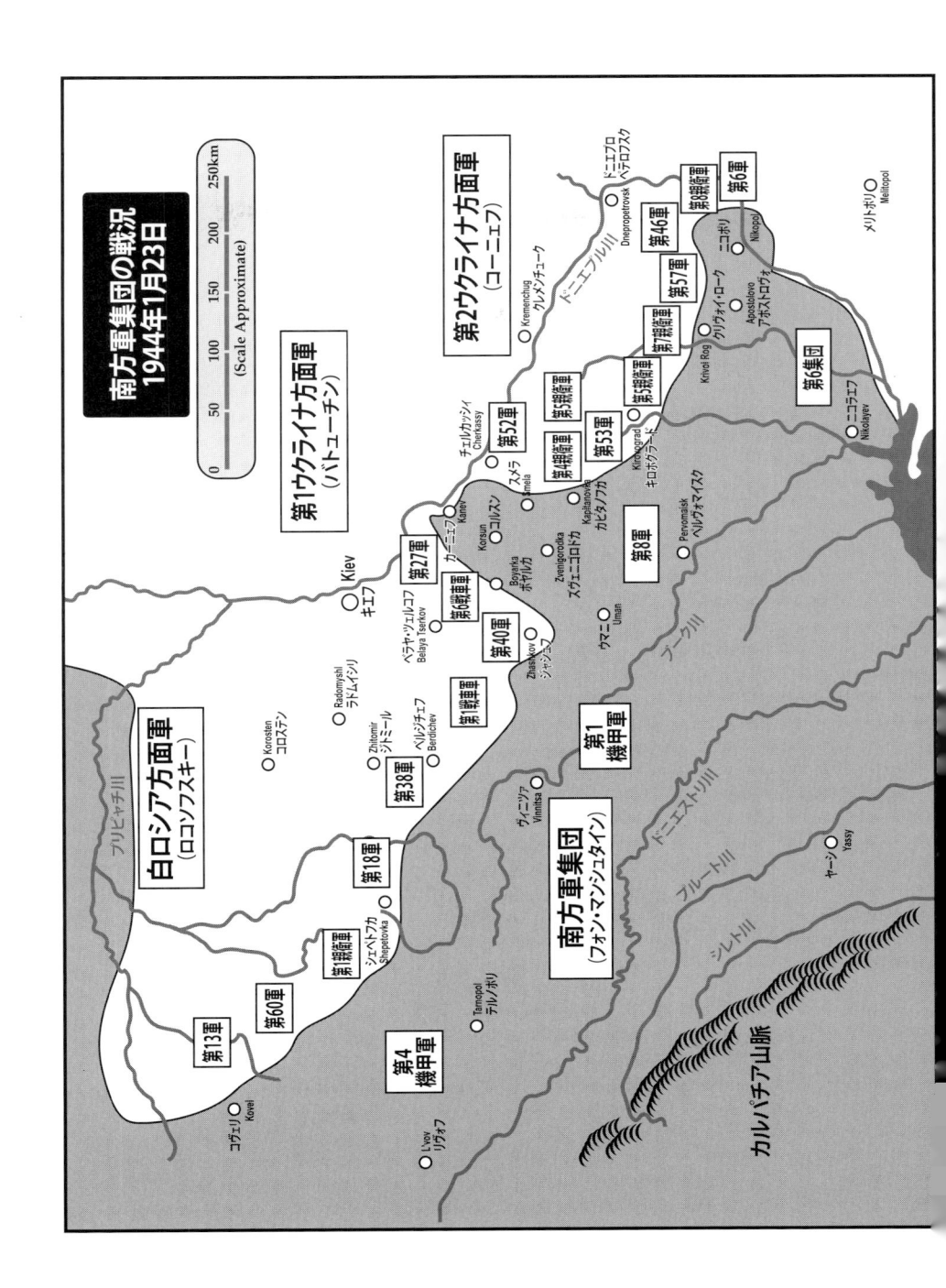

南方軍集団の戦況
1944年1月23日

0 50 100 150 200 250km
(Scale Approximate)

第1ウクライナ方面軍
（バトゥーチン）

第2ウクライナ方面軍
（コーニェフ）

白ロシア方面軍
（ロコソフスキー）

南方軍集団
（フォン・マンシュタイン）

- Korosten コロステン
- Kiev キエフ
- Radomyshl ラドムィシリ
- Zhitomir ジトミール
- Berdichev ベルジチェフ
- Belaya Tserkov ベラヤツェルコフ
- Boyarka ボヤルカ
- Zhashkov ジャシコフ
- Uman ウマニ
- Vinnitsa ヴィニツァ
- Shepetovka シェペトフカ
- Tarnopol テルノポリ
- L'vov リヴォフ
- Kovel コヴェリ
- Kanev カーニェフ
- Korsun コルスン
- Smela スメラ
- Cherkassy チェルカッシィ
- Zvenigorodka スヴェニゴロドカ
- Kapitanovka カピタノフカ
- Kirovograd キロヴグラード
- Pervomaisk ペルヴォマイスク
- Kremenchug クレメンチューク
- Dnepropetrovsk ドニエプロペトロフスク
- Krivoi Rog クリヴォイログ
- Apostolovo アポストロヴォ
- Nikopol ニコポリ
- Melitopol メリトポリ
- Nikolayev ニコラエフ
- Yassy ヤーシ

- 第13軍
- 第60軍
- 第18軍
- 第4機甲軍
- 第38軍
- 第1戦車軍
- 第40軍
- 第27軍
- 第6戦車軍
- 第52軍
- 第4親衛軍
- 第53軍
- 第5親衛軍
- 第7親衛軍
- 第5親衛戦車軍
- 第57軍
- 第37軍
- 第46軍
- 第8親衛軍
- 第6軍
- 第3親衛軍
- 第1機甲軍
- 第8軍
- 第6集団

- プリピャチ川
- ブーク川
- ドニエストル川
- プルート川
- シレト川
- ドニエプル川
- カルパチア山脈

第2章 対決する部隊

「我々の機動力は、巨大だが鈍重なソ連軍部隊にたいして常に我々に優位を与えていたが、それはいまやただの追憶となった」

グイ・ザーイェル、『忘れられた兵士』

　カーニェフ突出部を占拠したドイツ軍部隊は、前年7月の「ツィタデラ」作戦の失敗以来、行軍と後退のしづめであった。6ヵ月もの長期にわたって、フォン・マンシュタインの部下達は、しばしば近くに漂う包囲の脅威に付きまとわれながらの昼は戦闘、夜は行軍以外、何もなかったことを知っていた。ドニエプルの安全地帯の後方の準備された防御陣地を発見する代わりに、南方軍集団の部隊はしばしばまったく準備されていないことを、そして指定された地域でソ連の受け入れ委員会をさえ発見した。彼らは前線が構築できるようになる前に、これを追い出すか撃破しなければならなかった。

　弱り切って痩せ衰えボロボロの軍服をまとったドイツ歩兵は、ソ連軍を寄せ付けず、ほとんどの場所でドニエプルを保持することに成功した。しかし1943年12月までには、ニコポリ橋頭堡とカーニェフ突出部を除いては、ほとんどを保持しておらず、ソ連軍の仮借ない圧力に直面して、実質的にドニエプル西岸すべてを放棄した。

　絶え間無い戦闘の緊張にもかかわらず、フォン・マンシュタインの軍集団の部隊は、まだ彼らの戦闘能力をある程度保持していた。兵数、砲門数で圧倒されていたものの、ドイツ軍はまだソ連軍より、戦術的柔軟性、幕僚の力量、そして師団およびそれ以下のレベルでの指揮官のイニシアチブにおいて勝っていた。フォン・マンシュタインのリーダーシップの下で、南方軍集団の兵士はほとんどの赤軍の攻勢に耐えることができた。しかし彼自身、もしくはドラスティックな手段が取られない限り、その終わりは見えていた。

　フォン・マンシュタインは、もしヒットラーが、彼の行動の自由と彼が必要と感じている増援を拒否し続けるなら、近い将来の適当な時期に、もはやうまくソ連軍を寄せ付けずにおくことはできなくなると感じていた。彼の薄く広がった戦線は、もはや十分な部隊、戦車、火砲、そして航空機は保持しておらず、ましてヒットラーが彼を絶え間無く悩ましては、ウクライナでの再びイニシアチブを獲得するよう企図されたいかなる種類の攻撃を発動するどころではなかった。

　というのも、実際フォン・マンシュタインの師団の多くはロープに追い詰められていた。第57歩兵師団のシュミット大佐は、彼の師団の状況を述べたときに、彼らの状態を簡潔に捕

えている。

　師団の戦闘力は、人員と資材に勝る敵にたいする何ヵ月もの長さの戦闘で弱体化している。歩兵大隊は、たった20から40パーセントの戦力しかない。士気は転落した。部隊の中は、無感情、無関心が支配した。部隊は初歩的な生活の必要物資を欠いた情況下で過ごし、最高司令部への厳しい義憤や信頼欠如の言葉が部隊から述べられるようになった。

◆　◆　◆

　南方軍集団のすべての師団が、このような悪い情況ではなかったが、けっしてこの師団が異常だったわけではない。フォン・マンシュタインの師団のすべてが、多かれ少なかれ損害を被っていた。第二次世界大戦のドイツ軍兵士は、今日でもその回復力と信念については、彼らの指揮官達の中で伝説となっている。しかし「ドイツっぽ」でさえ破断界はある。彼らの士気が、数週間の包囲によって課せられる圧迫と緊張に耐えられるかどうかは、わからぬままであった。

　フォン・マンシュタインの南方軍集団は、1944年1月には、3個野戦軍から構成されていた～北に第4戦車軍、中央に第1戦車軍、そして南に第8軍で、ドニエプル屈曲部でフォン・クライスト元帥のA軍集団に属するホリト大将の第6軍に隣接していた。フォン・マンシュタインの軍のうちのふたつが、そ

れぞれカーニェフ突出部に軍団～それぞれハンス・フーベ上級大将が指揮する第1戦車軍、オットー・ヴォーラー大将が指揮する第8軍～を有していた。両者ともに経験ある指揮官で、前の秋のドニエプルへのへとへとに疲れる撤退中、部隊を良く率いていた。

　第1戦車軍のハンス・ファレンティン・フーベ上級大将は、1943年10月29日、ドニエプルの戦いが最高潮のときに、総統の信任を失ったエベア・ハアト・フォン・マッケンゼンの解任によって、指揮を命じられた。フーベは断固とした有能な指揮官であることが証明された。彼の積極的なリーダーシップのスタイルは、前線兵士への愛情と彼らと危険を分かち合う意思によって、「だんな」という名前をいただくことになった。

　フーベは1890年10月にナウムブルクで生まれ、第一次世界大戦に参加し西部戦線で勤務中に片腕を失った。戦間期に彼は、歩兵戦術の決定版のテキスト『歩兵』を著し、軍の首たる歩兵部隊の歩兵教導連隊の司令官として勤務した。彼は1939年にポーランドで部隊を指揮し、「バルバロッサ」作戦中に第16戦車師団の指揮中、1941年8月1日に騎士十字章を授与された。フーベは、降伏の直前にスターリングラード包囲陣から脱出して、イタリア戦線に移され、シシリーで連合軍侵攻部隊の遅帯に努めるドイツ軍を指揮した。

　イタリア軍の崩壊は、島で連合軍の前進を遅帯させる彼の作戦を非常に複雑なものにしたが、枢軸軍部隊のイタリア本土へ

の安全な脱出は、小さな軍事的奇跡であり、フーベをしてヒットラーにより、数少ない指導者のタイプと見なさせた。ヒットラーはロシア戦線の高級将校に欠けている特質と彼が不当にも考えていた、耐えて戦う忠実な指揮官を捜し求めていた。

秋と冬のドニエプル戦線中のフーベの業績は、選抜したヒットラーの確信を正当化した。このときフーベは巧妙に彼の軍団と師団、とくに戦車、機械化部隊を運用し、ドニエプロペトロフスク橋頭堡とその過程で低ドネツのほとんどを失ったものの、ロディオン・I・マリノフスキー大将の第3ウクライナ方面軍の打撃を繰り返し鈍化させた。

1944年1月3日、フーベの軍は前線から抽出され北西に移され、ラウスのぼろぼろの第4戦車軍と第8軍の間にはめ込まれた。この移動はしばらく事態を安定させた。フォン・マンシュタインがこのような移動を命じることができたのは、彼がフーベを信頼しフーベが恐れぬ指揮官と知っていたからである。ただしフォン・マンシュタインは、フーベが正当化できないほど楽観的で、あまりにもヒットラーの影響を受けやすいと考えていた。第1戦車軍はカーニェフ突出部に部隊を有していた2個軍より強力で、その指揮下に2個戦車軍団と2個歩兵軍団を持っていた。

第8軍は1個戦車軍団と2個歩兵軍団、そして軍サイズの戦区を占めていた「グロースドイッチュラント」機甲擲弾兵師団から構成されていた。軍司令官のオットー・ヴォーラー大将

は、1943年8月15日以来、第8軍とともにあった。そのとき軍は、当時の司令官のヴェアナー・ケンプフ大将にちなんで、ケンプフ軍支隊と呼ばれていたが、ケンプフはフォン・マンシュタインによって解任された。

ヴォーラーは、1894年7月12日にグロースブルヴェーデルで生まれ、やはり第一次世界大戦で戦い、戦後はドイツ共和国軍に勤務した。練達の参謀将校としてフォン・マンシュタインの興味をひき、フォン・マンシュタインは第11軍の指揮を任されたとき彼を参謀長にした。

ヴォーラーは1942年4月までフォン・マンシュタインに仕えたが、フォン・クルーゲ元帥指揮下の中央軍集団の参謀長に任命された。彼の最初の戦闘指揮は第1戦車軍で、彼は1943年4月から8月まで率い、その後第8軍の指揮を任された。フォン・マンシュタインは、とくにヴォーラーが再び彼の指揮下に赴任したのを喜び、こう述べた。「ヴォーラーの用心深さと冷静さは、クリミアで厳しい試験に持ちこたえたが、現在の状況では特別な価値があるだろう」。実際、ヴォーラーは、1943年の夏と秋の間に、その優秀さと技量をもって戦った。彼の冷静さは、来るべき日には決定的な資質となるだろう。

来るべきソ連軍の第一撃を被るであろう地域に、第1戦車軍と第8軍は、全部で130,000名が4個軍団に展開し、およそ100輌の戦闘可能な戦車および突撃砲を保有していた。カーニェフ突出部のドイツ軍自身は、前述の第XIおよび第

第8軍司令官、オットー・ヴォーラー大将。
(Bundesarchive)

第1戦車軍司令官、ハンス・ファレンティン・フーベ上級大将。(Bundesarchive 84/19/17)

XXXXII軍団で、合わせて総兵力65,000名であった。それぞれが上部司令部に対応していたことは、当初包囲陣の防衛作戦を複雑にした要因であった。

ヴィルヘルム・シュテンマーマン大将に指揮された第XI軍団は、ヴォーラーの軍の最左翼の軍団であった。その最も右の境界はクラスノシルカの村の近郊を走っており、そこでニコラウス・フォン・フォアマン中将の第XXXXVII戦車軍団に連接していた。その戦区はドニエプル川に沿って100キロにわたって広がり、そこでその左翼カーニェフの外縁で第XXXXII軍団に連接していた。

シュテンマーマンは、すぐに包囲された部隊全部の責任という重荷を負うことになる。彼は1888年10月23日にラシュタットで生まれた。第一次世界大戦に砲兵将校として勤務した。1939年に戦争が勃発したとき、彼は第XIII軍団の参謀長として勤務した。1941年1月にシュテンマーマンは第296歩兵師団の指揮を任され、ロシア戦役の最初の1年を通して1942年3月1日に彼が重傷を負うまで率いた。休養中で予備の任務を持たない人員であった彼は、包囲のたった数週間前の1943年12月5日に、第XI軍団の指揮官に任命された。

シュテンマーマンの西側隣接部隊は、第XXXXII軍団であった。この部隊はフーベの軍の最も東の軍団で、カーニェフでその右翼の境界をシュテンマーマンの左翼と分け合っていた。第XXXXII軍団自身の左翼は、エアンスト・エバーハ—

● 47　第2章：対決する部隊

第XXXXII軍団司令官代理、テオ・ヘルムート・リープ中将。(Bundesarchive 87/135/11)

第XI軍団司令官(ここでは大佐当時のものを示す)。ヴィルヘルム・シュテンマーマン大将。(U.S.National Archives)

ト・ヘル大将の第Ⅶ軍団の右翼と、メドビンの村の近くで接合していた。軍団長のフランツ・マッテンクロット大将は、勤務から離れていた。このため代理の指揮は、彼の部下の師団長のテオバルト・リープ中将に任されていた。

リープは1889年11月25日にフロインデンシュタットで生まれ、彼もまた彼の同時代人のほとんどと同じく、第一次世界大戦のベテランであった。1941年6月1日に少将に昇進し、第290歩兵師団の指揮官代理を任され、ソ連への侵攻に間に合った。彼は1942年4月にドイツ本国に転属し、短い間第306歩兵師団の指揮をまかされ、1943年2月から3月まで東部戦線にあった。1943年6月1日に中将に昇進し、1943年9月1日彼の3番目の師団、第112歩兵師団の指揮を任され、ドニエプル線への消耗させられる撤退を断固として指揮した。11月2日、彼はB軍団支隊の指揮を任され、第XXXII軍団の指揮を一時的に召還されるまで指揮を執り続けた。リープは虚栄心が強く傲慢な男で、国家社会主義にはほとんど共感しておらず独立心が強く、このことは服従することを困難にした。後者の資質は試練のときが来るとき、リープの助けとなったようだ。

両軍団共に、ソビエトによるジトミール〜ベルジチェフおよびキロボグラード攻勢成功の後を受けて、1月の最初の2週間に、カーニェフ突出部で防衛陣地に入っていた。前述したよう

48

に、リープおよびシュテンマーマンの軍団は、いまだドイツ軍の手にあったドニエプル川の唯一の部分を分かっていた。そこは80キロの幅で、ドイツ軍は1943年10月初め以来保持していた（P93地図参照）。両軍団とも深刻な戦力不足で、平均充足率は50パーセントであった。第Ⅺ軍団は4個師団ー第57、第72そして第389歩兵師団、それからSS第5戦車師団「ヴィーキング」からなり、フランス語圏ベルギー人によって編成されたSSヴァロニエ義勇突撃旅団によって増強されていた。

前述した第57歩兵師団は南ババリアを根拠地としており、1939年に予備役兵によって編成された。歴戦の師団であり、1939年にはポーランドで、1940年にはフランスで、そしてロシア戦役を通じて戦い続けた。ドニエプル渡河時は士気は低かったが、まだしかるべき評価を得ておりある程度の防衛能力を有していた。師団の2個の戦闘部隊は、第199擲弾兵連隊（「リスト歩兵連隊としても知られる）および第217擲弾兵連隊であった。その3番目の連隊、第676擲弾兵連隊はひどい損害のため数ヵ月前に解隊された。この連隊は一時的に、B軍団支隊第332擲弾兵師団から貸し出された第676擲弾兵連隊によって穴埋めされた。包囲戦当時、部隊はまだ各種口径の砲50門と対戦車砲8門を展開していた。師団長はデッサウ出身の砲兵科将校、アドルフ・トロヴィツ少将であった。彼は1893年生まれで、1943年9月に第57歩兵師団の司令官に任命されるまでに、第122および第

332歩兵師団を指揮した、歴戦の司令官であった。トロヴィツ師団は、突出部の東半分の戦区、スメラの町の西数キロを占めていた。その戦線は、右翼を第72歩兵師団、左翼を「ヴィーキング」に挟まれ、北を向いていたが、そこはパルチザンが横行するイルディン沼が横たわっていた。トロヴィツは1944年1月に彼の新しい戦区を視察した後こう述べている。「人は足りない、一日中穴掘り、守るには広すぎる戦線、そして夜眠ることもできない。だれもこんなことはできはしない」。

その右翼の隣接部隊、第72歩兵師団はまた別の歴戦部隊だった。1939年9月にモーゼル地域の2つの正規軍連隊、第105および第124擲弾兵連隊と予備役連隊、第266擲弾兵連隊を合わせて編成され、1940年西方戦役、1941年ギリシャ、そして東部戦線では1941年6月22日以来継続して行動し、非常に良好な評価を与えられていた。師団はセバストポリ包囲戦に参加し、サプン高地とマキシム・ゴーリキ砲台を占領して、特別な感状を与えられた〔註：「バルバロッサ」作戦でロシアを奇襲したドイツ軍は、たちまちウクライナを席巻しクリミア半島に迫った。クリミア半島は黒海に突き出した島のような半島で、この半島を制圧すれば黒海の輸送ルートは安全となり、中立を保つトルコへの政治的働きかけにも有利であり、ドイツ軍にとってどうしても獲得したかった要地であった。「バルバロッサ」作戦緒戦に続き、1941年9月24日、マンシュタインの指揮するドイツ第11軍によるクリミ

攻撃が開始されたが、このときは兵力不足で一気にセバストポリを落とすことはできず、ケルチ地峡からのソ連軍の反撃もあり失敗に終わった。このためドイツ軍はいったん攻撃をあきらめ、1942年6月7日にセバストポリ攻略は再開された。このときマンシュタインは大兵力、とくに砲兵を集中した攻撃によって、セバストポリの強力な堡塁を破壊し、約1ヵ月でこの要塞都市を陥落させた。セバストポリ攻略戦でドイツ軍が直面した最大の脅威が、セバストポリ市の北側に連なる砲台群との戦闘であった。その中でもとくに有名なのがマキシム・ゴーリキ砲台(ソ連側名称第30砲台)である。砲台はもともとロシア帝国時代の1912年に建設が開始されていたが1914年の第一次世界大戦の勃発で中断されてしまった。建設が再開されたのは、ロシア帝国が倒れソ連になった後の1928年で、最終的に大戦わずか前の1934年に完成している。砲台の主砲は、弩級戦艦と同じ口径の、305㎜連装砲塔2基である。この砲は1912～17年にサンクト・ペテルブルグで製造されたもので、1941年にスターリングラード・バリケード工場で近代化が行われている。本来は海からの攻撃を防ぐ沿岸砲台だが、北側のベルベク峡谷側にも砲撃を指向することができた。1942年6月7日のドイツ軍の総攻撃で、マキシム・ゴーリキ砲台は、9日間にわたって頑強に抵抗を続けた。305㎜砲台はドイツ軍の砲撃と工兵隊の爆破によって破壊され、17日、ついに砲台は陥落した。そしてこのとき北方陣地帯とともに激戦地となったのが、セバストポリ南東方のサプン丘陵地帯(サプン・ゴラ)であった。サプン・ゴラはセバストポリ前面の最重要拠点で、この高地を奪取されればセバストポリ市街を、完全に一望のもとに見下ろすことができた。ドイツ軍のサプン・ゴラへの攻撃は6月29日に開始された。ドイツ軍は丘陵一帯には1平方メートルあたり1.5トンもの砲弾を撃ち込み、ソ連軍の防衛線を粉砕し、セバストポリ市街へと突入した。なおサプン・ゴラはその後もう一度戦場となっている。それは1944年5月のことで、このときは攻守ところを変え、セバストポリを死守しようとしたドイツ軍にたいして、ソ連軍が解放戦を挑んでいる。激戦の後、ソ連軍は5月7日にサプン・ゴラを突破し、9日にはセバストポリを奪還している」。

1943年に中央軍集団に転属されクルスクで戦い、その後秋には南方軍集団に戻された。1943年12月にチェルカッシィの町そのもので短期間包囲され、その行動は2回、「国防軍日報」で言及された。突破し隣接部隊とともにチェルカッシィ突出部でその前線は東を向き、スホーイ・タシュリク川の北流の南に沿っていた。第72歩兵師団は、包囲時に各種口径の砲45門と対戦車砲14門を保有しており、1944年初めの標準からすれば、かなり良好に重火器を装備していた。

第72歩兵師団は、隣接する第57歩兵師団と異なり、まだか

第XI軍団第57歩兵師団司令官、フリッツ・トロヴィッツ少将。(Bundesarchive155/2110/10A)

第XI軍団（ここでは少将当時のものを示す）第72歩兵師団司令官、ヘルマン・ホーン大佐。(Photo courtesy of 72.Inf.Div.Veterans Association：第72歩兵師団戦友会の好意による)

なり高い士気、エネルギーの発露と将校や下士官への献身を有していた。その指揮官のドクター・ヘアマン・ホーン大佐は、1897年レンチェン生まれで、師団内で指揮の階梯を上り、歩兵大隊、そして2個の歩兵連隊を指揮し、1943年11月23日に師団長に任命され、比較的に下級士官の高い敬愛を得た。ホーンは大胆でエネルギッシュな指揮官で、機知の感覚を師団に養い、包囲戦の間中それを繰り返しはっきり示した。

シュテンマーマンの軍団の第3の師団は、1943年夏にフランスで編成された、ヘッセン第389師団であった。この師団は東部戦線の比較的新顔で、「ラインゴールド師団」のニックネームがつけられていた。これは前年冬にスターリングラードで破砕されたものと同じ番号の別の師団から再建されたものだったからである。師団は1943年10月にフランス沿岸に沿った警備任務から移動され、すぐにドニエプル線での戦闘に投入された。その能力は傑出したとはとても言えなかった。所属する擲弾兵連隊～第544、第545、そして第546擲弾兵連隊は、1943年12月終わりから1944年1月初めまでのチェルカッシィからの後退中、歩兵戦闘により大損害を被った。

弱体化した兵力を増強するため、第167歩兵師団の第331、第339擲弾兵連隊からそれぞれ1個大隊が配属された。歓迎すべき師団戦力の追加にもかかわらず、まだ人員は正面15メートルあたりに1名に足らなかった。司令官のクア

第2章：対決する部隊

ト・クルーゼ中将は、1895年にノイシュトレリッツで生まれ、第一次世界大戦のベテランでもあり、彼の軍団長と同じく砲兵科将校であった。1943年6月1日に師団長に任命される前には、彼は第186砲兵連隊を指揮していた。彼の師団は軍団の最右翼に置かれ、右翼で第ⅩⅩⅩⅦ軍団の第3戦車師団、左翼でヘルマン・ホーンの第72歩兵師団に接していた。

クルーゼの師団は、計画されたソ連軍の攻撃の主攻が向けられた地点に配置されている明らかな疑いがあり、すぐにその守備薄にたいして敵14個師団がぶつけられることになるのであった。師団はこれまでの数ヵ月の激しい戦闘で大打撃を受けていたが、師団はまだ26門の砲兵機材と12門の対戦車砲を展開させていた。そしてすぐにこれらのすべてが必要になるのであった。

第ⅩⅠ軍団第389歩兵師団司令官、クアト・クルーゼ中将。（Bundesarchive178/77/19）

前述のような不足にもかかわらず、第389歩兵師団は来るべき戦闘において立派に切り抜け、その戦区に高度な野戦築城を作り上げた。その事実はソ連軍の戦闘後報告書に記録されている。

第ⅩⅠ軍団の4番目の師団は「ヴィーキング」であった。師団は1940年12月1日、もともとはヴァッフェンSS（武装親衛隊）〔註：武装親衛隊は、ヒットラーの身辺警護を任務としたナチ党の私兵親衛隊の、いくつかの組織を前身として発足した。それらの組織のうちのひとつは、ヒットラー官邸の護衛にあたるSS衛兵部隊「ライプシュタンダルテ・アドルフ・ヒットラー（LAH）」で、1933年9月にはアドルフ・ヒットラー親衛連隊「ライプシュタンダルテ・アドルフ・ヒットラー（LAH）」と命名された。もうひとつは全国の5ヵ所に設けられた、敵性勢力の粉砕を目的とする、SS特別部隊であった。これらの部隊は、SS特務部隊（SS‐VT）へと発展する。一方、ナチの恐怖支配の象徴であった強制収容所の管理部隊として編成されたのが、SS髑髏部隊（SS‐TV）であった。1935年にドイツは再軍備を宣言するが、これに伴いヒットラーは、将来の武装親衛隊につながる、SS特務部隊の編成を命じた。これにより、ミュンヘンに「ドイッチュラント」連隊、ハンブルクに「ゲルマニア」連隊が編成された。ヴァッフェンSSは、ポーランド戦では連隊規模であったが、ポーランド戦後師団規模へと拡大された。その後、次々と新たな部隊が編成

され、とくにフランス戦後はヒムラーによって一段の拡大が図られることになる。しかし、陸軍の反発から拡大されたヴァッフェンSS部隊は、もっぱら外国人義勇兵が集められることになる。当初こそ人種政策に基づくゲルマン系人種が集められたが、戦争の継続と人的資源枯渇により、スラブ系やムスリムで、ドイツ占領下にあったありとあらゆる雑多の人種をかき集めた義勇部隊が作られていくことになる」の自動車化師団としていくつかの既存のSS歩兵連隊を結合して設立され、スカンジナビア、オランダそしてベルギー「ノルディック」の血統を持つヨーロッパ人多数とともに、スイスやフィンランドのようなその他の国からのいくつかの少数民族を集めた、ヴァッフェンSSの最初の師団として有名であった。最初の司令官のフェリックス・シュタイナーSS大将は、師団の兵員に彼自身の戦闘精神を教育し、恐るべき戦闘部隊を形成し、速やかに東部戦役で高く信頼され強力な部隊としての評価を獲得した。

師団はクルスクの戦いには参加しなかったが、ドニエプルへの後退中にも善く戦い、1943年8月20日の目で84輌のソ連軍戦車を撃破し、ハリコフの防衛戦ではたった1日で84輌のソ連軍戦車を撃破し、軍司令官ヴォーラー大将から感状を勝ち得た。師団は1942年11月に機甲擲弾兵師団に改編され、その編成に戦車大隊が加えられ、ぜいたくに重兵器の定数が満たされた。これにより、その3個歩兵連隊のうち1個を手放さなければならなかったが、実質的にその攻撃力は強化されていた。残る2個の機甲擲弾兵、

1944年1月終わり、スタローゼリヤの司令部における「ヴァローン」旅団の隊員（トラックの左フェンダー上の「ヴァローン」旅団の戦術マークに注目）。(Photo：Kaisergruber)〔註：トラックはフォードV3000、3t級の中型貨物自動車である。4×2タイプのV3000S（1941年〜1945年生産）と4×4タイプのV3000A（1943〜1944年生産）があった〕

連隊は、それぞれ「ゲルマニア」と「ヴェストラント」と命名されていたが、いずれも3個大隊編成で、陸軍の機甲擲弾兵連隊に比肩する以上のものであった。1943年10月、再び名称が変更され、今度は戦車連隊本部とその第2大隊はまだドイツで設立および装備中であり、完全に戦闘が終わった後の1944年4月まで師団に加わらなかった。

司令官は1942年11月以来、SS少将のヘアベアト・O・ギレであった。ギレは1897年3月8日、ハルツ山地のバド・ガンダーハイムで生まれ、1914年から1918年まで砲兵将校として勤務した。1934年にSS特務部隊に加わり、1940年まで「ヴァイキング」砲兵連隊を指揮し、ロシア戦役の最初の2年間で父親のような存在となった。彼は師団内で広く尊敬と称賛を得、彼らの兵士にとって父親のような存在となった。彼は勇敢な行動で度々表彰され、すでに1943年11月までに柏葉付き騎士十字章〔註・騎士十字章は、第二次世界大戦勃発の1939年に制定された勲章で、プール・ル・メリット勲章を引き継ぐものとして、ドイツ軍人の高い武勲にたいして与えられる勲章である。もともとある一級、二級鉄十字章（1813年制定）の上位に位置するものとして制定されたものである。その後、戦争の長期化により、勲章のインフレでより高位の騎士十字章として、柏葉付き、剣付き柏葉、宝剣付き柏葉、黄金宝剣付き柏葉などが定められた。ちなみにその最高位を授章したのは、勇名なスツーカパイロットのルデルただ一人であった〕を授与されて

いた。性格的に楽観的で自信があり、彼には見込みのないあるいは不可能な任務は無いようだった。

ギレは彼のSSや陸軍の同僚将軍からは、状況が必要とする無慈悲になれる、献身的でプロフェッショナルな兵士と見なされていたが、彼は決してナチではなかった。実際、この方面に関する権威の一人、ハインツ・ヒョーネによれば、ギレは「イデオロギーと無関係な、完全に非政治的士官」である。戦争の早い時期に起こったひとつの特別なできごとが、国家社会主義労働者党とSSヒエラルキーにたいする彼の態度を象徴している。1942年1月にロシアで戦闘中に、彼は「ヴァイキング」の「政治思想監督官」ヤコブ・フィックの訪問を受けたが、当時師団の砲兵部隊司令官だったギレは、明らかにフィックを歓迎しなかった。

彼らの会話の間何人かの目撃者の前で、ギレは彼にたいして、「褐色のシャツを着ることは、この貴族的な砲兵連隊では許可されていない。わたしは君の部屋に清掃分隊を送り込もう」と不平を言った。フィックはギレの態度を手紙で彼の上司のヒムラーの司令部にいるカール・ヴォルフSS大将に報告した。しかし何も起こらなかった。おそらく部下に代わってのシュタイナー大将の介入によるものであろう。これは彼が司令官として勤務していた間の彼の師団の部下にたいして感じていた強烈な忠誠心が理由であろう。

ギレは、彼の師団の強力な戦闘力にたよるだけでなく、来る

べき戦闘におけるドイツ軍の防御力を大きく強化することを決意した。包囲戦の前夜に彼の36門の砲兵機材を展開していた。「ヴィーキング」はおよそ14,000名の兵士を展開しており、カーニェフ突出部の中で最強の師団であった。2個機甲擲弾兵大隊が欠けていたが(1個はユーゴスラビアにあり、もう1個はドイツで新しい装甲兵員輸送車を装備中であった)、エストニア義勇兵で編成された、SS義勇大隊ナルヴァが配属されて増強されていたが、これはかなり独立的に運用されていた。

ギレの師団はまた、48口径砲搭載Ⅳ号戦車25輛と訓練中隊に1ダース前後のⅢ号戦車、そして追加の6輛の突撃砲〔註:ドイツは第一次世界大戦の敗北の結果軍備を制限され、戦車の保有も禁止されていた。しかしヒトラー率いるナチス党が政権を握ると「ベルサイユ条約」を破棄し、再軍備に取り掛かった。再軍備後最初に生産された戦車がⅠ号戦車、そしてⅡ号戦車であったが、これらは習作であり、訓練用かせいぜい偵察用の軽戦車で、本格的な戦車とは言えなかった。ドイツ軍が戦車部隊の主力となるべく開発したのが、Ⅲ号戦車であった。Ⅲ号戦車は1934年に開発が開始され、1937年に最初の生産型A型が完成したが、実際に実用的な戦車に仕上がったのは、1938年から生産が開始されたE型からであった。Ⅲ号戦車は、武装、装甲、機動力をバランス良く備え、無線機や車長キュー

ポラのような付属装備を備えた、近代的な戦車であった。当初Ⅲ号戦車の武装は37mm砲、最大装甲厚は30mmであったが、ドイツ軍のソ連侵攻時の主力は、武装が42口径50mm砲、最大装甲厚が60ないし50mmに強化されたH型とJ型であった。しかしロシアに侵入したドイツ軍は、ソ連軍の強力な新型戦車、T-34、KV-1に遭遇し、時刻の戦車の非力さを痛感することになる。

その結果、Ⅲ号戦車は、J後期型から、60口径の50mm砲が搭載されるようになった。同型は1941年12月から42年7月までに1062輛生産された。その後、Ⅲ号戦車はL型(1942年6月から1943年2月までに250輛生産)とM型(1942年10月から1943年2月までに653輛生産)と生産が続けられたものの、Ⅲ号戦車の武装強化はこのへんが限界で、やがてもっぱら突撃砲車台として生産されることになる。ドイツ軍は主力戦車のⅢ号戦車に加えて、火力支援戦車としてⅣ号戦車を開発した。Ⅳ号戦車は1936年に開発が開始され、1937年に最初の生産型A型が完成した。以後各型の基本形はそれほど代わらず、Ⅳ号戦車はA型から完成されたと言えた。Ⅳ号戦車は、旋回砲塔に当時としては大口径の75mm砲を搭載していることが最大の特徴であった。ただしこの砲は、目的が火力支援であり、短砲身の榴弾砲であった。その他はⅢ号戦車同様、装甲、機動力をバランス良く備え、無線機や車長キューポラのような付属装備を備えた、近代的な戦車であった。武装は24口径75mm砲のままだが、最大装甲

は、武装、装甲、機動力をバランス良く備え、無線機や車長キュー連侵攻時の主力は、

厚が30ミリないし60ミリに強化されたD型とE型であった。ロシア侵攻の結果Ⅳ号戦車も武装強化が図られることになった。F型の生産途中から、43口径の75㎜砲が搭載されるようになり、同型は当初F2型、後にG型として生産が行われた。G型は1942年5月から43年6月までに1687輌生産された。なおG型生産の末期から、主砲は48口径砲に変更された。その後、1943年4月からはH型（1943年4月から1944年7月までに3,774輌生産）が生産された。突撃砲とは、ドイツ軍独特の歩兵の火力支援用の装甲兵器である。戦車の一変形と言え、戦車車体を改造して固定戦闘室を設け大口径の榴弾砲を搭載したものだった。いわば動く砲兵として歩兵に密接して行動し、突撃行動のときに敵拠点を榴弾砲でつぶす役割を担っていた。実際、突撃砲の運用にあたったのは戦車兵では無く砲兵科の兵士であった。突撃砲の代名詞となったⅢ号突撃砲は、Ⅲ号戦車をベースにしており、車体に低平な完全装甲の固定戦闘室を設けて、元の戦車型より口径の大きい75㎜榴弾砲、Ⅳ号戦車と同じ砲を搭載していた。ロシア侵攻後Ⅲ号突撃砲も、武装が強化されることになる。F型から43口径75㎜砲が搭載されるようになり、1942年3月から9月までに359両（他に試作車1両）が生産された。これは突撃砲の任務が火力支援から、対戦車戦闘に変化したことを物語るものであった。なおF型生産の末期から、主砲は48口径砲に変更された。その後、さらに1942年9月からF8型（1942年9月から12月まで

1944年1月終わり、SS機甲擲弾兵連隊「ゲルマニア」のグスタフ・シュライバー上級軍曹が、彼の中隊の防御陣地のひとつから、凍ったドニエプルの向こうを眺めている。（Jarolin-Bundesarchiv）

に334輌生産）、1942年12月からはG型（1942年12月から1945年3月までに7,720輌生産およびⅢ号戦車から1944年に173輌改造）が生産された。突撃砲は当初は独立突撃砲中隊、やがて独立突撃砲大隊に編成、配備されたが、後には戦車大隊、戦車駆逐大隊等にも配備されている」）から成る戦車大隊を保有していたが、師団はこれによってシュテンマーマンの軍団の中で唯一なんらかの攻撃力を有する師団であった。しかしながら「ヴィーキング」は当初はカーニェフからオルロヴェツまでドニエプル川の防衛線に沿って並べられており、赤軍の主要攻撃地点からはかなり離れていた。

第Ⅺ軍団の建成上には「ヴァローン」旅団、公式にはSS第5義勇突撃旅団「ヴァローン」も存在していた。旅団はもとは国防軍に所属して、1942年夏中東部戦線に加わっていた。旅団はドン戦区とコーカサス山地で戦い、ドイツ軍の戦友からは、軍事的能力によってではなく、彼らの勇敢で熱狂的な戦い振りによって、尊敬を獲得していた。1943年6月1日にヴァッフェンSSに移管され、自身の砲兵、工兵、対戦車および対空部隊とともに独立自動車化旅団に改編された。

旅団には一時的に、SS第4機甲擲弾兵師団「ポリツァイ」から借りた～師団は当時バルカンで再装備中であった～10輌の7.5㎝自走砲を装備した突撃砲大隊が配属された。旅団はドイツ～ヨーロッパ協力の見本として、その隊員にはSS構成員として新しい全ヨーロッパ軍の基礎として統一して共産主義にたいする戦いにあたることが期待されていた。ハインリッヒ・ヒムラーが、SS長官としての彼の権能で、実際に彼らを認めようとしていたかどうかは未解決の問題である。

旅団の司令官はルシエン・リッペアトSS中佐であった。彼は29歳で以前はベルギー軍の参謀将校であった。リッペアトはブリュッセルの国防大学を首席で卒業し、有能で冷静な指導力で知られた。彼の副官はレオン・デグレール大尉であった。彼はベルギー・レックス党運動の指導者で、戦前のベルギーでは政治家としていくらか名声を得ており、彼の旅団の東部戦線での行動が、彼の部下のベルギー、バーガンディ地方のヴァローン人に分離されたホームランドを得る助けとなることを期待していた。

旅団には2,000名の人員がおり、「ヴィーキング」の作

SS義勇突撃旅団「ヴァローン」のルシエン・リッペアトSS中佐。（Photo courtesy of Andreas Schwarz and 88.Inf.Div.Veterans Association：アンドレアス・シュヴルツおよび第88歩兵師団戦友会）

戦指揮下にあって、ドニエプルに近いモシュニーからスタロゼリエの町まで、12キロの幅に広がる戦区を占拠していた。旅団は1943年11月11日にこの地域に到着して以来、パルチザンを含む赤軍にたいする、攻勢、防勢作戦に従事して来た。あるソ連の資料によれば、「暗黒社会のチンピラ、そしてたちの悪い冒険者」ふぜいによって構成されたと記述されているが、「ヴァローン」は自身をベルギーとヨーロッパ市民の最良の伝統の具体化と見ていた。旅団はまだその部隊のすべてとともに行動していたが、それゆえギレの師団にはドイツ軍の作戦将校および連絡将校が任命されていた。

その歩兵師団に加えて、第XI軍団にはその編成内にまた10・5cm榴弾砲から17cmカノン砲までの範囲で15門の3個独立砲兵中隊を有していた。軍団はまた中隊から大隊の範囲の4個工兵部隊を保有していた。他の軍団の部隊は、SSのそれと並んで唯一他の機甲部隊である、17輛の突撃砲を装備した第239突撃砲旅団〔註：第239突撃砲旅団（編成当初は大隊）は、1943年6月に東部戦線に送られ、下旬にドニエプル川東岸のアハトウィルカで初陣を飾った。8月に東部戦線の南のバルスで編成されている。それ以降後退戦闘が続き、キエフ南方で橋頭堡の防衛任務についた。その後、11月半ばから12月末までは第24戦車軍団戦区、のチェルニャーホフ、ウリャーニキ等で、年末からは第7軍団戦区のラキートノエ南方およびロシュ川戦区で戦闘に従事した。1月13日には第34歩兵師団に

配属され、敵によって空けられた前線の突破口をふさぐため南西に攻撃し、グニロイ・ティキチェ川沿いのルサーロフカ二到達し、第17戦車師団との連絡を回復し、敵を包囲している。メドヴィン、ポヨルカ方面の戦線が持ちこたえることができなくなったため、旅団はリュシャンカへの陣地変換命令を受けた。その後、1944年1月26日、第34歩兵師団にたいする攻撃を撃退するため奮戦した。その夜、コルスン包囲網の真っ只中に自ら飛び込むはめとなった。翌朝、ステブレフでSS第5戦車師団「ヴィーキング」の大隊長より、第112歩兵師団の1個連隊の指揮下に入るよう命じられ、以後この激戦を戦い続けることになる。軍団はまた近代軍隊の機能に不可欠な、通常の通信、装備、補給、輸送、そして修理部隊を保有していた。

第XI軍団は1944年1月24日の時点で、何千人かの軍属とヒビス（ドイツ軍側に自主的に加わったロシア兵捕虜）全部でおよそ35,000名の兵員が配属されていた。シュテンマーマンはヴィーキングから寄せ集めることができるものを除いては、予備を持っていなかった。唯一の有利な点は、彼の薄っぺらく広がった部隊にたいしていた敵は、どこにドイツ軍の主要防衛線が走っているか正確に知らなかったことで、彼らは攻撃の前日に強行偵察をしなければならなかった。

突出部の北および西部分を占めていたドイツ軍は、第XXX

第XI軍団SS第5戦車師団「ヴィーキング」司令官、ヘアベアト・オットー・ギレSS少将。(Bundesarchive 73/128/43)

第XXXXII軍団B軍団支隊司令官代理、フォウクアト大佐。(Photo courtesy of Andreas Schwarz and 88.Inf.Div.Veterans Association：アンドレアス・シュヴルツおよび第88歩兵師団戦友会の好意による)

第XXXXII軍団第88歩兵師団司令官グラーフ・フォン・リットベアグ中将 (Photo courtesy of Hans-Kurt Menedetter)

XII軍団で2個の消耗した師団からなっていた。軍団はたった30,000名の兵員で、戦車も突撃砲も無かった。突出部の北方部分、ドニエプル川のカーニェフ～そこで第XI軍団と結び付いていた～から、ボグスラフの町まではB軍団支隊があった。前述したようにこの部隊は3個の粉砕された歩兵師団～第112、第255、そして第332擲弾兵師団の残余から構成されていた。これら連隊サイズの部隊のすべては、エルンスト・シェンクのような2個の集成歩兵大隊、そして連隊歩兵砲そして対戦車中隊から成っていた。軍団下に1943年11月2日付

で、スタンダードで、いまや廃止された第112歩兵師団からで提供された師団参謀および支援部隊が集成されており、B軍団支隊は戦術的に師団として展開されていた。

その創設を必要としたような損失にもかかわらず、「良好な師団の戦力」を有するとリープ中将は、述べたことが引用される。リープはマッテンクロット大将が不在の軍団の一時的指揮を執るため移動したので、ハンス・ヨアヒム・フォウクアト大佐が司令官代理として勤務するよう任命された。フォウクアトは1895年にブラウンシュヴァイクで生まれ、第一次世界大

● 59　第2章：対決する部隊

戦を砲兵科の尉官で勤務した後、「バルバロッサ」作戦中彼は第223歩兵師団の第223砲兵連隊司令官を勤めた。フォウクアートの指揮下には43門の砲兵機材と9門の対戦車砲があり、その中には1門の強力な対戦車砲すなわちPak43、当時導入された新型8.8㎝対戦車砲が含まれていた。軍団支隊戦区のほとんどは広く開かれたステップからなり、一年のこの時期には戦車による攻撃に理想的であった。しかし軽度な攻撃を受けることになっただけだったので、攻撃が行われたとき、突出部の他の崩壊した部分に手当をするための、予備としての第一番のソースとなることになった。

第XXXII軍団の他の師団、第88歩兵師団はB軍団支隊の左翼に配置され、西を向いて、メドヴィンの周辺で、隣接する第VII軍団のハンス・ヨアヒム・フォン・ホアン中将の第198歩兵師団に接合していた。師団は1939年9月1日に、主としてニュルンベルクとバイロイト地域からのババリアの予備役、および多くのオーストリア人から編成されていた。師団はフランスの戦いに参加し、フランス・ビスケー湾岸沿いでの占領任務のためにそこに留まった。

1941年12月、中央軍集団の危機が最高潮となった時期にロシアに移動され、とくにこれは部隊が冬季用の被服も装備も無しに戦闘に投入されたことによるが、続いての絶望的な冬季戦を立派に戦い抜いた。1943年7月にはクルスクの戦い、そして1943年9月11日には南方軍集団に加わってドニエプルへの後退戦闘に参加し、キエフの戦闘前夜、第88歩兵師団はいくつもの異なる部隊をその指揮下においていたが、しかし実際師団に属していた部隊はたった5,400名だけだった。

自身の第245および第248擲弾兵連隊に加えて(その第3の連隊、第246擲弾兵連隊は廃止された)、師団にはまた第323擲弾兵連隊がその2個大隊とともに、同じく他所で戦っていた第168歩兵師団の第417擲弾兵連隊も加えられた。師団の仕上げには第213警備師団の第318および第177警備連隊、第88歩兵師団からの部隊が加えられた。これら異種部隊とともに、第88歩兵師団は広い正面をカバーした。師団は1943年12月終わりにはビアラ・ゼルコフの町を追い出され、疲れ果ててほとんど擦り切れるところであったが、自身では打ち負かされたとは考えていなかった。

その司令官、グラーフ・フォン・リットベアグ中将は、1898年アルザスのストラスブルクに、ドイツ人の両親の下に生まれた。彼もまた第一次世界大戦の砲兵科のベテランで、戦間期は共和国軍に勤務した。彼の指揮経験には、1940年から1943年までのフランスの戦いと東部戦線の両者での、第31砲兵連隊と第131砲兵連隊でのリーダーシップが含まれる。彼は1943年11月12日に第88歩兵師団の指揮に任じられたが、そのとき彼はジトミールの近郊で防衛戦闘にあたっていた。師団は各種の砲兵機材22門に7門の対戦車砲を展開してい

が、戦車も突撃砲もなかった。その主要な資産は砲兵連隊で、数は少なかったが優れた経験を有していた。この能力は、バトゥーチンの差し迫った攻撃の矢面に立ったときに、大きな価値があることが証明されたのである。

多少の軍団レベルの砲兵支援を有していたシュテンマーマンの軍団と異なり、リープの軍団は、彼の師団の全般支援にたった1個の砲兵中隊しか保有していなかった。彼はまたたった1個の工兵大隊しか持たず、他の軍団支援部隊〜補給部隊、弾薬および補給デポなどなど〜も同様だった。突出部の中にはまた、中年の予備役兵からなる1個州兵大隊、忠誠度が疑わしいアルメニア義勇兵で構成された、第810アルメニア歩兵大隊も存在していた。鉄道建設工兵の2個中隊を除いて、突出部のドイツ軍兵力の総数は、わずかに65,000名を越える兵力、150輌の戦車および突撃砲、218門の砲兵機材および歩兵砲、51門の対戦車砲であった。防戦のため前線にある総数を因数分解すると、これは印象的な火力のように思えるが、実際のところその総数は1キロに2門にわずかばらまかれていた。平時の火力展示にさえ不十分で、ましてや赤軍にたいする戦いにおいては脆弱であった。

しかし数の劣位を補うために、両軍団の部隊は来ることがわかっていた赤軍の攻勢にたいする防御陣地を熱心に準備した。ソ連の戦闘後報告書ではドイツの防衛線は、多数の塹壕、掩蔽、砲兵射撃陣地、連絡壕を持ち、極めて良好に建設されていた。

鍵となる地域は効果的に使用され、同時に多くの小川や流れによって防御力は強化された。第XIおよび第XXXII軍団の兵士は、人力の代わりとして野戦構築物をあてにしなければならなかった。良好に構築された防御陣地に加えて、ソ連軍もまた敵軍の別の戦力が突出部に見られるよりも多数あると考えていた。この仮定は、誤った考えであったが、ソ連軍の作戦プランに大きく影響した。

異なるドイツ軍部隊が寄せ集められていることは、突出部内のドイツ軍の編成表を作り出すことが任務の赤軍軍事情報部専門家には賜物となる情報としてあらかじめ記述されていた。突出部の5つの名前の出た師団に加えて、そこには他の師団から2つの軍団に配属された各種の能力を有する数多くの部隊があった。前述したように、これらには3つの他の師団からの大隊や連隊、同時に砲兵や工兵、突撃砲部隊、そして鉄道部隊のような各種の軍部隊が配属されていた。多数の手段〜捕虜、無線傍受、空中偵察等々〜によって、赤軍は、彼らの考え方にしたがって、目標地域に何が配置されているか、かなり完全な画像を描くことができた。その情報将校は、第XXXII軍団の防御陣地の詳細地図を得ることすらできたのである。

ソ連軍情報部の専門家はこのデータを解析し、突出部には〜実際にはたった6個師団だったのだが〜ドイツ軍10個師団と「ヴァローン」旅団がいると決定した。彼らは各師団が健在で完全戦力なものと記したが、これは作戦を開始するにあたって必要

な戦力を算出するときの、赤軍の非常な用心深さを証明する通常のテクニックであった。この保守的な方法のために、赤軍は突出部に展開しているドイツ軍を兵員130,000名、砲兵機材1,000門、戦車100輌を越えるものと見積もったが、この数量はドイツ軍が実際に有していた数量の2倍であった（砲兵機材に関しては、ドイツ軍はその数量のたった4分の1しか保有していなかった）。

ソ連軍が突出部のドイツ軍の数量を過大評価したことと逆説的なことに、彼らはドイツ軍の包囲に耐え抜く能力と素早く救出努力を開始する能力を過小評価した。これがソ連軍事情報機関が、ドイツ軍の状況を誤って評価した明白な理由であった。それにもかかわらずソ連軍にとっては、これは密集した強力な集団であり、キエフあるいはキロボグラードを脅かす能力があり、それゆえ必ず抹殺せねばならなかった。しかし真実は、すでに示されたように、まったく違っていたのである。

キエフ奪還のヒットラーの願望にもかかわらず、突出部に並べられたドイツ軍は、それを守備するにも十分とは言えず、まして攻勢などできなかった。200キロを越える正面を守ることを強いられ、2個軍団は警戒線に常時配員することにも窮していた。隣接部隊との間隙は日中は徒歩の哨兵でカバーされていた。中隊あるときは大隊サイズの地域の予備部隊は、突破への反撃や前線の回復のために使用された。これらの困難に合わさるのがすでに述べた人力の不足であり、加えて重火器（と

「ヴィーキング」戦車訓練中隊のⅢ号戦車、1944年1月。（Jarolin-Bundesarchiv95/58/14）〔註：Ⅲ号戦車J型。60口径5cm砲搭載型で1941年12月から1942年7月までに1067輌が生産された。1942年初頭に「ヴィーキング」に配備されたことが知られるが、それ以来の歴戦を生き残った車体であろう〕

くに戦車と自走砲）、自動車両、燃料、弾薬、そして通信機材が不足していた。ウクライナのパルチザンはステップをうろつき、ドイツ軍とソ連軍の両者を同様に攻撃した。

さもなくば、憂鬱な連祷になるところに唯一光明が見えた点は、ドイツ占領当局がたった2週間前に、何トンもの食料をコルスン‐シェフチェンコフスキーの町の飛行場に備蓄していたことであった。これは第1戦車軍の命令で行われたもので、軍は2週間前に第XXXXII軍団のロシュ川防衛線への後退を予期して補給物資を移動しようとしたものであった。ヒットラーはこの要請を却下したが、そこに留まったままだった。少なくともドイツ兵士が戦死したとき、彼らはいまや満腹でいることができたのだ。

別の問題はドイツ軍の防衛線が縦深を欠いていることであり、この事実は軍集団司令部から最も下位の中隊長に至るまでわかっていた。ひとたび赤軍がドイツ軍の防衛線を突破すれば、何も彼らがブーク川、黒海、あるいはルーマニア国境にさえも突進することを止めるものはなかった。黒海のオデッサ港は、クリミアに孤立した第17軍の生命線であったが、キロボグラードの第2ウクライナ方面軍司令部からたった200キロしかなかった。南方軍集団は、第XI、第XXXII軍団の両者同様、ほとんど予備を持っていなかった。すべての使用可能な機甲あるいは機械化部隊は、進行中の防衛作戦に参加していた。

実際、赤軍が黒海に突進し損ねたことは、後でフォン・マンシュタインをまごつかせることになる。というのは彼は彼が赤軍の同じ地位にあれば行ったであろうことを行うと考えたからである。赤軍による大規模な縦深攻撃の場合、彼にはそれを止めるためにできることはほとんど無かったのである。赤軍がさらに大きな獲物を犠牲にして突出部ですぐに罠にかけられる部隊の殲滅のために集中していることは、圧迫を受けているドイツ軍の救援の淵源となり、そして当惑させるものであった。というのも、実際、ドイツ国防軍は、かつては強力であったが、いまや2年半前にロシア国内に入った戦力の幻でしかなかったからである。

1943〜44年の冬までに、ドイツ軍はもはやその人員、機材の損失を補うことはできなかった。この事態のひとつの兆候と言えるのは、前述したように、軍団支隊の創設に訴える必要があったことである。これらの組織は2個あるいは3個の消耗した連隊サイズの師団を組み合わせたもので、軍団司令官に少なくとも師団レベルの作戦を行うことのできる部隊を提供する試みであった。B軍団支隊の存在は、すぐに赤軍のドイツ軍編成表の計算をまごつかせ、実際にはそこにはたった1個しかなかったのに、3個師団と勘定させることになった。それに加えて、突出部のすべてのドイツ軍師団は、広い正面の守備を任されていた。たとえば、「ヴィーキング」は80キロを越えるドニエプルに沿った正面を守備しなければならなかっ

た。ヒットラーの寸土をも守るという決定は、実際、当時最も緊要に必要とされた戦闘力を消耗させた。さらに悪いことに、部隊はわずかに後退すれば鍵となる地形を最高に利用することができたのに、防備には適さない土地を占めることを強いられたのである。事態をさらに複雑にしたのは、フォン・マンシュタインによるカーニェフ突出部からの脱出要請へのヒットラーの拒絶であった。フォン・マンシュタイン、フーベ、そしてヴョーラーが、陸軍総司令部、すなわちヒットラーへ、1月初めから脱出するよう何度も要請していたのである。

こうして1944年1月半ばには、ヒットラーの第1戦車軍と第8軍は、広がり過ぎ消耗しつくしていた。フォン・マンシュタインは、彼の軍集団内の他の軍から部隊〜いかなる場合でもすでに進行中の他の作戦に従事していた〜を引き抜くよう決断しない限り、いかなるソ連軍の脅威にも反撃のため使用できる予備はなかった。彼は過去4ヵ月間繰り返しこの戦術、ペーターから奪い取りパウルに返す〜に訴えることを強いられた。しかしフォン・マンシュタインは、留まった防衛戦を無期限に遂行することはできなかった。こうして南方軍集団は、スターリンと配下の将軍が考慮する機動作戦に、極端に脆弱であった。

ドイツ軍の行動に影響を与え始めた別の要因は、その士気がもはやかつてのように高くないことであった。前年夏と秋の後退は、戦車部隊やヴァッフェンSSといったエリート部隊を除いて、兵士達に運命論の感覚を招いた。最終的な勝利への確信

は、もはや不確かであった。いわゆるソ連の劣等人種は、結局手ごわい敵手であることがはっきりした。個々のドイツ軍兵士は赤軍を恐れるようになり、「イワン」（個々のソ連兵を指す彼らの用語）への大きな畏敬の念を生み出した。機械化戦争における赤軍の能力が増加する傾向は、また別のものごとの進展を予感させた。

多くのドイツ軍の兵士が最も恐れたことは、パウルスの第6軍がスターリングラードで経験したような、包囲され見捨てられる運命であった。この信念の危機は、戦闘中何度も言及されることになる。赤軍が機械化戦闘にますます卓越するようになったこと、実際、ドイツ軍の能力とほとんど等しくなったことは、1942〜43年までには認識されていたが、ほとんど公には言及されることはなかった。不屈のヴァッフェンSSの将軍マックス・ジーモンでさえ、赤軍の技術と頑強さを認めて、ドイツ軍の頑強さや自己犠牲はもはやドイツの最終勝利を保証するには不十分だと書いていた。

ドイツ軍兵士の質もまたもはや、国防軍が世界最高の軍隊であった、1941年6月22日のものではなかった。その兵士の中には、いまや以前なら医学的に勤務に耐えない、年寄り過ぎる、あるいは若すぎる、と考えられる兵士がいた。本土の基地での補充訓練大隊による訓練水準も低下し、訓練もまた短縮された。注目すべきことに、国家社会主義の熱狂も欠けているようであった。ドイツ空軍とドイツ海軍からの多くの人員もまた、

不本意にも地上戦闘部隊に移動させられ、そこで彼らは前線での情況に厳しく不平を言った。当時、SS第2戦車師団「ダス・ライヒ」の砲兵大隊を指揮した、カール・クロイツSS少佐はこの状況を語っており、これはこの状況の説明としてしばしば引用されるものである。

月の終わり近くに、ついに我々は何人かの補充を得た。彼らのほとんどは訓練場から来た若者で、少数のイタリアで勤務した将校と下士官がいた。すぐに彼らは寒さに文句を言い出した。彼らは昼も夜も火を絶やさず、後に大切になる多数の木製の離れ家を燃料にするために打ち壊した。わたしは彼らにこのことをはっきりと言う機会があった。すると彼らのうちのひとりが応えて、この日気温はマイナス10度まで下がった、これは異常じゃないのかと言った。わたしは彼に、温度計が10度でなく零下25度になれば、すぐに自分をラッキーだと思うようになるだろう、それから1月中には零下40度にも下がると話した。これでこの哀れな部下は、まいってしまい、すすり泣いた…。

◆ ◆ ◆

ロシアでの戦争の最初の1年が過ぎた後のドイツ陸軍の実情は、陸軍のみで800,000名の損害を被り、もはや人力の巨大な損失を補うことはできなかった。ヒットラーのエリート警護部隊のヴァッフェンSSでさえ、人力の問題を解決するため、東ヨーロッパからドイツ系とともに非ドイツ系を受け入れざるをえなかった。「ヴァイキング」でさえ、フィンランド人、エストニア人、そしてラトビア人を兵員に抱えていた。ただしこれらの人員は通常非常に満足行く行動を示し、彼らのドイツ人の仲間から戦友として歓迎された。

ドイツ軍の損害が募り、東部での戦争に備えていない補充が到着することが増え、そして士気が阻喪し続けるにつれて、戦闘部隊の全体的な効率は明らかに低下する兆候を見せ始めた。後方梯団組織をさらなる補充人力と結び付けることは短期的解決でしかなく、これはひるがえって、これまた戦闘能力に影響する、兵站状況の緊張を増大させることになる。明らかに世界中にこのような傾向に無限に耐え得る軍隊はない。しかし、一方で、赤軍も同じく、膨大な損害を被っていたが（1943年12月までにソ連はあらゆるタイプの1,900万名の損害を被った）、正反対の方向に向かいつつあった～東部での戦争が長引くほど、状況は良くなるのである。カーニェフ突出部を締め付け破壊するために選ばれた戦力は、明らかにこの傾向から利益を得たものであった。彼らの戦力は戦闘中、明らかにドイツ軍を劣りさせるものであった。

赤軍によるコルスン-シェフチェンコフスキー作戦～これは西側では「チェルカッシィの戦い」、あるいは「コルスン包囲戦」として知られるようになるが～の遂行のために、スタフカ（ソ連大本営）は、ジューコフ元帥を通じて、1944年1月12日

に、第1、第2ウクライナ方面軍に即座に彼らのそれぞれの戦区での攻勢作戦を終わりにし、突出部のドイツ軍を罠にかけ二重包囲の計画を始めるよう指示した。それゆえ各方面軍は作戦を全力では開始しなかった。というのは、両者はウクライナで1943年11月半ば以来、ドイツ軍にたいして継続的に交戦しており、そしてこの新作戦を準備するための時間はほとんどなかったからである。バトゥーチンの方面軍は、東西の軸が東はドニエプル川から西はシェペトフカの西まで走る、とくに非常に広い戦区に展開しており、彼の軍の部隊はまだラウス大将の第4戦車軍と交戦していた。作戦の彼の担当部分を実行するために、バトゥーチンは彼の軍のたった3個〜第27、第40、そして新しく編成された第6戦車軍〜しか投入することができなかった。これらの軍の最初の2つは、1月の第2週に前進が中止されたため陣地にあり、彼らの敵であるドイツ軍同様すでに彼らの戦区に通じていた。

第1ウクライナ方面軍司令官、ニコライ・フョードロビッチ・バトゥーチン大将は、スターリンの最も若く信頼される方面軍司令官のひとりとなった。バトゥーチンは1900年にロシアの農民の家系に生まれたが、彼個人の人生はほとんど知られていない。軍隊勤務は第一次世界大戦に始まり、彼はツァーリ（ロシア皇帝）の騎兵連隊に勤務した。1917年にボルシェビキ（レーニン）の指揮の下、ロシア革命を指導したソ連共産党の前身）に加わり、1919年から21年までのロシア内戦中に兵卒から騎兵師団長にまで昇進し、彼のダイナミックな指揮能力と戦術的眼力、同じく共産主義指向を示した。フルンゼ軍事アカデミーを卒業したが、彼は多くの同僚の多くの生命が奪われた粛正をも免れた。最もありそうなことだが、彼は彼の個人的見解を明かさなかったが、これは彼に勝る階級の多くの将校が犯して致命的結果を招いた、生き残るためのルールであった。

彼のキャリアは戦争の勃発以来流転する。当時、彼はソ連参謀本部の参謀次長として勤務していた。ドイツ軍のソ連侵攻が発動された1941年6月、バトゥーチンはティモシェンコ元帥〔註：セミョーン・K・ティモシェンコ元帥、1895年、農民の生まれ。第二次世界大戦前期に活躍したソ連軍の将軍。内戦当時、スターリンとの友情を築き騎兵将校として長く勤務。1939年、ポーランド侵攻でウクライナ方面軍を指揮し、1940年にはフィンランド戦で緒戦に惨めな敗戦を喫したメレツコフから指揮を引き継ぎ、カレリア地峡での攻勢を成功に導く。5月には国防人民委員となり、ソ連軍の再編成にあたった。1941年6月、大本営議長から西方総軍司令官となるがドイツ軍の撃退に失敗する。9月には南西総軍司令官として、やはりクリミア防衛に失敗する。1942年5月のハリコフ攻略作戦も失敗に終わり、ブラウ作戦でもドイツ軍の進撃を止められなかった。このためはるかに静かな北西方面軍司令官に転属させられた〕の下、ウクライナで1個軍を指揮するよう派遣された。そこで彼はフォン・ルンテシュテットの南方軍集団のお

かげで敗北を喫した。彼はしばしば向こう見ずで興奮しやすい指導者として性格づけられるが、彼の大胆さと型破りな様は、スターリンの好意的な注意をひき、ジューコフは彼を機動部隊の指揮官として理想的な資質を有すると指摘した。バトゥーチンの最初の方面軍指揮は北西方面軍で、彼は1942年3月29日にデミャンスク包囲陣のドイツ被包囲部隊を粉砕するための任を負った。

ドイツ軍は最終的に彼の掌中から擦り抜けたが、バトゥーチンは自身が有能でエネルギッシュな指揮官であることを証明し、結果としてスタフカの信頼を得ることができた。彼はドイツ軍が繰り出す最良の軍と戦い、常に成功を収めたわけではなかったが技能をうまく学んだ。ある説明では「マッシブで角顔でけんか好きな見た目」と叙述されるが、バトゥーチンの広い頭は肩にあまりにも接していて、彼の部隊では彼を「首の無い男」と呼んだ。彼は厳しい御者であったが、苦難を野戦で兵士とともに分かち合った。バトゥーチンは1942年10月以来、以前は南西方面軍、そしてそれ以前は南西方面軍として知られた第1ウクライナ方面軍司令官となった。バトゥーチンがすぐにドイツ軍の守る突出部に投入することになる3個軍もまた、練度の高い部隊であり十分な能力をも獲得していた。

セルゲイ・ゲオルギービッチ・トロフィメンコ中将指揮下の第27軍は、3個狙撃兵師団および第54、第159要塞地区からなり、第1ウクライナ方面軍の左翼にあり、その東翼はカー

ウクライナの泥を抜けて、パンターが軋りながら進む〔註：パンターA型、前面に機関銃マウントのある中後期生産型である。パンターA型は1943年8月から1944年5月までに2,000輌が生産された〕。
(Bundesarchive72/69/39)

67　第2章：対決する部隊

ニェフの近くでドニエプル川に接していた。第206狙撃兵師団はドニエプルに接し、B軍団支隊に指名されていた。2個要塞地区はこの部隊の一部とともにほとんどは第88狙撃兵師団の占める戦区に対していた。その第337および第180歩兵師団は、両者ともに突破部隊に指名され、第88、第198歩兵師団が戦術境界を分かつ、内翼に面して並べられていた。これらの部隊に加えて、トロフィメンコはまた3個迫撃砲連隊、3個砲兵連隊、および1個重対戦車砲連隊、おなじく通常の数の工兵、補給、そして輸送人員を有していた。トロフィメンコには全部で28、348名の人的戦力が与えられており、ドイツ軍の標準ではおおよそ軍団サイズの部隊であった。その主として静的な任務を考慮して、第27軍には戦車は配備されていなかった。

トロフィメンコの編成表で、最も風変わりな部隊は、前述の第54、第159要塞地区であった。これらの奇怪な（西側の思考法からすれば）組織は、純粋に静的に展開するために指名された師団司令部要員と、大量の部隊に代わって多数の自動火器、迫撃砲、そして砲兵に頼って、前線の地域を保持するよう指名された増強警備部隊として勤務するよう組織されたもので、ソ連最高司令部がどこか他に部隊を集結するためのものだった。その主要部隊は、第404、第496、第512、および第513砲機関銃大隊であった。これらのいわゆる要塞地区は、ドイツ軍司令官がしばしば彼らがより強力な敵に対していると考えたため、不釣り合いな

量のドイツ軍部隊を釘付けにすることができた。これはドイツ軍に、事態が正当とするより多くの人員を前線に維持させ、他所で主要な攻撃が発動されたとき彼らを釘付けにするためのものであった。

フィリップ・フェドセービッチ・ジュマチェンコ中将指揮下の第40軍は、トロフィメンコの右翼にあり、3個狙撃兵軍団（第50、第51、および第104狙撃兵軍団）からなり、全部で9個狙撃兵師団と1個空挺師団〜第4親衛空挺師団〜が展開していた。ジュマチェンコの軍は第Ⅶ軍団に対しており、続く機甲突撃のための突破の条件を作り出す手助けをする作戦のために増強されていた。第40軍は人員33、726名で、まだ定数以下であったが、7個砲兵連隊、いくつかの迫撃砲連隊、および3個重対戦車砲連隊で支援されていた。これら部隊の大半がたった1個のドイツ軍歩兵師団〜第198歩兵師団〜にたいして投入されるのであるから、成功は実質的に保証されたようなものであった。

アンドレイ・グリゴレビッチ・クラウチェンコ中将指揮下に新たに編成された第6戦車軍は、攻撃力を投射するためのものであった。軍は2個軍団〜第5親衛戦車軍および第機械化軍〜からなり、両者ともに前年12月中にキエフ周辺の激しい戦闘で頭角を現した。親衛戦車軍団は3個親衛戦車連隊〜第20、第21、そして第22親衛戦車連隊〜からなり、ほとんどはT-34戦車が配備されていた。親衛戦車軍団にはまた、支援のため第6

親衛自動車化狙撃兵旅団を有していた。第5機械化軍団は、3個機械化旅団〜第2、第9、および第45機械化旅団〜からなり、同じく第233戦車旅団があったが、これは一部にアメリカ製M4シャーマン戦車を装備していた。両軍団は3個または4個自走砲兵連隊、1個自走対戦車砲連隊、そして支援部隊を有していた。

新しい戦車軍の歩兵の不足を補うため、バトゥーチンはもともとトロフィメンコの軍の一部であった第47狙撃兵軍団をその3個狙撃兵師団〜第136、第167、そして第359狙撃兵師団とともに配属した。第6戦車軍には、経験ある人員や大胆な指揮官が不足していたため、バトゥーチンは第5機械化軍団司令官にヴォルコフ将軍を据えるように、彼が望むように組織した。しかし、クラウチェンコは〜彼らを組織し訓練する時間がなかったために、適当な軍参謀なしで済まさなければならなかった。そして隷下軍団とバトゥーチンの参謀の両者と連絡するため必要とされた通信設備も供給されなかった。作戦の彼の担当部分の計画と統制のため必要とされる最小限のレベルの参謀を確保するため、クラウチェンコは第5戦車軍団の参謀と通信手段を使用した。

クラウチェンコは1899年にウクライナに生まれ、1917年に18歳の農業労働者として革命に加わった。その後ほどなくして、彼は赤軍歩兵大隊に加わりロシア内戦に参加し、1921年には第44狙撃兵師団第1連隊の指揮官に昇進した。

彼は複雑で静かな男で、鈍感そうな見た目と違って機敏に行動、思考した。戦間期にクラウチェンコは通常の各種の指揮、参謀の地位で勤務した。1920年代半ばに、彼はレニングラード機甲戦車コースに任じられた。まだ当時は幼稚な学問であった戦車戦に関する思考に大きな影響を与えた彼の教官のひとりが、ソ連軍機甲部隊の父である、ミハイル・トハチェフスキー元帥【註：ミハイル・トハチェフスキー元帥は、革命軍であった赤軍を民兵組織から近代的な、常備軍組織へと改編するのに指導力を発揮した、ソ連軍の生みの親である。1893年、アレクサンドロフスコエに貴族の息子として生まれ、ロシア帝国軍の将校となる。第一次世界大戦でドイツ軍の捕虜となる。脱走して帰国するが、すでに祖国は革命の渦中にあった。彼はボルシェビキ党に入り、内戦では赤軍を指揮し、チェコスロバキア軍、コルチャック軍、デニーキン軍を次々撃破する。ポーランドに進撃するがここでは大敗を喫す。1921年にはクロンシュタット暴動や農民一揆を鎮圧する。1936年に元帥に昇進。彼はヒットラーと第三帝国の危険性を予期していた。

しかし、スターリンはトハチェフスキーの威光を恐れ、またポーランド戦当時の個人的遺恨もあり、1937年、捏造した容疑により国家判逆罪で処刑した。しかし第二次世界大戦において、活躍した軍人の多くがトハチェフスキーの薫陶を受けており、これこそが彼の最大の功績と言えるだろう」であった。トハチェフスキーは、クラウチェンコを注意深い学生と考えた。彼が下級士官として昇進する間～元帥はスターリンの命令で1937年に見世物の裁判の後、殺されるが～クラウチェンコを「軍事事項の良い学生で、博学、良い精神を持ち、断固とした性格」と認めている。

1939年にはクラウチェンコは、重要な地位である第61狙撃兵師団の参謀長として勤務したことが知られる。1939年にソ・フィン戦争〔註：1939年11月30日、ソ連のフィンランドへの奇襲軍事侵攻によって勃発したもので、フィンランド軍の善戦によってソ連のフィンランド占領の野望は果たせず、1940年3月13日に休戦となった〕が勃発したとき、クラウチェンコは、第173自動車化狙撃兵師団を支援する命令を受け、師団にしたがって赤軍による莫大な犠牲を払ったカレリア地峡での冬季攻勢に参加した。ソ連軍は貧弱な体たらくであったが、彼は彼の任務を良好に遂行し、個人的勇気にたいして赤旗勲章〔註：赤旗勲章は1924年に制定されたソ連最初の勲章で、ソ連で最も多数が授与された勲章である。戦争等で社会主義ソ連の防衛のために、卓越した功績を上げた者に授与され

第1ウクライナ方面軍司令官、ミハイル F. バトゥーチン大将。政治将校とともに写る。（Photo courtesy of the Battle of Korusun-Shevchenkovsky Museum Korsun,Ukraina）

た。なお別個に卓越した労働の功績にたいして与えられる、労働赤旗勲章と言うものもある〕を授与された。1940年から41年まで、ドイツ軍の侵攻が開始されたとき、彼は第18機械化軍団の参謀長として勤務した。1941年から44年までの彼の経験は、多くの彼の同僚にも典型的なものであった。彼自身の勇気や指導力にもかかわらず、彼の軍団は粉砕され退却を余儀なくされた。彼は続いて第31戦車旅団を率い、その後、第1戦車軍団の参謀長、そして1942年夏には第2戦車軍団の指揮を執った。彼は戦闘によって、あるいはしばしば損害によって、彼の職務の厳しさを学んだ。

彼は少将に昇進し、まさに1942年11月のスターリングラード攻勢のときに、第4戦車軍団の指揮に任じられた。彼の軍団は1942年11月23日、カミシの近くで第4機械化軍団と手を結び、第6軍を取り巻く包囲環の閉塞に任じた。クラウチェンコが卓越した機甲指揮官としての名声を得たのは、この戦闘中のことであった。1943年2月に第5親衛戦車軍団を引き継ぎ、クルスクの戦いで頭角を表した。彼はとくに1943年11月のキエフ解放のためのドイツ軍の進撃で頭角を表した。このとき彼の軍団はリュテヒ橋頭堡からの攻撃の先鋒に任じ、町の北部を包囲した。彼と彼の軍団の功績を認められて、クラウチェンコはソ連邦英雄、赤星勲章〔註：ソ連邦英雄は、ソ連をはじめとする社会主義諸

国にある称号である。勝利への偉大な貢献、命懸けの軍事行動等、非常に卓越した功績にたいしてあたえられるもので、個人だけでなく、都市や会社などの組織にも与えられる。ソ連邦英雄の他に、1930年に制定された勲章で、戦時および平時にソ連の防衛のために功績のあったもの、あるいは公の秩序の維持、ソ連市民の生命財産を守ることに功績のあった者に授与された〕を授与された。彼はさらに昇進することに功績のあった者に授与された〕を授与された。彼はさらに昇進するための能力をはっきり示し、指導者としての大きな有望さを見せ、これは彼の古い友人のバトゥーチンが彼を新しい第6戦車軍の司令官に選ぶことに益する要因となった。

司令部は新しかったが、その隷下部隊は非常に経験があった。ただし戦闘に恐怖していた。というのはクラウチェンコのすべての戦車および機械化部隊は、わずか1週間前にヴィニツィアの近くでバルク中将の第XXXXVIII戦車軍団と激しい戦いに巻き込まれており、彼の軍はかなり少ない数の戦車および突撃砲～規定された定数の375輛たいして全部で190輛～しか保有していなかった。彼の2個歩兵軍の任務は、ドイツ軍を突出部の北および北東部分に沿って釘付けにすることであった。そこではドイツ軍の攻撃行動はほとんど予想されず、それと同時にドイツ軍の救援の試みにたいする防衛帯を構成させるためであった。

機動力に欠けることはクラウチェンコの部隊の足を引っ張っ

第1ウクライナ方面軍第27軍司令官セルゲイ G. トロフィメンコ中将。(Photo courtesy of the Battle of Korusun-Shevchenkovsky Museum Korsun,Ukraina)

第1ウクライナ方面軍第6戦車軍司令官アンドレイ G. クラウチェンコ中将。(Photo courtesy of the Battle of Korusun-Shevchenkovsky Museum Korsun,Ukraina)

　た。というのもひとたび戦車軍が侵入に成功したら、歩兵はそれについて行けず、戦車が歩兵および対戦車火器に脆弱なままになってしまうのだ。上述した戦闘部隊に加えて、バトゥーチンの方面軍は8個の追加の砲兵連隊および迫撃砲旅団あるいは大隊に、加えてSU‐76突撃砲（註：ソ連では昔より砲兵は戦場の神と呼ばれ重要視されており、砲兵戦力は極めて充実していた。しかし、ひとつ難点があった。それは砲が牽引式のままで機動力が不足している点であった。このため1942年4月、機械化砲兵車両の開発が始められた。このうち軽自走砲として開発された車体が、SU‐76となった。当初ベースとなった車体はT‐60軽戦車であったが、車体が小型すぎて実用にはならなかった。このため新型で車体が大型化したT‐70軽戦車をもとに再度試作が行われた。車体を延長し前方エンジンとして、後部にオープントップの戦闘室を設け、砲は限定旋回式に搭載していた。SU‐76の原型は1942年末から生産が始められた。しかしエンジンに問題があり、トラブル続きで十分な戦力にはならなかった。このためSU‐76はわずか360輛しか生産されなかった。SU‐76の戦力化には改良型のSU‐76Mを待たなければならなかった。SU‐76Mでは、SU‐76で問題だった2台のエンジンで左右別々の起動輪を動かす推進方式を止め、エンジンを直列に搭載し合成した出力で起動輪を回すようにしていた。なおSU‐76シリーズに搭載された砲は、対戦車砲としても使用され、ドイツ軍からラッチェ・バムとして恐れられ

72

た・76・2㎜野砲M1942である。SU－76Mは、1943～45年に13932輌もの多数が生産された。SU－76Mは当初は独立自走砲連隊に配属されていたが、大戦後半には威力不足のため次第に歩兵部隊に回されていった）を装備した1個自走対戦車砲連隊を保有していた。全部でバトゥーチンは当初およそ90,000名の兵員、210輌の戦車または自走砲、そして数百門のロケット砲および迫撃砲を、彼の方面軍から投入していた。

東側ではキロボグラードの周辺に展開していたのが、コーニェフ大将（当時）の第2ウクライナ方面軍であった。第2ウクライナ方面軍は、北西はチェルカッシィ～そこで右翼をドニエプル川に頼る～から、南東はキロボグラード～1月の最初の2週にそこで第8軍第XXXXVII戦車軍団を罠にかけようとして失敗して以来～までの陣地を占めていた。先の攻勢中に被ったかなりの損害にもかかわらず、コーニェフの方面軍は、まだ当初はこの作戦に165,000名を越える兵員、および323輌の戦車または突撃砲を投入した。彼の方面軍の作戦はドイツ軍の突出部を東から西に攻撃し、ズヴェニゴロトカの周辺で第1ウクライナ方面軍と握手をし、それによってカーニェフ突出部の部隊の包囲を完遂するのである。

コーニェフはスターリンの最も有能な方面軍司令官のひとりとなった。彼は1944年の赤軍の彼の同僚と同様、彼の職務の厳しさを学んだ。イワン・ステファノビッチ・コーニェフは、

1897年12月28日に北ドヴィナのロデイノの村の農民の家族に生まれ、第一次世界大戦中に帝政ロシア軍に軍曹として勤務した。彼はボルシェビキと運命をともにして、1918年から1921年まで政治将校として勤務し、共産党の党委員会代議員と同じ高位にまで昇進した。ロシア内戦中、彼は各種の党および軍の役職にあり、機知に富み冷酷な指導者であることを身をもって示した。戦間期にコーニェフは狙撃兵師団を、そして軍団を指揮し、ソ連の高級参謀大学である名門フルンゼアカデミー〔註：フルンゼ名称軍事アカデミーは、モスクワにあるソ連における最高の軍事教育機関である。フルンゼという名称は、ロシア革命当時のボルシェビキの指導者の一人で、内戦で赤軍を指揮した、ミハイル・フルンゼ（1889～1925）を記念したものである〕を卒業した。彼の共産主義者としての新年は揺らぐことはなく、それゆえ彼は1937年にスターリンによって実行された将校団の野蛮な粛正中に、粛正されなかった数少ない将官級士官であった。1941年5月、独ソ戦の勃発1ヵ月前に、コーニェフはベラヤ・ツェルコフ～チェルカッシィ地区に任じられ、そこで第19軍を指揮した。このため彼は2年半後に、より巨大な方面軍を指揮することになるその地域について、非常に良く知ることになったのである。

1941年夏、彼はフォン・ルンテシュテットにたいする防衛戦で軍を指揮し、続くドニエプルへの後退で粉砕された。彼の当初の軍司令官としての見込のない行動にもかかわらず、

コーニェフは１９４１年９月２１日に西方面軍司令官に任命された。というのもいかなる能力であっても赤軍司令官はかように不足していたからである。コーニェフの運気は悪化し続けた。１カ月後にはヴィヤジマの近くで、彼の指揮下の５個軍が包囲され降伏せざるを得なかった。コーニェフは、彼の司令部の誤った運用（実際には、誤謬のほとんどはスターリンによるものだったが）との申し立てにより、軍事裁判そしてスターリンからの追放の可能性に脅かされたが、ジューコフ元帥によって救われた。ジューコフはコーニェフの保証人となり、コーニェフを彼のカリーニン方面軍の自身の司令部の副官に据えることを求めた。

ここでコーニェフは増大する指揮任務を委ねられ、１９４１年１０月１７日にジューコフがモスクワに呼び戻されたとき、自身が指揮を引き継ぐことになった。いささかコーニェフは死刑執行部隊に脅かされていたのに、わずか１カ月前にはジューコフの司令部は、モスクワの防衛戦で鍵となる役割を演じ、彼の司令部の指揮にたいして羨望の的のクツーゾフ勲章〔註：クツーゾフ勲章は、１８１２年に対ナポレオン戦争を指揮しフランス軍を大敗させたロシアの英雄ミハイル・クツーゾフ将軍の名前にちなんだものである。１９４２年に制定された。大規模な作戦の計画、立案、そして作戦遂行により、敵に重大な損害を与える功績を上げたソ連軍士官に与えられるものであったが、外国陸軍の士官にも授与されている〕を勝ちえた。１９４２年８月、彼は再び西方面軍の指揮権を与えられ、すぐ引き続いて北西方面軍、そしてステップ方面軍を指揮し、クルスクの決戦中には後者を率いた。この司令部は、後に第２ウクライナ方面軍と名称変更され、ドイツ軍のドニエプルへの追撃で、鍵となる役割を演じた。

コーニェフはソビエト関係者の中でも、野心がある粗暴な指導者として知られ、無慈悲に部下達に最善を尽くすよう駆り立てた。それにもかかわらず、スターリンの目からは、彼の人間的欠点を大目に見られるようになった。彼はまた極めて勇敢で、いまとなっては多くの不必要な危険を犯し、戦闘が荒れ狂っているときに事態を自らの目で見るために、しばしば前線陣地を訪れた。コーニェフの性格の別の面としては、細心の注意を払って作戦の準備を行い、整然と実行することであろう。とくに偽装や圧倒的な量の準備砲火の活用が強調され、これはバトゥーチンとは対照的であった。バトゥーチンはもっとギャンブラーであった。

コーニェフの戦力は、２個方面軍のうち断然巨大で強大であり、赤軍の中でもいくつかの最も有名で戦闘経験に富んだ部隊を含んでいた。コーニェフの方面軍には、第５２、第５３軍に加えて、第４親衛戦車軍および第５親衛戦車軍も委ねられた。第２５４および第２９４の２個狙撃兵師団を有する第７３狙撃兵軍団からなる、コンスタンチン・アポローノビッチ・コロテイエフ中将の第５２軍が、突出部の東側に接して北に並んだ。軍はその右翼

をドニエプル川に託し、「ヴィーキング」および「ヴァローン」旅団の部隊に対していた。その左翼には第373狙撃兵師団および第254狙撃兵師団の1個連隊～残りは第73軍団に配属されていた～を有する第78狙撃兵師団の部隊が配置されていた。第78狙撃兵軍団は、第57および第72歩兵師団の部隊と対していた。

すでに表記された部隊に加えて、コロティエフの軍は1個独立砲兵連隊、2個重迫撃砲連隊、およびいくつかの対戦車砲連隊、同じく1個対空師団を有していた。これは紙の上では印象的に聞こえるが、第52軍は極端に戦力不足であり、全部で15,886名の人員が配備されていただけで機甲戦力を有さなかった。これらの現実ゆえに、コロティエフの部隊は戦闘期間を通じて、主として嫌がらせ、釘付け、あるいは後退するドイツ軍部隊の追撃に任じる支援任務に就いた。

第52軍の左翼には、第4親衛軍が配置されていた。この軍は来るべき戦闘で、鍵となる任務を果たした。最初の突破部隊として作戦を遂行するため、アレクサンドル・イワノビッチ・リューショフ少将の第4親衛軍は、かなり増強されていた。通例親衛軍はより多くの人力、砲兵、戦車が配備されており、より良好な士気を有し、それ以前の戦役において戦闘機構であることを、身をもって示した。この作戦では、リューショフの軍は、総数45,653名の人員に増強されており、多数の支援砲兵を有していた。北で第52軍に接して、第5および第7親衛空挺師団、第62親衛および第31狙撃兵師団からなる第20親衛狙

撃兵軍団が置かれていた。この軍団は、ドイツ軍第72歩兵師団の一部と第389歩兵師団の北翼にたいしていた。

この軍団の南には第21親衛狙撃兵軍団があり、第389歩兵師団部隊と対する狭い戦区を占めていた。軍団は4個師団～第69および第94親衛狙撃兵師団、そして第252および第375狙撃兵師団～を持ち、その薄く広がった敵に対してかなりの機甲戦力を集中していた。リューショフの軍は、ドイツ軍戦線を吹き飛ばすためかなり砲兵が強化されていた。狙撃兵師団が自身で有する砲兵中隊に加えて、軍は3個砲兵旅団、2個砲兵連隊、そして1個重迫撃砲連隊、と同時に1個対空師団を展開させていた。リューショフはまた突破を助けるため、27輛の戦車を持つ1個戦車連隊を配備していた。これだけの戦力が並べられては、だれがこのような部隊の突撃に耐えることができようか。

第4親衛軍の南には別の突破部隊があった。イワン・ヴァシリエビッチ・ガラーニン中将指揮下の第53軍である。ガラーニンの部隊は、その北の隣接部隊と同様に、51,043名の人員に増強されており、この戦いに参加するよう予定されたソ連軍部隊の最大のものとなっていた。軍は3個別軍団に拡大されまるまる1個の砲兵軍団と接していたのは第26狙撃兵師団～第1親衛空挺師団、第25親衛狙撃兵師団、そして第6狙撃兵師団からなり、哀れな第389歩兵師団の南翼にたいしていた。

軍団の南に、第XXXXVII戦車軍団の第3戦車師団および第106歩兵師団に対して、3個狙撃兵師団～第138、第213、そして第233狙撃兵師団が配属された第75狙撃兵軍団があり、狭い10キロ幅の準備地域に互いに密集していた。その左翼には隣接する第48狙撃兵軍団があり、これもまた3個の師団に対していた。加えて第53軍には2個の追加の狙撃兵師団、第78親衛狙撃兵師団および第214狙撃兵師団、そしてまた4個砲兵旅団と1個重迫撃砲旅団を持つ第16砲兵師団が配属されていた。

ドイツ軍にたいしてすでに圧倒的な数の砲兵中隊が並べられていたが、ガラーニンの軍にはさらに2個砲兵連隊、1個砲兵旅団、1個対空師団、そして1個重迫撃砲連隊が与えられていた。第53軍にもまた1個戦車連隊、第189戦車連隊、21輛の戦車が配備されていた。これもまた最初の砲兵弾幕射撃を運よく生き残ったドイツ軍部隊を、素早く掃討することが期待されていた。ガラーニンの部隊の南には、第5親衛軍が配置されていた。これは作戦では支援任務しか果たさず、主として来るべき戦闘で投入される、ドイツ軍増援部隊を釘付けにすることであった。

コーニェフの作戦のための衝角部隊は、パーヴェル・ロトミストロフ中将が率いる、第5親衛戦車軍であった。ロトミストロフは、ボルシェビキ革命の偏狭的なベテランで、丸いべっこう縁の眼鏡をかけ、古い流儀のせいうち髭を好み、他のきれいに髭を剃ったソ連軍将官の中でまったくちぐはぐな外見であった。しかし、彼の学者然とした外見とは違って、ロトミストロフは生まれついての騎兵隊員であり、非常によく導かれる能力のある組織を鍛え上げた。1902年生まれで彼のキャリアは、彼の後輩の戦車軍司令官のクラウチェンコのものと非常に良く似ていた。彼が最初に戦車を経験したのは、1935年のことで、彼が満州国境に近い極東軍管区に戦車部隊司令官として任命されたときのことであった。

彼の最初の司令官としての戦闘経験は、1939年12月、フィンランドで生起したものであった。彼は前線に到着するとすぐに前任者が戦死した第35軽戦車旅団の1個戦車大隊の指揮官に任ぜられた。この冬の戦争中の赤軍による戦車の不適切な運用は、ロトミストロフに深い印象を与えた。彼はソ連戦車部隊は、もっと創造力を持って運用する必要があると感じた。彼は戦車が歩兵支援におとしめられていることは、敵の対戦車戦術にたいして脆弱にするものと感じた。この戦役中、彼は冬季条件で戦争で戦うことはどれだけ厳しいものか多く学び、後にドイツとの戦争で良い助けとなる教訓を得た。

1941年6月に戦争が勃発したとき、全ソ連軍機甲部隊の司令官はヤコフ・フェードレンコ中将であったが、彼はロトミストロフを彼の参謀長に迎えようとした。ロトミストロフはこ

第1ウクライナ方面軍第40軍司令官フィリップF.ジュマチェンコ大将。(Photo courtesy of the Battle of Korusun-Shevchenkovsky Museum Korsun,Ukraina)

第2ウクライナ方面軍司令官イワンS.コーニェフ元帥。(Photo courtesy of the Battle of Korusun-Shevchenkovsky Museum Korsun,Ukraina)

れを聞こうとはせず、彼の居場所は後方のどこかの司令部で安全に机の前に座ることではなく、前線で部隊とともにあることだと主張した。フェードレンコは強要したが、彼は変心しなかった。藁にもすがってロトミストロフは、イォセフ・スターリンに彼の前線勤務の希望を説明する手紙を書いた。驚いたことにスターリンは、彼の要望を承諾した。ただしフェードレンコは、彼の部下が通常の指揮系統を迂回したことが不愉快だった。

1941年9月、彼はレニングラード方面軍の第8戦車旅団の司令官に任命された。ここでドイツ軍の前進速度を低下させ、レニングラードの守備兵が防備を固めるための時間を稼いだ。その後、しばらく後で彼の旅団はモスクワに転用され、そこでドイツ軍の前進路に投入され、戦いの中で細切れになった。旅団は急ぎ再編成され、ジューコフの冬季攻勢に参加し、モスクワの入り口から敵後方に投入された。彼はレーニン勲章〔註：レーニン勲章は、ソ連における最高の勲章である。国家の重要な問題の解決に尽くした功績や、研究、文化、芸術、産業分野における、優れた業績にたいして授与される。個人だけでなく、都市や会社などの組織にも与えられる〕を授与され、彼の旅団も献身と勇敢さを認められて第3親衛戦車旅団に改称された。

1942年春、ロトミストロフは第7戦車旅団を編成する命令を受け、ドイツ軍のスターリングラードへの突進に対して夏中部隊を指揮し続けた。彼の新しい戦車軍団は撃ち破られ35輛に減っていたが、ドイツ軍のスターリングラードへの突撃を

●77　第2章：対決する部隊

妨げることはできなかった。彼の軍団が傷口を嘗めている間、1942年11月に彼はモスクワに召還されスターリン自身に、どのように戦っていたドイツ軍を撃破するか質問された。ロトミストロフはスターリンに、赤軍は彼らの後方地域での攻撃を続行する一方、縦深包囲を遂行して罠にかけるべきだと語った。

この計画が最終的に受け入れられるものと尊重されているかを示すものである。1942年12月半ばにフォン・マンシュタインがスターリングラードを救援すべく奮闘している間に、まさにロトミストロフの戦車軍団が、第2親衛軍指揮下のコテリニコヴォで戦って、ドイツ軍のゴールのたった50キロ手前のコテリニコヴォでドイツ軍の救援の試みを停止させたのである。彼の指導力に対して、ロトミストロフは新しく制定されたスヴォーロフ勲章を授与された。スヴォーロフ包囲陣を縮小する奮戦に動員され、ロトミストロフの軍団は再び激しい戦闘に従事した。

1943年1月終わり、ロトミストロフがクルスクの560キロ南のミレロヴォの近傍で、第5親衛戦車軍の編成を命令された。1943年の春および初夏の間、彼は彼の新しい部隊を彼の赤軍において専門家と見なされるようになっていた。彼の新しい戦車軍はクルスクにおいて、1943年7月11～13日のプロホロフカの偉大な戦車戦【註：プロホロフカの戦車戦がどのようなものであったかは

諸説があるが、いまのところ『クルスクの戦い』(大日本絵画刊)が最も良い資料となろう】で、その能力を証明した。この戦いでは、戦争中最大の戦車戦闘でSS第Ⅱ戦車軍団を停止させ、まさに彼らが最終的に勝利をつかむかに思えたときに、ドイツ軍を撤退させたのである。南方軍集団のドニエプルへの追撃中、彼はキロボグラードでの血みどろの戦闘で、彼の部隊は名を上げ、彼は方面軍司令官のコーニェフの信頼を得た。ロトミストロフの精力、献身そして技量、同じく彼の大胆さと主導力の偏好は、来るべき作戦に必要とされた資質であった。

ロトミストロフの戦車軍は、V・I・ポロズコフ少将指揮下の第18戦車軍団、I・G・ラザレフ中将の第29戦車軍団、およびI・F・キリチェンコ少将の第20戦車軍団から構成されていた。各戦車軍団は3個戦車旅団と1個自動車化歩兵旅団を配属され、同時に4個までの砲兵連隊が直接支援にあたった。ロトミストロフの軍は、予備に第25戦車旅団をも有していた。計算によれば、ロトミストロフは22,301名の人員と197輛の戦車を展開させていた。この部隊およびクラウチェンコの戦車軍が、次章で詳述されるカーニェフ突出部のドイツ軍の当初の包囲戦闘に選ばれたのである。

コーニェフの最後の、ただし間違いなくちっぽけな部隊、A・G・セリバノフ少将の指揮する第5親衛コサック騎兵軍団であった。この部隊は、第11および第12親衛コサック騎兵師団、第63騎兵師団から構成され、その部隊が主として騎乗であるこ

とから、あらゆる地形における衝撃能力を提供する目的で用いられ、この軍団は困難な地形における突破に利用する目的で用いられ、スタフカ（ソ連大本営）の予備となり、来るべき攻勢においてコーニェフのもとに配備された。この地域の貧弱な道路網のために、その不整地機動力はコーニェフの部隊に強力な援軍となった。

これらの部隊には獰猛さで知られるドン川盆地出身のコサックが配員されており、近接戦闘を好み、抜き身のサーベルで敵を撃破した。しかし近代火器も良好に装備しており、ツァーリの時代に彼の祖先が欠いていた柔軟性が付け加えられていた。各コサック師団は3個騎兵連隊と迫撃隊、対戦車部隊を有していた。加えてこれらの軍団自身2個戦車連隊、対戦車砲かアメリカ製レンドリースのM4シャーマン〔註：レンドリース法（武器貸与法）は、アメリカによる、連合国への武器その他物資の援助の根拠となった法律である。そもそもこの法律は、第二次世界大戦勃発後、ドイツの猛攻の前に存亡の危機に立たされたイギリスの要請によって成立した。アメリカはもともと孤立主義の伝統の強い国であり、第二次世界大戦が勃発すると、当初アメリカは中立を宣言していた。このためアメリカは、自国の標榜する中立に背馳しない体裁を取り繕うため、あくまでも武器を貸与するという名目で、1940年12月よりイギリスへの援助を開始し、1941年3月に正式にレンドリース法を成立させた。ドイツがソ連に攻め込んだことで、この法律はソ連にも適用さ

れることになった。これに基づきアメリカだけでなくイギリスも含めて、多数の戦車、車両、その他物資がソ連に送られた。ソ連へのレンドリースは、1941年10月に開始された。レンドリースにはイギリス製とアメリカ製の装甲車両と車両が含まれていた。しかし当初送られたのはイギリス製車両が多かった。これは何よりもソ連への輸送が急がれたからで、イギリス本土にあったものを送り出したからである。アメリカから送られた戦車の中で、圧倒的大多数を占めるのが、アメリカを代表するマスプロ戦車、M4シャーマン中戦車であった。ソ連に送られたものはほとんどM4A2であった。これはディーゼルエンジンを搭載しているからで、アメリカ軍はガソリンエンジンを主用していたため、もて余し物となっていたからでた。ソ連に送られたシャーマンは4,252輌で、このうちM4A2は75㎜砲搭載型が2,007輌、改良型の76・2㎜砲搭載型が2,095輌であった。このうち75㎜砲搭載型については、ソ連軍では威力不足が不満で、T-34と同じソ連製の76・2㎜砲に換装されたものもあった。シャーマンは広範囲に使用され、一部の戦車軍団、機械化軍団はまるまるシャーマンだけで装備されていた。シャーマンはT-34ほど優れた設計とは見なされなかったが、信頼性、耐久性は高く評価されていた。同時に迫撃砲連隊、対戦車砲連隊、そしてSU-85戦車駆逐車〔註：SU-85は、T-34車体を流用した対戦車車両で、

第2ウクライナ方面軍第52軍司令官コンスタンチン A. コロテイェフ中将。(Photo courtesy of the Battle of Korusun-Shevchenkovsky Museum Korsun,Ukraina）

第2ウクライナ方面軍第5親衛戦車軍司令官パーヴェル O. ロトミストロフ中将。(Photo courtesy of the Battle of Korusun-Shevchenkovsky Museum Korsun,Ukraina)

　1942年4月にSU－76とともに開発されたSU－122から発展したものである。SU－122は、もともと榴弾砲しか搭載しておらず、対戦車能力が不足する点が不満となっていた。とくに1943年1月にレニングラード郊外で捕獲されたティーガーに対抗できる車両が一刻も早く必要とされたため、1943年4月に急ぎ開発されることになった。新型自走砲の主砲として選ばれたのは、85mm対空砲を車載用に改造したもので、威力的にはこれまでよりはるかに向上していた。車体、戦闘室等はSU－122のものを、必要最小限手直しして使うことになった。これは試作車を早く完成させるため、生産開始のためのラインの切り替えにも、できるだけ混乱を及ぼさないためであった。主砲が生産遅延した上に、KV－85に優先的に回されたため、実際の生産開始は遅れ、1943年終わりとなった。しかし、T－34そのものに同じ口径の85mm砲を搭載したT－34/85が開発されたこともあり、2,329輌が生産されただけで1944年8月には打ち切られた。なおその後、発展型として、より強力な100mm砲を搭載したSU－100が開発された）連隊を持っていた。これらの部隊は、ほぼ戦車、歩兵部隊に比するほど大きいものではなく、完全機械化部隊とペースを合わせることができる利点が加わっていた。彼らが編成に加えられていたことは、ドイツ軍の防衛努力を複雑なものにした。この作戦のために、セリバノフの部隊は、20,258名の兵員と76輌の戦車

80

を有し、ロトミストロフの戦車軍の後方に位置しその突破力を発動する連絡を待っていた。

すでに述べたこれらの部隊と共に、バトゥーチンとコーニェフの両者共に、彼らに配属された、多連装ロケット発射機連隊、独立対戦車旅団、自走対戦車砲連隊、工兵部隊、そして対空部隊といった、スタフカ（ソ連大本営）からの他の資産を数に入れることができ、攻撃に加わる部隊は総数３３６，０００名をも越えることになった。これらに加えて、おまけとして加えられたのが、ドイツ軍後方地域で活動する多数の各種のパルチザン部隊で、ドイツ軍を絶え間無い戦闘による不安定な状態に置いた。イルディン沼地やチェルカッシィ森林で作戦しているような、これらパルチザン部隊の一部は、確固たる政治将校の指揮下にあり、常に熱狂的ではなかったにしても、議論の余地なく命令に従った。ウクライナの民族主義者で構成されたような他の部隊は、両者を無差別に攻撃したが、少なくとも彼らの存在は厳しく圧迫されているドイツ軍後方部隊に高い警戒状態を維持することを強いた。

いわゆる「ヒットラーリート」にたいして間もなく配置される、部隊、戦車そして砲兵機材の圧倒的な数にもかかわらず、第１、第２ウクライナ方面軍の各種部隊は、勝利によって意気揚々としていたものの、過去数カ月間にかなりの損害を被っていた。彼らはドニエプルを越えてドイツ軍に投入され、多くの渡河作戦を遂行しキエフを解放した。このため、バトゥーチン

とコーニェフの軍、軍団、師団のほとんどは、完全戦力に足りなかった。たとえば、後に戦闘に投入された第１戦車軍のある軍団は、１８９輌の装備定数のうちたった３０輌の戦車しか残っていなかった。しかしドニエプルへの追撃中に生じ始めたもっと重大な状況に比べれば、装備の不足は小さな問題だった。

１９４４年１月までには、赤軍は極度に良好な交替要員が不足していた。これは１９４１年夏から秋に被った膨大な損失の遺物で、このときには３００万人以上が戦死、捕虜、あるいは負傷したのである。人力の不足はとくに歩兵に感じられていた。多くの師団は彼らの装備定数の半分以下で作戦していたのであり、前進する赤軍部隊は新たに解放した村を包囲し、即座に彼らの隊列に健全な男性（３０歳から６０歳の範囲で）を駆り立て、戦力定数をある程度まで回復させた。このような方法で兵士を招集することの不利な点は、もちろん、これらの個々人は訓練されておらず戦場での試練も受けていないことである。これらの人員の多くは、まだ彼らの一般市民の服装のままで戦闘に投入された。第１、第２ウクライナ方面軍の多くの部隊は、経験も訓練も不足したこれらの人員で補充されており、疑い無く平均的なソ連軍歩兵部隊の戦闘効

率よりも低下したものとなった。しかし、この不足は他の部分、彼らの機械化力の大きな発展と、軍団から方面軍レベルに至る司令部参謀部の改善によって補われた。

その歩兵の不足があってさえ、赤軍はカーニェフ突出部において、少なくとも人員において2対1、戦車において5対1、砲兵で7対1の優勢を享受できるとしてソ連軍の考え方では、そして最も重要なこととしてソ連軍の考え方では、彼らだけでドイツ軍にたいして、ドイツ軍が供給できたものと比較してはるかに莫大な、1,700門を越える砲兵機材を展開した。実際、勝算は彼らが有利どころではなかった。というのもコーニェフは、彼らが対しているドイツ軍師団の勝算を過大評価していたのである。包囲されたドイツ軍機甲の勝算は、戦闘が進展するにつれ、ますます悪化したのである。しかしソ連軍の持つ有利さは、単なる数だけによってもたらされたものではなく、ドイツ軍のものとも匹敵する、あるいは凌ぐ兵器の導入にもよるものであった。これだけでなく赤軍兵士は、それらの使用に戦術的にも作戦的にも熟達するように成って来ていたのである。

1944年には、両者共に諸兵科協同編成を発達させ、これには利用可能な最も近代的な兵器のいくつかが使用された。両者共に、8.5cm砲を搭載したロシア軍のT-34/85〔註：ソ連軍の主力戦車であったT-34は、強力な武装と強靭な装甲で、ドイツ軍にT-34ショックと言われるような衝撃を与えた。しかし、ドイツ軍にこれに対抗する戦車を開発したこ

とで、大戦中期にはその優位も失われつつあった。このためソ連軍はT-34の発展型の開発を模索し、最終的に採用されたのが、元のT-34車体を使用してより大型の砲塔に85mm砲を搭載するというユニークな手法であった。これによりともかく攻撃力は大きく向上し、ドイツ軍の新型戦車に対抗できるようになったのである。本車はT-34/85として、1943年末から生産が開始された。その後、多数の工場で驚異的な大量生産が行われ、ソ連軍戦車部隊の主力となった〕やドイツ軍の高初速7.5cm砲を搭載したパンター〔註：ロシア侵攻で遭遇した強力なソ連戦車にショックを受けたドイツ軍は、既存戦車の改良を進めるとともに、新型戦車の開発に着手した。これこそが大戦後半のドイツ軍主力戦車となったパンターであった。パンター戦車はこれまでの中戦車よりはるかに大型の車体に、ソ連戦車を凌駕する70口径という超長砲身の75mm砲を搭載していた。装甲についても前面が80mmであっただけでなく、T34の設計のエッセンスを取り入れた傾斜装甲が採用されていた。パンター戦車は1943年1月に生産が開始されたが、最初に生産されたD型（1943年1月から9月までに850輌生産）は実用化を急いだため不具合が続出した。しかしその後、A型（1944年3月から1945年4月までに3,126輌生産）、G型（1943年8月から1944年5月までに2,000輌生産）と生産が進むにつれて洗練され強力な主力戦車になっていった〕のような、強力で効果的な主力戦車を有していた。両

第2ウクライナ方面軍第53軍司令官イワン V. ガラーニン中将（Photo courtesy of the Battle of Korusun-Shevchenkovsky Museum Korsun,Ukraina）

第2ウクライナ方面軍第4親衛軍司令官アレクサンドル I. リューショフ中将。（Photo courtesy of the Battle of Korusun-Shevchenkovsky Museum Korsun,Ukraina）

戦車は共に当時世界で最高の戦闘車両と認められていた。しかし1944年初めまでには、ドイツ軍機甲部隊の赤軍戦車との戦闘において唯一有利な点は、乗員の練度の優越と、連隊レベル、そしてそれ以下の部隊指揮の質、そしてすべてのドイツ軍戦車が無線機を有し、小隊、中隊、そして大隊レベルで指揮統制に活用した事実で、これに対して赤軍は指揮戦車を除いて無線機を持っていなかった。

しかし、ドイツ軍は同じく多数の、ポーランド侵攻中に最初に実戦運用されたⅣ号戦車のような古く、より近代的でない戦車に頼らなければならなかった。Ⅳ号戦車はその乗員にはたいへん好まれたものの、T‐34やパンターに比べれば装甲も薄く、機動力も貧弱だった。ただしその48口径7・5cm主砲は、まだ効力を有していた。赤軍もまた、新たに導入された12・2cm砲を持つイオセフ・スターリンⅡ（JS2）〔註：JS／IS（イオセフ・スターリン）〕戦車は、KV戦車に代わるべく開発され、大戦後半に使用されたソ連軍最強の重戦車であった。その開発のきっかけとなったのは、ドイツ軍の開発したティーガー重戦車の出現であった。これに驚いたソ連軍は急ぎ、当時試作されていたKV13を改良してIS戦車を完成させた。IS戦車は無骨なKVと異なり、全般的な洗練された設計で、車体、砲塔ともに良好な被弾形始を備え、ぶ厚い装甲に強力な主砲を備え、機動力も比較的に良好であった。最初の生産型はIS‐1と呼ばれた。IS‐1は1943年に生産が開始された

● 83　第2章：対決する部隊

が、わずか一〇七輌で打ち切られた。IS‐1の主砲には85㎜砲が選択されていたが、T‐34／85が同じ口径の主砲を搭載していたため、不満とされたのである。新たな主砲に選ばれたのは122㎜砲で、IS‐2として、1943年12月から生産が開始された。最初の実戦投入は、1944年2月のコルスン包囲戦であった。IS‐2は本来85㎜砲を搭載するはずの砲塔に122㎜砲を搭載したため、いろいろと不具合があり、また新設計の車体にもまだ改善の余地があった。このため原型の生産後すぐ、1944年4月には改良型IS‐2mの生産が開始された。IS‐2mでは、とくに主砲回りと車体前面形状が変更されていた。IS‐2/2mは、1944～45年に3385輌が生産された。同戦車はこの戦いでデビューした〕からM4シャーマンに至る、各種の戦車を展開していた。しかしチェルカッシイ包囲陣の戦いにおける戦車について考えるとき、唯一本当に決定的な要素は、赤軍はその開始時にドイツ軍のほとんど5倍の数を投入したことである。極めて強力な8.8㎝高初速砲にぶ厚い装甲を有する強力なドイツ軍のⅥ号ティーガー戦車〔註：ティーガーは、もともとは戦前から開発が続けられていた重突破戦車が雛形となり、ロシア侵攻で遭遇した強力なソ連戦車に対抗すべく、急ぎ開発された重戦車である。直接の原型は30ｔ級のVK3001（H）（P）で、ヘンシェル社とポルシェ社が競作し、VK3601（H）（P）と拡大し、最終的に生産されたティーガーは57ｔ

重戦車となった。ティーガーは、角張ったドイツ的デザインの車体に、前面装甲100～110㎜、側後面装甲80㎜、主砲には当時最強の威力を誇った、対空砲より発展した、8.8㎝砲を搭載していた。1942年7月に生産が開始され、1944年8月までに1354輌が生産された。一般の戦車師団に配備されるのでなく、主に独立して運用される、重戦車大隊に配備された〕でさえ、バランスを取り戻すことはできなかった。

砲兵に関しても話は同じである。ドイツ軍の自走砲兵システム〔註：第二次世界大戦初期、ドイツ軍はいわゆる電撃戦で空前の大勝利を上げたが、その当時、まだ砲兵は相変わらず馬牽かせいぜいハーフトラックによる牽引にたよっていた。ドイツ軍でも砲兵の機動化は早い時期から検討されていたものの、現実にはほど遠い情況であった。しかし、「バルバロッサ」作戦の開始によって、砲兵の機械化は不可避となった。それは機甲部隊でさえ行動困難なロシアの悪路は、ただでさえ行動力の低い砲兵部隊は完全にお手上げとなったからである。このためヒットラーは、1942年1月、対ロシア第二次攻勢を準備するにあたって、歩兵に随伴する、あるいは対戦車戦闘、戦車の突撃に追従可能な、柔軟に運用できる対戦車、突撃、装甲砲架の開発を促進する命令を出した。ドイツ軍としてはそれに合わせた万能車両を開発しようとしたが、システムの複雑化、コストの増大その他種々の理由で実用化は困難であった。このためやむを得ず1942年4月、「理想的な」車両の開発とは別に、

折衷案として使用可能なすべての車両、砲を利用して1943年春までに装甲自走砲を大量生産するという決定がなされ、その結果、開発されたのがヴァスペであった。ヴァスペはⅡ号戦車車体を流用し、車体後部にオープントップの戦闘室を設け、限定旋回式にlFH18 10・5㎝榴弾砲を搭載した車体であった。量産は1943年2月より開始され、1944年7月までに676輛が生産された。なお同時にヴァスペから砲を降ろした弾薬運搬車も159輛製作された。もうひとつ開発されたのが、フンメルであった。フンメルはⅢおよびⅣ号戦車の共通化のために開発されたⅢ/Ⅳ号車体を流用し、車体後部にオープントップの戦闘室を設けて、限定旋回式にsFH18 15㎝榴弾砲を搭載したものであった。1943〜45年に714輛が生産され、弾薬運搬車も157輛製作された。ヴァスペは機甲ないし機甲擲弾兵師団の機甲砲兵連隊の重中隊に配属された。この他ドイツ軍ではフランス戦車などの捕獲戦車を流用した自走砲も製作され、機甲砲兵大隊等に配属されていた〕は、その質と即応性において赤軍のそれよりも遥かに勝っていたが、ソ連軍は7から12倍の砲兵を有していた。これは一部には赤軍が砲兵を大量に、歩兵〜これは、以前は突撃任務に投入されたものだが、もはや豊富にはなかった〜の代替物として使用する傾向によるものであったがドイツ軍のものをアウトレンジ（射程で勝る）する多くの砲

と榴弾砲を展開しており、砲兵隊員にとって破滅的である対砲兵射撃に対する脆弱性が減っていた。戦争のこの局面まで赤軍が好んだ戦術は、事前に計画された目標を射撃し弾幕射撃を行うもので、第一次世界大戦に導入された方法に非常に良く似ていた。1キロあたり数百門という砲密度は、異常なものではなかった。

このやり方は非能率的なものであったが、即席の野戦築城物に対しては破滅的であることが証明された。これはまた用いるにシンプルなシステムであり、詳細な訓練は必要としなかった。来るべき攻撃梯団がドイツ軍の防衛線深く前進すると、砲兵支援は十分以上だったが、ひとたび攻撃梯団がドイツ軍の防衛線深く前進すると、主補給路の関係から、攻勢を維持するために必要な高い発射速度で支援することはできなかった。結果として砲兵支援の積算レベルは、前作戦ほど高くなく、作戦の成り行きに影響することになった。

ドイツ軍機甲師団は、機械化歩兵用の装甲防護車両（Sd.kfz-251ハノマークタイプ〔註：ドイツ軍は第二次世界大戦初期に、機甲集団の突破による電撃戦で大勝利を得たが、そのとき戦車とともに重要な兵器であったのが、装甲で防御された車体に歩兵を搭載し、戦車に追従する機動力を持つ、装甲兵員輸送車であった（ただし当時、実際にドイツ軍が使用し得た車体はごくわずかであったが）その車体こそが、Sdkfz-251であった。本車は歩兵一個分隊を搭載可能

第2航空軍司令官、ステファン A. クラソフスキー中将。
(Photo courtesy of the Battle of Korsun-Shevchenkovsky Museum,Korsun,Ukraine)

第5航空軍司令官、セルゲイ K. ゴリュウノフ大将。
(Photo courtesy of the Battle of Korsun-Shevchenkovsky Museum,Korsun,Ukraine)

な装甲兵員輸送車で、1935年に開発が開始された。ベースとなったのは、1933年から開発が開始されていた3tハーフトラックで、その開発最終段階のHL-K16をベースに開発が行われた。ハーフトラックというのは、現在では耳慣れない車体だが、トラック型車体の前輪はそのままに、後輪部分だけをキャタピラ式走行装置に置き換えた車体である。全部がキャタピラ式の車両に比べると、不整地走行能力は劣るものの、道路上はより軽快に走行でき、生産や維持のコストが安上がりで、手間もかからなかった。本車は、1939年春にSdkfz-251として制式化され、6月から生産が開始されている。車体は前部が車輪、後部が比較的に接地長の長いキャタピラ式走行装置を持つハーフトラック車台に、傾斜面で構成されたスマートな軽装甲ボディが搭載されていた。エンジンは前部にあり、中央部に操縦室、後部に兵員室が配置されていた。しかし生産開始されたものの当初の生産は細々としたものであった。実際戦争初期の生産数は1939年に239輌、1940年に337輌といったわずかなものでしかなかった。ようやく本格的に生産されたのは1942年からで、その後、量産に拍車がかけられ、終戦までに総計15,252輌が生産された）が支配的であった）をある程度の数は保有していたが、これらは相対的に稀であった。1944年1月までに、ほとんどの機甲擲弾兵（機械化歩兵）はトラックに載せられていたが、これらのトラックの多くは外国設計で、全地形走行能力を欠い

ていた。赤軍はハーフトラックをほぼ完全に欠いていた点を補うため、彼らの機械化歩兵を戦車の後部デッキに搭載する便宜的手法に頼った。これらのタンクデサントニキは、小火器や砲兵射撃に脆弱なため、戦闘中に悲惨な損害を被ったが、戦車に乗った歩兵が戦闘に加入することを可能にした。しかしほとんどの場合両軍の歩兵は古い方法〜足で戦闘に加入した。ただし両者はいくらかの騎馬騎兵部隊も保持していた。

全体的な機動力に関しては、赤軍はドイツ国防軍に勝る利点を有していた。1944年には、ヨーロッパ、ロシアには、舗装道路はほとんどなかった。ほとんどの主要補給路は、砂利敷きに改良された未舗装の泥道か丸太道だった。夏の間はそれらはまったくの泥のへこみで、春の雪解け時期には、しばしば底無しの泥沼となった。両者共にこれらの道路を改良し維持するために、何千もの強制された民間労働者、捕虜、懲罰大隊を使用した。これらの連絡線は、両者が作戦を準備するときはいつでも、常に重要な計画する上での要素となったが、冬の雪解けが2ヵ月早く来たことは、国防軍と赤軍両方の補給および輸送参謀および部隊にとって、計画を極めて複雑にした。

赤軍の幅広履帯の戦車は、ほとんどのドイツ軍装甲車両よ り泥の中でより良好な通行能力を持っていただけでなく、加えて赤軍はアメリカのレンドリース・プログラムのおかげによる、何千もの4輪駆動のアメリカ製スチュードベーカーおよびフォード1 1/2tトラック〔註：アメリカ製トラックと

は奇妙だが、これはもちろん前述のレンドリーによってアメリカから援助されたものである。実際戦車その他の装甲車両以上に、ソ連軍の戦争遂行に大きな影響を与えたのが、人員、物資の輸送や連絡などに使用されるトラックなどの通常の自動車であった。もちろんソ連もトラックを国産していたが、その性能は貧弱であった。また、ソ連は第二次世界大戦中、ほとんど全工業力を戦車の生産に集中したが、これによってトラック類の生産は後回しとされた。その穴を埋めたのが、レンドリースで援助されたトラック類であった。トラックの生産メーカーは、フォード、スチュードベーカーその他各社が含まれる。その量は膨大で、ジープ77,972輛、1 1/2tトラック151,053輛、2 1/2tトラック200,662輛で、その他の車両と合計して実に501,624輛でしかなかった。ちなみにソ連の生産数はわずか343,660輛に上った。

その他の車両の生産数は膨大で、ソ連の生産数と合計して実に501,624輛に上った。ちなみにソ連の生産数はわずか343,660輛でしかなかった〕のフォードおよびメルセデス2輪駆動商用車両を保有する利点を有していた。これらのトラックは、ドイツのフォードおよびメルセデス2輪駆動商用車両〔註：ドイツ軍は多く商用車両を徴用して使用したが、一方で標準化された軍用車両の生産も行った。ドイツではアメリカと異なり、軍がエンジンと車台の規格を統制し、設計は各社に任せて製造が行われた（これは厳密には商用ではないわけだが）。フォード、メルセデス2輪駆動商用車両というと、ドイツ軍働き馬である4×2の3tクラスの中型トラックということになろう。フォード（ドイツ・フォード）では、1939～42年に製造されたフォー

空軍力は、ソ連軍によって大量に運用されたが、来るべき作戦には決定的なものとはなりえなかった。ソ連の来るべき攻勢のための航空支援は、ステファン・アキモビッチ・クラソフスキー空軍中将の指揮する第2航空軍〜第1ウクライナ方面軍の支援を担当〜セルゲイ・コンドラテビッチ・ゴリュノフ空軍中将の指揮する第5航空軍〜第2ウクライナ方面軍の支援を担当〜によって提供された。各航空軍は、爆撃機、戦闘機、そして地上攻撃機部隊を有する、いくつかの航空軍団が配属されていた。ソ連空軍の航空機は、戦争の最初の数カ月に、旧式モデルのほとんどが地上で破壊されたため、大きく改善されていた。いまや航空勤務員は、Yak-9戦闘機やPe-2軽爆撃機、そしておそらく戦争中最も成功した地上攻撃機である、恐ろしいイリューシンⅡ-2シュトルモビク〔註：YaK-9は、第二次世界大戦ソ連空軍を代表する戦闘機のひとつで、ヤコブレフ設計局によって開発された機体である。第二次世界大戦勃発を前に1938年に開始された新戦闘機計画にたいして、ヤコブレフが生み出した戦闘機がYak-1であった。この機体は低翼単葉単座、水冷エンジンを搭載した近代的なデザインの戦闘機で、戦略資材の金属を節約するため木製外板セミモノコック構造をしていた。同時に開発されたYak、LaGG、MiGの中で、最も優れた機体であった。このYak-1から発展したのが、Yak-9であった。この機体はYak-1の重戦闘機（戦闘爆撃機）型のYak-7から発展した機体

第2ウクライナ方面軍第5親衛コサック騎兵軍団司令官アレクセイ G. セリバノフ中将。(Photo courtesy of the Battle of Korusun-Shevchenkovsky Museum Korsun,Ukraina）

4×2不整地貨物車3tタイプG917系列と1941〜45年に製造された4×2不整地貨物車3tタイプV3000A、メルセデス・ベンツでは、1938〜39年に製造されたL3000、1940〜42年に製造されたL3000Sがあてはまろうか。同クラスの車両は、その他、オペル、マギルス、ボルクワード、MANでも生産された。ドイツにおけるその他のクラスも含めたトラック類の1941〜44年の生産数は、291,421輛であった」に比べて、より頑健で耐久性が強く、ソ連の戦闘役務および支援部隊は、不適当な地形であっても、機械化部隊について行くことができた。全体的に通行不能な道路条件に直面して、両者ともに戦場上空の掌握を必然的に伴う、空中からの補給手段に訴えざるを得なかった。

第Ⅷ航空軍団司令官ザイデマン大将。
（Bundesarchive 649/5355/14）

であった。アメリカからの原料供給で材料の逼迫が解消されたことによる。Yak-7後期生産型のYak-7DIの全金属化バージョンと言えた。Yak-9はスターリングラード戦中の1942年11月頃から前線に投入された。Yak-9は1947年の生産終了までに各型合計して16,769機が生産された。Pe-2高速爆撃機は、第二次世界大戦を通じてソ連空軍で使用された、双発中型爆撃機である。1939年に初飛行し、1940年より量産が開始された。金属製、応力外皮構造の近代的機体であった。ペンシル状の胴体に双発、双尾翼を持つ非常にスマートなデザインで、軽快な運動性を誇った。ソ連機らしく脚回りが頑丈で、野戦飛行場からの運用に適していた。生産の進展に連れて逐次エンジン出力が強化されている。

爆撃機型の他に、重戦闘機型、夜間戦闘機型、偵察機型等も製作された。終戦までに各型合わせて11,000機余が生産された。Il-2シュトルモビク地上襲撃機は、第二次世界大戦中のソ連空軍を代表する対地攻撃機である。その活躍振りは、ドイツ陸軍から、「黒い死」、「黒死病」などと恐れられたことでわかる。1939年に初飛行し、1941年より量産が開始された。頑丈な機体構造を持ち、エンジン、燃料タンクといった主要部は、装甲板で厳重に防御されていた。とくにエンジンから操縦席回りは風呂桶状の装甲板で囲まれていた。このため極めて撃たれ強く、撃墜することは困難で、空飛ぶ戦車と言われた。終戦までに36,163機もが生産された」のような最新鋭機を飛ばしていた。

ソ連空軍は1941年6月にほとんど破壊されて以来、大きな進歩を遂げていたが、その運用は全体的な作戦コンセプトはまだ貧弱にしか統合されておらず、2個方面軍の機動計画を支援していなかったことは、ソ連空軍がまだ空地協同作戦に熟達していない印であった。ソ連空軍の指揮統制機構もまた貧弱だった。しかしソ連空軍は、戦闘のほとんどで航空優勢を享受し、イリューシンIl-2シュトルモビクによる攻撃は突出部のドイツ軍の生命を惨めなものにした。全部で、ソ連空軍は768機の航空機を作戦に使用できたが、少なくとも空中では3対1でドイツ軍を圧倒していた。

ドイツ軍の航空支援は、ハンス・ザイデマン大将の第Ⅷ航

空軍団によって与えられた。軍団には、第52戦闘航空団、第2急降下爆撃航空団、そして第3輸送航空団のような、戦術および輸送部隊の両者が含まれていた。これらの部隊は南方軍集団すべてに航空支援を提供する必要があったため、拡散し過ぎていた。ソ連における戦争の3年目までには、ドイツ空軍はもはや航空優勢を得ることはできなかった。これはまたクルスク上空で戦われた航空戦で回復不可能な損害を被ったからでもあった。

これに、西欧連合国の航空攻勢に対して帝国を防空するため西ヨーロッパに追加して戦闘機戦隊を送る必要が伴い、東部戦線のドイツ空軍は慢性的に弱体なままであった。ドイツ空軍は限定的な期間に特定の目標をコントロールでき、そしてソ連戦車の大群に制裁を加えることができるだけで、ますます無関係なものとなり、復活したソ連軍空軍力に飲み込まれる危険にあった。伝説的なスツーカ・タンク・バスターのハンス・ウルリッヒ・ルデル中佐や、彼のメッサーシュミットMe-109飛行士としての信じがたい技量から、ソ連軍飛行士から「ウクライナの黒い悪魔」と呼ばれたエリッヒ・ハルトマン中尉（註：ハンス・ウルリッヒ・ルデルは、ドイツ空軍のスツーカパイロットで、第二次世界大戦中最高の戦車撃破数を誇ったタンクキラーである。1916年、ドイツ東部のシュレジェン地方で生まれ、1936年に士官候補生としてドイツ空軍に入隊する。偵察機パイロットを志望するが、偵察機に回される。偵察機パイロットとしてポーランド戦に参加し、二級鉄十字章を授章、その後、急降下爆撃航空団、第2Ju-87スツーカパイロットに転じる。フランス戦役、クレタ島攻略作戦では実戦は経験せず、初陣となったのは「バルバロッサ」作戦であった。レニングラードではなんと戦艦マラートを撃沈する大戦果を上げる。その他巡洋艦、駆逐艦撃沈各1隻、戦車519輌、車両800輌以上、砲150門以上の戦果を上げ、スターリンからはソ連人民最大の敵と呼ばれた。砲撃で片足を失ったが、義足で飛行を続けた。彼の戦死を恐れたヒットラーからは何度も飛行差し止めを命じられたが、終戦直前までスツーカで飛び続けた。最終階級は大佐であった。エリッヒ・アルフレート・ハルトマンは、ドイツ空軍だけでなく世界最高のエースパイロットである。1922年、ドイツ南部ヴュルテンベルク州の生まれで、幼少から飛行機にあこがれてグライダー免許を取得した。1940年にドイツ空軍に志願し戦闘機パイロットとなる。1942年10月に東部戦線の第52戦闘航空団に配属される。11月19日初戦果を上げ、1943年3月24日に5機目を撃墜してエースとなる。クルスクの戦いで大戦果を上げ、その後、順調にスコアを延ばす。9月20日には100機目を記録し、10月末騎士十字章を授章する。1942年3月2日には200機目、8月24日には300機目を記録し、黄金宝剣柏葉付き騎士十字章を授章している。機種に黒いチューリップを描いたことから、ソ連軍からは「（ウクライナの）黒い悪魔」などとして恐れられた。1945年5月8日には、最後の戦果

352機を上げた。最終階級は少佐であった」のような勇敢な男達でさえ、もはやソ連空軍の奔流をくい止めることはできなかった。

第1に天候、そして良好な飛行場の不足といった多数の要因によって、近接航空支援の効果的な活用は両敵対者にとって限定的なものとなった。戦闘中シュトルモビクとYak-9が空を占めていた一方で、彼らの展開が地上部隊の作戦と調和したのは極めて稀なことであった。彼らがあるとき、その効果は致命的であった。ドイツ軍は間もなく包囲される軍団を支援して空輸部隊を過度に使用した。ドイツ軍戦闘機は主としてこれら輸送機の護衛に集中し、一方、ルデルと彼らスツーカ戦隊は、彼らが戦闘機の大群を突破する事ができた場合にはいつでも、ソ連戦車に懲罰の一撃を与え続けた。

ソ連空軍はまた、戦闘の最終段階で、数多くの調和のとれた夜間攻撃を遂行し始めたが、これは戦時そして戦後の両方のソ連文学で、広く注目されている。これらの攻撃の効果は、主として心理的なものであったが、ただしドイツ軍の航空補給作戦にたいして脅威を与え、ときおりドイツ軍の空中投下の中止を強いた。これらの緊要な物資の不足は、両者の機甲部隊に反対のインパクトを与え、近代機械化戦争における補給の大きな重要性を実証した。

ドイツ軍はすでに緊張を強いられていた兵站システムに、過度の負担を強いたことにより、さらに状況を悪化させた。ドイツ国防軍の弱点のひとつは、赤軍が「肉体的精神的快楽を与えるもの」と呼ぶ物に頼っていることにある。当時のほとんどの西欧軍隊がやってきたように、ドイツ軍は彼らの兵站インフラを、郵便、補給所、野戦炊飯車、修理所、被服、そして貨物列車に振り向けた。これらの物品を運搬する必要は、使用可能な輸送手段に追加的な要求を課し、すでに貧弱な道路網何百もの余分の車両で動けなくさせる傾向があった。これは後退を遂行中や、機動部隊が前線の脅威を受けた戦区のひとつから他へと急速に移動しようとするとき、悲劇的な結果を秘めていた。

赤軍はこうした多数の贅沢品なしにすますことになれており、彼らの兵站努力を代わりに彼らの戦闘部隊の燃料と弾薬の供給に集中させた。彼らの兵士は長期間大地で生きられそして生きて、そしてドイツ軍の食料補給をできる限り頻繁に捕獲して使用するよう奨励された。ほんの最小限度の糧食で生き延びる彼らの能力は、ドイツ兵を驚かせた。ドイツ兵はしばしば戦闘の価値の度合いを、彼ら兵士が毎日の糧食として受け取るパンの量に釣り合わせたのである。

両者による輸送の困難さを克服するために使用された別の便宜的手段は、地元の馬と荷車（または橇）を組み合わせ活用したことである。ポニーによって牽かれる、いわゆるパンヤワーゲン（橇）は、とくに食料、燃料、弾薬、負傷者、そしてほとんどすべてを、トラックあるいはハーフトラックでさえ絶望的にぬかるんだ道路を通って、輸送するために使用され

た。1943年から44年の冬までに、両者ともに毛深い小さなポニーに牽かせる何百ものこうした荷車を使用していた。両者ともに物資を積み、同じく部隊のある地点から別の地点へ移動する手段として、鉄道、その他古くからある輸送手段もまたでき得る限り使用した。しかし鉄道輸送の利益は、限定的であった。第一次世界大戦のときのように、ひとたび鉄道が前線に到着すれば、手で荷下ろししなければならなかった。機械化部隊は残りの移動を泥沼の道路を通って行なわなければならなかった。補給は線路の終点から前線部隊まで、トラックか橇で送られた。

ロシア戦役のひとつの注目すべき特徴は、両者の戦術上便宜的な装甲列車の使用であった。こうした列車は、チェルカッシィの戦い中にも、ヴォーラーの第8軍によって、十分な機動野戦砲兵の不足を補うために使用された。装甲列車が前線の8～10キロ以内に近づき、包囲部隊の南東に対して戦う包囲されたドイツ第XXXXVII戦車軍団に、緊急に必要とされる火力支援を与えることも異常ではなかった。その強力な火力～何門かの10・5㎝榴弾砲をドイツ軍に有利に重対戦車砲を搭載した～であってさえ、バランスをドイツ軍に有利に火力だけに変えることはできなかった。さらに赤軍の計画は単に火力だけに頼ったものではなかった～部隊の機動力および柔軟性、そして指揮官の主導性が、より大きな役割を果たした。

こうして、これらの計画上の要因すべて～部隊、火器、兵站、そして編成構造といった条件は、すべて来るべき戦闘の帰趨に影響した。ソ連の計画が働くためには、素早く相対的に安価な勝利を保証するようすべての要因を斟酌しなければならなかった。ドイツ軍は反対に、彼らの残存戦力を整列させ、1センチも退くことなく、バトゥーチンとコーニェフの計画を挫折させなければならなかった。予想されたドイツ軍の抵抗を打ち負かすため、ソ連軍のこの段階での赤軍の最大限の戦力～巣立ったばかりの戦車軍、砲兵、空軍～を、その数の優越と同様に、活用しなければならなかった。

ドイツ軍予備兵力、とくに戦車を釘付けにするために、計画にはまた欺瞞、心理戦、そして陽動攻撃も含まれていた。さらにドイツ軍を混乱させるために、作戦は即座に発動しなければならなかった。というのもドイツ軍は大規模な作戦間にある、赤軍の長い休止に慣れていたからである。しかし赤軍はこれまでに、このように素早く攻勢を実行する任を負ったことはなかった。こうして大急ぎの思いで、スターリンはコーニェフのキロボグラード作戦の成功のすぐ後、1944年1月10日に、ジューコフ元帥をこの作戦のスタフカ特別代表に任命して、カーニェフ突出部をできるだけ短い時間で抹殺する計画を起草するよう命じた。ドイツ軍には離脱することを許してはならなかった。

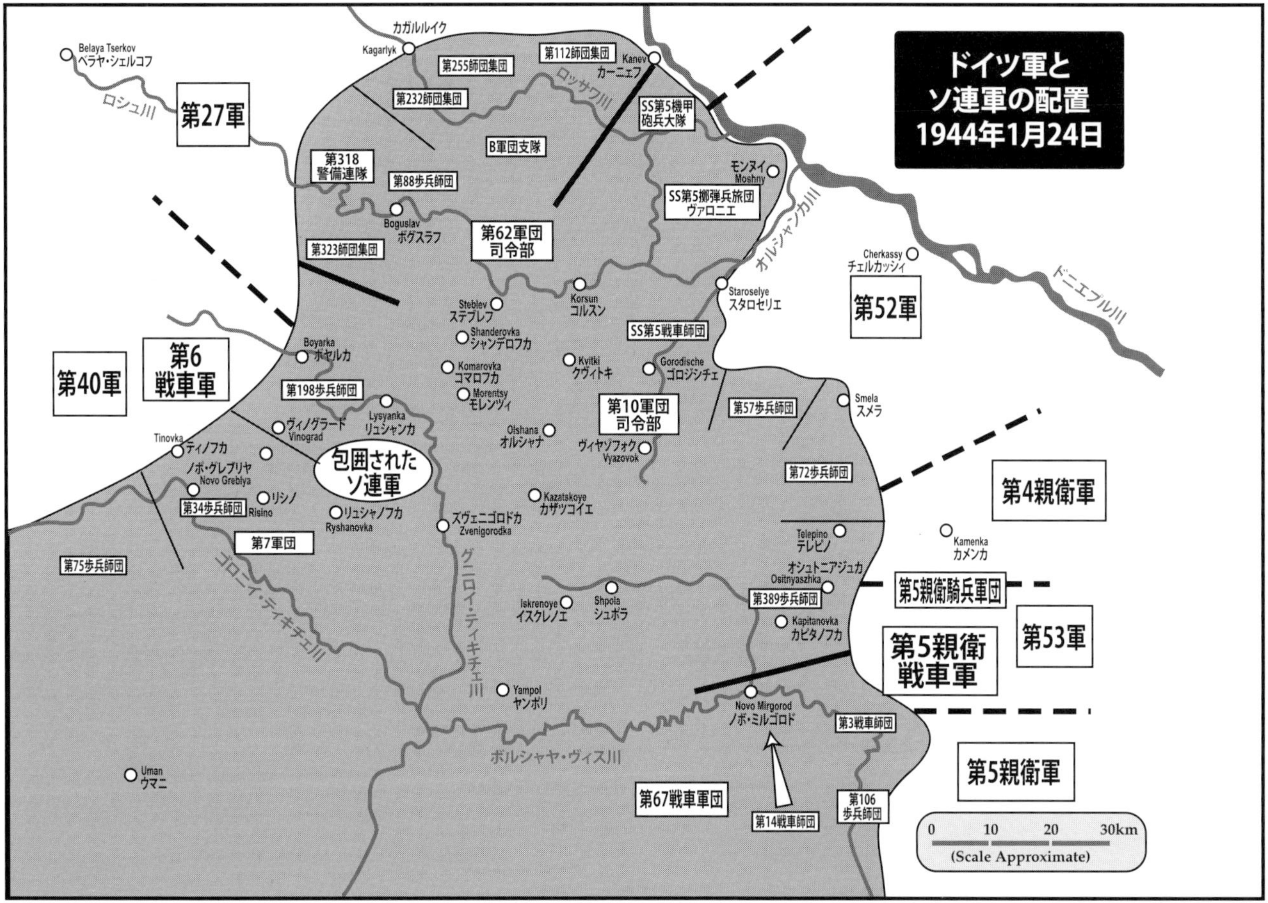
ドイツ軍と
ソ連軍の配置
1944年1月24日
Belaya Tserkov
ベラヤ・シェルコフ
ロシュ川
第27軍
カガルルイク
Kagarlyk
第255師団集団
第232師団集団
第112師団集団
Kanev
カーニェフ
ロッサワ川
SS第5機甲
砲兵大隊
B軍団支隊
第318
警備連隊
第88歩兵師団
Boguslav
ボグスラフ
第62軍団
司令部
モンヌイ
Moshny
SS第5擲弾兵旅団
ヴァロニエ
オルシャンカ川
Cherkassy
チェルカッシィ
ドニエプル川
第52軍
第323師団集団
Steblev
ステブレフ
Korsun
コルスン
Staroselye
スタロセリエ
SS第5戦車師団
Shanderovka
シャンデロフカ
Boyarka
ボヤルカ
第6
戦車軍
第40軍
Komarovka
コマロフカ
Kvitki
クヴィトキ
Gorodische
ゴロジシチェ
Morentsy
モレンツィ
第198歩兵師団
Lysyanka
リュシャンカ
ヴィノグラード
Vinograd
第10軍団
司令部
第57歩兵師団
Smela
スメラ
Olshana
オルシャナ
ヴィヤゾフォク
Vyazovok
Tinovka
ティノフカ
ノボ・グレブリヤ
Novo Greblya
包囲された
ソ連軍
第72歩兵師団
第4親衛軍
リシノ
Risino
第34歩兵師団
リュシャノフカ
Ryshanovka
ズヴェニゴロドカ
Zvenigorodka
Kazatskoye
カザツコイエ
Telepino
テレピノ
Kamenka
カメンカ
第7軍団
第75歩兵師団
ゴロニイ・ティキチェ川
グニロイ・ティキチェ川
オシュトニアジュカ
Ositnyaszhka
第5親衛騎兵軍団
第389歩兵師団
Iskrenoye
イスクレノエ
Shpola
シュポラ
Kapitanovka
カピタノフカ
第53軍
第5親衛
戦車軍
Yampol
ヤンポリ
Novo Mirgorod
ノボ・ミルゴロド
第3戦車師団
ボルシャヤ・ヴィス川
Uman
ウマニ
第5親衛軍
第67戦車軍団
第14戦車師団
第106
歩兵師団
0
10
20
30km
(Scale Approximate)

第3章　第2のスターリングラードのためのソ連の計画

「我々は新しい名前〜ゲオルグ・ジューコフ、を聞くようになったのはこの頃だった。事態が我々にとって悪化していくとき、我々が強力で柔軟な敵の存在を感じたときはいつでも、我々の司令官〜ジューコフは物知り顔の笑顔を浮かべた」

エリック・ケルン、『死の舞踏』より

赤軍のカーニェフ突出部を抹殺する計画〜コルスン〜シェフチェンスキー作戦と称された〜は、これまでの作戦における各種態様を結合させてソ連の作戦デザインの要素として組み込まれたものであった。しかしそれはこの作戦が要求したほどには、調和されたものではなかった。作戦計画は、その成功のために、作戦的偽装、陽動攻撃、そしてスタフカの作戦予備〜第1、第2ウクライナ方面軍の戦車軍〜による縦深にわたる攻撃を、組み合わせることに依っていた。ソ連軍の作戦はまた、ドイツ軍の戦術防衛線を完全に破壊するために狭い戦区への強力な砲兵の集中や、近接航空支援、攻撃部隊梯団、そしてドイツ軍の能力と意図を決定するための軍事情報の使用を組み込んだものであった。これら要素すべての統合には、方面軍および軍司令官によるこれまでにない規模の指揮、統制、同じく戦闘が実際に生起している場所の下級指揮官のイニシアチブを必要とした。赤軍がこうした複雑な作戦を実行する能力を有しているかどうかは、まだわからなかった。

ソ連軍の戦術計画の原型は、1944年1月の第2週に、ジトミール〜ベルジチェフおよびキロボグラード作戦が完遂した直後に、ジューコフ元帥がスタフカに行った提案にさかのぼることができる。ジューコフおよび第1、第2ウクライナ方面軍司令官、バトゥーチンおよびコーニェフ〜彼らの作戦がカーニェフ突出部を形成したのであるが〜は、ドニエプル川に向かって弧を描いた膨らみの中でのドイツ軍の集結を、彼らの側面〜とくに川から250キロも西に延伸していたバトゥーチンにとって〜への潜在的脅威と見なした。突出部は加えて、その規模と深さによって2個方面軍の密接な協同を妨げ、赤軍の行動の自由に脅威を及ぼした。

スタフカにとってもっとも関心を持たれたのは、突出部がバトゥーチンの方面軍の後方、あるいはコーニェフの方面軍の側面への、各々キエフとキロボグラードを奪還することを目的とする〜まさにこれこそヒットラーがそうするよう提議したものであった〜縦深攻撃を行うために使用しうる可能性であった。実際には、フォン・マンシュタインの軍集団は、ヒットラーの大戦略に反して、このような大規模作戦を遂行する戦力はなかったのだが、これをソ連側は見落としたようであった。スタフカのこの問題への考えは、おそらく12月のコロステン〜ジト

94

ミール反攻中にフォン・マンシュタインが発動した強力な反撃～ここではドイツ軍はバトゥーチンの衰弱した機甲部隊に激しい破壊をもたらした～に影響を受けたものであろう。おそらく、フォン・マンシュタインは同じ行動を繰り返すだろう。ともかくスタフカは、そんな機会を利用させないつもりであった。ジューコフはスターリンの命令に基づいて、ウクライナに飛び、そこではバトゥーチンとコーニェフに、計画の概要をスタフカに送り、そこでは参謀長のヴァシリェフスキー元帥（註：アレクサンドル・M・ヴァシリエフスキー元帥は、第二次世界大戦中ソ連軍参謀総長として、ソ連軍の作戦全般の調整にあたった。1895年生まれ、帝政ロシア軍将校から赤軍に転じた。1930年代には国防人民委員部のポストを歴任し、1941年7月に作戦部副部長、11月にソ連軍参謀総長に就任した。モスクワ防衛作戦始め、以後のソ連軍の主要作戦の調整作業全般に責任を負った。1942年11月のスターリングラード反攻作戦をジューコフ、ヴォロノフとともに企画し、1943年7月のクルスク戦ではバトゥーチンの先攻案を退け、防勢作戦案を策定した。ドイツ本土反攻作戦では実戦部隊の指揮も執っている）が、すぐにスターリンの承認を得た。

ソ連軍野戦軍司令官は合意に至った。ジューコフは、すぐにバトゥーチンおよびコーニェフの、ドイツ軍のカーニェフ突出部によって、彼らの側面に課せられた脅威への評価について意見の一致を見た。さらにコーニェフは、前線を直線化する機会以上のもの、と彼が信じているものを構想していた。ソ連の情報報告書を下に、コーニェフは、第8軍の大部隊が、作ろうとしている罠の中にあると信じていた。ソ連軍元帥は、数個師団を袋に入れることよりはるかに大きな、もうひとつのスターリングラードの規模の勝利を達成し、ウクライナでのバランスをソ連側に決定的に傾けることができると信じていた。

コーニェフの確信は、各種の情報源（捕虜、無線傍受その他）からのもの、ドイツ軍10個師団および1個自動車化旅団が（これらの部隊には、第57、第72、第82、第88、第112、第167、第168、および第332歩兵師団、第213警備師団、SS第5戦車師団「ヴィーキング」、そして「ヴァローン」旅団が含まれていた）、カーニェフ突出部に位置するという情報を下にしていた。ソ連軍情報部は、習慣的にドイツ軍部隊を、その完全に定数を満たした戦力と見積もってきたので、コーニェフそしてバトゥーチンも、ジューコフも、そこにはカーニェフ突出部に取り囲まれた地域内部に、少なくとも100,000名のドイツ軍が存在すると信じていた。ソ連軍情報部の専門家にとって、これは問題の地域のほとんどの部分を占めていた。ある資料、スタフカの参謀将校のクバチ大佐によれば、ヴォーラー大将指揮下の第8軍は、カーニェフの近くの突出部にあった。軍は国防軍の最良の自動車化師団9個とともに、ヴァッフェンSSの1個師団およ

● 95　第3章：第2のスターリングラードのためのソ連の計画

び「ヴァローン」自動車化旅団から構成されていた。もうひとつのスターリングラードが、形成されつつあった。

◆　◆　◆

それゆえ赤軍がこの作戦にたいして、このような大きな努力をすぐに傾注したことは驚くにはあたらない。もしこれが成功すれば、ドイツ軍のウクライナにおける防衛努力は崩壊したようなもので、赤軍はルーマニア国境に到達しうるのだ。

なぜソ連軍司令官は、カーニェフ突出部のドイツ軍部隊の当座の包囲と殲滅以上のことを何も計画しなかったのだろうか？今日まで、ジューコフそして方面軍司令官が、ドイツ軍防衛線内部深く攻撃することを考慮したという、いかなる証拠も提示されていない。コルスン‐シェフチェンコフスキー作戦計画は、突出部をその基盤から切断することを狙った浅い突破だけを想定しただけだった。これは困惑させられる。なぜなら1936年以来の赤軍のドクトリンは、大規模包囲作戦をとくに強調して、縦深攻撃コンセプトに重きを置いていたからである。1944年でさえ、赤軍野戦教本は敵軍の作戦縦深にまで突破することを強調していた。しかしこの場合、赤軍指導者は、スタフカの同意を得て、そうしないことを選んだのである。

確立されたドクトリンを実現するためには、作戦はウマニとペルヴォマユスクで2つの方面軍が連接することを目標とすべ

きである。両方の町とも、それぞれズヴェニゴロドカからさらに南、75および100キロにあった。両者は南方軍集団およびA軍集団にたいする、主要な鉄道および補給センターであった。両者は、2つの方面軍による縦深攻撃のための、適当な作戦目標であった。これらの奪取は、マンシュタインの全南翼を危うくし、ドイツ第8、第6軍の両者を包囲する、あるいは少なくとも後方に脅威をおよぼす。ウマニあるいはペルヴォマユスクから続いて発動される作戦は、港町オデッサに指向されうる。

ここからは、クリミアで包囲された第17軍への補給が船積みされていたのである。確かに一見したところ、これは論理的で達成可能な目標に見える。しかし赤軍のこれまで2年間の縦深作戦の経験は、圧倒的に否定的なものであった。

2つの成功しなかった縦深作戦が、好例となろう。最初のものは、1942年春のハリコフ近郊での反攻である。この作戦では赤軍南西方面軍は、3個軍を使用し、ハリコフ近郊で第6軍を包囲するために縦深の突破を試みたものであった。各種の理由によって～最も支配的なものは、経験の欠ける参謀による貧弱な計画、ティモシェンコ元帥の貧弱な指導、そして断固たるドイツ軍の抵抗～攻勢は失敗に終わった。クライスト軍集団によるドイツ軍の決定的な反撃は、ソ連軍の突破口をふさいだ。1942年5月28日までには、赤軍は240,000名を越える人員、そして1,200輌以上の戦車を失った。1942年夏のドイツ軍夏季攻勢の1ヵ月前に、このような莫大な損失を

被ったことは、その後に続くソ連軍の敗北の実質的な原因となった。懸命に再建したソ連軍機甲予備の損失は（2個戦車軍が殲滅された）、4ヵ月後まで補われなかった。

赤軍の縦深攻撃が不首尾に終わったもうひとつの例は、スターリングラードにおける第6軍の包囲に続いて起こった反攻においてであった。ドネツ盆地のドイツ軍の防衛線は破綻したと信じ、スタフカは1943年1月30日、バトゥーチン元帥指揮下の南西方面軍とゴリコフ元帥指揮下のヴォロネジ方面軍に、200キロ以上の距離のドニエプルへの突進を促した。ちょうどドン低地およびコーカサスからのドン軍集団の救出を果たして、その指揮官のフォン・マンシュタインは〔註：コーカサスから救出されたのはドン軍集団でなく、A軍集団である。ドン軍集団はスターリングラード解囲のために、新たに編成された部隊である〕危機に直面していた。フォン・マンシュタインは、土地を固守する代わりに、古典的な機動防御を遂行した。彼は赤軍部隊をドイツ軍の作戦縦深に深く引き込み、1943年2月19日に急ぎかき集めた予備兵力をもって反撃した。4週間の激しい戦闘で、彼は赤軍の攻撃を撃退しただけでなく、軍規模のポポフ集団を切断し撃滅した。これはバトゥーチンのような大胆な司令官さえ注意深くなる理由となった。この悲劇のあと、赤軍指揮官はほとんど誰もが、その他同様の縦深作戦のリスクを好まなかった。

その他、ソ連軍指揮官の思考に影響を与えた要因は、縦深攻撃のリスクへの嫌悪に加えて、突出部で罠にかけられた巨大なドイツ軍の集団を、包囲し殲滅するためには、すべての使用可能な戦力が必要だという確信である。ドイツ軍をさらに後方に圧迫されたいかなる部隊も、主要な戦闘に投入することはできない。作戦が証明するように、これは正しい仮定であった。スタフカの備蓄からさらに予備を投入することは、戦闘の帰趨に影響を与えることができたであろうが、証拠によれば、これらの資産は次期作戦のために保存されるべきだったと示されている。要するに、ジューコフさえ、さらに深く侵攻しズヴェニゴロドカからたった200キロの黒海のオデッサでドイツ軍を圧迫し、南方軍集団の全南翼を切断することを考えたことを示した証拠はないのである。

1944年1月12日、スタフカはジューコフを通じて、カーニェフ突出部のドイツ軍を包囲し、できるだけ短い時間で撃破する任務に指定された。第1、第2ウクライナ方面軍に命令を送付した。この命令は、スターリン自身が署名したが、この任務を達成するために、2個方面軍はどこかシュポラかズヴェニゴロドカの近郊で連接するように述べている。突出部のドイツ軍の撃破は、方面軍境界の作戦配置を改善するとともに、全前線を短縮し次期作戦により多くの部隊を使用可能とすることが、スタフカによって想定された。これはまた、キエフとキロボグラードへの脅威を取り除くものでもあった。この作戦の完遂に続き、そのときソ連軍は、ウクライナから出撃し、ブーク川南

岸に到達しうる、突破部隊を作り出す機会が得られるのである。

計画それ自体は、極めてわかりやすいものである。作戦は、東では1月24日にコーニェフの第2ウクライナ方面軍の攻撃によって開始される。コーニェフは彼の先鋒として第5親衛戦車軍を使用して、それをカピタノフカの周辺でドイツ軍を釘付けにし、ドイツ軍陣地を撃破することをもって攻撃を行う、歩兵軍の間を擦り抜けさせる任務をもって攻撃を行う、歩兵軍の戦術防御陣地が啓開されるや、この軍は突出部へ突進し、シュポラとズヴェニゴロドカの町を奪取し、突出部へのドイツ軍の連絡線を切断する。その後、第5親衛戦車軍は、ティノフカの西近郊から攻撃するバトゥーチンの方面軍の第6戦車軍と連接する。この計画は、敵の作戦縦深へと進撃することには何も言及していない。この点で、前年のスターリングラード作戦の特徴であった、続く縦深作戦を欠いていた。

ジューコフは、スタフカの作戦が特定された時間までに開始されるべきだとする主張を伝えたが、これによってバトゥーチンとコーニェフには彼らの方面軍が攻勢を再開する準備にたった2週間しか与えられなかった。これは通常の標準の作戦手続きからは、まったく異常な始まり方であった。というのも、従来赤軍はこの規模の作戦を発動する前には、通常大きな計画および準備時間（通常、1～2ヵ月）を必要とした。この準備時間は、通常、指揮官が部隊を訓練、配置し、弾薬を備蓄し、そして詳細なリハーサルを遂行することに熱心に取り組むことをしていた。

可能にしたのである。

バトゥーチンおよびコーニェフは、こうしたぜいたくはできなかった。本質的に、コルスン-シェフチェンコフスキー作戦には、指揮官が徹底した準備をする十分な時間はなかった。ある資料では、多くの点で、この作戦は「作戦レベルの即席攻勢」といったカテゴリーに入るとされる。この作戦が、まさに終結したばかりのジトミール～ベルジチェフおよびキロボグラード作戦の直後に行われた事実は、参戦することになった部隊が、前章で述べられたようにかなり戦力不足であることを意味した。部隊は疲れ果てており、歩兵と戦車の損失は高く、そして戦車と同じくその他システムには、整備が必要であった。ソ連軍はあきらかに、これら不足にもかかわらず、作戦が素早く完遂できると信じていた。

作戦は3つの明瞭な局面に別れて展開した。最初の局面は初日の戦術地域の敵防衛線の突破である。第2の局面は次の3日から4日の間で、敵の包囲からなる。それに第3局面が続き、これは包囲された部隊の一掃が含まれる。この作戦がそれほど素早く完遂されると確信したのは、おそらく戦闘力～砲兵、戦車、そして戦術航空～これらは突破地点に向けられ、包囲そのものを遂行する～の圧倒的な数量によるものであろう。計画はまたドイツ軍が、救援部隊を編成しなければならない事態に、影響を与え得るだけ十分素早く反応できないであろうと考えていた。

ジューコフは包囲局面が、2～3日で完遂されることを期待していた。包囲された部隊の撃破は、1944年版野戦運用教本で提示されたドクトリンによって指定されたように、さらに加えて3ないし4日を要することを予期していた。最初の例では、ジューコフは正しいかとなった。しかし第2の仮定はかなり楽観的であったことが証明された。実際には ソ連軍はドイツ軍の能力を大きく過小評価していたのである。ともかくジューコフ、バトゥーチン、そしてコーニェフは、ドイツ軍が危険を察知し突出部から後退する前に、彼らが攻撃に乗り出しであるという条件を利用するために、素早く行動することを望んだ。

前述したように、これが短く決定的な作戦となることを観主義を説明することが可能なもうひとつのものは、ジューコフと方面軍司令官が、素早く作戦を完遂するために十分な戦力を持っていると確信していたということであろう。別の理由は彼らが、偽装計画と計画された陽動作戦が、ドイツ軍機動予備をある程度釘付けにし、もしドイツ軍が自身の行動の自由を得て包囲された部隊の救援のために移動しても、それが遅すぎるようになることを期待したということである。

明らかになったように、攻撃は示された期日に発動できず、1月25日に延期された。最後の瞬間での変更は、第2ウクライナ方面軍第4戦車軍が、第389歩兵師団が占めた突破地点に

おけるドイツ軍の主抵抗線の位置を正確につきとめられなかったことによる。コーニェフは助言を求め、1月24日にドイツ軍の監視線を同定し主防衛線を確認する目的で強行偵察を行うために部隊を使用する許可を得た。これは夕刻までに成功裡に遂行された。攻撃は予定された通りに翌火曜日の朝、1月25日に開始された。

一般に、作戦は西から攻撃する第1ウクライナ方面軍と、東から攻撃する第2ウクライナ方面軍の「破砕、同時集中攻撃」からなる。独立戦車旅団および砲兵に増強された歩兵による強力な突撃集団が、2つの隣接した方面軍の内翼から攻撃し、ドイツ軍前線の最も弱い戦区に強力な一撃を加えた。包囲部隊の連接地点は、ズヴェニゴロドカの町の近郊とされた。これはウマニからのドイツ軍主補給線を切断するものであった。この局面からのドイツ軍主補給線を切断するものであった。方面軍はその後、いかなる救援攻撃をも防ぐ包囲の外側の環と、包囲されたドイツ軍を撃破し彼らの突破を防ぐための包囲の内側の環を作る。

最初に攻撃するコーニェフは、リューショフの第4親衛軍ガラーニンの第53軍を、19キロの幅のヴェルボフカ～バシレフカ地区の防衛線の突破のために使用する。これらの隣接する軍は、全部で14個歩兵師団を、方面軍の作戦予備、ロトミストロフの第5親衛戦車軍が、クラスノシルカの東近郊から加入するために、好条件（つまり穴を穿つ）を作り出すために使用する。ドイツ軍防衛陣地を突破した後、戦車軍はカピタロフカおよび

ショプラを経由して、ズヴェニゴロドカの全般方向に急速に前進し、そこで第1ウクライナ方面軍の先鋒部隊と連接する。

突破を達成するために、コーニェフは、突破地域、集結地域、鉄条網を粉砕するための膨大な量の砲兵準備射撃をあてにした。コーニェフはスタフカの予備から、10個砲兵旅団および11個砲兵連隊を受け取った。その中にはいくつかの12㎝多連装ロケットランチャー、恐ろしいカチューシャ【註：ソ連軍は一般的な砲兵以外に、特殊な砲兵すなわちロケット砲兵戦力の充実にも力を入れていた。ロケット砲は「カチューシャ」と呼ばれて各戦線で広く使用された。「カチューシャ」というのは前線での愛称で、当時ロシアで人気があったイサコフスキーの歌、「カテリーナ」にちなんで付けられたものと言われる。地上発射用ロケット砲は、航空機用ロケット砲から発展したものであった。開発は1938年6月に開始され、いくつかのタイプが試作された後、1939年8月にBM13が完成した。1940年いっぱい試験が続けられ、独ソ戦開戦前に生産が開始された。しかし戦争勃発までに完成したのはたった40輛に過ぎなかった。　最初の実戦投入は1941年7月7日、オルシャナにおいてであったがその効果は絶大で、これを受けて大量生産が開始された。BM13に使用されたロケット弾の直径は132ミリで、ランチャーはI型の金属レール8本を横に並べ、その上下に合計16発のロケット弾が取り付けられていた。ランチャーは、主にトラックの後荷台に搭載された。ベース車体として使用されたトラックは、ZIS‐6、ZIS‐150、GAZ‐63などがあった。もうひとつ主要なロケット砲のタイプは、BM‐8であった。BM‐8は82㎜のロケット弾を使用していた。ランチャーは36連装のものが一般的で、ベースに使用されたトラックは、ZIS‐6が多かった】連隊が含まれ、ソ連軍指揮官にドイツ軍防衛線を粉砕するために1,000を越えるチューブ（発射管）を提供していた。このの兵器システムは、ドイツ軍からは「スターリンのオルガン」として知られていたが、36発のロケットを10秒以内に発射することができた。彼らの印象的な火力に加えてそのチューブ砲兵【註：カチューシャは正しくはチューブ発射式でなくレール発射式だが】は、攻撃軍に1キロあたり1,000門を越える、あるいは14対1の砲兵戦力比の火力密度を与えていた。

第5親衛戦車軍は、突破が達成された後に縦深攻撃を遂行する予定となっていたが、3個戦車軍団～第18、第20、そして第29戦車軍団から構成されていた。各軍団は2個ないし3個の戦車旅団および機械化歩兵旅団から構成され、軍の総戦力は戦車197輛となっていた。戦車軍は50パーセントの戦力でしかなかったが、まだかなりの攻勢における打撃能力を有していた。戦車軍には主としてT‐34／85中戦車が装備されていた。ただしソ連軍は、SU‐85やSU‐76のような突撃砲も多数保有していた。加えて少数の、12.2㎝主砲を備えた新型のイオセフ・スターリンⅡ超重戦車も少数がまた、その戦場デビューを飾っ

ていた。

ひとたび戦車軍がズヴェニゴロドカに到達したら、その後、そこで南に向きを変えて、予想されるノボ・ミルゴロド地区からのドイツ軍の救援部隊を阻止する。第4親衛戦車軍とコロティエフの第52軍は、戦車軍の後に続き、内側の包囲環を形成する。彼らはセリバノフの第5騎兵軍団でドイツ軍を追い散らしその速度と機動力を生かして、包囲陣のドイツ軍をバラバラに粉砕し、その撃破に拍車をかける。南の第53軍は、前進する外側の環を補強しつつ戦車軍の左翼を防護する。作戦遂行を予定されたこれらの軍すべては、第2ウクライナ方面軍の他の軍から彼らの戦闘力を強化するための、付属部隊、戦車、そして砲兵を受け取っていた。

第1ウクライナ方面軍は、コーニェフの1日後に1月26日に攻撃を行うが、ジュマチェンコの第40軍とトロフィメンコの第27軍を使用してティノフカ地区から攻撃を行う。歩兵軍を突破達成に使用するコーニェフの方面軍と異なり、バトゥーチンは彼の作戦予備、クラウチェンコの第6戦車軍を前線に配置し、彼の歩兵軍と混成した。バトゥーチンはこうせざるをえなかった。というのも、彼の全戦闘力がこれ以前の2週間に被った損害によるものであった。ソ連軍の攻撃は、彼の方面軍がこれ以前の2週間に被った損害によるものであった。一部には、彼の方面軍がこれ以前の2週間に被った損害によるものであった。第2戦車軍といった第1ウクライナ方面軍の他の部隊は、ヴィニツァ地区で激しい戦闘に従事しており、バトゥーチンはとき

おり彼のはるか右翼にも関心を払わなければならなかった。

こうした混乱にもかかわらず、バトゥーチンはまだ突破地区に好ましい戦力比を達成するために、十分な戦力を集積することができた。しかしこれはコーニェフの戦区のものに及ぶものではなかった。ひとたびティノフカ地区でドイツ軍の防衛線が突破されると、第6戦車軍はズヴェニゴロドカに突進する。戦車軍の右翼は、第40軍によって防護される。両方の軍は、ウマニ地区からの救援の試みが予想される南西を向いた、外側の包囲環を形成する。左翼の第27軍は、防衛軍をボグスラフから押し出し、ロハツ川から引き離すことを狙い、内側の環を形成する。多くは包囲の外環を保持する第6戦車軍の能力次第であった。

クラウチェンコの第6戦車軍は、紙の上では印象的であったが、まだたった5日間しか存在していなかった。軍は1944年1月21日に編成され、たった2個軍団〜第5親衛戦車軍団と第5機械化軍団〜から構成されており、編成定数からは1個軍団が不足していた。軍には本部要員や支援組織さえ配属されていなかった。クラウチェンコ中将は、戦車軍団の司令官であったが、軍司令官にも任命され、彼はまだ彼の元の第5親衛戦車軍団を指揮しており、このため「2つの帽子を被る」こととなった。歩兵の不足の一部は第27軍の第47狙撃兵軍団の配属と、同時に訓練未了の「焼け太りのウクライナ人」の強制徴募で補われた。まだバトゥーチンは、ドイツ軍守備部隊にたいする明白

な優位を保持していた。

　一見したところ、この大規模作戦に選ばれた地域は戦車の作戦向きとは思えない。右翼のカーニェフ〜ズヴェニゴロドカ〜チェルカッシィ地区、あるいはドニエプル川の西岸は丘勝ちで、かなり沼地と森林が広がる地域であった。この地形はバルカ（涸れ川）と小川によって明瞭に区切られ、守備部隊を助けていた。これらの地勢学的特徴は、多くの制高地点を作り出し、これらは良好な観測地点あるいは天候が許せば5キロから10キロを制圧できる野戦火点を提供した。かなり荒れた地形と良好な道路を欠くことは、攻撃側にかなりの試練を課した。彼らは包囲を遂行するため、機甲および機械化部隊に頼った。

　丘勝ちの地形に加えて、多数の小河川がこの地域内を流れていた。ほとんどが西から東に流れ、ドニエプル川に注いでいた。これらの中で最も重要なのが、突出部北部ではロシュ川、突出部東部ではオルシャナンカ川、そしてドニエプル川に向かって屈曲する前は、北から南に流れ、ドイツ軍包囲陣の南の境界となるグニロイ・ティキチェ川であった。冬季にはこれらの川はすべて60から100メートルの幅、0・6から2メートルの深さで、速い流れであった。もし守ろうとすれば、これらの川は攻撃行動にたいする大きな障害となろう。しかしこれらの川は両刃の剣であることが証明された。これらはもし橋が健在のまま確保されなければ赤軍の攻撃を遅らせることができただけでなく、予期されるドイツ軍の救援を阻止する障害物とし

ても使用できたからである。

　全地域は全般的に農地であり、開けた土地は夏の間は小麦やひまわりが育つ集団農場が支配的であった。ほとんどの小川は、密生した低木に縁取られていた。わずかな森林は、通常丘の上にあった。ほとんどの道路は、ただの農道で冬季には雪に覆われて消えてなくなる。「全天候」と考えられる唯一の車道は、地域で交差している2本の鉄道であった。この地域はまた人口豊富で、前進する赤軍の隊列の隙間を埋める潜在的な徴募源としての賜物を捧示していた。多数の村が全地域中に散らばり、住民は恒常的に両者によって車道の啓開と修理のために使用された。

　車道はこの時期のウクライナの天候条件によって、冬季には急速に悪化した。各冬に数フィートもの雪が積もることは異常なことではなく、その後の急激な雪解けのため道路は、ラスプッツァとして知られる底無し沼となった。気温は何カ月も氷点下に留まる。突然雪解けが始まり、氷をなくしてまだ通れる道路を泥沼にし、機甲部隊の移動を大きく制限する。頑健な小さな馬が牽く橇か装軌車両だけが、通行することができた。

　1944年初めのウクライナの冬を異常なものとしたのは、春の雪解けがほとんど2カ月早く始まり、ドイツ軍とソ連軍の両者を不意打ちしたことである。まだ、ジューコフ、コーニェフ、そしてバトゥーチンが彼らの計画を起案するとき、天候と通行可能性は来るべき作戦における重大な問題を投げかけるも

のとは考えられなかった。天気予報は、天候は晴れとなり気温は零下になり、時折吹雪になると予報した。ソ連軍は、数量も天候の両者とも有利であるようであったが、ドイツ軍をだまして攻撃が別な場所で行われると思わせる、複雑で堅く調整された欺瞞計画を作り上げることで、さらに保証を得ることを望んだ。

作戦が成功するために、ソ連軍は南方軍集団が攻撃のときと場所に関して欺かれねばならないと感じた。フォン・マンシュタインは、彼の強力な機動部隊が彼の側面から包囲陣に囲まれた部隊を救済するために転用するときと機会を持つことを許すことはできなかった。これはソ連の計画にとって完全に致命的なものであった。というのも赤軍は、戦争のこの時期にスタッフ予備として適当な数の機動部隊を持っていなかったからである。もしフォン・マンシュタインが、ひとつあるいはそれ以上の戦車軍団を、脅威を受けた地域に素早く移動させることができたら、彼はバトゥーチンとコーニェフの部隊に大規模な懲罰を課すことができるのだ。ウクライナ中で荒れ狂った激しい戦闘にもかかわらず、南方軍集団はまだ、そのころ全独ソ戦線で作戦に従事していた、25個戦車あるいは機械化師団のうちの18個を集めていた。これらの師団のほとんどが各々たった50輛の戦車しか集めることができなかったのであってさえ、これは

考慮されるべき強力な部隊であった。

この目的を達するため、コーニェフは彼の方面軍のためにドイツ軍機甲部隊がすぐに包囲されることになる彼らの戦友を救援することを防ぐよう策定された、壮大な欺瞞計画を実行した。これはふたつの構成要素からなっていた。最初のものは、キロボグラードの南の地域での陽動攻撃の活用であった。他はドイツ軍事情報分析官に第2ウクライナ方面軍の主要努力がどこか他の場所に向けられていると信じ込ませる、古典的な偽装手段の使用であった。

偽装には、赤軍部隊の本当の位置を隠蔽するよう策定された各種の手段や、同じく部隊が他に存在するよう見せかける手段が含まれていた。これによって敵軍を攻撃部隊の実際の位置や規模に関して誤認するよう導いたのである。理想的には偽装はまた、敵軍を完全に奇襲し、こうして敵に重要な精神的一撃を加えるよう導くものであった。これを達成するために、コーニェフの方面軍は、ダミーの通信網、マネキンと拡声器を使って偽の部隊集結地や、ダミーの戦車や砲兵火点、野戦陣地を作り上げた。これらの大部隊は、第8軍第XXXXⅦ戦車軍団の目の前の、キロボグラードの南西に配置された。素人の観察者には、コーニェフの作戦予備の第5親衛戦車軍は、キロボグラードから西のウマニに向かって大規模な攻撃の準備をしているように見えた。

その間に本物の第5親衛戦車軍は、1月19日から23日に、キ

ロボグラード地区からほとんど100キロ北の、来るべき作戦のためのクラスノシルカ地区の集結地域に移動した。移動は夜間に厳重な無線封止の下に行われた。部隊は偽装された集結地域に移動し、作戦の開始まで隠蔽されたままであった。ドイツ軍の空中偵察によって移動を察知されることを防ぐために、ソ連空軍はコーニェフの戦区全域で、積極的な対偵察機戦闘を遂行した。

さらにヴォーラーの機動部隊を釘付けにするために、コーニェフは彼の第7親衛および第5親衛軍団(両者ともに歩兵部隊である)に、1月23日にキロボグラード地区のドイツ軍守備部隊に牽制行動を行うよう命令した。コーニェフの意図は、ヴォーラーが彼の使用可能な機甲部隊をこの攻撃に投入させるとともに、フォン・マンシュタインが他の部隊をこの攻撃にたいして送り込ませ、彼らを釘付けにして、本当の攻撃がさらに北で始まったとき、彼らが柔軟に反応することを拒むことであった。これは奇襲とあいまって、コーニェフに作戦の彼の担当部分を実行するに十分と判断させることになった。しかしバトゥーチンの欺瞞計画はどうだったのか?

バトゥーチンの方面軍は、利用可能な資料によれば、その作戦計画の策定において偽装はまったく使用されていなかったようである。明らかにバトゥーチンは偽装計画を準備する大きな必要を持たなかった。というのは、彼の部隊はコーニェフと異なり〜彼の部隊はキロボグラードを解放した後1月15日に停止

し、静止した陣地にあった〜まだヴィニツァの近郊で作戦中であった。バトゥーチンは2個軍〜第2、第3戦車軍〜を有していたが、これらはコルスン-シェフチェンコフスキー作戦の彼の担当部分を発動する地域から西150キロでで作戦中であった。証拠が示すところでは、バトゥーチンはフーベの目が、リープとシュテンマーマンの軍団に主攻が加えられる東ではなく、西を向くことを期待していたようである。

バトゥーチンの計画の他の面としては、彼が新しい戦車軍、第6軍をドイツ軍が予想したのと異なる地域に編成したことは、意図されたものでなかったのではあるが、偽装計画と同様の効果をおよぼした。この軍の出現はドイツ軍を驚かしたようだ。というのは、彼らはバトゥーチンの方面軍の使用可能なソ連軍戦車軍ははるか西で、同じく第1戦車軍の戦車の大部隊がリープと戦闘していると、信じていたからである。バトゥーチンはリープの軍団が言うべき戦車を持たず、彼を止めるためにはおおよそ無力であることを知っていた。加えてバトゥーチンとコーニェフの方面軍は、欺瞞計画に加わった唯一の部隊ではなかったのである。

さらにドイツ軍を混乱させることに、スタフカは、ロディオン・マリノフスキー大将の第3ウクライナ方面軍に、クリヴォイ・ローグの周辺で限定的な攻撃を発動するよう命じた。この作戦は、1月31日に始めるよう予定されていたが、ドイツ第8、第6軍の作戦境界を打撃するよう予定されたものであった。作戦を発動する

ために必要な部隊の再編成は、さらにドイツ軍事情報部を混乱させるのに益した。こうして全体的な欺瞞計画の意図は、包囲作戦が実際に発動された中央部に代わって、ウクライナ防衛のはるか南および西部分にドイツ軍の目を向けさせることであった。

しかし欺瞞計画、作戦的偽装の活用は成功したのだろうか？欺瞞計画、傾注されたすべての努力は、働かなかった。皮肉にもドイツ軍事情報部の分析官は、来るべき攻撃をコーニェフの戦区で偽装が最も厳重に実行された方向と見、嵐が吹き荒れる前に予備兵力を移動させ始めていた。他方、突破部隊の第6戦車軍の第1梯団を使用したバトゥーチンの攻撃は、彼はほとんど何も言うべき偽装手段を使用しなかったにもかかわらず、ほとんど完全な奇襲となったことがはっきりした。当初の成功にもかかわらず、バトゥーチンの部隊は計画された牽制攻撃の失敗によって大きな損害を被った。このとても成功とは言えない結果は、何によって説明されるのか？

南方軍集団は、切迫したソ連軍の攻撃のときと場所を知らなかったが、その情報分析官はカーニェフ突出部で剥き出しの部隊にたいする大規模作戦は、おそらく遅かれ早かれ開始されると推論した。実際、フォン・マンシュタインと彼の部下の司令官は、陸軍総司令部（とそれを介してヒットラーに）彼らの部隊をすぐに撤退させるよう要請したが、そのかいは無かった。彼らは厳しい経験の繰り返しによって、突出部は赤軍が逃すことない垂涎の目標であることを知っていた。問題はいつ彼らが攻撃するかであった。

この確信は、ドイツ軍の東部戦線における情報機関、フレムデ・ヘーア・オストによって用意された、全般評価によって補強された。1944年1月15日、情報部は赤軍の冬季残存期間における主要攻勢は、南方軍集団にたいするものであると述べた。赤軍の目標は黒海とルーマニア国境に圧迫し、東部に孤立させられたドイツ軍部隊を包囲し撃破することであるとされた。この評価に続いてすぐ、ソ連軍の攻勢開始の4日前、1月21日に第8軍によって別の評価が行われた。

この評価では、第8軍はカーニェフ突出部に展開している部隊を覆い込み、包囲するよう策定された新たなロシア軍の攻勢が予想されると述べている。情報部はさらに続けて、攻撃はおそらくズヴェニゴロフスク〜ウマニ地域〜まったくもってソ連軍の意図と同じ〜に指向されると予想している。ドイツ軍の資料は、この評価は全般的な意味では正しかったが、司令官に必要なほど詳細なものではなかったと述べている。通信傍受能力、空中偵察航空機、人的情報の不足は、南方軍集団が作戦レベルで赤軍の意図と能力に関して、特別な詳細を入手することを拒み続けた。しかし、戦術レベルでは部隊は、来るべき攻撃にたいして防御するための準備をしていた。

1944年1月20日1930時（19時30分）、第8軍通信傍受部はクラスノシルカ地区に戦車軍が出現したことを発見した。翌日これは第5親衛戦車軍であることが確認された。これは実

にキロボグラードから北に移動して来たものであった。無線封止の管理の不徹底のために、ロトムストロフの軍の移動は探知されていた。無線偵察はまた、キロボグラードの西に集中してダミーの戦車が据え付けられていることを示す兆候も探知していた。当日の第8軍の情報評価は結論づけている。

キロボグラード地域で、我々は今日、北のノボ・ミルゴロドの東地区に主要な攻撃が移動していることに注目している。それゆえ、ここでの攻勢作戦の再開にあたっては、我々は、何よりもノボ・ミルゴロドにたいする突破のための強力な部隊の作戦への投入が観察されると予想している…第5親衛戦車軍本部、そして工兵部隊は北に移動しつつある…第XXXVII戦車軍団の中央戦区、および戦車軍団と第XI軍団の内翼で、地雷の除去が行われている。

◆ ◆ ◆

フーベの第1戦車軍の情報部門もまた忙しかった。1944年1月23日、情報部はティノフカの近くで、第XXXIIおよび第VII軍内翼にたいする、ソ連軍の攻勢準備を探知した。これは大規模攻撃のための有利な跳躍台を獲得するための、地域的な赤軍の攻撃の形をとった。斥候は第1ウクライナ方面軍の増援部隊の前線近くの準備地域への移動を探知した。第1戦車軍の

第VII軍団はまた、その後、方地域に、師団規模のソ連軍を2週間前に包囲しその手で殲滅中であった。この増強がこれらの部隊を救援すべく策定されたものか、より大規模な計画の一部であるのかは決められなかった。しかし第5親衛戦車軍団および第5機械化軍団からの脱走兵が、同じ日に捕まえられた。彼らが存在することの意味は、明らかに見過ごされた。クラウチェンコの第6戦車軍は探知されないままであった。

1月21日から24日、ドイツの両軍はさらなる攻勢準備を示す、赤軍の活動が増大していることを探知した。極めて多数の戦車が前進し、それとともに多連装ロケットランチャーが見られ、これは明らかに攻勢準備の兆候であった。第8軍は隷下の第11、第14戦車師団に、カピタノフカ地区から突破するために北に移動するソ連軍の移動に対抗するために北に移動する準備を整えるよう命令を発した。第1戦車軍は、その2個軍団はヴィニツァの東での反撃に関係していたため、ティノフカに面した第VII軍団にはたった1個の戦車駆逐部隊（携行火器を持った歩兵）しか送られなかった。第XXXVII戦車軍団司令官、フォン・フォアマン中将は、来るべき攻撃を受け身では待たなかった。1月24日、コーニェフが数キロ北で強行偵察を開始させた同じ日、フォアマンはフリッツ・バイエルライン少将の第3戦車師団に、ドイツ空軍の偵察機と組み合わせた先制打撃を行わせた。この夕のうちにバイエルラインの戦車は、クラスノシルカの西の巨大な、部隊および車両の集結地域を襲撃した。疑い無くド

イツ軍は、コーニェフが続く2、3日中に攻撃を遂行する準備をしているという確固たる証拠を得た。フォン・マンシュタインは隷下の軍団に、完全なる警報を発した。

コーニェフを驚かせたことに、1月24日に彼が強行偵察を開始したときに、ドイツ軍守備部隊は完全に準備を整え攻撃を待ち構えていた。シュテンマーマンはすでに、主攻が襲いかかる箇所の第389歩兵師団を増援するためヴィーキングからの機甲戦闘団の移動を開始していた。ヴォーラー大将によってすでに警戒態勢に置かれていた2個の戦車師団は、すでに北へ移動していた。3番目はできるだけ早く北へ移動せよとの命令で、キロボグラードの西の線にまで戻っていた。ヴォーラーの軍は、彼らが知っていた攻勢に対処すべく、十分に思える対抗手段をもって素早く反応した。第Ⅺ軍団と第ⅩⅩⅩⅦ軍団の兵士の唯一知らなかったことは、差し迫ったソ連軍の攻撃がどれだけ強力なものであるかであった。

すでに叙述した膨大な戦力にもかかわらず、ソ連軍のコルスン＝シェフチェンコフスキー作戦の成果は、多くの程度、偽装と陽動攻撃を遂行した、欺瞞計画によって定まったのである。両者ともに意図されたほどには効果を上げなかった。コーニェフの攻撃準備は、彼の精緻な欺瞞計画にもかかわらず、ドイツ軍によって方面軍の攻撃開始の5日前には探知されていた。ヴォーラー大将は、すでに2個戦車師団と残りの2個の一部を、作戦が開始されたときにそこに存在するよう、脅威を受けた地

域への移動を開始していた。彼らの到着は、第2ウクライナ方面軍の時間表に、重大な影響を与えた。

バトゥーチンの方面軍は、進行中の作戦により第1戦車軍の注意を西にそらすことをあてにしていたが、だとしてもその作戦計画において偽装の参戦のため、バトゥーチンの方面軍は、新しく編成された第6親衛戦車軍の参戦のため、バトゥーチンの方面軍は、小規模な攻撃しか予想していなかった守備部隊を驚かした。両方面軍ともにすぐにその攻撃の規模によってドイツ軍を驚かしたのである。というのも彼らは、赤軍にはジトミール〜ベルジチェフおよびキロボグラードの作戦の後これほどすぐに、大規模作戦を発動する能力はないと考えていたからである。

陽動攻撃はドイツ軍の機甲予備を釘付けにし、真の主攻箇所に関してドイツ軍、とくに第1戦車軍地域のドイツ軍を混乱させるために必要な攻撃衝力を欠いていた。証拠が示すところによれば、南方軍集団は陽動攻撃には過度な関心は抱かず、このためフォン・マンシュタインは、包囲された部隊を援助するために、急速にその部隊を移動させることができた。クリヴォイ・ログとニコポリにおける第3ウクライナ方面軍の攻撃は、重大なものではあったが、ホリト大将指揮下の第6軍がフォン・マンシュタインの援助のために1個戦車師団を派遣することを妨げるために何もできなかったことが明らかとなった。赤軍のコルスン＝シェフチェンコフスキー作戦の欺瞞計画の失敗の主要な結果は、作戦がその計画者が予期したよりも3倍も長引き、

ドイツ軍を包囲しその補給路から切断し彼らを殲滅する目的を達成するために望まれたものよりも、はるかに激しい戦闘を要したことであった。

兵站もまた、来るべき作戦において、重要な役割を果たした。短い準備期間のため、バトゥーチンとコーニェフの参謀は、赤軍の攻勢作戦の最も重要な方面に、彼らの注意を十分さく時間がなかった。母なる自然もまた準備を妨げた。コーニェフは彼の作戦報告の中で、天候と地形を準備の実行に「まったくもって不向き」と叙述している。彼の言葉では、突然の雪解けと泥道は、「部隊が移動し、彼らに燃料と弾薬を補給することを困難にした」。ジューコフは作戦にたいするスタフカ特別代表と

フリッツ・バイエルライン大将。戦闘開始時に第3戦車師団司令官。写真はアフリカ軍団の制服を着用している。(Bundesarchive75/25/25)

して、方面軍は彼らがなじんでいた方法で作戦を遂行するために必要な物資的予備(部隊戦力、車両、燃料、弾薬、そして食料)を完全に備蓄することができなかったと述べている。しかし、認識されているドイツ軍の本質的な脅威のため、彼は作戦がこれ以上延期できないと確信した。

ソ連軍の作戦に関する作戦後研究によれば、すべての部隊の移動と兵站準備は、時間表を固守するプレッシャーにも負けず、定刻通りに行われた。この偉業は表彰に値しよう。コーニェフとバトゥーチンの方面軍は、この大変な任務を通常の半分以下の時間で遂行し得たのである。これは作戦が開始されたとき、ドイツ軍を驚かすことに寄与したのである。ドイツ軍は作戦を予期し、その場所を予想したが、彼らは赤軍がそれほど早く前述したふたつの作戦から回復できるとは信じられなかった。部隊の準備を完了するために、大きな努力が払われた。コーニェフおよびジューコフの両者ともに、準備は昼夜を分かたず、厳重な秘匿状況下で続けられたと述べている。突破部隊の再編成は、まさに作戦が開始されるその日まで続けられた。ドイツ軍陣地の偵察は、戦線の相手方にある部隊を特定する目的をもって続けて行われた。斥候は、情報を集め捕虜をとるためにドイツ軍戦線に侵入した。これはさらに敵の編成の詳細を知るためにさらに助けとなった。この技術はもちろん、部分的に、どのようにしてソ連軍がそれほどたくさんのドイツ軍師団が突出部にいると信じるようになったかを説明してくれる。前述し

たように、こうした偵察努力のいくつかは、貧弱に実行されただけだった。第2ウクライナ方面軍戦区では、コーニェフは攻撃を1日延期しなければならなかったが、それで彼は彼の戦線に沿って、どこにドイツ軍防衛部隊がいるか正確に確かめるために、強行偵察を行うことができた。これは実際、遂行されまくいった。ドイツ軍はあらかじめ警戒していたが、コーニェフは新しい情報を反映して部隊を移動させる十分な時間があった。

赤軍工兵および戦闘工兵もまた、作戦に至る日々、週日は繁忙であった。恐ろしい冬季条件下で、赤軍部隊は第2ウクライナ方面軍地域だけで135キロもの支道を造成した。地雷啓開努力は突破部隊が攻撃を開始する時点に調子を合わせて続けられた。作戦後研究では、第4親衛および第53軍の前面で20,000個以上の地雷を処理したと述べられている。工兵はまた、偽装計画の一部である、前線陣地へのダミーの設置に忙しかった。加えて彼らは砲火の下で、475キロの道路を修理し、24ヵ所の橋を修理するか補強し、ドイツ軍の鉄条網による障害物の中に180ヵ所の通路を開いた。

こうして、来るべき作戦の準備を予定された赤軍部隊は、窮迫した準備局面であっても、記録的な速さで徹底的にやり遂げた。戦争が進展するにつれ、この準備期間の記録は繰り返し更新され、ソ連軍の準備がゆっくりして慎重であると見なしていたドイツ軍を仰天させた。この任務が達成された速度は、彼らを驚嘆させた。

多くの要因のおかげで、ソ連の計画したコルスン‐シェフチェンコフスキー作戦は、成功する好機に恵まれていた。作戦は比較的単純なコンセプトで、戦車軍を包囲達成のための縦深攻撃を実行するために使用し、方面軍司令官に2つの選ばれた地点で、包囲を素早く達成し、罠にかけられたドイツ軍を殲滅することを確実にするために、巨大な戦闘力を集中することを可能にした。これには、偽装と陽動攻撃の両者を活用した、複雑な欺瞞計画が含まれた。準備は急いで実行されたにしても、十分であった。

赤軍は、この作戦のためにまた別の利点をも有していた。彼らは、戦車、砲、そして部隊の数量において、全体的な優越を享受していた。ドイツ軍の編成と地形の知識は完璧だった（実際には、守備部隊の数に関しては、彼らはドイツ軍の戦力をかなり過大評価していたが）。赤軍はまたイニシアチブをとり、攻撃のときと場所の両者を押し付けることができた。ドイツ軍は広がり過ぎた戦線に釘付けにされ、遅かれ早かれ来ることを知っていた、圧倒的な攻撃を待つことができただけだった。カーニェフ突出部のドイツ軍は、ヒットラーの死守命令によって、極めて脆弱であった。これは時宜を得た撤退を拒み、突出部の二重包囲を招くように暴露し、薄っぺらい側面を保持するだけで、ドイツ軍部隊を完全に疲弊し弱体な状態とした。第XXX XII軍団は、まったく戦車も突撃砲も保有していなかった。フォ

ン・マンシュタインの機甲部隊は、他所で多忙であった。ヒットラーと彼の最高司令部の目は、イタリアのアンツィオ海岸堡とレニングラード周辺の戦闘にあまりに向けられており、ドニエプルに沿って何が起こるかについては、ほとんど注意が払われなかった。

しかしドイツ軍は、ソ連軍の作戦が成功裏に完遂されることを脅かす、いくつかの利点を有していた。これらは、マンシュタインがヒットラーに従うつもりがないこと、まだ優越したドイツ軍の戦術能力（とくに師団とそれ以下のレベルで）、そして戦線のひとつの部分から他へ急速に移動させる能力であった。ソ連軍のまだ強力なドイツ軍の能力の過小評価は、作戦が進捗するにつれ著しく作戦に影響し、おおいに赤軍を驚かせた。ドイツ軍がコーニェフの第5親衛戦車軍の実際の移動を探知し、第8軍が攻勢の5日前に欺瞞計画を見破ったことは、わずかな機甲部隊が他の戦線から来る攻撃を防ぐために、移動を開始するのに十分な時間を与えた。確かに赤軍はこの作戦が容易なものではないことに気付くことになるのである。

赤軍は、この作戦に至るまでに、後に彼らの不利になるいくつかの誤りを犯した。彼らの野心的な欺瞞計画は、理論だって聞こえるが、急いで実行されたものだった。部隊は適切な無線封止の遂行について、貧弱な訓練しか受けていない、あるいは習熟しておらず、これはドイツ軍に攻撃の場所を密告するようなものだった。赤軍はおそらくスターリンの督促のために、ド

イツ軍の大集団を完全に殲滅することで、スターリングラードの勝利の繰り返しを熱心に追求した。彼らは同時に包囲陣を縮小し救援部隊を撃退するために、十分な歩兵と戦車を欠いていた。彼らの砲兵への信頼は、泥のため前方に十分な弾薬を搬送できなかったため打撃を受けた。ソ連空軍は、まだ地上部隊と密接に協調できないことがはっきりした。ソ連司令部機構は、作戦舞台において誰をも全体指揮につけないままだった。ジューコフは、スタフカの調整官として勤務しており、増援部隊の配置と方面軍司令官に助言を与えたが、彼らに行動を指示することはできなかった。

ひとつ作戦計画の当惑させられる面は、包囲された部隊の直接の殲滅以外の行動は指示されていないことだった。ドイツ軍突出部を包囲する当初の縦深攻撃後、ドイツ軍戦線をさらに後退させるよう圧迫し続ける縦深攻撃が続くことはなかった。大きな獲物を犠牲にして、敵の完全な破壊に集中したことは、ボルシェビズムの影響を受けた赤軍ドクトリンの頑迷な特徴であった。これは包囲陣のドイツ軍の撃破だけでなく、その守備兵の全員を～あくまでも～殺すか無能力化することを要求した。この目的にひたすら執着したことは、赤軍司令官に彼らの機甲部隊の先鋒を防御されていない地域まで深く送り込むことで、可能となった大きな獲物を見過ごさせることになった。ズヴェニゴロドカの向こうにあったものすべては、郵便および補給部隊だけで、200キロの空っぽのスペースが黒海ま

で広がっていたのである。

こうして、手際よく整然としたものではなかったが舞台は用意され、決定的な作戦は数週間のうちに〜両者にとって長引き高価なものとなったが〜決せられたのである。ジューコフおよびスタフカ、そして方面軍司令官によって起草された計画は、いくつかの作戦コンセプト〜紙の上では印象的だが、戦場での試験に投入されたとき具体化するための戦車軍の使用を〜を活用していた。縦深攻撃を遂行させるための弱点が明らかになったが、好く計画されていたが、第6戦車軍は新しく、司令部は試練を受けていなかった。偽装計画と陽動攻撃の活用は、この段階での赤軍の実行能力を越えていた。砲兵は、ドイツ軍の戦術的防御陣地を歩兵に代わって粉砕するために、ますます緊要となったが、戦車の先鋒部隊の前進について行くことができなかった。ソ連軍事情報部はドイツ軍の編成を分析するにあたって保守的すぎ、ドイツ軍の戦力の評価に関してはあまりに限定的であることがはっきりした。

ソ連軍の作戦のこれらすべての要素は、計画段階における多大な協調と、作戦遂行中の良好な指揮、統制の必要性を示した。この計画は、急速で乱暴な機動、効果的な欺瞞作戦との結合が必要で、次章で記述されるような、両者ともに述べられた目標を完全に達成することができずに疲労困憊するまで戦う、両者の激しい殴り合いに発展したのである。

放棄された 15cm 重野戦榴弾砲 sFH18 を、コサックであろうか、馬に乗ったソ連兵が検分している。砲の白で斑に塗られた迷彩が興味深い。

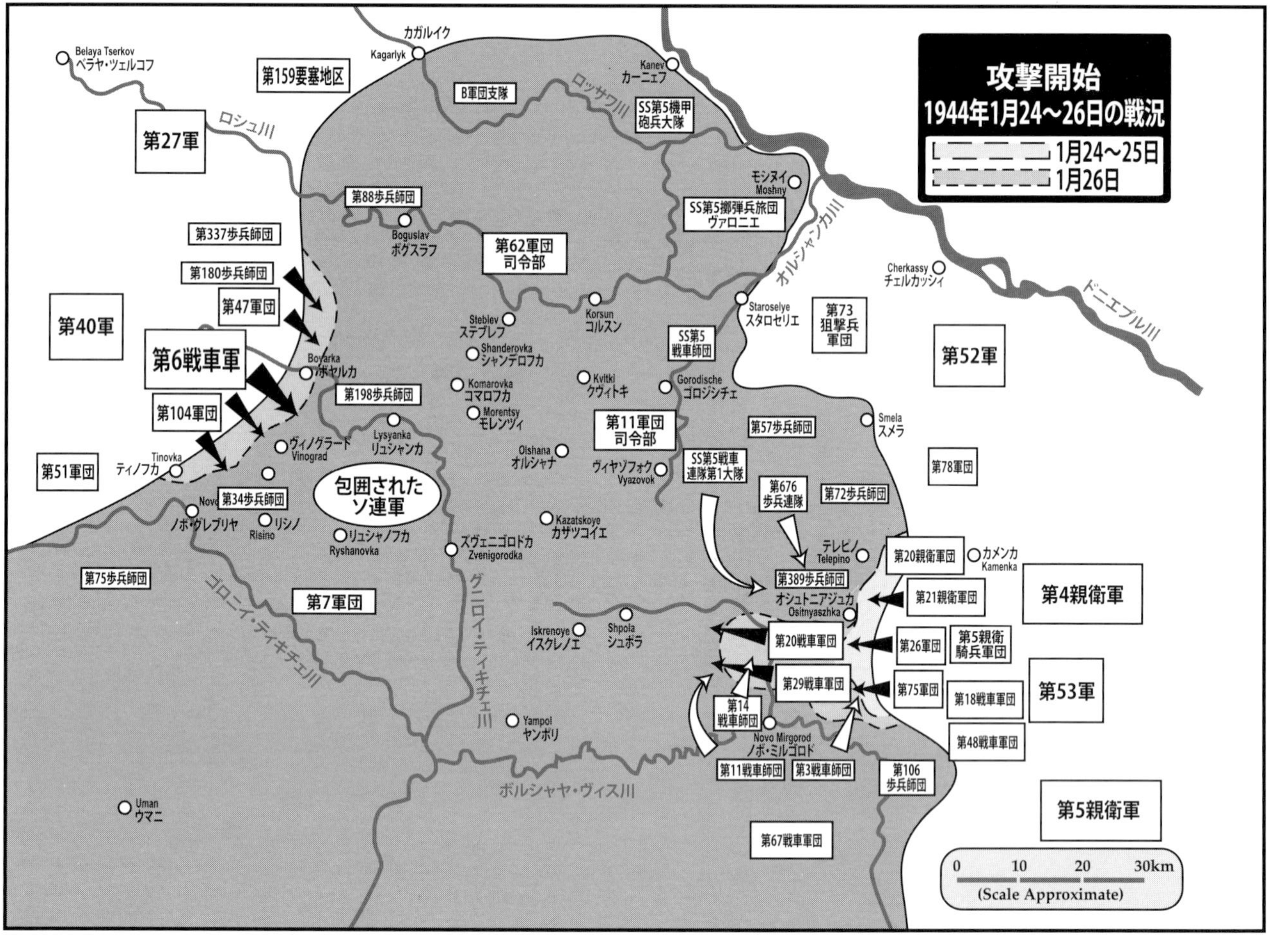

攻撃開始
1944年1月24～26日の戦況
1月24～25日
1月26日
Belaya Tserkov ベラヤ・ツェルコフ
第159要塞地区
カガルイク Kagarlyk
Kanev カーニェフ
ロッサワ川
B軍団支隊
SS第5機甲砲兵大隊
第27軍
ロシュ川
モシヌイ Moshny
第88歩兵師団
SS第5擲弾兵旅団 ヴァロニエ
Boguslav ボグスラフ
第62軍団司令部
第337歩兵師団
第180歩兵師団
第47軍団
オルシャンカ川
Cherkassy チェルカッシィ
ドニエプル川
第40軍
第6戦車軍
Korsun コルスン
Steblev ステブレフ
Staroselye スタロセリエ
第73狙撃兵軍団
第52軍
SS第5戦車師団
Boyarka ボヤルカ
Shanderovka シャンデロフカ
Komarovka コマロフカ
Kvitki クヴィトキ
Gorodische ゴロジシチェ
第198歩兵師団
第104軍団
Morentsy モレンツィ
第11軍団司令部
第57歩兵師団
Smela スメラ
Lysyanka リュシャンカ
ヴィノグラード Vinograd
Tinovka ティノフカ
第51軍団
Olshana オルシャナ
ヴィヤゾフォク Vyazovok
SS第5戦車連隊第1大隊
第78軍団
包囲されたソ連軍
第34歩兵師団
Novo ノボ・ウレブリヤ
Risino リシノ
リュシャノフカ Ryshanovka
第676歩兵連隊
第72歩兵師団
Kazatskoye カザツコイエ
ズヴェニゴロドカ Zvenigorodka
テレピノ Telepino
第20親衛軍団
カメンカ Kamenka
第75歩兵師団
第389歩兵師団
第4親衛軍
第7軍団
ゴロニイ・ティキチェ川
グニロイ・ティキチェ川
オシュトニアジュカ Ositnyaszhka
第21親衛軍団
Iskrenoye イスクレノエ
Shpola シュポラ
第20戦車軍団
第26軍団
第5親衛騎兵軍団
第29戦車軍団
第75軍団
第18戦車軍団
第53軍
第14戦車師団
Yampol ヤンポリ
Novo Mirgorod ノボ・ミルゴロド
第48戦車軍団
第11戦車師団
第3戦車師団
第106歩兵師団
ボルシャヤ・ヴィス川
Uman ウマニ
第5親衛軍
第67戦車軍団
0 10 20 30km
(Scale Approximate)

【第2部】
ロシアの
スチームローラー

第4章：ハンマーは振り下ろされた
　　　　──コーニェフの攻撃
第5章：バトゥーチンの打撃
第6章：ダムの決壊
第7章：ズヴェニゴロドカで罠は閉じられた

第4章 ハンマーは振り下ろされた――コーニェフの攻撃

> 「終わりの日が来たなら…最後まで軍旗の下に立つものが、真の元帥、将軍であろう」
> アドルフ・ヒットラー、エーリッヒ・フォン・マンシュタインによる引用

前章で記述されたように、ジューコフおよび第1、第2ウクライナ方面軍の司令官は、3つの明瞭な局面に分けて、彼らのコルスン・シェフチェンコフスキー作戦を遂行するよう計画した。最初の局面は突破の達成で、1944年1月25日、東部でコーニェフの方面軍が攻撃を開始したときに始まった。翌日、バトゥーチンの方面軍は西方でその攻撃を開始した。第2の局面は、実際の包囲作戦そのもので、1944年1月28日、2個戦車軍によって発動された縦深攻撃によって達成された。ただし途切れない包囲線は、2月4日まで形成されなかった。第3局面は包囲されたドイツ軍部隊の撃破で、2月20日までに達成された。

作戦的欺瞞および陽動攻撃の失敗は、作戦の遂行を複雑なものにした。後で見るように、最初の局面は計画通りに進んだものの、ソ連軍の予定通りになることをドイツ軍が拒否したため、赤軍は作戦を戦って取り戻さねばならなかった。加えて、作戦が展開するに連れて、鍵となる戦闘支援部隊、砲兵や近接航空支援といったものが、戦車軍の移動についていけなくなった。ソ連軍指揮官がなじんでいた数的優位と火力支援なしで、

彼らはドイツ軍とほとんど等しい条件で対決せざるをえなかった。そこではドイツ軍の戦術的優位がものを言った。歩兵、砲兵、そして機甲部隊の間の協調は、さらにソ連軍の困難を増した。ただし最終的に事態はほとんどの部分、スタフカの最高代表と方面軍司令官の多芸さと柔軟性によって取り戻された。

戦闘が展開する各々の局面で、ソ連軍司令官は、罠にかけられたドイツ軍の包囲を突破しようとする無数の奮戦、あるいは外部からの彼らの救援のための奮戦に直面した。これらドイツ軍部隊を救援するための奮闘は、実際、分離された明瞭な局面を構成した。ソ連軍司令官は包囲部隊の撃破に専心する局面と同時に起こった、こうした局面に対処せざるを得なかった。ある時には、ドイツ軍は間一髪ですべての部隊を無傷で逃げおうせるだけでなく、作戦を遂行しているソ連軍の包囲と撃破をも成し遂げようとした。こうして、ジューコフ、コーニェフ、そしてバトゥーチンの、戦闘が素早く容易な勝利に終わるという確信に反して、結果はそのどちらでもなかった。

戦闘開始に至る数日間を通じて、赤軍の部隊、戦車、砲、そして騎馬騎兵は、彼らの集結地域に流入し続けた。ライフルと

114

機関銃は清掃、注油され、戦車は心配した乗員によって最後の徹底的な検査が行われ、砲員は彼らに対してあらかじめ設定された目標をもう一度チェックした。指揮官は彼らの攻撃地域の、最後の最後の査閲を行った。ソ連軍の斥候は、破壊のためにドイツ軍防御陣地を突き止める、あるいは尋問のためにドイツ兵を捕まえるため、毎日出発した。その間ずっと、積極的なソ連空軍戦闘哨戒機は空を探し回り、ドイツ軍偵察機が真のソ連軍の意図を発見することを防ぐためベストを尽くした。しかし、ドイツ軍にとって攻撃の予兆と思えるものが、1月24日に生起し、ヴォーラー大将の予想を強く後押しした。

コーニェフの方面軍の攻撃日は、ドイツ軍防衛陣地最前線の貧弱な偵察情況のために、1月24日から翌日に延期されたので、彼の部隊は準備のために1日の息つく間を得た~すなわち、ドイツ軍の前線が実際にどこにあるのかを発見するために再び前線に派遣される部隊を除く全員がである。彼らはまたドイツ軍援護部隊がどこにいるかも見つけなければならなかった~すなわち薄い警戒線は、ソ連軍の攻撃の早期の警報をもたらし、主防衛陣地に警報が行き届くまで遅滞させるため、主防衛戦の十分前方に配置されていたからである。ドイツ軍の実際の所在、とくに第389歩兵師団の位置についての確固たる情報の不足は、第4親衛および第53軍の司令官が、方面軍司令部より再び前線に戻るよう命令され、まさにそうしたときに、大規模な戦闘を招いた。

1月24日月曜日は、寒く澄んだ空とともに明けた。偵察任務を遂行するように選ばれたソ連軍増強歩兵大隊は、彼らの前にあるものが、ヴィンターフリッツ（惨めな被服で凍えたドイツ兵）の実際の前線防御陣地なのかどうか知るために早朝から動き出した。これらの大隊は、1門の馬牽きの7・62㎝カノン砲2ないし3輌の戦車、でき得る限り音を立てずに前進し、素早く好機に乗じて、これらの大隊の16個ものソ連軍が前進し、ヴェルボフカとヴァシリフカの間のドイツ軍監視哨を奇襲した。クルーゼ少将の第389歩兵師団の敵防衛線の前縁に浸透し、ヴェルボフカを占領し、第8軍をまったくもって仰天させた。

ヴォーラーの軍の各司令部は、0730時（午前7時30分）にはっきりした第Ⅺ軍団司令部のシュテンマーマンの関心と、彼とフォアマンの隣接する第ⅩⅩⅩⅩⅦ戦車軍団の作戦境界の継ぎ目に沿って指向されたブルトゥキ近郊の攻撃~を招いた。シュテンマーマンはこのわずかなソ連軍の侵食は、実際、待たれていた主攻とは考えなかったが、彼はそれが事態を秘匿する何かが進行中であることを疑い始めた。1時間後、事態は十分規模不明のソ連軍が攻撃し浸透したとの無線報告を受け取り、に第Ⅺ軍団から同日、ブルトゥキとバランディノの村近くで、るまでには、いくつかのソ連軍大隊は、なんとかドイツ軍戦線に4から6キロにわたって浸透しヴェルボフカを占領し、第8部隊は、彼らの中間陣地から後退を強いられた。その日が終わイツ軍監視哨は増強されており、

意図をもって、続く攻勢のためにより有利な跳躍地点を獲得するために、ソ連軍によって発動されたものと確信した。第XI軍団司令官は、運任せにはせず、戦車大隊、1個機甲擲弾兵大隊、および自走砲兵大隊からなる、ハンス・キョーラーSS少佐の「ヴィーキング」機甲戦闘団に、脅威を受けた戦区に移動し、必要とあらばブルトゥキを奪還するよう命じた。幸運にも、シュテンマーマンは機甲戦闘団に2日前にこうした行動を予期するよう命令しており、このため部隊は素早く移動することができた。

南方では、フォアマンの軍団が第8軍に、彼の全戦線に沿って敵の偵察活動があり、それとともに彼の右翼に沿ってSS第3戦車師団「トーテンコプフ」にたいして小規模な攻撃が発動されたが、容易に撃退されたと報告した。加えて彼の軍団は、ソ連軍砲兵から擾乱および阻止砲撃を受けたが、大きく関心をひくようなことは何もなかった。彼とシュテンマーマンの軍団の間の境界の前面に形成されたソ連軍の明白な集結地域をたたくため、フォン・フォアマンは砲兵に待ち伏せ砲撃を実行するよう命じ、良好な成果を収めた。この朝遅く、バランディノ周辺〜バランディノに集結したソ連軍にたいして、スツーカの攻撃が成功裏に遂行された。11時までには、南方軍集団参謀長、テオドア・ブッセ中将は、ヴォーラーと無線で話し、何が起こっているかを尋ねた。ヴォーラーは彼にソ連軍はおそらく地雷原

シュテンマーマン集団の唯一の戦車部隊の指揮官、ハンス・キョーラーSS少佐（一番左）。SS第5戦車連隊「ヴィーキング」第1大隊長。写真は1943年8月、ハリコフ近郊で叙勲式典中のものである。（Jarolin-Bundesarchive81/16/17A）

と障害物の除去を試み、同時に翌日の主攻の発動のために、有利な攻撃位置を獲得しようとしているのだと報告した。ヴォーラーは正しいことが証明されることになる。加えて、ヴォーラーは南方軍集団との、主攻はクラスノシルカ地区から、問題の2個軍団の境界に沿って来るのだと予想した。

第545擲弾兵連隊第I大隊は、第389歩兵師団の有する唯一の予備兵力であったが、1430時(午後2時30分)にクルーゼ少将によって、第228突撃砲大隊からの何両かの突撃砲とともに、コチャニフカの村近くの丘の上にいくつかの塹壕～300名と見積もられるソ連軍部隊が、ドイツ軍監視哨を殺傷するか追い落として占領していた～を奪還するために投入された。1650時(午後4時50分)までには、「ヴィーキング」

第XI軍団参謀長(写真は少将当時のもの)、i.G.ゲドケ大佐。(Photo courtesy of Andreas Schwarz and 88.Inf.Div.Veterans Association)

からの機甲戦闘団は到着し、素早く北からブルトゥキを奪還した。シュテンマーマンを最も悩ましたのは、ドイツ軍戦車がこれまでは1輌も報告されていなかったソ連戦車7輌を捕らえ、どこかに東に多連装ロケットランチャーの散発的な砲火を受けたという報告であった。もしこれがソ連軍の強行偵察なら、本当のチューシャはどのようなものとなるのか? そしてもし恐ろしいカチューシャが展開しているとしたら、彼らは主攻部隊の進路にいるのではないか? シュテンマーマンが認識した最悪のことは、危機の初期段階で、すでに彼の使用可能な予備のすべてを投入していたことであった～そして主攻はまだ来てはいなかったのだ。加えて、ブルトゥキの南の状況ははっきりしなかった。第XI軍団参謀長、ハインツ・ゲドケ大佐は、ソ連軍部隊のいくつかの大隊は村の南の木々に覆われた丘の頂きの陣地を占領しているのではないかと疑っていた。

ソ連軍の威力偵察は、この日の残りも夜まで続いた。部隊の必死の奮戦にもかかわらず、ヘッセン第389歩兵師団の大隊は、彼らの前線陣地から徐々に圧倒され、あるいは追い出された。この日の夕方早く、シュテンマーマンは、情報部門により戦闘が行われている地域にソ連軍3個師団～第6狙撃兵および第31、第69親衛狙撃兵師団の部隊が確認されたことを、第8軍に無線連絡した。夜が深まるにつれて事態は悪化した。シュテンマーマンは、事態はいまや「数的戦力の純粋な問題」で、戦闘に巻き込まれた部隊のタコツボ兵力は急速に損なわれてい

る、と報告した。用心して、シュテンマーマンは北約50キロのスメラの近くで第57歩兵師団に配属された、第676擲弾兵連隊の1個大隊に命じて、前線から引き上げ、トラックに載せてパストロスコヤの町に移動させた。そこは、ブルトゥキの北西10キロにあり、彼らは激しく圧迫された第389歩兵師団の増援として使用することができた。しかし、彼らの到着はコーニェフの師団が土地をゆっくりと食むのを防ぐのに、間に合わなかった。

師団の第389銃兵大隊（歩兵重偵察部隊として編成された）は、隣接する第3戦車師団とともに軍団境界を頑健に保持していたが、そのすぐ北の第546擲弾兵連隊は、健気に戦っていたものの、その歩兵中隊のいくつかは、激しい防御戦闘で最後の一兵まで一掃された。夜が進むにつれて、さらに多くの戦車に支援されたソ連軍歩兵大隊が、この日獲得された地籍を活用して前方へ移動した。シュテンマーマンは、大慌ての様子で、第8軍と接触し、彼の衰弱した右翼を元気づけるため、いつになれば第14戦車師団の到着をあてにできるのか問い合わせた。彼は1900時（午後7時）に第8軍に無線連絡し、ヴォーラーに翌日も敵の攻撃が続行されることが予想されると知らせ、続けて彼に歩兵が不足し、「私は21キロの戦線をカバーするのにたった1,500名の歩兵しか持っていないのだ」と報告した。

キョーラーの機甲戦闘団はブルトゥキを奪還した後、第XI軍団および第XXXXVII戦車軍団の継ぎ目の別の危機に対処する

ため移動した。そこでは第389銃兵大隊が圧倒される危機に直面していると報告していた。戦闘団が出発した後、ソ連軍は反撃し第389歩兵師団の痩せ衰えた部隊をブルトゥキからほうり出し、第4親衛軍予備の戦車、25から30輌を前線に送り込んだ。ソ連第5航空軍の航空機もまたこのとき現れた。暗くなりつつあったが、彼らは地上目標を攻撃し第XI軍団戦区中で状況を悪化させ、ドイツ軍偵察機が戦場上空に入ることを拒んだ。

この日の夕方までに、ブルトゥキおよび隣接するコチャニフカの村は、最終的にこれを最後に失われた。第389歩兵師団司令部は第389銃兵大隊との接触を失い、師団の戦線は孤立し強化火点によって切れ切れに保持されているだけとなったが、少なくとも深く突破はされなかった。

シュテンマーマンはまた、第8軍にフォン・マンシュタインの軍団から第14戦車師団を分遣し、彼の軍団の作戦指揮下に置くよう要請した。第8軍は当然に受諾し、シュテンマーマンは、マアチン・ウンライン少将指揮下の第14戦車師団は、彼の軍団に25日の0300時（午前3時）に配属されるが、ほとんどこの日は移動にあてられることが知らされた。シュテンマーマンの右翼の脅威にさらされている地域に到達するためには、ウンライン少将と彼の兵士達は、第XXXXVII戦車軍団の集結地域から移動してノボ・ミルゴロド近くの攻撃陣地に移動しなければならず、4から5時間の路上行軍が必要だった。

この日起こったことに対するシュテンマーマンの、ほとんど

パニックといっていい反応と対照的に、第8軍司令部と南方軍集団はともに、そこそこの関心しか示さないようだった。翌日のソ連軍の攻撃が予想されたものの、軍と軍集団双方の司令官と参謀は、ウンラインの第14戦車師団と他の第XI軍団部隊との協調した反撃によって、続く数日以内に戦線は回復できると信じていた。結局、この日軍団の他の戦区に沿ってはその他、敵の重大な攻撃はなく、シュテンマーマンはまだ他の部隊を、もしそうしなければならない場合には～彼はすでに第57歩兵師団の1個連隊を移動させ始めていたが～彼の軍団から移動させることができた。まさに確かに、ヴォーラーは、そのときフォン・マンシュタインの軍団境界にある「グロースドイッチュラント」機甲擲弾兵師団、同じく第11戦車師団第1大隊、軍の独立砲兵大隊の第108砲兵連隊第1大隊に、即座に移動してシュテンマーマンの司令部を支援するよう指示していた。ともかく、やるべきことをなして、少なくとも第8軍の参謀部は、この日床に就こうと考えたに違いない。

もし彼らが翌日何が待ち構えているかを知っていたら、彼らはまったく眠れなかったろう。1月25日火曜日0600時（午前6時）、第4親衛および第53軍は攻勢に転移した。彼らの歩兵は前日獲得した前進跳躍陣地をフル活用した。ソ連軍の準備弾幕射撃は、第XI軍団の40kmの戦区に沿って荒れ狂い、第389歩兵師団の急造防御陣地を飲み込んだだけでなく、その北に隣接する師団、ヘアマン・ホーンの第72歩兵師団をもまた

打撃した。ドイツ軍の前哨陣地は、ライゴロド～スメラ地区に前進する敵部隊を報告した。大規模攻撃の確かな兆候であった。南では、フォン・フォアマンの軍団は、ヤムキ近くの第3戦車師団に強大で猛烈な砲兵弾幕射撃が浴びせられたことを報告した。これは1時間半以上続き、右翼の第389歩兵師団とのの接触を失わせた。0800時（午前8時）、フォン・フォアマン大将は第3戦車師団に～いまは一時的にランク大佐が指揮を執っていた（バイエルライン少将は新しい師団の編成〔註：戦車教導師団〕のためドイツに呼び戻されていた）～戦力不振の第389歩兵師団を押し戻すよう北に攻撃して、西に向かって前進し敵部隊との接触を回復するよう命じた。しかし計画された攻撃は、師団はまず第一に自身の左翼を敵の攻撃から守らなければならなかったので、出だしはゆっくりしたものとなった。すぐにランクは自分自身が包囲されることを心配しなければならなかった。

クルーゼの戦区の事態も、早朝のブルトゥキの方向からのソ連軍の攻撃で、急ぎ塹壕に入った第546擲弾兵連隊の部隊が粉砕され、ドイツ軍の防衛線に初めて大規模な裂け目を作ったことで悪い方へと転じた。地表はラインゴールド師団の兵士が、前夜、たこつぼを掘るにはあまりに堅く凍りついていた。それで彼らは彼らにできるかぎりのベストを尽くしたものの、ソ連軍砲兵の弾幕射撃による殺人的な砲火から身を守るには不十分であった。赤軍第25および第66親衛狙撃兵師団、そして第

1親衛空挺師団は、損害がなくはなかったものの、ドイツ軍の前線を通り抜けて押し寄せた。支援砲兵はまだ機能しており、ブルトゥキおよびバランディノの西の開けた野原上では、強大な歩兵部隊の頭上にたいする弾丸の効果は～ソ連軍の攻撃部隊は非常に密集していたため～恐ろしいものを見せた。

　第389歩兵師団の絶望的な擲弾兵達も、戦闘陣地で射殺、あるいは刺殺される前に、彼らの持つMG-42機関銃、迫撃砲、そして機関短銃【註：第二次世界大戦中ドイツ軍は数多くの優れた装備を生み出したが、そのひとつにMG42汎用機関銃があった。汎用機関銃というのは、同じ機関銃を使用して、銃架を使用することで、軽機関銃、重機関銃にも使用できる多用途に使用できる特徴を指している。この銃はMG34の発展型で、とくに大量生産を可能とするため、設計が単純化され、打ち抜きとプレス加工が多用されていた。口径7・92㎜、ベルト給弾式で、発射速度は毎分1,500発と極めて高かった。ドイツ軍の歩兵支援用迫撃砲には、口径5㎝のleGrW36軽迫撃砲がある。1934年に開発が開始され1936年から配備が開始された。望遠鏡式照準器と底板を備えた、いくぶん高級な兵器であった。弾頭重量0・9キロ、射程520メートルであった。ただその用途と威力に比してあまりに高級複雑であり、1941年には生産が中止された。これにたいして、より大口径大威力の兵器が、口径8・14㎝のGrW34迫撃砲であった。本砲は1923年に開発が開始され1934年から配備が開始されたもので、望遠鏡式照準器を備え、砲身、二脚、底板から成る迫撃砲として一般的な構造をしていた。弾頭重3・59キロ、射程2,400メートルであった。歩兵大隊重中隊に配備された。精度が高く一方頑丈な兵器であり、大戦全期間を通して使用し続けられた。機関短銃はドイツ軍の装備として、一般には最も有名なものと言っていいだろう。いわゆるシュマイザーと呼ばれる銃だが、実際にはエルマ社で製作されたものである。最初の型はMP38であ

る。1936年に開発が開始され1938年に採用された。大量に使用されたのはその改良型のMP40である。9㎜拳銃弾を使用し、発射速度は毎分500発であった。銃身基部は主スプリングを収める入れ子式収容筒となり、打ち抜き加工やプラスチックを使用した近代的な設計となっていた。金属銃床は折り畳み式で、非常にコンパクトで信頼性が高かった】によって、戦死、戦傷者の恐ろしい通行料を要求した。あるソ連軍は後に、これら特定の師団の防衛線はとくに突破が困難だったと述べている。これについて述べているソ連の資料は、彼らが実際高い損失を被ったことを間違いなく示している。まだ、ソ連軍は損失を受け入れつつ来襲し続け、オシュトニアジュカの村を中心に回りに集まった残存ドイツ軍陣地を、15輛の戦車と多数の戦車跨乗歩兵によって脅かした。この村はすぐにこの戦区における戦闘の焦点となった。というのもそこは、最初の大規

第8軍第ⅩⅩⅩⅩⅦ戦車軍団司令官、ニコラス・フォン・フォアマン大将。（Bundesarchive84/116/16）

第14戦車師団長、マアチン・ウンライン少将。（From Bender and Odegard, Uniforms, Organization, and History of the Panzertruppe）

模なソ連軍の突破の北の肩にあたっていたからである。

キョーラーの「ヴィーキング」機甲戦闘団は、1月24／25日の夕方に弾薬、燃料の補給のために呼び戻されたが、すぐ後の0800時（午前8時）に第Ⅺ軍団によって、オシュトニアジュカに向かって北に攻撃するよう、再度命令された。オシュトニアジュカの南には「戦線に開いた穴」以外何もなかった。シュテンマーマンにとって、これは明らかに彼の唯一の機甲予備を即座に再度投入することが必要な大きな危機であった。2時間後に、「ヴィーキング」の戦車は、25〜30輌の戦車からなるソ連軍戦車部隊と衝突した。これはおそらく前夜にブルトゥキの奪取を支援したのと同じ集団であろう。ほとんど零距離射撃による交戦で、キョーラーの大隊は、13輌のT‐34を撃破し損失はなかった。他の6輌のソ連軍戦車が、急いで交戦から逃れようとしたが、オシュトニアジュカの南端に配置された対戦車地雷原に踏み込み、これもまた撃破された。同地の事態の重大性に気づいて、シュテンマーマンは、キョーラーに村に留まり、この戦区のドイツ軍防衛線を支えるよう命令した。彼の部隊にはすぐに、第57歩兵師団の1個大隊が合流した。しばらくの間、た第676擲弾兵連隊の1個大隊が前夜にトラックで到着し攻撃するソ連軍親衛歩兵は、彼らの進行方向をさらに南にとり始めた。そこでは彼らの攻撃は、より有利に進行しそうだった。

キョーラーと彼の戦車とは別の場所では、2個のドイツ軍団境界に沿った攻撃は、圧力を増し始めていた。同時に、SS戦

第4章：ハンマーは振り下ろされた──コーニェフの攻撃

車兵はソ連軍1個戦車部隊を迎え撃った。さらに15キロ南では30輛のT-34を装備した別の部隊が、軍団の境界を形成している道路に直接沿って、ライメンタロフカの町の北西端まで侵攻した。地図上の単なる統制上の特徴には過ぎなかったが、こうした境界はしばしば有利な攻撃目標となり、狙われた。というのも、異なる上級司令部に報告する隣接部隊間の調整は、しばしば貧弱ででたらめに行われるからである。これはこうした境界に沿って配置された部隊は、攻撃にたいして脆弱となるからである。というのも隣接部隊はどのように行動するか、あるいは交戦する許可が得られるかどうか不確かだからである。

こうした情況には違いはなかった。第3戦車師団の部隊が、ソ連戦車が射程外を北に移動し始めたのを観測したとき、彼らは観測結果を単に軍団司令部に報告しただけだったのである。彼らはまだその戦闘配置を離れ、攻撃を実行する許可を得ていなかった。その上、こうした事態に対処する「ヴィーキング」の戦車は、そこにいなかったのか？公平を喫すると、第3戦車師団は自分自身東と北から攻撃を受けており、重砲兵射撃およびソ連の地上攻撃機のために、釘付けとなっていた。ソ連軍は彼らの開かれた左翼を迂回するのではないかといった、自分自身を心配するに十分な問題を抱えていた。

ニコラウス・フォン・フォアマン大将もまた、戦闘でおおわらわだった。彼は歴戦の戦車隊士官で、西プロイセンのノイマ

ルクに1895年に生まれた。フォン・フォアマンは1915年には一人の歩兵であり、第一次世界大戦中は第26歩兵連隊で中尉として勤務した。共和国軍に勤務中の事故で手榴弾が爆発し右目を失った。1938年まで彼は第X軍団の先任参謀として勤務し、翌年には総統本営の陸軍総司令部連絡将校として勤務するよう任命された。東部戦線で1943年7月1日に中将に昇進し、彼はつい最近、1943年12月26日に、彼の戦車軍団の指揮を執ったばかりであった。彼の専門は軍事史で、有能で論理的な戦術家であり、この戦闘に関して第XXXXVII戦車軍団の見地から精緻な記事のひとつを残してくれている。

しかしいまはフォン・フォアマンも、手いっぱいであった。彼の全戦線にわたった攻撃に対処しなければならないだけでなく、彼はどれが主攻でどれが単なる助攻あるいは陽動を決めなければならなかったのだ。さらにソ連軍砲兵の弾幕射撃が、彼の全戦線にわたって報告されていた。第3戦車師団戦区の状況は彼とシュテンマーマンを憂慮させたが、フォン・フォアマンはノボ・ミルゴロドから彼とシュテンマーマンの移動にもっと関心を抱いていた。この陣地はいくつかの利点を有していた。阻止陣地への第14戦車師団の移動にとっての、赤軍戦車はその町を通らねばならず、ここは明らかにソ連軍の主侵攻ルートに立ちはだかっていた。ここはまた高地であり、東には広く開けた草原が広がっており、この地域はソ連軍戦車の屠殺場となっ

フォン・フォアマン、そしてフォン・ヴォーラーの考え方では、彼の有力な2個の戦車師団（第11戦車師団もまた途上にあった）は、ソ連軍の侵攻部の肩を保持しうまく対処するために十分であった。

フォン・フォアマンが第14戦車師団を陣地につけようと試みている間に、シュテンマーマンは第389歩兵師団の引き続く崩壊を、不安をもって見つめていた。師団がこのような率で侵食されれば、すぐに第72歩兵師団の右翼と、第3戦車師団の左翼との間にはオシュトニアジュカを保持する「ヴィーキング」戦闘団と第676擲弾兵連隊の大隊を除けば、何も残らなくなる。この21キロにおよぶ間隙は、できるかぎり早く塞がねばならない。この任務を達成するために、シュテンマーマンは第51歩兵師団全部をスメラの西の彼らの戦区から移動させ、まだオシュトニアジュカとテレピノの間の連続した10キロの戦区を保持している。第72歩兵師団と第389歩兵師団の間にはめ込む許可を求めた。この部隊を移動する要請は、軍集団司令部のすべての指揮系統をさかのぼって通過せねばならず、そこでブッセ中将が移動を承認しなければならなかった。

ブッセはこの移動に伴う危険性に十分気づいていた。というのもこれはシュテンマーマンの歩兵の戦線を部分的に裸にするからである。しかしともかくこの移動に同意した。というのは他にはほとんど選択肢がなかったからである。第57歩兵師団の移動によって生じた間隙部をカバーするためには、機甲戦闘団

を除く「ヴィーキング」がその右翼の作戦境界を移動させ、一方、第72歩兵師団はその左翼を移動させる。両師団ともにいまや極端に広がり過ぎであった。もし彼らがソ連軍の第2波に攻撃されたら、彼らは実際激しく圧迫されたことだろう。トロヴィッツ・ババリア師団の主体の前哨を勤める第676擲弾兵連隊第2大隊は、滞りなく1115時（午前11時15分）に出発し始めた。同じころ、第14戦車師団の先鋒部隊は、カピタノフカの町に近い集結地域に最終的に到達した。師団はすぐに第XI軍団指揮下に入り、ソ連軍のノボ・ミルゴロドに向かう突破を阻止する任務を与えられた。ここは黒海への最短ルート、ペルヴォマイスクの町へ前進する主要ルートに立ちはだかっていた。ソ連軍の攻勢を、この時点において、南方軍集団、第8軍の両者とも、まだジューコフが大きな獲物～ヒットラーのウクライナにおける軍の全南翼～を追い求めていると信じていた。もし赤軍が突破すれば、彼らを止めるものは何もなかった。コーニェフ元帥は別の考えを抱いていた。南に向かう代わりに、彼は西に向かった。そして彼の部隊の行軍隊形は、明らかに彼らがその方向に向いていることを示していた。穴を穿ち、そして左に曲がる代わりに、彼らは真っすぐに進み続けた。昼にフォアマンがヴォーラーに、ソ連軍はロッソショファトカおよびピサレフカの町の方向に西に向かっていると報告したとき、これは明らかになり始めた。第3戦車師団は大規模なソ連軍によって、まだ自身の前進陣地に釘付けにされており、ほとんど事態

第4章：ハンマーは振り下ろされた——コーニェフの攻撃

に影響を与えることはできなかった。これはこのときソ連軍が望んでいた明白な突破だったのだろうか？（P112地図参照）

「ヴァイキング」司令官のギレは、ソ連軍が前線を突破したという最初の報告を、端から信じる気にならなかったのだ。というのも、同じことが数週間前に起こったのである。一握りのT-34が突破し、なんとかしてズヴェニゴロドカまで侵入した。この事態に対処するため、ギレはキョーラーの第1中隊から、ハンス・フィッシャーSS軍曹指揮の下、2輛のIV号戦車を派遣した。夕方まで続いた追いかけっこの末、彼の戦車が1輛のT-34によって橋の近くに追い詰められる緊張の瞬間もあったが、ソ連戦車は追い詰められ1輛1輛撃破することができた。大隊に戻った後、フィッシャーと他の乗員は、大隊長によって祝福された。当時彼らのうちの誰も、ソ連軍の本当の攻撃まで2週間しかないことを知らず、この事件を無視した。

突出部の西側部分のドイツ軍部隊もまた、平穏ではおれなかった。第XXXII軍団の前線のドイツ軍部隊は、何かが起こることを知っていた～ソ連軍の斥候と小規模な突破部隊はますます数を増し、砲兵射撃の事前評定をしているようであった。厳しい寒さの中で騒音ははるかかなたからももたらされ、戦車の履帯のガタガタ鳴る音や軋む音は、本当に近くに聞こえた。実際、彼らは～ドイツ兵が想像したよりもはるかに近くにいたのである。ドイツ軍はまた彼ら自身の偵察活動を、拡大した。というのも彼らにも、同じくソ連の意図を知り捕虜を集める必要

があったからである。何回かは敵対する斥候が、夜間お互い偶然出会い、続いてライフル銃火や手榴弾の音を響かせ、前線の全戦区の目を覚まさせた。B軍団支隊の第110擲弾兵連隊のエアンスト・シェンクは、1月25日に無人地帯で哨兵が射撃しソ連軍の将軍を射殺したとき、何か普通でないことが起こっていると気づいた。前日の夕方、隊員達は、トロシュチン周辺の連隊戦闘団の前進陣地に侵入した、断固たる赤軍強行偵察部隊を撃退した。何時間かの白兵戦の後、前線は最終的に回復され、シェンクの隊員達には何が彼らを待っているのだろうかという思いが残った。

シェンクの擲弾兵達がトロシュチンの近くで戦っている間に、100キロ南東での事態は急速に危機に陥って行った。コーニェフは、リューショフとガラーニンの軍によって遂行された歩兵の突撃の進行具合に満足せずいらだっていた。計画された時刻表と入念に計算された部隊比によれば、ドイツ軍の戦術防御陣地は、朝遅くには完全に粉砕され、ロトミストロフの第5親衛戦車軍の投入を可能にするはずであった。第389歩兵師団はまだ持ちこたえており、その抵抗は予想外に強靭であった。オシュトニアジュカとヤムキの間のドイツ軍防衛線の間隙は、まだロトミストロフが彼の機甲部隊を投入するには狭すぎた。しかしコーニェフは、素早く反応しなければならなかった。ソ連軍情報部は第11、第14戦車師団とその他のドイツ軍部隊がカピタノフカに向かって移動していることを報告していた。

もし決定的な突破を達成し、そしてもしライバルのバトゥーチンを出し抜いてズヴェニゴロドカに達したいなら、コーニェフは彼の計画を変更して遅滞なく彼の戦車を投入しなければならない。もしドイツ軍に強固な防衛線を築くことを許したら、彼の方面軍の全作戦が危うくなりかねない。再び勢いを取り戻すために、彼はクラスノシルカの近くに配置されていたロトミストロフの戦車軍から、第20および第29戦車軍団を、コチャニフカの周辺で攻撃中の歩兵軍の第1梯団に移動させた。彼らは彼らのために計画された歩兵の突破を待たず、彼ら自身で突破しなければならなかった。

ロトミストロフがラザロフとキリチェンコの戦車軍団を再配置している間に、戦闘は激しさを増していた。第XI軍団と第XXXXVII戦車軍団の間の間隙部に移動したソ連軍歩兵は、両ドイツ軍の砲兵と交戦中であった。ホーン大佐の第72歩兵師団は彼の右翼部隊は歩兵による攻撃を受けていると報告した。1700時（午後5時）までには、ホーンの部隊は、イェカテリノフカの村がソ連第31狙撃兵師団の部隊に占領されたため、彼の左翼の第389歩兵師団との接触を失った。オシュトニアジュカは再びこの午後に攻撃にさらされ、夕方までには守備兵達は、数時間の白兵戦の後、ソ連軍部隊が町の北東部分を占領したことを報告した。このささやかな小村をめぐる戦闘中に、第676擲弾兵連隊およびキョーラーの戦闘団の部隊によって15輛を越えるソ連軍戦車が破壊されたが、ドイツ側は

ゆっくりと押し戻された。これらの部隊は、軍団からあらゆる犠牲を払って持ちこたえるよう無線を受けた。というのも彼らの陣地は、計画されている第11、第14戦車師団～これらの部隊は彼らの新しい戦区に最終的に近づきつつあった～による反撃のための突破の北の肩の「錨」として使われる予定であったからである。

ウンラインの第14戦車師団の先鋒部隊は朝遅くまでに、カピタノフカ近くに到着し始めていたが、主力は午後半ばまで到着しなかった。第14戦車師団が第11戦車師団の到着を待っている間、ウンラインは彼の部隊を3つの戦闘団に編成した～南（あるいは右翼）の部隊は、おおむねムンマート中佐の第103機甲擲弾兵連隊から編成され、ロッソシォファトカの町の防衛に注意が集中された。北の部隊（あるいは左翼）はおおむねハインツ・フォン・ブレーゼ少佐指揮下の第108甲擲弾兵連隊から編成され、カピタノフカの町を防衛することになっていた。これらふたつの戦闘団のそれぞれは、機甲擲弾兵連隊大隊と対戦車砲を組み合わせて構成されていた。師団の3番目の戦闘団は、ヴィリィ・ラングカイト大佐の指揮する第36戦車連隊から編成されていたが、このときは連隊は名前だけのというのは連隊には、たった11輛の稼働戦車しかなかったからで、これらは1個大隊に集成されていた。連隊の第2大隊はフランスにあり、新型のパンター戦車を装備中であり、1944年夏まで東部戦線には戻ってこれなかった。後方

● 125　第4章：ハンマーは振り下ろされた──コーニェフの攻撃

の師団の偵察大隊、第14機甲偵察大隊は、いかなるソ連軍の渡河をも阻止し、全般予備として働くよう小川に沿って布陣していた。

カピタノフカの近くではフォン・ブレーゼが、この朝、彼らの防御陣地から押し出されていた第389歩兵師団の機甲擲弾兵との接触を回復していた。フォン・ブレーゼ戦闘団の機甲擲弾兵が展開する前に、彼らは1545時（午後3時45分）に、この地域の戦場を覆って広がっていた霧の中から攻撃して来たソ連軍戦車と歩兵に襲撃された。ドイツ軍が素早く何両かのソ連軍戦車をほとんど零距離射撃で撃破した後、T-34の集団はフォン・ブレーゼの右翼をなんとか回り込もうとして南に旋回し、そこでムンマート戦闘団が保持するロッソシォファトカにぶつかった。短い戦闘の後、ドイツ軍はソ連軍の襲撃によって村から放り出されたが、この夕遅くには反撃し奪還することができた。第14戦車師団の東では、事態は順調には進まなかった。ここでは第1空挺師団の部隊が、しばしば白兵戦となる激しい戦闘の後、オシュトニアジュカの東側部分を奪取した。シュテンマーマンは1900時（午後7時）に、第389歩兵師団の歩兵大隊が、各々平均して40〜50名の戦力に低下し、いくつかの砲兵中隊は失われ、前線のいくつかの地域ではソ連軍の前進は非常に急速であると報告している。
事態の重大さにもかかわらず、ヴォーラー大将はシュテンマーマンに、翌朝第11戦車師団の到着によってシュテンマーマンは前線を回復できると、彼はまだ確信していると語った。ヴォーラーはまた、フォン・フォアマンに、残る機甲部隊のいくらかを陣地から引き抜いて北に送る準備をするよう話した。この点は2000時（午後8時）までには怪しくなった。このとき70から80輌のソ連戦車部隊〜おそらく第5親衛戦車軍の第29戦車軍団の一部〜が、カピタノフカの方向に攻撃しているとの報告がされたのである。ロトミストロフの近衛兵は、ついに姿を現したのだ。

こうした進展にもかかわらず、第8軍とその隷下軍団は、翌日前線を回復するための彼らの計画を続けた。1月25日の軍の戦闘日誌に最後に記載されたのは以下であった。
1月26日の目的は…第XXXXVII戦車軍団と第XI軍団の間の内翼の間隙を、第14戦車師団の攻撃行動によって閉じることである。第72歩兵師団の南翼を奪還しイェカテリノフカの北東の間隙を閉じる。第57歩兵師団の手を開けるため、第XI軍団の再編成を続ける…

◆

◆

◆

今日ではこの評価は、非現実的な空気を帯びているものの、ドイツ軍部隊にいまにも襲いかかろうとしている嵐は、すぐにこれらの目的が不可能であることを現実のものとし、それどころか彼らの生き残りさえ疑わしいものとするのである。

翌日、1月26日、嵐は爆発した。早朝の襲撃で、キリチェンコの第29戦車軍団の1個戦車旅団がロッソショファトカから、ムンマート戦車軍団にたいして投入されたのだ。北では、カピタノフカの中および周辺で、キリチェンコの旅団の別のひとつがフォン・ブレーゼの戦闘団との戦闘に入ったが、ドイツ軍はなんとか村を保持することができた。第5親衛空挺師団による攻撃は、イェカテリノフカをロサノフカの町の南東に何キロか後退するよう強いた。シュテンマーマンは0825時（午前8時25分）にヴォーラーに、事態は「最も望ましくない方向に進展している」と知らせた。

実際、シュテンマーマンの第14戦車師団が攻撃し、フォン・フォアマンの軍団と接触を再び確立するという希望は、師団がすぐに自身のまさに生存のために戦っていることに気づくことになるのである。ヴォーラーの参謀はまだ事態の重大性を飲み込めていなかった。第8軍はシュテンマーマンに同じ無線通信の会話の中で、第14戦車師団をもって南に攻撃してフォン・フォアマンと接触を再び確立しソ連軍を撃退せよと命令しているのである。シュテンマーマンが何を考えたかは記録に残っていない。しかし彼は大きなフラストレーションを感じたにちがいない。事態を悪化させたことに、ヴォーラーは彼になぜ第14戦車師団をふたつの主要集団に分割したか説明するよう求めたのである。シュテンマーマンは、ウンラインは戦術状況に則って、自発的に行動するようしたと返答した。

第14戦車師団も、自身安楽な時間を過ごしてはいなかった。ロッソショファトカから追い出されないでな戦闘団の人員は町の1キロ西の低い丘に後退した。そこでは追撃するソ連軍第29戦車軍団は、彼らを取り除くことはできなかった。T‐34の別の一波によって、ムンマートと彼の部隊はフォン・ブレーゼの部隊との接触を失わせ、ブレーゼの部隊をカピタノフカの近くで孤立させた。オシュトニアジュカのドイツ軍監視哨は、8キロ東にあったが、歩兵を載せた1ダースの戦車〜最も可能性の高いのはキリチェンコの軍団の第31戦車旅団であろう〜が彼らの陣地を迂回しフォン・ブレーゼの陣地に向かって前進していると報告した。このときまでに、フォン・ブレーゼの戦車師団は、キリチェンコの部隊および戦車の前進を防ぐ、あるいは遅滞させていたが、最終的に敵の数の優位が物を言い始めていた。ソ連戦車はまた、ゼとムンマートの部隊の間のティシュコフカの橋の近くを、西に進んでいることが報告された。キリチェンコの戦車の進路に立ちはだかっている唯一の部隊は、師団の戦闘工兵大隊によって増援されたレーム少佐指揮下の第14機甲偵察大隊だけだった。

フォン・ブレーゼとムンマートの部隊もまた南のムンマートの部隊からははるかに低い250から300名の兵数に減じていた。ラングカイトの機甲集団は、一日中、戦いつつ後退、前進していたが、たった4輌の戦車が作戦可能なだけだった。ウンラインの戦車師団は、キリチェンコの部隊および戦車の

第4章：ハンマーは振り下ろされた──コーニェフの攻撃

レームは自身は戦車は皆無で、わずかな軽対戦車砲を有するだけだった。

カピタノフカの東にたいしては、早朝の「ヴィーキング」機甲戦闘団によるオシュトニアジュカから南西のピサレフカに向かっての攻撃および第14戦車師団との連絡の試みは、敵戦車および対戦車砲による激しい砲火にぶつかり失敗に終わった。大隊規模のソ連軍部隊がテレピノ近くの北方を突破し、イェカテリノフカの方向に向かっていることが報告されたとき、キョーラーの戦闘団は、回れ右して向きを変え、できるだけ早く第72歩兵師団～その右翼の連隊、第105擲弾兵連隊はいますぐにも包囲される危険にさらされていた～の救援に来るよう命じられた。これは第676擲弾兵連隊第Ⅱ大隊をオシュトニアジュカに孤立させることになった。大隊はまだその右翼で第389歩兵師団の連隊と弱々しいながら接触を保っていたが、ともかく自分の問題を心配しなければならなかった。カピタノフカに通じる主要路を支配する、鍵となる町であるオシュトニアジュカを保持するために、第Ⅱ大隊の兵員は留まって第14戦車師団～彼らはカピタノフカからその方向への攻撃を支援していた～との連絡か、キョーラーの戦車の帰還を待つよう命じられた。

事態は急速に進展した（P136地図参照）。だいたいこの時点でドイツ軍の指揮上の最初の大きな危機が生じていた。コーニェフと彼の指揮官がこのようなかたまでゆっくりした

「ヴィーキング」のⅣ号戦車。撮影は2月初め〔註：G型かH型であろうが、判然としない。砲塔周囲にはシェルツェンが装備されているのがわかる。車体前面には防御力を強化するために、履帯と予備転輪が装備されている。車体、砲塔には入念なカモフラージュが施されている〕。（Jarolin-Bundesarchive81/16/17A）

大佐は、事態がコントロールできなくなる前に、できるだけ早くこの防衛線に移動することに賛成していた。

しかし、この防衛線への移動は、北ではスメラから、南ではオシュトニアジュカまでの全体的な撤退を必要としていた。第XI軍団も第8軍団のどちらも、こうした移動を命じる権限を持っていなかった。南方軍集団の、まさにフォン・マンシュタイン元帥その人こそが、ヒットラーの許可を得て、そうすることができた。不運にも軍集団司令官はヴィニツァの彼の司令部にいなかった。彼はこの日、ヒットラーに召還され、1月27日火曜日に東プロイセンのラシュテンブルクに近い「ヴォルフシャンツェ（狼の巣）」（ヒットラー総司令部の「野戦司令部」）東部戦線の全軍集団および軍司令官の会議に出席するよう命令されていた。

会議の目的は、ヒットラーに陸軍内で国家社会主義的教育の必要性を講演しようというもので、彼が高級士官から忠誠の誓いを確保するためのばかげた舞台であった。これをフォン・マンシュタインはたいへんな侮辱と感じた。フォン・マンシュタインは「いやしくも元帥、将軍は、最後まで軍旗の下に留まるべきであろう」というヒットラーの声明に言い返し、ヒットラーはフォン・マンシュタインの厚かましいふるまいに当惑し怒って部屋の外に飛び出し、会議は終わりとなった（フォン・マンシュタインは叫んだ。「そうなりかねませんぞ、総統閣下！」）。フォン・マンシュタインがヴィニツァに戻るまで、すでに認可

ペースで攻撃をおこなわなければならなかった一方で、ドイツ軍はこれに対処するためにはるかに重大な問題と対処しなければならなかった。第14戦車師団との連絡は成功しておらず、第11戦車師団の到着は調整された攻撃を発動するには間に合わないことが、朝半ばには明らかになった。実際ヴェント・フォン・ヴィッターシャイム中将の指揮する第11戦車師団は、すぐにウンラインの第14戦車師団への敵の圧力を減らすよう命じられ、そしてオシュトニアジュカを保持する部隊との接触を再度確立し、それにより再び防衛線を一貫するものとすることをみた。関係する追加的な理由としては、トロヴィツの第57歩兵師団の北のその元の陣地から南への移動の遅れもあった。そこで彼らはいまやイェカテリノフカからオシュトニアジュカまで大きく口を開けた間隙に栓をするために使用されることが意図されていた。

師団の兵士は彼らの陣地を「ヴィーキング」の兵士に引き渡す途上にあり、夜更けまで移動することはできなかった。彼らはあまりに遅すぎて、この日の戦闘に影響をおよぼすことはできなかった。さらに重大な事態が姿を現し始めていた。第XI軍団が保持する全東方戦線が、いくつかの部分に切り刻まれ、南から迂回されることを防ぐために、さらに西の、中間防衛線に後退しなければならなかったのである。この中間防衛線は、ハムスター陣地とコードネームがつけられていたが、数キロ西にありすでにある程度調べられていた。第XI軍団司令部のガドケ

されたものを例外として、なんの行動も取られなかった。その間、決定が遅れている間に、何百もの兵士がカピタノフカやオシュトニアジュカの丘や野原で、戦い続け、死んでいった。

シュテンマーマンとヴォーラーの参謀が論議している間に、赤軍は西への探りを入れ続けた。１月２６日０９３０時（午前９時３０分）、１０輌のソ連戦車がカピタノフカの近くで、レーム少佐の偵察大隊を擦り抜けて突破し、南西に向かってズラトポルの町に向かって移動するのが発見されたことが報告された。一方別の部隊が、南西にあるジュロフカでドイツ軍補給部隊を攻撃していることも報告された。ロシア軍は突破したのだ！ 第８軍は素早く行動した。ヴォーラーの司令部は、フォン・マンシュタイン、あるいはシュテンマーマンよりもよく理解していると信じて、第１１戦車師団を直接その指揮下に置き、北はピッサレフカから、南はカプタノフカまでできるだけ早く攻撃を行い、遭遇したいかなるソ連軍をも撃破し、第１４戦車師団との接触を回復するよう命じた。これを達成し次第すぐに、フォン・ヴィーテアシャイムの師団は、ウンラインの師団と協調して、翌日第４親衛および第５３軍があふれ出している間隙部を閉鎖するための攻撃の準備をすることが予定された。第８軍の作戦将校、フリッツ・エストア大佐は、２個戦車師団がともに攻撃することで、事態は正常化されると本気で信じていた。

しかし、第１４戦車師団が完全戦力なら、おそらく彼らはそれをなしえただろう。両師団が完全戦力なら、おそらく彼らはそれをなしえただろう。両師団はその編成定数のおよそ５０パーセントま

でやせ細っており、第２９親衛戦車軍団によって粉砕される過程にあった。

ヴォーラー大将は第１１戦車師団の戦術統制を執る決定を伝えた直後、０９４５時（午前９時４５分）にシュテンマーマンに直線無線連絡し、彼に、７個ソ連空挺および歩兵師団がすでに打ち砕かれた第３８９歩兵師団の相手として確認されたのに加えて、軍情報部もまたラザレフの第２０親衛戦車軍団が近づいているのを確実に探知したと伝えた。これは明らかにカピタノフカの方向に向かっており、おそらくソ連軍の主要攻勢努力が第XI軍団にたいして指向されていることを示すものであった。というのもコーニェフの歩兵は、フォン・フォアマンの軍団の左翼をしっかり確保している第３戦車師団あるいは第３８９歩兵師団の残余をハムスター陣地に後退させることを許可できなかったのだ。ヴォーラーは第７２歩兵師団の右翼を、南西に移動させる命令に同意した。彼はシュテンマーマンの第７２歩兵師団と で奮闘している隣接部隊との接触を維持するために、何キロかの軍団長は彼の職権で認められる範囲の行動の自由を発揮することを求めると述べた。これはまだいまなおソ連軍の攻撃の矢面に立っていると感じている、シュテンマーマンにとってたいして慰めとはならなかった。

ソ連軍の公式記録は１月２６日の第２ウクライナ方面軍地区のできごとに関して、ほとんど何も語っていない。２１キロの幅

で10キロの深さの切れ端を獲得し、ドイツ軍1個歩兵師団を粉砕し、その戦車軍団の1個がカピタノフカの近くで戦闘に加入したにもかかわらず、期待した突破はまだ達成されていなかった。実際には、1個戦車中隊がドイツ軍を擦り抜けて町を保持していたが、彼らはすべてのロトミストロフの機甲部隊が加入するために必要な条件を作り出すことができなかった。ドイツ軍の抵抗は予想したよりはるかに強靱で、そして第8軍はコーニェフの参謀部の誰かが予期したよりも、はるかに素早く反応した。第14戦車師団は無から作り出したかのようであった。コーニェフとロトミストロフは、別の戦車師団、フォン・ヴィーテアシャイムの第11戦車師団にぶつかったとき、ジレンマに直面した〜我々は停止しそして彼らを撃破するのか、それとも前進し続けるか？　午後半ばまでには、彼らはどちらの行動の方向もとれないようであった。

これら2つの師団の間の10キロの間隙と、第3戦車師団の陣地に近いオシュトニアジュカとライメントロフカの間の、他のもう少し大きい間隙を除いて、事態は好転しているように見えた。加えてトロヴィツの第57歩兵師団は移動途中にあり、夜更けにはタシュリクに近い第389および第72歩兵師団の間の集結地域に到着することになっていた。実際には事態はまだ非常に重大に見えたが、ソ連軍の攻勢ははずみを失ったようであった。砲兵さえ砲火を弱めているようであった。第8軍は明らかに第11戦車師団がシュテンマーマン〜彼はこのとき彼自身の戦

線の別の穴の手当をしていた〜の右翼の防衛線を回復できると確信した。軍集団はすでにハムスター陣地への撤退の必要性について話しており、フォン・マンシュタイン元帥が戻るや否や、彼は間違いなくすぐ承認を与える、あるいはドイツ軍参謀将校はそう考えたに違いない。

この満足した感覚は、1130時（午前11時30分）、隣接する第1戦車軍からの無線報告が届いたときに打ち砕かれた。参謀将校は、衝撃を受け信じられなかった。通信文の暗号を解くと、敵が西方で第1戦車軍第XXXⅡおよび第Ⅶ軍団の内翼にたいして攻撃を発動したと書いてあったのである。通信文の中で、第1戦車軍の先任参謀のマァチン・フォン・グラフェニツ中佐は、ソ連軍の目的はシュポラの方向に攻撃して東から攻撃する第2ウクライナ方面軍と連絡することのようだと述べた。2時間後、この報告書に別の報告が続き、攻撃するソ連軍は30輛の戦車で第XXXⅡ軍団を突破し、最後にメドヴィンの町へ向かうのが目撃されたと述べていた。第8軍はすぐ後でこのニュースをシュテンマーマンに伝達し、彼に第XXXⅡ軍団の撤退が許可された場合には、彼は自身の左翼もまた後退させる用意をしなければならないと知らせた。シュテンマーマンはただただ喜びそうした。早ければ早いほど良いと答えた。

その間に第11戦車師団による攻撃は、午後早くまでに、その先鋒の機甲擲弾兵連隊は、カピタノフカの南12キロのカメノバトカにまで前進し、一方、第8戦車連

第8軍参謀長、ハンス・シュパイデル中将。
(Bundesarchive72/32/6)

第11戦車師団長、ヴェンド・フォン・ヴィーテアシャイン中将。(Photo courtesy of Walter Schaefer-Kehnert)

隊はズラトポルを通って迂回したと報告されたソ連軍戦車中隊の兆候は見られなかった。師団は途中カピタノフカ〜ズラトポル道路の東で、何両かのT-34に遭遇し撃破したが、強力な敵戦車部隊が、彼らの目標のわずか5キロ南のティシュコフカの村の北側に陣地を保持していることを観測した。フォン・ブレーゼ〜彼らの集団はこの日早く彼らの陣地から追い出されていた〜からの報告は、歩兵を伴う30輌かそこらのソ連戦車がカピタノフカを占領しており、その奪取は簡単でないことを示していた。

1540時（午後3時40分）、第11戦車師団の先鋒部隊は、およそ40輌の敵戦車が東から近づいてくるのを観測したと報告した。これはロッソショファトカの方向から、突然現れたものであった。第8軍は、直接師団の統制を行っていたが、両者ともにティシュコフカに向かう前進を続け、ロッソショファトカから来る戦車を停止させ、一方1ダースかそこらの戦車を持つ第8戦車連隊には、左に旋回しカピタノフカの西で第14戦車師団の残余と連絡するよう命令した。この段階では、ソ連軍部隊は一時的にその攻勢の行き足を失い、増援部隊が近づく間、いくつかの鍵となる村の確保で満足しているように見えた。実際オシュトニアジュカの外縁のドイツ軍観測員は、部隊の自動車化隊列、トラック、戦車、および砲は同地を通過して西に向かっていると報告した。

夕暮れは急激に近づいたが、第11戦車師団は押し出して、

1900時（午後7時）までにはわずかな抵抗だけで、ティシュコフカの東数キロのピサレフカの一部を確保した。彼らはまた町の近くを西に向かうソ連軍隊列を待ち伏せして、3輌の戦車の破壊を含むかなりの損害を被らせた。師団は第8軍に、朝も攻撃を続けピサレフカの残りの部分を確保し、彼らと第XI軍団との間隙を閉鎖することを計画していると無線連絡した。これに応えて第8軍は、師団長のフォン・ヴィーテアシャイムに、1個突撃砲旅団、第905突撃砲大隊、1942年12月15日にイェーテボクで編成されているが、その後の活動ははっきりしない。コルスン包囲戦の後、2月14日突撃砲大隊を翌日、彼の部隊に配属して彼の弱体化した戦車連隊～連隊には1個大隊しかなく、もう1個はフランスに送られて、第14戦車師団同様、パンター戦車を装備中であった～を増強すると知らせた。

一日が終わりに近づくにつれ、第389、および第72歩兵師団間の境界線ではより激しい戦闘が見られた。第389歩兵師団の1個の連隊、第545擲弾兵連隊（弱体化した大隊たった1個分にまで戦力は減少していた）は、まさにいまパストロスコヤとボグダノフカの村の間に近づこうとしている。強大な敵軍部隊に撃退されたと報告した。ドイツ軍砲兵および歩兵はうまく協調して奮闘し、良い結果を生んだ。このできごとの一人の目撃者は、第389砲兵連隊第IV大隊の砲兵前線観測員のアントン・マイザー上級軍曹で、後にこう報告している。

広範囲の戦線に沿って、とくに右翼で、地獄の釜の蓋が開いた。予防措置として、私は阻止砲火の集中精度を確かめるために、中隊にもう1発撃つよう命じた…それは正確だった。その後すぐに、完全に静かになった。その後すぐに、斜面の反対側から、突然、我々は（ソ連軍の雄叫びである）「ウラー！」という叫びを聞いた。何千ものロシア兵が、彼らのたこつぼから跳び出し（たように見え）、直接我々に襲いかかった。我々の若者は（敵の）大群に圧倒されたように見えた。しかしそのとき、我々の機関銃火が戦場を薙ぎ、敵の隊列を刈り取った。

雄叫びに、すぐに苦痛の叫びが交じる。私はそのとき我が砲兵に、阻止集中砲火を開始するよう命じ、恐ろしい効果を発揮した。向かってくるロシア兵の波は躊躇した。しかしそこには遮蔽物はなかった。MG-42は再び叫び始めた。ロシア兵はもんどり打って倒れた。いまや最初の波は後退し始めた。すなわち、彼らはそうしようとしたのである。多くはそこに永遠に倒れたままだった。機関銃火は最終的に弱まったが、ライフル射撃は急いで後退する「イワン（ロシア兵）」を、我が兵士が射撃する間響き続けた。攻撃は、私が見る限り撃退された。最初の「仕事」は成し遂げられた…。

◆
◆
◆

この日遅く、500名以上のソ連兵の死体が数えられた。第

３８９歩兵師団の左翼、ロベアト・ケストラー少佐率いる第７２歩兵師団第１０５擲弾兵連隊は、１７００時（午後５時）にイェカテリノフカにたいするソ連軍の断固たる攻撃を寄せ付けなかった。

この突撃は第２０親衛狙撃兵軍団の支援を受けた２０輌の戦車によって行われたが、１０輌の戦車が撃破されて撃退された。カストナーの北の隣接部隊、ルドルフ・ジーゲル少佐の率いる第２６６擲弾兵連隊は、彼の戦区全体にわたる強力な敵の偵察活動を報告した。しかしこれもまた撃退された。シュテンマーンに関するかぎり、彼の部隊は十分なほどすぐにはハムスター陣地に撤退することはできなかった。まだ、南方軍集団はそうするのが許されるまで、許可を与えるのをしぶっていた。

この日の大虐殺を見たにもかかわらず、シュテンマーンは、彼とフォン・フォアマンの軍団の間の境界の突破を例外として、彼の部隊のほとんどは彼らの陣地を保持できると感じた。この日、第３８９歩兵師団は２２輌のソ連戦車を撃破し、一方第１４戦車師団は５輌を撃破した。「ヴィーキング」機甲戦闘団はさらに１ダースかそこら撃破した。シュテンマーンは、過去３日間に彼の戦線を１２０輌の戦車が突破し、９０輌もの多数が撃破されたと計算した。実際、第３８９歩兵師団、および第７２歩兵師団の一部の旧前線陣地は放棄されたものの、少なくとも現在の戦線は、実際にはぐらついていたのだが、まとめておけるように見えた。それはこの日、彼の部隊が９個の確認された歩兵

師団および空挺師団、そして２個戦車軍団の部隊によって攻撃されたにもかかわらずである。結局、彼の部隊は実際非常に良く戦ったのである。

この夕方、ヴォーラーはシュテンマーンに無線連絡し、ヴォーラーにこの日、９個ではなく、１２から１４個師団に攻撃され、翌日も同じことが予想されると知らせた。最後にズラトポルの近くで見られた、行方不明のソ連軍戦車中隊は、３０キロ以上西のレベディンの町の外縁近くにひょっこり現れ、そこで一時的に第３８９歩兵師団の補給、支援部隊から編成された急ごしらえの戦闘団によって停止させられた。それにもかかわらず、ヴォーラーは部下の軍団司令官に、彼は敵の侵入を封じ込め、彼の軍団とフォン・フォアマンの軍団との間の戦線を再構築するための攻撃を計画していると知らせた。シュテンマーンはまだハムスター陣地への後退を禁じられていたが、ヴォーラーはシュテンマーンに第７２歩兵師団の右翼を、さらに後方の、イェカテリノフカの北西からボブリンスカヤの南西に走る鉄道線路まで後退させることを許可した。これは一種の中間陣地で、即興で弦陣地と命名されたが、これはホーンの部隊がクルーゼの打撃を受けた第３８９歩兵師団との接触を保つことを可能にした。これは少なくとも、何もないよりましであった。

ヴォーラーは前線の彼自身の部分での戦闘への対処に加えて、彼はまたはるか西の混乱した状況に遅れないようにしなければならなかった。そこではバトゥーチンの第１ウクライナ方面軍

の部隊が、繰り返し突破し東へ向かっていた。2つの軍司令官間の無線による会話で、第1戦車軍のフーベは両者がドニエプルに向かって東に膨らんだ突出部の戦区を保持し続けることはあまりにも困難であり、薄っぺらい警戒部隊を除いて全員を後方に下がれと命令した、これで彼はフォン・マンシュタインとヒットラーに「彼はまだドニエプル戦線を保持している」とウソをつかずに言えるとまで言った。

ヴォーラーは同意し、川に沿った彼自身の部隊にも同様の命令を通達したと述べた。すぐ後、2200時（午後10時）に、第8軍参謀長のハンス・シュピーデル中将は、南方軍集団のブッセ将軍から電話を受けた。シュピーデルは、フォン・マンシュタインの参謀長の戦術情況をアップデートし、彼に翌日計画されている攻撃について語った。そのとき、ブッセはシュピーデルに悪いニュースを伝えた～ハムスター陣地への後退許可は拒絶された。第1戦車軍、および第8軍は、できるだけ早く旧前線陣地を再確保しなければならなかった。

シュピーデルはそうすることは非現実的で、とくに軍の主補給路が脅かされれば、支え切れなくなる事態を招くと言った。ブッセは、「もしそれが前線を吹き飛ばすことになってさえ」ヒットラー司令部からの命令を撤回する権限を持っていないのだと返答した。フォン・マンシュタイン元帥は、手をしばられて東プロイセンを離れた。同じ日遅く、ヴォーラーとフーベの

両者は、同じ会議のために出発しなければならず、両軍は彼らが最も切実に必要とされるその瞬間に、彼らの鍵となる意志決定者を欠いたままにされたのである。

こうして極めて多数の事件が起きた日の幕は降りた。これは次に起こることのほんの前奏曲に過ぎなかったのである。第1戦車軍も、彼らとして、すでに彼らの隣人に起こったことと、同じ種類のできごとを経験していた～いまや、彼らの兵士も同じく、第8軍の兵士を脅かしているもの～包囲！～と同じ運命に直面していたのだ。翌日、彼らのためにパーヴェル・ロトミストロフが用意しているものが何かを知っていたら、彼らは本当に恐怖していたことであろう。今度ばかりは、ソ連軍は何か完全に予想外のことをするのだ。ロトミストロフは、彼がそうするとドイツ軍が予想したように、2個のドイツ戦車師団に対処するために停止するのではなく、彼の2個の先鋒である親衛戦車軍団～第20、第29～に、翼側、あるいは彼らの後方のことは忘れて、強行に前進するよう命じた。実際、第XI軍団が擦り抜けたと思った幽霊戦車中隊は、戦車中隊などではまったくなく、ほとんど100輛の戦車、歩兵、そして砲兵による強力な部隊であった。そして彼らは、ドイツ軍後方深く、シュポラに驀進していた。

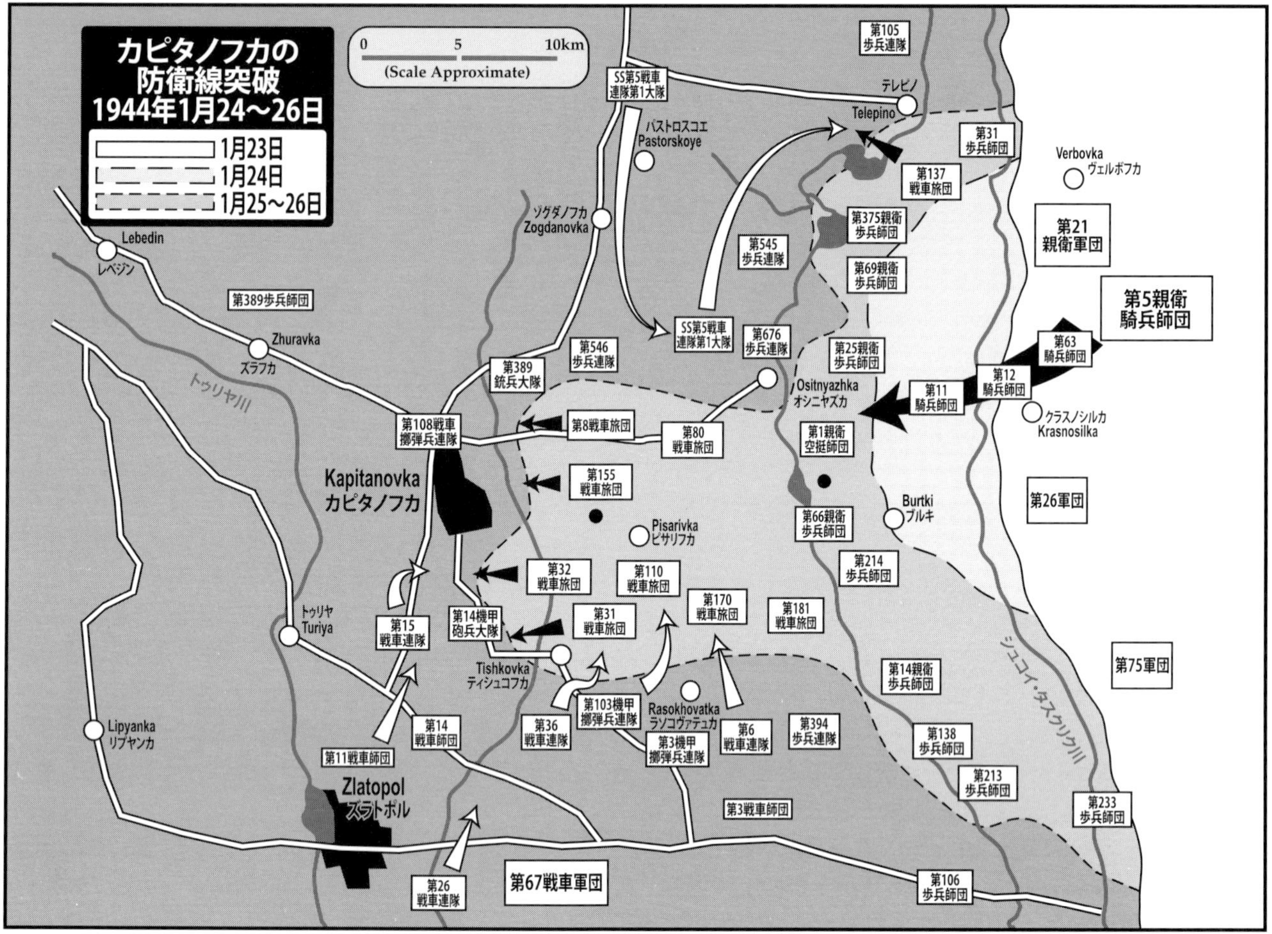

カピタノフカの
防衛線突破
1944年1月24～26日
1月23日
1月24日
1月25～26日
0
5
10km
(Scale Approximate)
第105
歩兵連隊
SS第5戦車
連隊第1大隊
テレピノ
Telepino
パストロスコエ
Pastorskoye
第31
歩兵師団
Verbovka
ヴェルボフカ
第137
戦車旅団
ゾグダノフカ
Zogdanovka
第375親衛
歩兵師団
第21
親衛軍団
Lebedin
レベジン
第545
歩兵連隊
第69親衛
歩兵師団
第389歩兵師団
第5親衛
騎兵師団
SS第5戦車
連隊第1大隊
第676
歩兵連隊
第25親衛
歩兵師団
第63
騎兵師団
Zhuravka
ズラフカ
第546
歩兵連隊
第389
銃兵大隊
第12
騎兵師団
トゥリヤ川
Ositnyazhka
オシニヤズカ
第11
騎兵師団
クラスノシルカ
Krasnosilka
第108戦車
擲弾兵連隊
第8戦車旅団
第80
戦車旅団
第1親衛
空挺師団
Kapitanovka
カピタノフカ
第155
戦車旅団
Burtki
ブルキ
第26軍団
Pisarivka
ピサリフカ
第66親衛
歩兵師団
第214
歩兵師団
第32
戦車旅団
第110
戦車旅団
トゥリヤ
Turiya
第15
戦車連隊
第14機甲
砲兵大隊
第31
戦車旅団
第170
戦車旅団
第181
戦車旅団
Tishkovka
ティシュコフカ
シュコイ・タスクリク川
第75軍団
第14親衛
歩兵師団
第103機甲
擲弾兵連隊
Rasokhovatka
ラソコヴァテュカ
Lipyanka
リプヤンカ
第14
戦車師団
第36
戦車連隊
第6
戦車連隊
第394
歩兵連隊
第138
歩兵師団
第3機甲
擲弾兵連隊
第11戦車師団
第213
歩兵師団
Zlatopol
ズラトポル
第3戦車師団
第233
歩兵師団
第26
戦車連隊
第67戦車軍団
第106
歩兵師団

第5章 バトゥーチンの打撃

「今日、天候は我々の味方だ」

ミハイル・プリホドコイ准尉

1月26日水曜日夜明け、ソ連軍攻勢の別の部隊、第1ウクライナ方面軍が攻撃を開始したとき、フォン・マンシュタイン元帥は何が起こることを最も恐れていたのか。南方軍集団の注意は1月の第2週にウマニの北東から行われた部分的に成功した反撃の後始末を行っている間に、バトゥーチン大将の方面軍の3個軍は、70キロの正面のタラシュシャとジャジュコフの町の間の彼らの陣地から飛び出した。

東で同時に行われた攻勢準備と同様に、バトゥーチンのものも、早くも彼の攻撃が開始される3日前の1月23日には、ドイツ軍情報部によって探知されていた。情報はこの朝に少なくとも2個連隊の圧倒的な戦力で、当時第88歩兵師団の1個大隊が保持していたコシャヴァトイェの村にたいして、攻撃が発動されるというものであった。守備兵は何時間かの激しい戦闘の後、村から放り出され、その後勝利したソ連兵が忙しく陣地構築しているのが観測された。この日遅くのB軍団支隊の1個大隊による反撃はソ連軍を追い出すのに失敗し、第XXXII軍団司令官代理のリープ中将は、破砕された防衛線を何キロか東に引き戻さざるを得なかった。

なぜこのような大規模な攻撃が、このような見たところさいな目標だけに発動されたかは、分析によってコシャヴァトイェが引き続く攻撃へのすばらしい跳躍台を提供することが示されたことで明らかになった。1月23日付「戦闘日誌」の記載によれば、第1戦車軍の参謀長、ヴァルター・ヴェンク少将は、リープ中将に「軍は、この戦区において限られた手段によって戦闘行動を行うことは、特に困難であること、…それにもかかわらず軍団はこの危機に断固として耐えねばならないことを、すべて明らかになった」と知らせている。実際、リープの軍団の危機はまさに今始まったばかりだった。

翌日、1月24日、通信傍受と捕虜の尋問で、およそ70輌の戦車とともに、ティノフカの町の西地域～そこは赤軍が差し迫った攻撃のための主要戦力を蓄積するもっとも可能性の高い場所であった～で発見された、第5親衛戦車軍団と第5機械化軍団の両者について確認された。リープは追加の戦車部隊による増援を要請したとき、第1戦車軍全部で彼に提供したものは、パ

第189歩兵師団長、ハンス・ヨアヒム・フォン・ホアン中将。（Photo Andreas Schwarz and 88.Inf.Div.Veterans Association）

「ヴィーキング」機甲擲弾兵連隊のこのSS軍曹は、初期の戦闘での負傷者で、包帯を巻かれて後送を待っている。1944年1月終わり、スタロセリエの北の森にて。白く上塗りされたヘルメットに注目。白のヘルメットカバーが使用できない場合の通常の方法である。（U.S.National Archieves）

ンツァーファースト〔註：携行式の対戦車擲弾発射機。威力は大きかったが射程が短く、対戦車戦闘にはかなりの勇気と運が必要だった〕を装備した、たった1個の戦車駆逐大隊だけで、この部隊では開けた地上での断固たる戦車の攻撃に持ちこたえることは、ほとんど不可能であった。それにもかかわらず、これだけが軍が予備としたすべてであった。

クラウチェンコの新編された第6戦車軍の存在はまだ探知されていなかったので、ドイツ軍は戦線のこの部分に沿った大規模な攻勢を予期していなかった。第1戦車軍の結論は、ティノフカ近郊に集結した機甲部隊は、ティシュコフカの町～ここには1個ソ連軍団が1週間前に包囲されていた～に向かう救援攻撃の発動を目的としたものであるというものであった。ここでは、ウマニを脅かすソ連第38および第40軍部隊にたいする、1月初めのドイツ軍の反撃の中で、第13親衛、および第167狙撃兵師団、同じく第6自動車化狙撃兵師団を含む、それらの一部の部隊が、切断されていた。その後、彼らは彼らを殲滅しようとする第82歩兵師団による奮戦に抵抗していた。それゆえ、フーベと彼の参謀は、将来の攻撃はすべて限られた範囲と期間のもので、絶対大攻勢ではないと考えたのである。もちろん血みどろの奮戦に従事しているドイツ軍とソ連軍の歩兵にとって、小戦闘で死ぬか、大戦闘で死ぬかはたいした違いではないものの、彼らにとって重要なことのすべては、一日でも長く生き延び、戦友を死なせないことであった。

138

カーニェフ突出部の西方部分にたいしてソ連軍が作戦を開始する一日前には、第1戦車軍は西に100キロ先での作戦にはるかに大きくかかわっていた。そこでは第Ⅲ戦車軍団が、まだ2週間前の戦闘で罠にかけられたバトゥーチンの別の部隊の一部を一掃するよう試みていた。リープの軍団に対峙した部隊の情況が、「ドイツ軍を釘付けにし、注意をそらす目的的な攻撃」で、一方、ティノフカの方向から30キロ離れたティシュコフカで包囲されたソ連軍部隊に向かうと予想される救援攻撃、と解釈されたときに、西方ではまだ戦車戦が荒れ狂っていたのである。報告では3輌のT-34が発見され、同じくこの地域で別の敵師団の活動が見られると述べられていたが、第1戦車軍はこれにほとんど関心がないようだった。あきらかにフーベと彼の参謀は、彼らが左翼の事態が解決した後、軍団右翼のすべての事態にも対処できると確信していた。軍は単に、第Ⅲ戦車軍全部を、彼らの作戦が完了した後、攻撃を受けている地区に転進させればよいのだ。

何百門もの弾幕射撃による破壊の後、バトゥーチンの第1梯団の先鋒、クラウチェンコ中将の新編された第6戦車軍の攻撃を開始した。彼の2個軍団はすぐに、ドイツ第Ⅶ軍団の第34および第198歩兵師団との正面からの戦闘で動きが取れなくなった。ソ連側の記録では敵の戦い振りは全戦線に沿って頑強で、西方での赤軍の攻勢を、「予想よりもゆっくりしたものとした」と述べている。バトゥーチンの彼の攻撃部隊の多くを正面からの戦闘に投入した決定は誤りであった。支援するソ連軍歩兵は、断固たるドイツ軍守備兵によってなぎ倒された。クラウチェンコの戦車でさえ、ほとんど前進できなかった。第Ⅶ軍団戦区内では、ドイツ軍守備兵は攻勢の最初の3日間だけで、82輌のソ連戦車を撃破したと記録している。第235砲兵連隊から構成された、フォン・ホアン中将の師団砲兵は、直接照準射撃で敵戦車を撃破した。M・V・ボルコフ中将率いる第5機械化軍団および第58狙撃兵師団によるレプキの町を奪取する試みは、第198歩兵師団第308擲弾兵連隊のドイツ軍守備兵が、繰り返された戦車に支援された歩兵の突撃にたいして断固として持ちこたえたため、失敗に終わった。しかし、ハンス・ヨアヒム・フォン・ホアン中将の第189歩兵師団バーデン＝ヴュッテンベルグの兵士達は、隣接する第34歩兵師団と分かつ境界に沿って隣接するパブロフカの町が、何時間かの一軒一軒を争う戦闘の後に陥落することを防ぐことはできなかった。しかし彼らは第359狙撃兵師団の攻撃する兵士達が、そこよりさらに侵入することを拒むことができた。第Ⅶ軍団によって保持されたすべての戦線にわたって、話は同じだった。赤軍はほとんどの場所で2キロから3キロの限られた前進を遂げていたが、軍団戦区でにまだ明らかな突破を遂げてはいなかった。ソ連第40軍第47狙撃兵師団は、フォン・ホアンの第189歩兵師団にたいして7から8キロの前進を遂げていたが、ドイツ軍歩兵は非常に巧妙に防衛第2線を突破できなかった。

塹壕に籠もり頑強に戦った。厚い朝霧は、近づくソ連軍部隊を隠した一方で、彼らの指揮官が部隊を統制することもまた困難にした。この日の終わりまでに、第Ⅶ軍団にたいするソ連軍の主攻は暗礁に乗り上げ、バトゥーチンにもっと前進しやすい経路を捜し回ることを余儀なくさせた。

バトゥーチンにとってさもなければ憂鬱な日となったこの日の唯一の光明は、グラーフ・フォン・リットベアク中将の第88歩兵師団左翼にたいして攻撃した、トロフィメンコの第40軍の戦区においてかなりの地歩が得られたことであった。ここでは、30輌の戦車に支援された第180、および第337狙撃兵師団が、師団に配属された第417擲弾兵連隊によって防御されていた、ルーカとディブニズィの村の間の防衛線に18キロの幅の穴を穿ち、北東へ大きな町であるボグシュラフに向かって進んでいた。彼らは町の南外縁で、この地域にしばしパニックによる不安感を巻き起こした後、第88歩兵師団から急ぎかき集められた部隊によって一時的に停止させられた。別の進撃、おそらく第180狙撃兵師団によるものは、南東にメドヴィンに向かう主補給路に沿って南東に進み、グラーフ・リットベアクの師団の左翼を、フォン・ホアンの第189歩兵師団と引き離した。

ある記事では、師団右翼に連なる第326擲弾兵連隊司令官カイザー大佐は、生起したできごとを以下のように記述している。

1月25／26日の夜は、何も報告することもなく過ぎた。我々はすでに過去数日間、戦車の騒音に慣れており、これはもや

スタロセリエの町の北への反撃途上、SS第5戦車大隊「ヴィーキング」第4中隊のⅢ号突撃砲が対戦車地雷にやられた。ここでは敵砲火の下で、乗員が忙しく履帯の再装着に従事している。1944年1月終わりに撮影されたもの〔註：Ⅲ号突撃砲G型。ドイツ軍の突撃砲の最大の生産数を誇る型で、1942年12月から1945年3月までに7,720輌が生産され、1942年にⅢ号戦車から173輌が改造された。戦闘室側面のシェルツェンが分割式になっていることに注目されたい〕。(U.S.National Archieves)

何の印象も与えなかった。しかしその後、０５４０時（午前５時45分）、砲兵の猛烈な集中弾幕射撃が我々の前哨陣地、とくに右翼の第88歩兵師団を密集して覆った。我々の30キロの戦線に沿って地表は揺さぶられた。これは主攻を意味した！　少し後、午後6時に、砲火は止んだ。我々は頭を上げた。外（我々の陣地）は厚い霧に覆われ、我々の視界は100メートルかそれ以下に限られた…。私は副官とともに自分自身で偵察を行うことを決意した。ときおり我々は停止して全方向に耳を澄ませた。しかしすべて静まりかえっていた。ロシア軍は単に脅しただけなのか？　突然5輌のシャーマンが我々の前の霧の中から現れた。敵は突破したに違いない！　…いまやまさに私の指揮所に戻るときだ。…昼頃に霧は晴れ…我々は強力な敵軍が…我々の右翼に隣接した…メドヴィンに向かって進むのを観測した。…何の兆しもない。…我々は敵の突破によって、彼らと分離されてしまったのだ。

◆
◆
◆

第88歩兵師団の左翼が敗走し始めたため、フォン・ホアンは彼の北の隣接部隊との接触を維持するため、彼自身の師団の右翼を延長しなければならなかった。いくつかの中隊が師団の他の連隊から右翼に転換されたが、これによって他の陣地が弱体化し突破に有利な条件を作り出した。第1ウクライナ方面軍は

同じ部隊の別のⅢ号突撃砲が、地雷で被害を被った車両の乗員に、なんらか必要とされる支援を与えるため前進する〔註：これもⅢ号突撃砲G型。やはり分割式のシェルツェンを装備している〕。(U.S.National Archieves)

間違いなく、翌日これを活用するだろう。実際、第1戦車軍は、完全に危険を理解していた。ヴェンクは、後でこの夕方に軍の戦闘日誌に書いている。

軍の右翼戦区に沿って広く拡がり薄く配兵させられた前線で、敵の攻撃が続行されることが憂慮されて予想される、…他の前線戦区を何も顧慮することなく弱体化させたにもかかわらず、(2個) 軍団がその内翼に沿って強い (敵の) 圧力を受ける危険性、…そして彼らは長く持ちこたえられないという事実は、軍によって完全に理解されていた。

◆　　◆　　◆

第1戦車軍の情報部はこの日、重要な発見をした～クラウチェンコの第6戦車軍を確認したのである。ある先任参謀は、この発見について「敵が (彼らの攻撃で) 地域的な限定された目的を越えるものを追求する可能性を高めた」と述べたことを記載したが、これは控えめではあるが、正確な評価であった。ヴェンクもまた第VIIおよび第XXXII軍団戦区の情況はさらに重大となると予想し、それで彼は軍のはるか左翼での第III戦車軍による進行中の作戦を終わりにし、そしてすぐに機動部隊をこの事態を回復するために、東に転換する準備をする計画を起草すべきと薦めた。この点について彼は予言的であった。

実際、トロフィメンコに隣接する第27軍部隊は、初日の終わ

スタロセリエからバイブズィへ向かう路上で、「ヴィーキング」のSS擲弾兵が、SS第5戦車大隊第4中隊のIII号突撃砲の前進を支援して、探り棒を使用して固まった雪の中の対戦車地雷を探している〔註：これもIII号突撃砲G型。丸みを帯びたザウコフ (豚の鼻) 型防盾を装備していることに注目〕。(U.S.National Archieves)

りまでに12キロ以上前進し、第6戦車、および第40軍の努力に影を投げかけた。部隊は攻撃の二義的経路に沿って配置されたものではあったが、このように進出したことは、バトゥーチンと彼の司令官達に、彼らが捜し求めていた機会を提供することになった。有望な進行情況を活用して、クラウチェンコは、バトゥーチンの許可を得て、彼の軍の第5戦車軍団を、V・M・アレクセイエフ中将指揮の下、1月27日早朝にティノフカの近くに移動させた。ここではほとんど成功は得られていなかったが、北に向かって第47狙撃兵軍団が攻撃していた。密接な協力のために、第47狙撃兵軍団は第6軍司令官に隷属することされた。ひどく轍がついた道路に沿った50キロを越える夜間行軍の後、戦車軍団は、第47狙撃兵軍団と合同してこの午後、素早くボヤルカの北のドイツ軍防衛線に侵入した。

バトゥーチンの策略は成功した（P153地図参照）。ドイツ軍はこの機動で完全に裏をかかれた。というのも彼らは、赤軍がこのような素早い反応をするとは信じられなかったである～過去には、ともかく、彼らの敵はつねにゆっくり機動し、ほとんど予想できた。第1戦車軍は、主攻はティノフカ地区から続けられると予想した。そこでは戦車軍が確認され、ウマニかあるいはズヴェニゴロドカに向かっていた。バトゥーチンの部隊が他所で妨害されている間に、1月27日火曜日の午後には、第5戦車軍は、メドヴィンとリュシャンカを通って急速に前進した。

「ヴィーキング」のSS擲弾兵が、彼らがまさにいま路上で発見した地雷から雪を取り除く。（U.S.National Archieves）

この部隊は、容易に彼らの前進を妨げるために投入された、弱体なドイツ軍の道路防塞を払いのけ、ドイツ第Ⅶ軍団を第XXXⅡ軍団と分かつ継ぎ目を切断していった。

クラウチェンコの戦車が突破を続け、ドイツ軍防衛線を侵食するのと同時に、ジュマチェンコの第40、同じく第5機械化軍団部隊は、ヘル大将の第Ⅶ軍団にたいする攻撃を続けた。赤軍は何キロかの地歩を得たが、そこを通って機械化軍団の大部隊が押し出せるだけ広い穴を穿つことには失敗した。というのもドイツ軍は断固として、鍵となるビノグラード南西のパブロフカの村の近くに作られた突破部の肩を保持したからである。

ドイツ軍守備兵との終日にわたる戦闘の中で、両者ともに人員および資材に重大な損失を被った。ヘル大将の軍団はこの日だけで34輌のソ連戦車を撃破したことを報告した。ビノグラードは、ドイツ軍の主要補給路に立ちはだかっており、何度も持ち主を変え、夕方遅くソ連軍第104狙撃兵師団の手に落ちた。第34歩兵師団は、隣接する第198歩兵師団と分かつ境界に沿った、40輌の戦車に支援された師団規模の敵の攻撃を報告した。この戦車部隊は、第5機械化軍団に配属された独立第233戦車旅団の可能性が高いが、ビノグラードの南東に押し出し、その後、北に向きを変え、2週間前からティシュコフカ周辺で包囲されていた赤軍部隊を救出した。これらの部隊は第233戦車旅団の先鋒に加わり、決定的に不足していた歩兵戦力を提供した。しかし夕方遅くまでには、ほとんどその他すべ

スタロセリエの近くで反撃続行を準備している、車体上に支援歩兵を袴乗させた「ヴィーキング」のⅢ号突撃砲。（U.S.National Archieves）

144

てのソ連軍の攻撃は停止させられ、第Ⅶ軍団の2個ドイツ軍師団の接触は回復された。ただし、第198歩兵師団の記事にあるように、激しい戦闘なしでは済まなかったのだが。

敵砲兵が作り出した（我が防衛線の）突破口を通って、敵は大洪水のように溢れだした。師団の個々の大隊、そして中隊は要塞化された村の強化火点にしがみつき、それらを朝中守った：（それらの努力）にもかかわらず、攻撃する敵戦車は、霧の助けも借りて、これらの強化火点の間の薄い防衛線を通って突入することができ、すぐに砲兵陣地まで侵入した…師団にたいして今日、敵は3個の給養十分で戦車に支援された師団を投入している。この圧倒的な人員、資材の投入、そして激しい守備兵の損失にもかかわらず、敵は我が師団戦区の突破をなしえていない。

◆

◆

◆

軍団のはるか右翼では、事態はもっと悪かった。そこでは第ⅩⅩⅩⅡ軍団との接触が前の日の夕方には失われた。ホアンの第198歩兵師団は、日中の20輌の戦車と歩兵を載せた30輌のトラック（おそらく第5戦車軍団の先鋒）が、第88歩兵師団戦区のメドヴィンから南の方向に急行していることを報告したが、彼らを停止させるために何もできなかった。ドイツ空軍は敵の前進を遅らせることはできたのだが、視界のどこにも存在しな

最初の目標は奪取された。これらのSS擲弾兵は、彼らを支援するⅢ号突撃砲の牽引具に捕獲したソ連軍の4.5cm対戦車砲を装着している〔註：ソ連軍の4.5cm対戦車砲は写真からもわかるように、ドイツ軍の3.7cm対戦車砲の拡大発展バージョンであった。900メートルで30度傾斜した38ミリの装甲板を貫徹できた。Ⅲ号突撃砲のエンジンデッキ上には、他にも捕獲品が山積みで、中に水冷のマキシム機関銃らしきものが見える〕。(U.S.National Archieves)

第5章：バトゥーチンの打撃

かった。ヘル大将は彼の右翼が急速に旋回し、そして第1戦車軍の許可がうまくもらえ、メドヴィンからリュシャンカに走る主要補給路に沿って右翼を後退させ、そこで一時的にこの接近路を閉塞しソ連軍戦車部隊の町への侵入を阻止できると信じた。

この町はいくつかの理由で緊要であった～第198および第XXXⅡ軍団の主補給路もまた走っていた。東にズヴェニゴロドカの町に走る道で、これまた、リュシャンカを通っていた。そこはただ、2個歩兵師団の補給部隊と、同じく第1戦車軍および第8軍の「後方連絡部隊」～郵便配達、法務官、蹄鉄工、および野戦司令部部隊（地区統制司令部）が守っているだけであった。彼らは歩兵の支援と協調された戦車の攻撃に耐えるには、まったくもって適していなかった。第1戦車軍は、正しく、ズヴェニゴロドカに向かう前進は、東からのコーニェフの第2ウクライナ方面軍の接近と結び付いて、突出部の両軍団の包囲を招くことになると指摘した。ヴァルター・ヴェンクの言葉によれば「（突出部からの撤退を）決定するための時間は、まさに最後の瞬間となりつつある」。

上記したように、1月27日に第1戦車軍を最も脅かしたソ連軍の行動は、第XXXⅡ軍団戦区で生起した。そこでは、クラウチェンコの機甲先鋒が、第88、第198歩兵師団の間の間隙を切り裂いていき、南、東、そして北東に移動したが、そこではたいした抵抗に出会わなかった。B軍団支隊もまた、この日

スタロセリエの北での反撃中に、浅い窪地に布陣したSS擲弾兵。（U.S.National Archieves）

攻撃にさらされ、この日、ヤノフカに近い第332師団集団が保持する陣地が攻撃を受けた。これは、おそらく、ドイツ軍の注意をそらすために時期を合わせて、グラーフ・リットベアクの師団のよろめく左翼を支えるために使用されるする部隊を釘付けにするために、ソ連軍第159要塞地区部隊が発動したものであろう。第323師団集団の部隊、クナウシュ中隊はルーカに移動し、グラーフ・リットベアクによって命じられた第Ⅶ軍団と接触を再度確立することを試みて、ディブニッツィを保持するソ連軍第337狙撃兵師団の部隊に反撃した。この試みは、ソ連軍の激しい抵抗に会い失敗した。

こうした情況に直面して、第XXXⅡ軍団長のリープは、この日第1戦車軍司令部と連絡をとり、彼の軍団の左翼部隊を、東はボグスラフから、南東はステフレフの町まで走る、ロシュ川の線まで後退させることを要請した。継続するソ連軍の攻撃に直面して、彼の戦線はともにこの日だけしかもちこたえられないと、彼は確信した。彼の全軍をロシュ川の南に後退させる許可が得られるのがよりベターであったが～すくなくともこの方法で、彼は裂け目をふさぐために十分な大隊を自由にすることができた。第1戦車軍はリープに提案を検討したことを知らせたけれども、そうする許可を南方軍集団が認めるまでは、命令を起草することはできなかった。

再び、ヒットラーの彼の許可なく領土を明け渡すことを禁止する命令が、素早い決定の彼が緊急に必要とされる、戦術行動をは

SS第5戦車大隊第4中隊のⅢ号突撃砲が、スタロセリエ北の森の中で反撃を続行している。グレイのSSウインターアノラック上にスノーケープを着用しているのに注目（U.S.National Archieves）

● 147　第5章：バトゥーチンの打撃

なはだしく遅らせることになった。フォン・マンシュタイン元帥が不在であったことと、彼の政策決定能力が第1戦車軍、そしてまったく同じく東で戦っている第8軍に影響を与えた。両軍ともに、翌日、1月28日に彼らの司令官がラシュテンブルクの総統の会議から帰るまで、南方軍集団によって定められた限界内で、彼らのベストを尽くさねばならなかった。リープは、決定を待つのでなく、隷下部隊にともかく撤退準備を命じた。リープが忙しく彼の左翼を安全なロシュ川まで引き戻す努力を行っている間に、第6戦車軍の先遣部隊、第233戦車旅団は、主要補給路に沿っているリュシャンカの南西外縁に到達し、進路を阻止する攻勢を容易に一掃した。この旅団が北東に移動

SS第5戦車連隊第4中隊長、ハンス＝ゲオアグ・イェッセンSS少尉が、彼のⅢ号突撃砲の車長用キューポラから戦闘を観測している。1944年1月終わり、スタロセリエの近くにて。（U.S.National Archieves）

している間に、第5親衛戦車旅団の大部隊は、この日早く赤軍の手に落ちたメドヴィンの方向から南東に向かって攻撃を開始した。午後、軽く雨が降ったものの、天候は寒く道路状況は良好だった。正午に、ニコライ・マシューコフ大尉の指揮する第233旅団第1戦車大隊は、袴乗する「タンクデサント」［註：ソ連軍の歩兵を輸送する装甲車両の不足のため、戦車車体に歩兵を便乗させたもの。ただし便乗する歩兵にはいっさい装甲防護は与えられていないため、弾雨の中死傷率はとても高く、「タンクデサント」の寿命は一週間に過ぎないとも言われた］とともに町の外縁に到達した。リュシャンカは、現在の記事では小さな田舎町に過ぎないが、当時はドイツ軍補給基地として使用されていた。町は浅い小川、グニロイ・ティキチェ川の流れる広い谷に沿って広がっていた。家並みは、かなり近くからしか見ることができなかった。ふたつの鍵となる道路が町の中で交差していた～北から南に走るルートはズヴェニゴロドカからコルスン＝シェフチェンコフスキーに、東から西のルートはタルノイエからタラチシャに走っていた。第1戦車大隊の戦車は、後者のルートに沿って東に疾走した。

M4シャーマンあるいは「エムシャス」を装備したマシューコフの大隊は、町を守るために編成されたかき集められたドイツ軍の大隊規模の部隊をすぐに蹂躙した。非常に有利な地形を利用して、ソ連戦車兵は町を北と南の両側から封鎖することができた。ドイツ軍は戦車攻撃の速度と衝撃によって完全に無防

第1戦車軍司令官ヴァルター・ヴェンク少将。(Photo: The Decline and Fall of Nazi Germany and Imperial Japan: A Pictorial History of the Final Days of World War Ⅱ by Hans Dollinger)

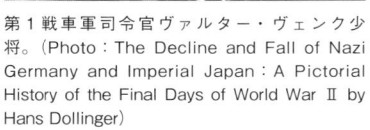

備で捕捉され、防衛線はすぐに崩壊した。町の西端のドイツ軍の警戒監視哨のひとつは、前進する戦車の騒音に警報を発したが、先頭のシャーマンはその配置を蹂躙し信地旋回を行った。配置されていた兵士は生き埋めとなり、監視哨は沈黙させられた。町は夕方早く、何千トンものドイツ軍の食料、弾薬、そして被服とともに、ソ連軍の手中に入った。注目すべきは、戦車大隊が「心理的攻撃」を選んだことである。彼らは前照灯を煌々と点け、サイレンをけたたましく鳴らして突入した。戦後のひとりのエムシスティ（M4乗員）によって書かれた記事である。

前照灯の刺すような光りは、暗闇の中から隣接する野原、家屋、そして木々に沿って道路を抜け出した。それは敵歩兵を盲目にした…強力なサイレンの唸りは、夜の中に強く突き刺さった。それは鼓膜をつんざき、脳みそに重たい鎚を載せた。敵砲火は当初はいくらか周密だったが、弱まり始めた。「心理的攻撃」は、実を結んだ…。

◆

◆

◆

いうにおよぶ対戦車火器はなく、ドイツ兵に勝ち目はなかった。捕虜となることから逃れるために、守備兵は北か～そこで彼らはカーニェフ突出部の部隊の残余とともにすぐに包囲される～か、あるいは南～そこで彼らはすぐに、ソ連軍の攻勢に捕まった各種異なる部隊からかき集めた間に合わせの警報部隊に編合される～に後退した。後者の範疇には、第88歩兵師団の後方支援要員からの1,800名を越える人員も含まれていた。

彼らが欠けたことは、すぐに彼らなしで包囲陣で罠にかけられる、彼らの師団の兵站支援を極めてやっかいなものにした。リュシャンカの占領の後、第233戦車旅団は、町の保持のために少数の歩兵と数両の戦車を後方に残して、ズヴェニゴロドカの方向に押し出していった。そこで彼らは、ロトミストロフの第5親衛戦車軍の先鋒部隊と連絡することを期待した。

リュシャンカの奪取は、第189歩兵師団の陣地を防御不能にした。少なくともソ連戦車軍団が、彼らの右翼どころか後方にあっては、フォン・ホァン中将は、隷下の最右翼の連隊を引き戻し、彼の師団を再調整せざるをえず、その結果前線は2日前のような西にではなく北を向くことになった。その右翼はいま

● 149　第5章：バトゥーチンの打撃

やチェスノフカの町を基底とし、左翼はビノグラード〜フォン・ホアンの部隊が夜更けまでに、もう一度奪取していた〜にあり、第34歩兵師団と再び連絡を確立していた。彼の師団の右翼には、ほとんど100キロにわたって完全に何も無い、空っぽの空間が横たわっており、さらなるソ連軍の攻撃にたいして手招きをしていた。フォン・ホアンの情況は悪かったけれども、グラーフ・リットベアクの第88歩兵師団の情況はもっと悪かった。ハンス・メネデター大佐はある記事で、オルシャンカとサバルカの間で包囲された師団の歩兵のため、一日中、激しく交戦した、師団の第188砲兵連隊が経験した行動を記述している。

これこそ、すべての兵士〜最下級の砲員から連隊長まで〜が、最大限彼の任務を遂行し、そして我々の（挽馬）と装備の双方に最大限の要求が課せられるときであった。中隊は〜準備陣地（の助けも）なしに〜絶え間無く増加する敵にたいして、2個軍の敵の巨大な突撃の停止をもたらすための一助として、砲身が白熱するまで射撃した。

◆
◆
◆

南ではグラーフ・リットベアクの隣接部隊との接触をうしなわれただけでなく、ソ連軍第337狙撃兵師団の部隊が彼の左翼後方に回ることを試み、ボグスラフ〜彼のロシュ川防衛線の扇の要であり、1月27日夕方、ドイツ軍部隊によって占領の

数名の擲弾兵を搭乗させた「ヴィーキング」のⅢ号突撃砲。スタロセリエの北にて、1944年1月終わりに撮影されたもの。
（U.S.National Archieves）

過程にあった〜にいるとさえうわさされた。B軍支隊戦区では、少なくとも事態は沈静化した。ここではソ連軍のヤノフカにたいする攻撃この日早く撃退されたので、ほとんど何も起こらなかった。夕方の第XXXII軍団でのリープと第1戦車軍の先任参謀との無線での会話で、リープは「無残に弱体化した」フォウクアト大佐のB軍団支隊の保持する彼の北部戦線について話し、彼らに彼の左翼を増援として送った。夕暮れまでに、リープはすでにこの司令部から部隊を動かしていた。証拠の示すところによれば、リープは彼が命令を受ける前にさらは前日から、ちょうどその準備をしていたからである。というのも彼え、総統命令に直接違背するものではあったが、状況に応じた穏当な動きで、すでに彼の部隊を引き戻し始めていた。

この日は混乱した調子で終わった。ヘル大将の第VII軍団は断固として保持していたが、右翼では地歩を失い、そこでは第198歩兵師団は、迂回されることを防ぐためその右翼を後方に旋回させることを余儀なくされた。リープ大将の第XXXII軍団は、その隣接軍団から切断される過程にあり、その補給はいまやリュシャンカではなくコルスンの町を通る経路によらなければならなかった。グラーフ・リットベアクの第88歩兵師団は弱体化していたが、命令された方法で、ロシュ川への後退の過程にあった。東部の状況はさらに不確かで、そこではヴォーラーの第8軍がコーニエフの第2ウクライナ方面軍と戦っていた。第1戦車軍はすでに、ズヴェニゴロドカからたった60キロ

「ヴィーキング」の反撃中、数名のソ連軍捕虜〜ひとりの「イワン」は負傷している〜が、「ヴィーキング」の擲弾兵の見張りの下森の外へと行進する。（U.S.National Archieves）

の、レベディンの町の近くで報告されたソ連戦車の不穏な報告を受け取っていた。そこはリュシャンカに100キロしかなかった。

　第1戦車軍にとって、敵の意図は完全に明らかとなりつつあった。敵の動きすべては、敵がズヴェニゴロドカとカーニェフ突出部の部隊の包囲を狙っていることを、示しているようであった。赤軍がこの任務を遂行した後は、次に何があるのか？敵は南に進み続け、南方軍集団の作戦縦深まで深く侵攻していることを知るすべはなかった。本部に近づいて、フーベと参謀は、すぐに包囲されることになる軍団との連絡を再度確保する隊の編成の必要性を予期した。この包囲陣はチェルカッシィの大釜としても知られることになるが、厳密にはこれはコルスンの町にちなんで名づけられるべきであろう。というのは、チェルカッシィはほぼ1カ月早く、ホーン大佐の第72歩兵師団が加わった小規模の包囲戦が生起したおりに放棄されたからである。

　第1戦車軍はすでに軍集団に、第Ⅲ戦車軍団あたりから作り出される、こうした救援部隊の編成開始の許可を問い合わせていた。しかし軍集団司令部のブッセによって拒絶された。この障害を回避するため、軍参謀長のヴェンクは、関係する軍団〜第Ⅲ戦車軍団、第Ⅶ、および第XXXⅡ軍団〜の司令官に、こうした救援努力の準備開始については、彼から個人的に口頭で指示されると知らせていた。彼は南方軍集団

ていた第6戦車軍の先鋒から100キロしかなかった。

紙に書かれた指示によって、電話あるいは無線通信によって〜これらは当時ブッセが撤回させることができた〜彼の意図を発見しないように、そうせざるをえなかった。戦争勃発以来、高級司令部間の信頼レベルは、どれだけ地に落ちたことか！

　赤軍はもはやこのような問題を有していなかった。戦争勃発以来、軍事参謀部の効率にたいする共産党の政治将校の有害な影響は、高級司令部の参謀将校間の信頼感を減じるのでなく増加させる結果を招いた。これらの参謀将校は自信と経験を得て、信頼度は増加した。ヒットラーが麾下の軍集団、軍、軍団そして師団司令官の統制への制限を増していったのにたいして、スターリンは、バシリーエフスキーやジューコフのような指導者への権限の委譲に、ますます同意するようになっていった。司令官の不在によって南方軍集団の意志決定権能が麻痺している間に、バトゥーチンとコーニェフの部隊は、たった3日間で地歩を大きく確保した。ドイツ軍指揮官が彼らが適当とみなすように戦いに対処するための行動の自由を必要としたころには、2個のソ連戦車軍は、第1戦車、および第8軍の後方地域の奥深く分け入り、カーニェフ突出部の部隊の包囲がほとんど実現する、見込みのない状況を見せられることになった。激しく戦うドイツ軍歩兵、砲兵、戦車兵、そして戦闘工兵の最上級の奮闘でさえ、巧妙に導かれない限り何にもならないのである。彼らが何をなしえるかは、東部でのソ連軍の突破にたいする戦闘が最高潮となった翌日示された。

152

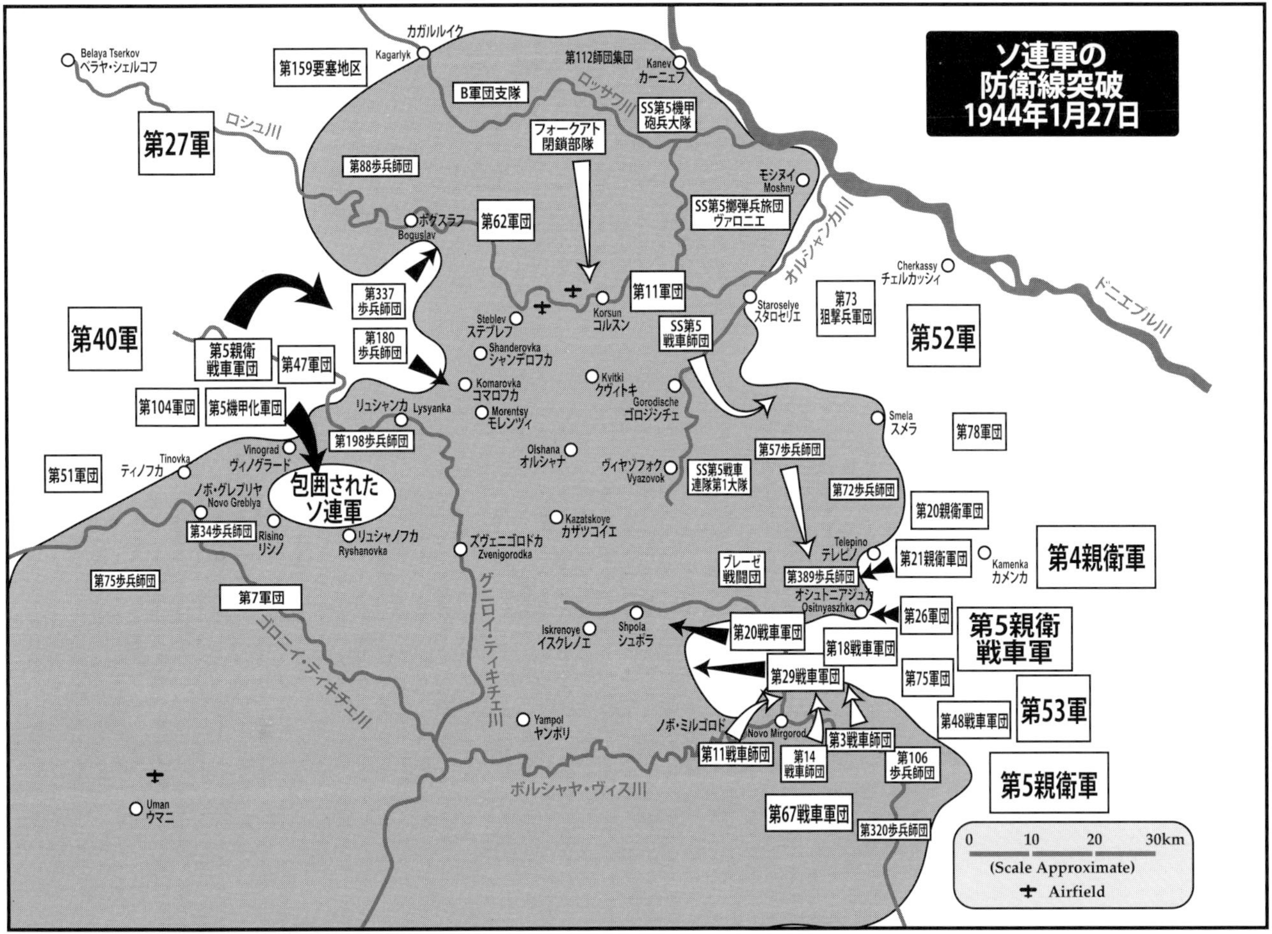

ソ連軍の
防衛線突破
1944年1月27日
Belaya Tserkov
ベラヤ・シェルコフ
第159要塞地区
Kagarlyk
カガルルイク
第112師団集団
Kanev
カーニェフ
B軍団支隊
ロッサワ川
SS第5機甲
砲兵大隊
ロシュ川
第27軍
フォークアト
閉鎖部隊
第88歩兵師団
モシヌイ
Moshny
SS第5擲弾兵旅団
ヴァロニエ
ボグスラフ
Boguslav
第62軍団
オルシャンカ川
Cherkassy
チェルカッシィ
ドニエプル川
第337
歩兵師団
第11軍団
Staroselye
スタロセリエ
第73
狙撃兵軍団
第52軍
第40軍
Steblev
ステブレフ
Korsun
コルスン
SS第5
戦車師団
第180
歩兵師団
第5親衛
戦車軍団
第47軍団
Shanderovka
シャンデロフカ
Komarovka
コマロフカ
Kvitki
クヴィトキ
第104軍団
第5機甲化軍団
リュシャンカ
Lysyanka
Morentsy
モレンツィ
Gorodische
ゴロジシチェ
Smela
スメラ
第78軍団
第198歩兵師団
第57歩兵師団
Vinograd
ヴィノグラード
Olshana
オルシャナ
Tinovka
ティノフカ
第51軍団
包囲された
ソ連軍
ヴィヤゾフォク
Vyazovok
SS第5戦車
連隊第1大隊
第72歩兵師団
ノボ・グレブリヤ
Novo Greblya
第20親衛軍団
Kazatskoye
カザツコイエ
第34歩兵師団
Risino
リシノ
リュシャノフカ
Ryshanovka
ズヴェニゴロドカ
Zvenigorodka
Telepino
テレピノ
第21親衛軍団
Kamenka
カメンカ
第4親衛軍
ブレーゼ
戦闘団
第389歩兵師団
第75歩兵師団
第7軍団
オシュトニアジュカ
Ositnyaszhka
第26軍団
第5親衛
戦車軍
グニロイ・ティキチェ川
Iskrenoye
イスクレノエ
Shpola
シュポラ
第20戦車軍団
第18戦車軍団
ゴロニイ・ティキチェ川
第29戦車軍団
第75軍団
Yampol
ヤンポリ
ノボ・ミルゴロド
Novo Mirgorod
第48戦車軍団
第53軍
第3戦車師団
第11戦車師団
第14
戦車師団
第106
歩兵師団
ボルシャヤ・ヴィス川
第5親衛軍
Uman
ウマニ
第67戦車軍団
第320歩兵師団
0 10 20 30km
(Scale Approximate)
Airfield

第6章 ダムの決壊

「ロシアでは、守る者は敗れる」

チェルカッシィのニコラウス・フォン・フォアマン

ソ連軍戦車部隊は、1月26日に第8軍にたいして、劇的な戦果をあげたのであるが、1月27日に第1戦車軍にたいして、ドイツ軍はまだけっして包囲されたわけではなかった。戦車のみでは、突出部の中へ、そして外へ通じる主要路を閉鎖した程度でしかなかった。内側、および外側の包囲環を形成する赤軍歩兵の動きはのろく、その実行には日にちを要した。しかし歩兵軍～第4親衛、第52、第53、第27、第72、第88、第198、そして第40軍～はまだ東と西の両方で、ドイツ軍の、そして第389歩兵師団の部隊が激しく抵抗する第一線戦術防衛線に引っ掛かっていた。

加えてロトミストロフおよびクラウチェンコの部隊は、彼ら自身の兵站後方段列から切断されており～彼らが東西から突破した地域は非常に狭い回廊で、激しいドイツ軍砲兵の弾幕射撃に常にさらされていた～極めて脆弱であった。燃料、弾薬の追加補給がなければ、ソ連戦車は動けなくなりドイツ軍の反撃をうけやすくなる。ソ連軍の戦車と機械化部隊にとって悪いことに、1月27日朝、第XXXXVII戦車軍団は、これを最後に、あるいはそう期待して、侵入口をふさぐためについに反撃を開始し

た。

まさにそうすべきときである～第XI軍団から第8軍への朝の報告は、敵戦車がシュポラの外縁で報告されたと伝えた。実際、これは「ヴィーキング」の無線傍受小隊がこの日遅くソ連軍の無線通信を傍受した結果確認された。通信文はあきらかにソ連戦車部隊の士官から上級司令部にたいするもので、このようぐぁいだった。「本官は現在シュポラにおりますが、どこにもドイツ軍は見えません。本官はどうすればよいでありますか？」彼の上官からの乱暴な返答が続いた。「前進だ、前進しろ、ばかもん！」

フォン・フォアマン大将によって用意された攻撃は、1月27日火曜日の朝、3個戦車師団によって開始されることになっていた。第3戦車師団は、南にソ連軍の突破の肩に沿って布陣し、ヴァシリフカの近くの現在の陣地から北の方向に攻撃し、ライメントロフカの町を奪還し、それによってズラトポルの方向に西に向かう街道を切断する。第11、および第14戦車師団の両者は、第3戦車師団の10キロ北西から、第11戦車師団が左翼、第14戦車師団が右翼に並んで攻撃し、北に進撃し続ける。そこで、

彼らはカピタノフカを奪取し、東に向かう戦線を構成し、突破を試みて後続するいかなるソ連軍部隊をも撃破する。すでに突破したいかなるソ連軍部隊をも、「実を結ばずに終わる」ままに放置される。フォン・ブレーゼ少将の第108機甲擲弾兵連隊はまだ、カピタノフカの北の防衛陣地を保持していたが、南に攻撃してその母師団である、ウンライン少将の第14戦車師団と接触してその母師団を再度確保する。

25輌の残存IV号戦車を有する「ヴィーキング」のキョーラー機甲戦闘団は、第72歩兵師団の右翼の現在の陣地から南にピサレフカに向かって攻撃を発動する。激しく圧迫された第389歩兵師団はその陣地を保持し続け、イェカテリノフカとパストロスコエの間の戦線を回復するよう策定された反撃ではトロヴィツ少将の第57歩兵師団と協同する。トロヴィツのババリア兵達は、イルディン戦線に沿った彼らの旧陣地からの夜間行軍の後、前日の夕方、最終的にタシリクの近くの集結地域に移動した。この日は包囲された守備兵に極めて有望に見え始めた〜この計画は事態を再び正常化するため最高の機会を与えてくれた。

別の良い兆候は、第11戦車大隊により攻撃能力を与えるための、追加の戦車大隊の配属であった。この大隊、第26戦車連隊第I大隊は、当時ほぼ100キロ南に位置し、キロボグラードの南西戦区を防備していた「グロースドイッチュラント」機甲擲弾兵師団から借用されたものであった。大隊は61輌の新品のパンター戦車を装備していたが、西部で訓練を完了してそこから、つい最近ロシア戦線に移動されたものであった。本来は、当時イタリアで戦っていた第26戦車師団に予定されていたが、この月の初めに「グロースドイッチュラント」に一時的に固有のパンター大隊〜これもまた同じときにフランスで編成されていた〜の代わりに転用されたものであった。

グレスゲン少佐に指揮されたこの大隊は、第26戦車師団を埋め合わせることはなく、戦争終結までさまざまな「グロースドイッチュラント」部隊とともに戦った。ヴォーラーは、彼の反撃において、その展開許可を何日も南方軍集団からもぎとろうとした。1月26日、ついにその北への移動許可が認められ、翌朝開始された。その戦車とともに、大隊には「グロースドイッチュラント」自身の戦車連隊本部の、修理、回収隊や対空小隊のような、いくつかの部隊も編合されていた。

しかし、大隊は1月27日夕方まで、第11戦車師団の増援には到着せず、この日はまったく作戦に参加することはできなかった。その後でさえ、大隊の投入は軍集団から厳しく制限された。というのもこれは第8軍の唯一の実態のある戦車部隊であり、南方軍集団参謀長のブッセは、ヴォーラーの反撃が終わった後、引き上げて、もし必要が生じれば、すぐに他所で使用できるようにしておきたかったのだ。

第11戦車師団の反撃は0530時(午前5時30分)に開始され、ドイツ軍は攻勢開始の統制線を越えた。3時間後、師団の

右翼に位置する歩兵戦闘団はピサレフカの村に入り、ソ連軍守備兵を追い出した。同時に、師団の機甲戦闘団、第15戦車連隊、ハーフトラック乗車の1個機甲擲弾兵大隊、および第119機甲砲兵連隊第II大隊は、左翼をティシュコフカに向かって攻撃した。1時間後、師団長のフォン・ヴィーターシャイムは、第8軍参謀長のシュピーデルに、攻撃はここまではうまくいっていると報告した。

彼の師団がカピタノフカまで北に侵攻しただけでなく、前日切断された第14戦車師団のフォン・ブレーゼ戦闘団との接触を確保した。フォン・ヴィーターシャイムの部隊が町に入ったとき、そこを保持していたソ連軍部隊は、戦いを挑むことなく北東に撤退した。これは奇妙なことであった。カピタノフカの確保は、第20戦車軍団の大部隊を切断し、その司令官ラザレフを隷下の3個旅団のうちの2個と分離したままにした。この地域を通るソ連軍の輸送隊列は、ドイツ軍の反撃に気づいておらず、補給路を前後して哨戒するドイツ軍戦車によって射撃され撃破された。

フォン・ブレーゼは第8軍によって、彼と彼の部隊が道路阻塞となり強い敵の圧力を受けるまで、断固立ちかえと命令を与えられていた。フォン・ヴィーターシャイムの第11戦車師団は、オシュトニアジュカからカピタノフカへの道路を閉鎖するため東に向いて、カピタノフカの町の残る部分を掃討し、まだ敵によって保持されていたピサレフカに近くで、敵の侵入を防ぐために隣接する第14戦車師団の側面と連接した。第14戦車師団はロッソショファトカの近くの陣地を固め、わずか12キロのライメントロフカの南東の第3戦車師団と連絡した。その後、もしすべてが計画通りに進めば、戦線は再びともにつなぎ合わされるのだ。

しかし、コーニェフの戦車軍司令官のロトミストロフは、少なくともこのときまでは、少しはソ連流リーダーシップの教条主義的性格の持ち主ではなかった。彼はドイツ軍の反撃に対処するために停止し、第2ウクライナ方面軍の後続する主要部との連絡を回復させる代わりに、先鋒部隊のラザレフの第20親衛戦車軍団に、西にシュポラ、南西にズラトポルに向かって攻撃を続けるよう命令した。彼はラザレフに側面にかまわず、彼の軍団がズヴェニゴロドカでクラウチェンコの第6軍の先鋒と連絡するまで停止するなと命じた。キリチェンコの第29軍団は敵から離脱できしだい後を追う。第4親衛、および第53軍は、ドイツ軍に対処し、裂け目を広げる。もしロトミストロフの部隊が燃料と弾薬を使い尽くしたら、彼らは空中から再補給される。これはロトミストロフにとって容易な決断ではなかった。

1月26日、ロトミストロフは彼の部隊はカピタノフカ地区ですでに増援のドイツ軍戦車部隊にさらされていると確信し、また彼は動きが取れなくなる危険にさらされているとの報告をすでに受けていた。キリチェンコは、彼の戦車部隊がこの夕方、進出中にロッソショファトカの近くで激しい損害を被っていたが、防勢に転移する許可

を求めた。北ではラザロフの第20戦車軍団は、その先鋒は夜にはレベディンにまで到達していたが、翌日も攻撃を続行する命令を受けた。キリチェンコは、ロトミストロフの予備、V・I・ポロズコフ少将指揮の第18戦車軍が、1月27日に接近するまで守り続けた。それから2つの軍団は、ドイツ軍を突破して攻撃し、ラザレフの左翼を守るキリチェンコの軍団とともに、ドイツ軍を突破して攻撃し、破壊し、西へ前進し続けた。

ドイツ軍は1月27日、０９３５時（午前9時35分）に第XI軍団が4ないし5輌の戦車がシュポラにあると報告があったことを知らせて来たとき、初めて何かがおかしいと気が付いた。これらはこの朝早く、「ヴァイキング」が補給および人員輸送用の手段として運用していたレールバス（動力軌道車）によって通報されたものであった。このときレールバスは、南に町に向かって移動しており、東から近づくソ連軍戦車の集団を知らせたのである。

どの部隊が軍団後方地域にいるのか決定するために、「ヴァイキング」は憲兵斥候（使用可能な戦闘部隊が他になかった）を、偵察を行うため町に派遣した。彼らは軌道車の報告を確認し、さらに多くの戦車が、町を通ってズヴェニゴロドカに向かって西に進撃していることを付け加えた。トラックと戦車の着実な流れもまた、シロフカとレベディンの間、そしてレベディンとシュポラの間の道路上で報告された。

ほとんど同時に、ランク大佐の第3戦車師団は、彼の左翼が

救援作戦に参加するため移動するドイツ軍歩兵（Bundesarchiv690/209/33）

第6章：ダムの決壊

新たなソ連戦車と歩兵による激しい攻撃にさらされたため、師団の機甲戦闘団を投入して事態を回復しなければならなかった。師団左翼にいるソ連戦車は、師団の後方要員と支援部隊を攻撃していることが報告された。第3師団のわずかな残存戦車は7輌のT-34を撃破したが、ソ連戦車部隊はロッソショファトカで第14戦車師団と連絡するように計画された攻撃を遅らせた。

1050時（午前10時50分）第14戦車師団は、ロッソショファトカの東に集結しているさらなる敵部隊を報告した。そこでは0600時（午前6時）以来、10輌のソ連戦車が撃破されていた。第11戦車師団の斥候は、カピタノフカの西2キロの森の中に集結している強力な敵部隊に遭遇したと報告した。ソ連軍はどこでも強力なようにみえた。これらを妨害するできごとにもかかわらず、第8軍司令部のシュピーデル中将は南方軍集団司令部に、「敵の東西の連絡は現在のところ切断されている」と言いはなったが、これは実際技術的には正しかった。ソ連軍の先鋒は切断されていた。しかしドイツ軍の新しい戦線は保持できるのだろうか？

続く数時間の間に事態は急速に悪化した。1430時（午後2時30分）、ロッソショファトカは、第3および第14戦車師団～いまや戦車師団とは名前の上だけであったが～のそこを保持するための新たな努力にもかかわらず、何度も持ち主を変えた後で陥落した。ソ連戦車はティシュコフカに猛進し西に突破し

た。カピタノフカを保持していた第11戦車師団の部隊は、強力な敵部隊によって追い出された。フォン・ヴィータエアシャイム中将は、彼の部隊が新たな敵戦車の攻撃にたいして命懸けで戦っていることを報告した。22輌のT-34による第二波の攻撃は、ティシュコフカを保持している機甲戦闘団を突き抜けて轟き、レベディンに向かって西に進んだ。これらの戦車は、おそらく間違いなくラザロフの第20親衛戦車軍団の第2梯団部隊である第80戦車旅団のものであろう。

別のソ連戦車が、歩兵に支援されて攻撃し、2時間後にティシュコフカに突入した。これは単に、この朝獲得した地歩を保持するためにドイツ軍に十分な歩兵、あるいは戦車がいなかったから、また砲兵は機動部隊と戦う上では十分な代わりとはなりえなかった。第8軍は第320歩兵師団その戦区を、パンチェボで隣接する第10機甲擲弾兵師団の陣地を受け継ぎ、軍して第3戦車師団の陣地を受け継ぐ。この移動は第3戦車師団を自由にするため、何日も前から要求されていたものであった。

ティシュコフカへの攻撃を目撃した一人が、第11戦車師団第119機甲砲兵連隊第Ⅱ大隊長のヴァルター・シェッファー＝ケーナート大尉であった。シェッファー＝ケーナートは、エルベのケーナートの町出身の26歳の予備役将校で、彼の師団に1940年終わりのその発足から勤務してきた。フランスの戦い、ユーゴスラビア侵攻、そして東部戦線のベテランで、彼は

1940年に通信将校に任命されている。モスクワの戦いで負傷し、1942年12月のスターリングラードを救援するフォン・マンシュタインの失敗に終わった作戦で退び臀部を負傷している。クルスクの戦い、ドニエプルへの後退戦に間に合うように負傷は癒え、これらの作戦に参加している。彼は繰り返しの勇敢な行動でドイツ黄金十字章と騎士十字章の間を埋める位置にある勲章であった。金章と銀章の2種類が存在した（銀章は戦功十字勲章に対応した）。この勲章は冗談で「近眼用の党員章」と言われている。そうではあるが、その拝用者は高く尊敬されていたからである。（※黄金十字章は、「騎士十字章受賞者の突撃バッジ」としても知られた）。

彼は午後、ティシュコフカが攻撃されたときにそこにいた。彼の記事は、後に戦闘が終わった後、故郷に手紙で手短に書いた手紙の中に残っており、戦闘がどのようなものであったかおぼろげな様子を教えてくれる。

戦車と歩兵が、（その午後）側面から何度も何度も攻撃して来て、町の中心部を占領することに成功した。我々の（戦闘団の）大隊の2つが町の北部で切断されたが、そこにはわたしの中隊長のうちの2人、ライスラントとカミースも含まれて

いた。彼らは監視哨に詰めており、一方我々は南部の砲の下に位置していた。町の外の我が軍の戦車は、自衛のためのハリネズミの陣を構成した…地図上では（戦術シンボルの）赤（ソ連）と青（ドイツ）が、どこも交じり合っていた。この夜、私の2人の中隊長は、敵が占領した町を隠れて通り抜けて戻ることができた。これはまったくすばらしい眺めであった。我々は出会ったときに、お互い（喜んで）抱擁した。

◆　◆　◆

第14戦車師団の戦闘団、ラングカイト戦闘団は、ロッソショファトカを再び奪還した。これは2日間の中で、2回目となった。しかしこれは無意味だった。第29親衛戦車軍団と、新たに戦闘に加入した第18親衛戦車軍団の、ソ連戦車と歩兵は、ドイツ軍の彼らを止めようとする絶望的な努力にもかかわらず、カピタノフカとロッソショファトカの間のかつてなく広がった間隙を通って流れ込み始めた。何ダースもの戦車が撃破されたが、奔流は影響を受けなかった。第14戦車師団史は、この戦闘を以下のように明確にと解説している。

我々（師団）のすべての火器からの砲火の中、容赦なく西に押し出していった。隊列の中の狙撃兵が倒れ、つぎつぎ戦車が炎に包まれて後に置き去られても、何の関係があるのか？ 歩兵

は西に突破した。この戦いに関する別の記述は、第ⅩⅩⅩⅩⅦ軍団司令官のニコラウス・フォン・フォアマンによって提示されたものである。

第11戦車師団第119機甲砲兵連隊第2大隊長ヴァルター・シェッファー＝ケーナート大尉。彼はカピタノフカを通ってうねったソ連軍の奔流を目撃した。（Photo courtesy of Walter Schaefer=Kehnert）

損失を顧みず～まさにその言葉の本当の意味通りに、赤軍の大集団は、全砲門から撃ち続ける第3、第11、そして第14戦車師団の前を、同じく重砲兵砲火の前を通り過ぎて、西に溢れ出ていった。驚くべき、衝撃的な光景であった！（この驚くべき光景には）いかなる比喩も適当でなかった。ダムは決壊した。そして巨大な終わることのない奔流が、平らかな風景に突き進んでいった。そこではわずかな残存する歩兵に取り囲まれた（我々の）戦車が、業火の中の絶壁のように立ちはだかっていた。午後遅くに我々の阻止砲火の中を通って、堅く密集した（敵の）騎兵部隊が西に向かって襲歩していったとき、驚きは、さらにまだ高まった。それは忘れることのできない、信じがたいような衝撃的な光景だった。

◆　◆　◆

コーニェフ元帥は、突破がなされたときロトミストロフの指揮所にいたが、ロトミストロフによるこの機動の統制に感銘を受けた。コーニェフの部下の戦車隊指揮官の自己管理と戦術的慧眼を称賛し、ロトミストロフは「彼の隷下軍団と旅団の行動

◆　◆　◆

ドイツ軍を驚かせたことに、100輛を越えるT-34が彼らの防御陣地を雷鳴とともに通り過ぎていった。第3、第11、そして第14戦車師団の奔流をくい止めようとする試みにもかかわらず、T-34の波はドイツ軍の砲火で何ダースもの戦車を失いつつ、西に向かい続けた。第ⅩⅩⅩⅩⅦ戦車軍団の戦線を回復する計画は遅すぎる結果となった。自身にはたった50輛にも満たない戦車しか持たず、軍団は単に圧倒されたのである。ロトミストロフの大胆な計画は、成功し彼の戦車軍の大部隊

◆　◆　◆

の集団に飾られた装甲車両が次から次へと、終わりのない隊列となって前に押し出され、すぐ後を追ってギャロップ（襲歩）の騎兵部隊が続き、残された抵抗の島の回りに溢れ前進を続けた。

を明瞭に導き、事態を鋭敏に評価し、そして適切な決定をなした」と述べている。

最初にズヴェニゴロドカを奪取するというコーニェフの要望に、ロトミストロフの決定がどの程度影響を受けたかは、わかっていない。もしカピタノフカにおけるロトミストロフの突破が失敗したら、彼の司令官は彼の評価をそんなに穏やかなものとするほど寛大ではなかったろう。コーニェフは、しくじった司令官の交替について偏好があることはよく知られていた。2日前には、彼は第4親衛軍の最初の司令官のリューショフ将軍を、彼の戦区にたいしてドイツ軍陣地の偵察が十分なされなかった～コーニェフの見解では、これはおそらく攻撃当初の前進を遅らせることになるのだろう～かどで解任し、スミルノ将軍に交替させていた。

回廊の突破を防ぐため、コーニェフは第4親衛戦車軍から、いくつかの対戦車旅団とおなじく1個狙撃兵師団を、即座にカピタノフカ地区に派遣するよう命じた。突破した騎兵は、セリボノフの第5騎兵軍団のものだった。彼らの作戦は突破の利用局面に開始され、ロトミストロフの歩兵が不足した部隊の戦力を増強することになっていた。ドイツ軍の目撃者を驚かせたのはこれらの騎兵であった。この日の決定的な突破に関するソ連側の記述のひとつでは、第2ウクライナ方面軍の作戦を救ったのはロトミストロフの大胆さだとしている。加えて、ロトミストロフは第29戦車軍団に、その戦線を南に向けて、ドイツ戦

車師団の攻撃方向に直接垂直に対峙し、リピャンカ線の防衛に従事するよう命令した、ヴォディアノイェ～歩兵軍が追いつくのを待つことなく、前進を続けるよう彼の部隊に命令することによって、ロトミストロフは、ドイツ軍防衛陣のバランスを変えさせ、大規模包囲の条件を作ることができた。この不利なりゆきにもかかわらず、ドイツ軍指揮統制網の一部将校達は、この衝撃をなかなか信じられなかった。南方軍集団の作戦、および情報将校でさえ、まったく逆の報告があるにもかかわらず、まだ赤軍がこのような大規模作戦を行う戦力がなく、事態はすぐに「安定する」と信じていた。この日の戦闘におけるドイツ軍の行動を妨げたのは、シュテンマーマンが1個戦車師団を、フォン・フォアマンが別の師団を、そして第8軍が三番目を直接統制していた事実であった。

状況が最良であってさえ、これはぶざまな指揮構造である。その上、シュテンマーマンは、さらに北で発生した事象により大きくかかわっていた。そこでこの事態は悪化し彼の全注意力をカピタノフカの近傍で起こっている事象に集中することができなくなったのである。その結果、1月27日1800時（午後6時）に、第8軍は従前の指揮統制構造を単純化する命令を発し、新たな構造はより合理的なものとなった。フォン・フォアマンの軍団はすみやかに第14戦車師団を編合し、一時的に第XI軍団の指揮下に置かれ、そして第11戦車師団は第8軍の直接指揮下に置かれた。さらに、フォン・フォアマンの第XXXXVII戦車軍

団は、突破を取り巻く全戦区の責任を引き継いだ。フォン・フォアマンはこの変更を歓迎した。というのもこれは彼の困難な仕事をいくらかは、少なくとも紙の上では容易にしたからである。

翌日、1月28日のために、フォン・フォアマン大将は、別の一連の指示を発した。彼らにはその日の命令とまったく同じく、実行することが困難であることがわかった。彼の軍団は、彼の軍団と第XI軍団の間の、第3戦車師団の左翼から第XI軍団のパルコルスコエに近い南翼との連絡を再び回復し、ソ連軍の補給動脈を（再び）切断し、そしてピサレフカ、カピタノフカ、そしてトゥリヤ取り巻く地域の地歩をまだ確保しているソ連戦車のすべてを撃破するつもりであった。その間も戦闘は続いていた。

ソ連軍戦車のもうひとつの波は、ティノフカを通って吠え、フォン・ヴィーテアシャイムの第11戦車師団の、10キロの長さにおよぶ町の北部で、彼の部隊と連絡を再度確保する別の試みを粉砕した。フォン・ブレーゼ戦闘団との連絡は再び失われた。マアティン・ウンラインの第14戦車師団との、この日ロソシュファトカを再度奪取しようという第2の試みは、夕方に大損害を被って撃退された。彼の師団は14輌のT-34を撃破してきたものの、師団は過去36時間に310名の損害を被り、たった6輌の戦車、および突撃砲しか、稼働状態で残していなかった。フォン・フォアマンに幸運なことには、第26戦車師団第1

大隊の前衛がその集結地域に到着し、翌日に使用できそうなことだった。

大隊はきわどいときに戦場に到着した。第11、第14戦車師団の両者は、この夕方、翌日のロトミストロフの戦車軍を切断する別の攻撃のために再編成することになっていた。ロトミストロフが切断されるかどうかほとんど気にしていないということに、彼らはほとんど気づいていなかった。実際、ロトミストロフの軍の大部分はすでにカピタノフカの西へ通過しており、彼の補給路を啓開するのはいまや彼の後に続く歩兵軍の仕事であった。というのもソ連戦車部隊の将軍は、立ちはだかる3個の戦車師団よりもっと大きな獲物を狙っていたのだ。

彼は、カーニェフ突出部にいると信じられた10万名のドイツ軍を袋のネズミにするつもりであった。彼の先鋒戦車部隊は、彼らの目標であるズヴェニゴロドカからたった数キロしか離れていなかった。数時間で町は彼らのものになる。というのもドイツ軍には、もし彼らが試みようとしても、彼らを停止させるための戦術予備としては、ほとんど何も持っていないようだったからである。偉大なる勝利は、明らかにパーヴェル・ロトミストロフの掌中にあった。

南方でのドラマが展開する一方、北方、第XI軍団戦区の中央の状況は、危機的なまでに悪化した。この日は、第72歩兵師団が、時宜を得た命令で「弦」陣地に後退し始めたことで、十分希望の持てる状況で始まった。この移動は、その右翼でイェカテリ

ノフカの近くで第389歩兵師団の戦闘団との接触を維持して、一貫した戦線を維持することを可能にした。しかし、0820時（午前8時20分）までに第21親衛狙撃兵軍団（第31、そして第375狙撃兵師団、および第69親衛狙撃兵師団）の部隊による南および南西からの新たな攻撃により、第389歩兵師団の中央部はパストルスコエに押し戻された。突破を防ぐために、第57歩兵師団が～タシリクの南の集結地域から第389歩兵師団の右翼を引き継ぐために移動の準備をしていた～マケイェフカを通ってパストルスコエに向けて戦闘準備の整った分遣隊として派遣された。

同時に、第72歩兵師団は、その新しく占めた右翼の陣地にたいして、多数の断固として統べられたソ連軍が攻撃を仕掛けたことを報告した。パストルスコエの反撃は、敵の1個大隊がセルドエコフカの鉄道駅の近くで、リカアド・ケストナーの第105擲弾兵連隊の保持する第72歩兵師団の右翼を突破しタシリクに向かって進んだときに、事態は劇的に悪化した。4輌の戦車を伴う別の敵大隊～ほぼまちがいなく第7空挺師団のものであろう～が、クラスニィ・チュートルの村の北東3キロを突破し、イェカテリノフカに向かって進んだ。

ケストナーの連隊は、間に合うように素早く対応しなければ、背後から攻撃されてしまう。北に隣接していたストラトホフ大尉の率いる第266擲弾兵連隊による、2㎝自走対空砲1輌と

7.5㎝対戦車砲（Pak40）1門を使用した反撃が即座に遂行された。短切な戦闘の後、敵は撃退された。タシリクにたいする敵の攻撃は、鉄道線路に達したところで不可解にも停止された。パストルスコエの近くの別の大隊規模の敵部隊も第57歩兵師団の発動した反撃によって撃退され、村の北の大きな森の中で降伏した。

これは、オランダの少年が自分の指とつま先で、崩れようとしている堤防に栓をしようとした有名な話を思い出させる光景であった［註：オランダを救う少年の勇気と忍耐を示す寓話。オランダはほとんど海面レベルの低地にあり、その堤防にはいろいろバリエーションがあるが、要約すると偶然堤防の破れを見つけたハンス（ピーターとも）少年は、自分の腕（指とも）をつっこんで堤防の穴を塞ぎ、村人に発見されるまで一晩中耐え抜いたという。それが事実かどうかは不明であるが、オランダのスパルダムには少年の銅像があるらしい］。1ヵ所のソ連軍の突破が解決されるやいなや、数キロ北か南で別の突破が発生する。この地域のドイツ軍の3個の歩兵師団は、単にどこも同時に配員するだけの十分な兵員を有していなかったのだ。この午後1430時（午後2時30分）に、別の大隊規模の部隊がクラスニィ・チュートルを突破したが、第57歩兵師団によって発動された反撃によって撃退された。1700時（午後5時）までに、第72歩兵師団にたいする3回の大規模な攻撃が報告され、その

戦線はセルドエコフカの鉄道駅とクラスニィ・チュートルとの間で再び突破された。間隙はほぼ6キロの幅で、広く口を開けた。これまで確認されていなかったソ連軍部隊、第72、第57、そして第389歩兵師団が、この地域で探知された。第72、第57、そして第389歩兵師団が、遅すぎないうちに、「ハムスター陣地」に後退すべきときが来たのだ。1740時（午後5時40分）にシュテンマーマンはシュピーゲルを呼び出し、シュピーゲルに彼の部隊を即座に後退させる許可を与えるよう懇請した。シュピーゲルは、彼はすでに南方軍集団にそうするよう許可を要請し、その返答を待っていると言って難色を示した。

シュピーゲルは、実際そうしていた。第XI軍団長との会話の1時間後、シュピーゲルは再びブッセと接触し、現在の戦術状況を知らせ、ブッセに彼が「ハムスター陣地」への撤退命令を出さざるを得ないと話した。ブッセは事態の重大性は理解したが、撤退を承認できないと話した。彼はいまや2日前の、固守して第1戦車軍から1個戦車軍団が抽出されるのを待っていう、フォン・マンシュタイン元帥の指示にしたがって行動していた。ブッセは敵は報告されているほど強力ではあり得ず、そしてその機甲部隊はおそらくいままでにそのほとんどが撃破されたと述べた。彼は少数の敵部隊が「チューチュー鳴く」だろうが、いかなる部隊をも心配するには及ばないと言って結んだ。それゆえ、第8軍の軍団、師団は断固固守し他の軍団が到着するまで単にじっとしているべきであった。ブッセはその後、同じ話を、第1戦車軍司令部でヴェンクにも話した。

驚いたことに、「ハムスター陣地」への後退許可は20分後にブッセによって認められた。この要請は何時間か前にラシュテンブルクのフォン・マンシュタインにまで伝えられ、彼ははっきりとヒットラーの同意を得たのである。シュピーゲルは、シュテンマーマンの参謀長のゲドケに知らせ、第XI軍団は適当に思える陣地に後退することができた。これは、とくにヘアマン・ホーンの第72歩兵師団にとって、1分たりとも早すぎることはなかったのだ。日暮れまでに、ソ連軍は最終的にケストナーの第105擲弾兵連隊の戦線を突破した。ジーゲルの第266擲弾兵連隊による、最後の瞬間の救援攻撃が、ソ連軍の側面を衝き、再びこの日を救った。夜が更けると、ドイツ軍歩兵は彼らの新陣地に後退したが、敵は近接して追従した。

混乱がすべてを支配した。ジーゲルの連隊の一部は、戦闘工兵が過早にパパフカの村の近くの橋を爆破したため立ち往生してしまった。小川は全面が凍っていた。しかし部隊は人員、まして対戦車砲や軽歩兵砲を牽引した車両を支えるには、薄すぎると考えた。ともかく彼らは乗り出すよりほかなかった。氷はもったのである。闇のうちに、両方の連隊のいくつかの部隊は、おたがいごっちゃになった。再補給することは、まったくもって困難であった。というのも重用路の道路標識にはなんの方向指示表示もなかったからである。さらに悪いことに、ジーゲルの連隊は、右翼で

ケストナーの連隊との接触を失った。しかし少なくとも彼らは、いくらかの防護を与えてくれる、あるいは彼らがそう信じた陣地に後退することができた。翌日、師団は第389歩兵師団、および第57歩兵師団との接触を再度確保することを期待して、完全な師団規模の反撃を発動し、事態を有利に回復することになった。

その間、北部では、「ヴィーキング」と「ヴァローン」旅団の大部隊が、まだドニエプルとオルシャンカ川、そしてイルディン湿地に沿った彼らの旧陣地に展開していた。ここでは3日前の攻勢開始以来、たまさかの敵パトロール以外何も起きなかった。第57歩兵師団との交替さえ、なんの問題もなく進められた。「ヴィーキング」機甲集団を除く、これら2つの強力な旅団は～南部で戦っている師団の大きな助けになったはずだが～、大きな宣伝効果があるものの、実際の軍事的価値はほとんどない、前線の部分を保持するように選ばれていたため釘付けにされていた。当時、「ヴァローン」旅団のSS大尉として勤務していたレオン・デグレールは、次のように述べている。

突撃旅団「ヴァローン」は、最も東に配置されており、最初の数日間の最悪の敵の打撃から逃れた。予想通り、敵はケッセルの南と西に攻撃を集中した…オルシャンカおよびドニエプルでは、赤軍攻勢はまだ無線の中の話だった。我々の前線のちょうど反対側に据え付けられた強力な送信機は、毎日蜜のように甘いフランス語でプロパガンダをばらまいた。パリジャンアクセントの放送者は、親切にも我々の情況を伝えた。その後、彼は我々を、スターリン体制の最大の友人と吹聴し、センチメンタルなおばちゃんのように、白いハンカチを手にしてやってくるよう我々を誘って誘惑しようとした。

◆　◆　◆

比較的に活動的でない時期はすぐに終わりを向かえ、南部で荒れ狂う戦闘が北部にも広がり、最終的に彼らもまた飲み込まれるのであった。

1月27日を通じて、第8軍とその軍団は、西100キロで起こった展開中の災厄の詳細について、第1戦車軍から報告を受け続けた。まるで彼ら自身の戦区の危機に対処しなければならないだけでは不十分だといわばかりに、ヴォーラーの部隊はいまや後方からもまた攻撃されることを心配しなければならなかった。大惨事ではあるものの、この事態は戦闘のこの段階では、まずは軍と軍団参謀の関心事であった。戦闘部隊は、別のソ連軍の攻撃に対処する準備であるとか、あるいは失った地歩を再度獲得する反撃の計画とか、さらに切迫した関心事があった。

兵卒が後退を続けるにつれて、彼らは何度も何度も凍った地上に戦闘陣地を急ぎ掘ることを強いられた。この地獄のような

環境で生き抜くことは、平均的な兵士にとって大きすぎる挑戦であった。日中は戦い、夜間は撤退し新しいタコツボ用の穴を掘ることは、急速にドイツ軍の戦闘力と士気を掘り崩していった。彼らがとる眠りといえば、攻撃の合間になんとかとれるまさかのうたたねだけであった。しかし、ほとんどの者はのっぴきならぬはめに陥るとは感づいていなかった。それは後に訪れることになる。

情況は平均的なソ連軍前線兵士にとって、とても良いとはいえないものであった。おそらく少し悪いくらいだったろう。ほとんどのソ連軍司令官にとって、部下の生活条件は、関心事のリストの中で、けっして高い順位ではなかった。負傷者の処置は、赤軍の医療役務は戦争を通じていくらかは進歩したものの、良くても初歩的であった。十分、積極的に突撃しなかった、あるいは後方でぐずぐずしていた兵士はすべて、彼らの指揮官か隊付の政治将校から、頭の後ろから弾丸を撃ちこまれることが予想できた。彼らは昼も夜もほとんど休みもなく攻撃に駆り立てられた。いわゆる現地招集のウクライナ人は、初歩の訓練さえなく急いで軍務を押し付けられ、情況はもっとひどかった。

彼らはロシア人の同胞の多くからは利敵協力者、あるいはまさに少なくとも、祖国を守る愛国的な任務の責任を逃れた者達と考えられ、めいっぱい無慈悲に戦闘に駆り集められた。これらの部隊の多くは、ドイツ軍の小火器、および砲兵～これらは戦闘のこの段階ではまだ効率的に機能していた～によって、身

の毛もよだつような損害を被った。加えて、天候は日中は暖かくなり始めた。肥沃な黒いウクライナの土壌、チェルノゼム【註：チェルノゼムとは、いわゆるウクライナの黒土のことである。温帯、冷温帯の半湿潤ステップ（草原）気候帯に発達する成帯性土壌である。黒色で石灰と結合した腐植の有機物を大量に含むA層と、炭酸石灰沈積物を含むC層から成る。弱アルカリ性。肥沃な土壌で農耕に適している】は、まだ下の方は凍っていたが、日中は上層がべたべたぐちゃぐちゃになり、ブーツや被服にくっついた。夕方に、部隊が彼らの急造陣地につくと、気温は零下に下がり、彼らの濡れた衣服を体の上に凍りつかせた。火は、ドイツ軍斥候、あるいは砲兵射撃の注意をひかないために、もちろん、禁じられた。しかし、ソ連兵士には、ドイツ軍とは違った、有利な点がひとつあった～彼らはいまや勝利しつつあり、1943年7月以来着実な成果を挙げつつあることを知っていた。そして彼らの背後にある一連の成功によって、第1、第2ウクライナ方面軍の両部隊は、彼らの優位にますます自信を持つようになっていった。

1月27／28日の夜中、戦闘は衰えることなく続いた。第72歩兵師団の「ハムスター陣地」への後退は、多くの箇所でソ連軍の盛んな圧力を受けたが、師団は完全なまま後退した。フリッツ・クルーゼのより弱体な第389歩兵師団は、イェカテリノフカの西で戦っていたが、第72歩兵師団と接する、北翼にたいする何回もの敵の攻撃を成功裏に撃退した。オシュトニアジュ

カでの戦闘は続いたが、ドイツ軍は町の北西端を保持し続けた。「ヴィーキング」のキョーラー機甲戦闘団は、そこの守備兵の支援に釘付けとなり、この日の反撃に参加できなかった。ティノフカはまた、両者とも優勢となることなく、夕方中争われた。第11、第14戦車師団の両者は、彼らの防御陣地に侵入しようとする無数のソ連軍車両の交通を遮断したが、大規模な戦闘なしに追い出された。第XI軍団は、オシュトニアジュカの東から北に移動する重自動車車両の交通を切断していたが、これはおそらく第389、および第72歩兵師団にたいして開始される大規模な攻撃の先触れであったろう。

実際、この日は、それほど有望そうに明けたのに、ドイツ軍の運気は予想外に逆転してしまった。フォン・フォアマン大将の2個戦車師団は、一時的にロトミストロフの戦車軍の大部隊を切断していたが、彼らは人員と装備に甚大な損害を被っていた。ロトミストロフの彼の戦車をもって戦果を拡大させる決断は、いまや歩兵と砲兵に支援された100輌を越える戦車が、ドイツ軍の後方に放たれることとなり、そこには彼らを止めるものは何もなかった。さらに悪いことに、コーニェフの歩兵軍の大部隊はまだ主攻を開始していなかったが、情報によれば、そうした攻撃が差し迫っている兆候が示されていた。

事態を決定的に複雑にしたのは、フォン・マンシュタインと、第1戦車、第8軍の両者の司令官～彼らもまた東プロシャのヒットラーの会議に呼び出されていた～の不在であった。こ

れが参謀長～ブッセ、シュピーデル、そしてヴェンク～によって戦われた、この日の争いにつながった。各々は与えられた情況下で最善を尽くしたが、彼らは情況が必要としていた大きな決定～包囲される前に、突出部から部隊を脱出させる～を命令する権限を持っていなかった。彼らは、ヒットラー～彼は領土をあきらめることを、とくにそこになんらかの政治的意義が付随している場合、ひどく嫌っていた～の決断の間、断固として持ちこたえねばならなかった。

ヒットラーの死守命令の結果は、再び苦い果実を実らせた。ドイツ軍にとって残された唯一の論理的な行動法は、カーニェフ突出部の2個軍団に撤退を許し、南に彼らの隣接部隊と接触を再度確保させることであった。しかしこの要請は、繰り返しヒットラーによって却下された。司令官が感じたいらだちは、ニコラス・フォアマンによって、最も良く要約されている。彼は以下のように述べている。

第8軍の手は縛られていた。ヒットラーの彼自身の手に権限を集中する布告によって、1944年までに軍司令官はほとんど行動の自由を持たないまでになっていた。総統は、戦場、および配置、そして個々の師団の運用を命令した。通信手段の高度な発達によって、いかなる（司令官の決定にたいする）詰問も、東プロシャ（のヒットラーの野戦司令部）からの軍団レベルからさらに小規模な部隊までの干渉も可能となった。

第6章：ダムの決壊

それにもかかわらず、第8軍はその翌日、1月28日に予定された反撃の戦闘で極めて弱体化していたが、翌日の「グロースドイッチュラント」のパンター大隊の投入は、大きな期待を抱かせた。

とくに、計画は1月27日から変化しなかった。3個の前述の戦車師団は彼らの反撃を続け、ソ連軍が本質的に薄い警戒線を引き裂いた穴を塞いだ。多数の砲兵がまだソ連軍が保持していた狭い回廊を、砲撃で穴だらけにした。北部ではハムスター陣地への撤退と、第57歩兵師団による師団規模の反撃で、敵との戦力バランスを崩し、一貫した防衛線を確立することを可能にした。もちろん、ソ連軍に必要な息つく暇を許したことで、協力した面もあった。ともかく、ほとんど100輛近くのソ連戦車が撃破され、何千もの兵士が戦死し、負傷し、あるいは捕虜となったのである。

コーニエフは、もちろん、ドイツ軍の期待にこたえるつもりはなかった。ロトミストロフが西にズヴェニゴロドカの方向に、戦果の拡大を続ける一方、第4親衛、第52、および第53軍は、第8軍の戦線に沿ったドイツ軍の残存防衛線を破砕し、包囲の内側の環を形成するための全力で攻撃を発動することになっていた。この攻撃に参加する一番南の軍は、第53軍であっ

◆
◆
◆

たが、彼らはロトミストロフの戦車軍の開放された左翼を防護するために南西に向かって攻撃することになっていた。ドイツ軍は、まだ第2ウクライナ方面軍の攻撃の完全なる矛先を感じていなかったが、すぐにその機会が訪れることになる。

この攻撃が準備されている間に、ラザレフの戦車軍は、1月27/28日の夕方中彼の疲弊した旅団と大隊を押し出し、ズヴェニゴロドカに向かって攻撃を続けた。彼はどこかで、西から攻撃するクラウチェンコの第6軍と、接触することを希望した。運がよければ、ロトミストロフの先鋒は、ラザレフは最初にそこに到着しそうだった。ソ連のコルスン-シェフチェンコフスキー作戦は、その長く望まれた目標、すなわちカーニェフ突出部を占めた全ドイツ軍〜彼らは軍事的に無価値な土地を受動的に保持していることに満足しているように見えた〜の包囲に近づきつつあるように見えた。勝利は手の届くところにあった〜たった数キロ進めば良いのだ！ソ連軍にとって不運にも、南方軍集団司令官は彼の司令部に戻り、ドニエプル岸に沿って第2のスターリングラードの生起を許さぬよう取り掛かり始めたのだ。このとき、両者は東部戦線で戦われた最大級の戦闘に従事しようとしていた。

第7章 ズヴェニゴロドカで罠は閉じられた

「前進、戦友よ！我々は退却しなければならない！」

ゲアハアト・マイヤー、第88歩兵師団

1944年1月28日、金曜日の朝は氷点下の気温で明け、吹雪が荒れ狂った。ロシアでのまた新たな、くそったれな日であると多くの兵卒が思ったに違いない。第XI、および第XXXII軍団の部隊にとって、この日はまるまる3週間続く悪夢の先触れとなった。第1、第2ウクライナ方面軍の兵士にとって、彼らの努力は困難ではあるが、最終的な勝利に終わるのである。しかしこれらの3週間は、両側の戦闘員が、彼らがかつて経験した最も激しい戦闘～戦争中、その原始的なまでの残忍さ、野蛮さですでに有名であった～のひとつを目撃することになるで終わらないのであった。

この日、最初に動いたのはソ連軍であった。フォン・フォアマンの3個戦車師団がソ連軍の矛先をにぶらせるための彼らの攻撃を再興する準備を整えている間に、0800時（午前8時）、戦車の支援を受けたソ連軍歩兵の波が、ライメンテロフカとロッソショファトカの間の、第14戦車師団の右翼、第3戦車師団の左翼に襲いかかった。第3戦車師団の戦車連隊は、ケーニッヒ大尉の率いるその第8戦車連隊第II大隊をもって反撃し、1000時（午前10時）までに7輌のソ連戦車を撃

破することに成功した。ケーニッヒの前進は、彼の戦車が強力な対戦車砲の阻止網に直面し停止させられた。少なくとも彼と彼の部隊は、一時的にではあるが、彼の師団の左翼にたいする脅威を取り除いた。ただし、この日計画された攻撃を続ける見込みは暗く見えた。加えてさらなるソ連軍部隊がティシュコフカに入り込み、その偵察大隊と工兵大隊が村の北部で切断されていた第11戦車師団と接触することを実質的に不可能にした。この日はすでに不吉なうちに始まった。

しかし、長く待たれた「グロースドイッチュラント」のパンター大隊の到着～彼らは前夜、ヴィーターシャイムの師団に合流していた～により、薄ぼんやりとした希望もあった。大隊はこの朝、北東に移動し、ピサレフカを経由してオシュトニアジュカに向かって攻撃した。他所では、第XI軍団の情況は混沌としていた。前日切断されていたフォン・ブレーゼの第108機甲擲弾兵連隊は、第389歩兵師団との連絡を確保し、再び食料、燃料、そして弾薬を補給された。北部では、第57歩兵師団が、シュテンマーマンによって、南への攻撃を一時中止し、パストルスコエの近くの間隙を数時間のうちに閉鎖するよう命令を受けた。

その3個連隊のうちの2個は、前日各種の小規模な反撃に参加しており、師団は攻撃を開始する前にその部隊を再編成する時間が必要であった。

第72歩兵師団は「ハムスター陣地」に後退し、その第124擲弾兵連隊を、解放して師団の予備となるよう、スメラの「ネズミ捕り」から引き抜いていた。そうしながら、連隊長は、西に隣接したゲルマニア連隊に、彼らが撤退中と話すのを怠った。このことはまた、フリッツ・エーラス中佐の率いるゲルマニア連隊を、その右翼を急速に前進した第294狙撃兵師団の部隊による包囲を被るままに放置することになり、彼らは陣地から撤退せざるをえなかった。戦闘が進行するにつれ、こうした協調の欠如はますます普当たり前に起こるようになる。撤退は短い小休止をもたらしただけだった。第72歩兵師団の連隊のすべては、ソ連第78、および第20親衛狙撃兵軍団に近接して追いかけられながら彼らの新しい陣地に入った。どれだけ長く「ハムスター陣地」が持ちこたえられるかは、すでに疑わしくなっていた。

西部では、情況は、それどころか、もっとダイナミックだった。第1戦車軍は事態を極めてはっきりと認識し、攻撃する戦車軍がお互いに連接するのを防ぐことはできないことは明らかだった。この日の戦闘日誌に、ヴェンクは記している。

今日の敵の強力な動きは、明らかにズヴェニゴロドカを目指して、2つの軍団（第Ⅶ、および第ⅩⅩⅩⅡ軍団）の間の突破を狙っていた。敵はあらゆる犠牲を払い、シュポラの方向から前進する（敵の）機甲集団と連絡するという明瞭な意図をもって、2個軍団の間の間隙を通って情け容赦なく攻撃中であった。

◆
◆
◆

バトゥーチンは、まさにそれを意図していた。彼の歩兵軍は第Ⅶ、および第ⅩⅩⅩⅡ軍団の境界間の侵入部の肩を広げるために攻撃を続けた。一方、第6戦車軍はズヴェニゴロドカに向かって急速に前進し、そこにコーニェフの部隊が到着する前に到着した。第27軍は北部で包囲環の西半分を構築すべく攻撃し、一方、同時に小さな細切れに切り刻むために、急速に構成された包囲陣の後方に前進しようとした。隣接する第40軍は南東に攻撃し、クラウチェンコの部隊の開放された右翼をドイツ軍の反撃から防衛するため、南に向いた防衛線を構築する。その可能性は、まだバトゥーチンを憂慮させてはいなかった。ここまでは、彼の東側の情況～そこではコーニェフは3日間にわたって、決然とした戦車に先導された反撃と戦っていた～と異なり、まったくドイツ軍の戦車には出会わなかった。

ここ、ピサレフカの近くでは、穴を掘った「グロースドイッチュラント」の第26戦車連隊第Ⅰ大隊による、町の北東のうねる丘の中に位置した、かなり大きな規模のソ連戦車部隊にたいする、巨大な戦車戦が朝半ばから進行中であった。パンターは、

第905突撃砲大隊と合同して攻撃し、オシュトニアジュカの方向からの別のソ連戦車の攻撃の進路に直接突入した。加うるに、ピサレフカとティシュコフカの両者に配置され、彼らに十字砲火の中を通って攻撃することを強いた、多数のソ連軍対戦車砲は、ドイツ軍にとって難題であった。情況はソ連軍守備兵にとって理想的なものであった。というのも、ドイツ軍はほとんど丘を昇って攻撃せざるをえず、彼らの優れた長射程戦車砲を活用することができなかった。1100時（午前11時）までに、パンター大隊は12輌のT－34を撃破したが、自身の戦車15輌を破壊された。大隊長のグラスゲン少佐は、ユセフウカの近

第14戦車師団第108機甲擲弾兵連隊の失われた
戦闘団長を勤めた、ハンス・フォン・ブレーゼ少佐。
(Photo：Horst Schebert)

くで、乗車の砲塔に直立しているときに致命傷を負った。彼自身は経験ある指揮官であったが、彼の部隊の戦火の洗礼は高い代価を招いた。

再びドイツ軍の反撃は、ソ連軍の攻撃に巻き込まれて前日同様に立ち往生した。パンター大隊がピサレフカの近くで、新たな攻撃を受けている間に、第3戦車師団はライメントロフカで戦っている間に、第3戦車師団はライメントロフカで戦っている間に、第3戦車師団はその左翼をさらに後退させざるを得ず、ほとんど包囲されてしまった。事態は、攻撃して来た14輌のT－34のうちの9輌が撃破された後に旧に復した。しかし師団はいまや、その左翼の第14戦車師団との接触を失った。この師団は、砲兵によって強力に支援された、第25、および第66親衛狙撃兵師団の攻撃部隊と盛んに交戦していた。彼らの目標は明らかに、侵入地域の拡大であった。第14戦車師団の戦史家は、部隊はソ連戦車と戦うよりもこの情況をより好んだと述べている。少なくともドイツ軍は、歩兵の突撃にたいしては、耐え抜くことができた。敵が停止し防御陣地を作り始めればもっと望ましい。絶え間のない3日間の戦闘の後、ウンラインの師団の人員は激しい損害を被り、疲れ果ててしまった。フォン・フォアマンの師団のすべても、ほとんど同じ情況だった。彼らが砕け散る前に、どれだけ長く持ちこたえることができるのだろうか？

この日、第XXXXⅦ戦車軍団にはほんの休みはなかった。オシュトニアジュカに残存するドイツ軍陣地にたいする連隊規模の攻撃と、同じくティシュコフカで包囲された戦闘団にたいしても

第7章：ズヴェニゴロドカで罠は閉じられた

新たな攻撃が報告された。強力な敵部隊が断固としてカピタノフカを守っていた。第11、第14戦車師団の両者とも、各々が300名に満たない戦闘部隊しか持たないようになるほどの、甚大な損害を被った。これら不利な成り行きにもかかわらず、ロトミストロフの軍の補給路は、再び切断された。ソ連軍の戦闘後報告書の言葉では、「戦闘中、カピタノフカ、ティシュコフカ、ジューラフカ、そしてトゥリヤの人口の多い地域では、何度も持ち主が変わり、戦車軍への弾薬、燃料の補給を困難にした」となっている。ジューコフでさえ、後にドイツ軍は堅く抵抗を続け「砲火によって攻撃をくい止め反撃した」と述べている。

シュテンマーマンの軍団もまた、ひどい目に会った。ソ連軍歩兵大隊による、セルドジューコフカの鉄道駅の第72歩兵師団陣地への朝半ばの攻撃は、激しい戦闘の後に撃退された。ポポフカとテルノフカの村の近くでもまた、戦闘が報告された。第266擲弾兵連隊は、ポポフカの住民がドイツ軍占領部隊に向かって来たという驚くべき報告をした。みつまたや大釜を使って、女も男も両者とも道端で兵士に襲いかかったため、彼らは撃ち返さざるを得なかった。素朴な農民でさえ、雰囲気の変化を感じ始めていた。砲火の響きを聞き、ドイツ軍の撤退を見、そして明らかな結論を導き出した～赤軍がやって来る。後にとても慈悲深くなどない政治将校から、後で利敵協力者というレッテルを張られるより、いま攻撃する方がよっぽどよい。この日、テルノフカとタシュリクでも、市民もまたドイツ軍に反抗して蜂起したことが報告された。ドイツ人の、陽気で無害で素朴な農民という「イワン（ロシア人）」のイメージは、消え去る過程にあった。総力戦がウクライナにも戻って来た。

朝遅く、トロヴィツの第57歩兵師団による、パストロスコエとボグダノフカの間の戦線を回復する長く遅れていた反撃が、ついに開始された。反撃は昼までには、ほとんど成功するとこるであったが、師団の兵士は数多くのソ連軍の反撃によって撃退された。同時に、第57歩兵師団の残余がパストロスコエの北で、南に反撃し第389歩兵師団との接触を試みたが、その経路にあったソ連軍守備兵は彼らが遠くまで進むことを阻止した。オシュトニアジュカからカピタノフカの北東外縁～そこでフォン・ブレーゼの部隊と連絡していた～まで走る薄い戦区をまだ保持していた、第389歩兵師団の他の部分は、午後半ばにいくつかのソ連軍歩兵の攻撃を撃退したことを報告した。

これらの部隊は、明らかに師団の右翼を迂回し後方に入り込もうとしていたが、フォン・ブレーゼの部隊に阻止された。彼らは敵に大損害を被らせた。フォン・ブレーゼの戦闘団は、その戦力はせいぜい増強大隊程度であったが、彼の部隊はすでに、その指揮官の際立ったリーダーシップの質によって本当の名声、反響を得ていた。ハインツ・ヴィットコウ・フォン・ブレーゼ＝ヴィニアリィ少佐は、1914年1月13日にドレスデンで生まれ、1936年に少尉に任官した。彼はポーランドで戦い、

フランスの戦いでは、オルレアン近郊でのロアール川の渡河中の彼の中隊におけるリーダーシップにたいし、第一級鉄十字章を授与された。ソ連侵攻中、フォン・ブレーゼは第14戦車師団に勤務中初めて（東部戦線で戦争中受けた9回のうちの1回）負傷し、スターリング戦役中のその場しのぎの戦闘団におけるリーダーシップにたいして騎士十字章を授与された。

1943年春、彼は新たに再編された第108機甲擲弾兵連隊（オリジナルはスターリングラードで撃破された）の司令官に任命され、ロシアへの帰還にあたって～1943年秋にドニエプルへの後退に間に合って～部隊を大いに役立つ非常に高い水準にまで鍛え上げたのである。

フォン・ブレーゼは、部下からはたいへん好かれ、ドイツ軍将校団の称賛に値する資質～頑健、勇気、機知、そして部下の兵士にたいする配慮～のすべての典型であった。彼に関する記事によれば、「ハインツ・フォン・ブレーゼを見ると、彼の貴族としての生まれを反映した、洗練されたふるまいの柔らかなものごしの人物であることがわかる。しかし戦闘指揮官としては、沈着冷静に決定的な行動（を始め）、肯定的な結果を得る」。

フォン・ブレーゼの部隊は、過去数日間果断に戦い続けたが、少なくとも2回、母部隊の第14戦車師団と切断され、彼の東の隣接部隊、フリッツ・クルーゼ中将の第389歩兵師団から補給をもらわざるを得なかった。燃料および弾薬は、この日にも不足し始めた。というのもわずかに生き残った補給路は、ソ連

軍が西に戦い進むにつれて、ますます延びていったからである。彼の戦闘団はこの日を最後に再び切断され、この時点から先は被包囲部隊の一部となった。母師団から切断されたにもかかわらず、フォン・ブレーゼと彼の部下は、ドイツ軍の防衛努力に貢献し続けた。彼らは、装甲兵員輸送車を装備した歩兵大隊と3、4輌の戦車を有しており、まだまだ強力な部隊であった。

フォン・ブレーゼ戦闘団が、「ヴィーキング」機甲戦闘団以外の、第XI軍団隷下の唯一他の機甲部隊であった。両者はこの日のドイツ軍の反撃に参加することになっていたが、いまや敵の圧力のため不可能であった。キョーラーの「ヴィーキング」機甲戦闘団は、オシュトニアジュカからの反撃を支援することになっていたが、シュテンマーマンの命令で前線から引き抜かれ、北に移動して、スメラの南西でヘアマン・ホーンの第72歩兵師団に加えられた圧力を軽減するための反撃に投入された。

ここで、ジーゲルの部隊はポポフカから放り出され、グニロイ・タシュリク川の西岸に投げ飛ばされたが、第62親衛狙撃兵師団は、この川を素早く渡った。ボアク中尉の中隊による反撃は強力な抵抗に会い、どこも獲得できなかった。第266擲弾兵連隊第II大隊長クリューバー少佐が反撃を率い、これはかろうじてではあるが成功した。大隊に唯一残っていた2cm自走対空砲が別の戦区に引き抜かれると、部隊は再び放り出された。ある目撃者の言葉によれば、「イワンがそこら中にいた…困難な日だった」。戦闘はジーゲルの将校団に重い付けを支払わせ

た。この日、クリューバーを含めて6名が負傷した。ドイツ国防軍では、将校は前線から指揮する。良い将校であればあるほど、彼が戦死するか負傷する機会は大きくなるのである。

第52、および第4親衛軍が急所深く圧力を加えるにつれ、事態はまるまる1日このように進んでいった。西部では、第Ⅺ軍団守備兵は、ソ連軍の突撃の重圧で単に押し潰された。第Ⅶ、および第ⅩⅩⅫ軍団も楽な思いをしていなかった。ここでは、2個軍団の間隙は、1時間1時間とときを経るごとに大きく広がっていった。クラウチェンコの軍がズヴェニゴロドカの近くでロトミストロフとの接触に向かって疾走するにつれ、第27軍は第88歩兵師団の左翼を北に向かって押し戻し始め、一方、第40軍は第198歩兵師団の右翼を後方にたたわせ始めた。ここでは、ドイツ軍部隊の密度の薄さと戦車の不足が、攻撃するソ連軍に有利にものを言い始めた。彼らは明らかに、攻撃したいする作戦縦深を獲得し始めていた。

両ドイツ軍師団は退却していたけれども、彼らは少なくとも～何度かかなり緊張した場面もあったものの～彼らの前線戦区の統一性を維持した。第198歩兵師団の師団史では、この日の行動をこのように記述している。

敵は…1月28日、（我が師団）戦区に含まれる全部隊をもって、冷酷に攻撃した。早朝、そこでは大きな戦闘騒音が響いた。

師団はその全戦線にわたって敵戦車（おそらく第5機械化軍

団のもの）によって攻撃された。（前線の）連続性は、ばらばらに擦り切れた。小さな師団の切れ端は、終始戦いつつ南西に後退した。敵の攻撃開始の少し後、およそ20輌の敵戦車が、第326擲弾兵連隊～彼らはその前の陣地から引き抜かれたばかりだった～の後方になんとか入り込もうとしていた…連隊参謀はカメニィ・ブラド（の町）に配置されており、突破し（連隊の）残存部隊をブシャンカに集結させようとしていた…逃れる唯一の方法はヤブロノフカの高地に達し、そこから師団との連絡を再び確保することを狙うことであった。

◆　◆　◆

連隊が突破できる唯一の方法は、戦車～その間にカメニィ・ブラドに侵入していた～と、ソ連第136、および第167狙撃兵師団の部隊～彼らは数週間前からそこで包囲されていた～がまだ占拠していた森の間に横たわる沼地を通ることであった。午後半ばには吹雪となり、ドイツ軍に絶対的に必要な遮蔽物を与えてくれた。沼は完全には凍ってはおらず、部隊の車両の前進を遅らせ、連隊の後衛が5輌のソ連軍戦車に追いつかれる結果となった。彼らは包囲された部隊と連絡するために、明らかにブシャンカの町に向かって進んでいた。

すぐに後衛との戦闘になり、彼らは先頭のソ連戦車を撃破した。残りの4輌は引き返し、東に進んで行くのが見られた。幸

運にも、集団がヤブレノフカに到着したとき、そこはまだ第34歩兵師団の野戦補充大隊によって保持されていた。失われたもののすべては連隊の第Ⅱ大隊で彼らは3日後に回り道の行軍をしたのちに、やっとたどり着いた。すべての部隊が、これほどすぐに戻れたわけではなかった。いくつかの落伍した集団は、彼らの中隊、および大隊に合流するまでに、何日もソ連軍の戦線の背後を移動した。そして第305擲弾兵連隊のハインリッヒ・レントシューラーのように、多くが捕虜になった。

レントシューラーは、連隊の歩兵砲中隊に配属され、砲員を勤めていたが、大慌てでソ連軍戦車と戦い、彼の砲は直撃弾を受けた。彼と彼の戦友が逃げようとしたとき、彼らは突然一群の戦車に迂回して追い越された。ハッチに立ち上がった一人の戦車長が「ルーキ、ベルーチ！ ダワイ、ナサード！（手を上げろ！ 後ろに行け！）」と大声で叫び、そのまま移動していった。レントシューラーと彼の戦友は、ライフルを握りしめたまま、そこに立っていた。ソ連軍の歩兵は視界にはまったく見えなかった。すぐに友軍の戦線にたどり着くことを決意すると、彼らは森の中の小道を目指して進んで行った。しかし彼らは見つかってしまった。森の中から弾丸が流れ出し始め、何人かが負傷した。彼の部隊は小集団に分かれ、敵戦線を潜り抜けることにした。レントシューラーは6人で隊列を組み、西を目指した。

途中、雪が降り始め、レントシューラーは方向感覚を失った。何時間かよろめきうろついた後、彼らは前に越えた道路沿いにいることに気が付いた。長いトラック、砲、そして戦車の列がそれに沿って東に進んでいった。彼らは間違いなくドイツ軍ではなかった。レントシューラーにはすぐにわかった。発見されることを避けるため、ドイツ兵は道路の脇に沿って伏せ、彼らの白い冬季用ジャケットで偽装した。レントシューラーは発見されないままでいることを願った。夜が更けると、彼らは自分の足跡をもう一度たどって、再び脱出を試みた。彼らを見つけた民間兵が彼らの方向を指し示すのが見えた。突然、近くの野原のソ連兵が彼らの方向を指し示すのが見えた。彼らはドイツ兵の小集団に発砲し始めた。

一人の兵士が命中弾を受けた。歩兵の大集団が、腰だめで撃ちながら、彼らに向かって走ってくるのが見えた。ドイツ兵のひとりが～軍医であったが～捕虜になるのを免れるために自分の頭を撃ち抜いた。逃れることができなかったため、レントシューラーと他の生き残りは降伏した。ソ連兵は彼らを取り囲み、素早く彼らのポケットを漁った。彼らはドイツ兵の冬季用ジャケットを剥ぎ取り、ウールの軍服とブーツだけで放置した。この侮辱の後、すぐに殴打と尋問が続いた。流暢なドイツ語を話すソ連軍将校は、彼の師団に関する正確な情報を求めた。

3日間、レントシューラーと他の2人の戦友は、前線近くに留められた。彼らが最終的に後方に行進し始めたとき、彼らはまだ同じ射撃位置におかれている彼らの歩兵砲の脇を通った。彼らが町を通り抜けたとき、住民が出て来て、彼らを「我々をドイツ兵ではなく、にわとり泥棒のように」嘲った。数日後、

彼と彼の友人は大規模な集結地点に到着し、そこで彼らの頭を剃られた。最終的に彼らは前線のはるかかなた、炭鉱で労働させられた。レントシューラーは生き残り、戦後何年かしてドイツに戻った。彼はこの戦闘中に捕虜になった多くのうちの最初の者のひとりであった。

北部では、第88歩兵師団戦区の状況は、第198歩兵師団とまったく同様に重大だった。B軍団支隊がその本来の陣地で実質的に苦しめられずに布陣する一方で、グラーフ・リッテベルクの部隊は、とくに師団の右翼に沿って、後退を強いられた。そこでは、彼の部隊はロス川の北岸に引き上げられ、G・O・リャスキン将軍の第337狙撃兵師団の攻撃にたいして町を守ろうとして戦っていた。左翼はさらに数キロ東に、川に沿って広がっていたが、そこでは前線はステブレフの鍵となる町の外縁の前で、消えうせていた。ステブレフとリュシャンカの町に布陣した第198歩兵師団との間には、いくつかの訓練、補給部隊の他にはほとんど何もなかった。カーニェフ突出部にいる部隊へのの補給の中軸となるコルスンの町への経路は、それを使用しようとするものすべてに開かれていた。そして、リャンスキンの第337、同じくS・P・メルクロフ将軍の第180狙撃兵師団は、そこを獲得することを極めて強く欲していた。というのも彼ら司令官は、もしコルスンが陥ちれば、ドイツ軍は降伏する以外に選択の余地がないことを知っていたのである。突出部の東部と西部の翼側で戦闘が荒れ狂っている間に、第5親衛戦車、および第6戦車軍の戦車は、ズヴェニゴロドカに向かって競走していた。ドイツ軍はすべての部隊が戦闘に釘付けされており、いまや不可避的に起こることを空しく見守る予備は残されておらず、彼らを停止させる予備は残されていなかった。第8軍は、この日朝早く以来、第XI軍団からロトミストロフの部隊を前進する詳述する報告を受け取っていた。0700時（7時ちょうど）、3輛の戦車が、ズヴェニゴロドカの東わずか45キロのトピルノで報告された。3時間後、10輛の戦車が、22キロ離れたカザツコイエの町で

第2ウクライナ方面軍の第6戦車軍との連接のため、ズヴェニゴロドカに近づく第20親衛戦車旅団第155戦車大隊のT-34。〔註：鈴なりのタンクデサントで判別しがたいが、いわゆる1942年型のようだ。後方の兵士がよく目立つ、ドラム弾倉のPPSh短機関銃を掲げているのがわかる〕（Photo courtesey of Battle of Korsun-Shevchenkvsky Museum,Ukraine）

報告された。シュポラのドイツ軍とのすべての接触は失われた。

1500時（午後3時）、ドイツ軍補給部隊は、ズヴェニゴロドカのたった10キロ東のバガチェフカの近くで戦闘が報告された後、南に回り道を強いられたと報告した。1630時（午後4時30分）、第XI軍団後方支援部隊の指揮官は、15輌のソ連戦車が町にあり、戦闘は進行中で、地区防衛司令官は戦死したと報告した。彼は「町にはもはやいかなる部隊も我々は持たない」とまで報告している。最終的に、1800時（午後6時）に、第XI軍団は、南部との接触がズヴェニゴロドカで切断されたと報告した。60,000名のドイツ軍部隊と外国人軍属が、いまや包囲された。シュテンマーマンは第8軍参謀長に、補給はすでに不足し始め、すぐに空中補給が必要だと知らせた。

I・プローシン中佐指揮下の第155戦車旅団は、この日ズ

第5親衛戦車軍第20戦車軍団第155戦車旅団長のI.プローシン中佐。彼の配下の戦車が、最初にズヴェニゴロドカに到達した。(Photo courtesey of Museum of the Battle of Korsun-Shevchenkvsky)

ヴェニゴロドカに向かって進む、ロトミストロフの先鋒を勤めた。プローシンは前日に旅団が突破して以来、彼の部隊を昼夜を分かたずしゃにむに突進させた。彼は一時的に切断されていることを知っていたが、進み続け、ただ燃料補給に十分なだけ彼の隊列を停止させた。その後、西方への前進が続けられるにつれ、彼のT-34が対峙した少数の道路障害物を突破するにつれ、ドイツ軍の抵抗は、素早く粉砕された。彼が直面したドイツ軍の旅団の後方に近接して、第8戦車旅団を含む第20戦車軍団の本体がやって来た。ロトミストロフはコーニェフに、作戦は達成されたが、包囲は「ところどころ薄く」、そこではドイツ軍は包囲陣から脱出することも侵入することも試み得ると報告した。

プローシンの旅団が西方に進撃するにつれ、クラウチェンコの部隊は、彼らに出会うために先を急いでいた。彼の先鋒、M・I・サベリエフ将軍の率いる第233戦車旅団は、午後遅くズヴェニゴロドカの北外縁に到達し、プローシンの部隊と連絡した。ドイツ軍はいまや、彼らの用語で「大釜」と呼ばれる罠にかけられた。こうして「チェルカッシィの大釜」が誕生した。ソ連軍にとってこの大胆な機動は、まったく犠牲をともなわなかったわけではなかった。旅団の先鋒である第1戦車大隊長のニコライ・マスリューコフ大尉は、1300時（午後1時）にズヴェニゴロドカの南西外縁で、彼のシャーマンがドイツ軍守備兵に撃破されたときに戦死した。

それにもかかわらず、クラウチェンコは、彼の戦車、機械化

部隊の大部隊に同じ経路に沿って第233戦車旅団に追従するよう命じた。というのもこの時点ではそうすることが最も簡単な方法のように思えたからである。しかしこれは誤りであった。なぜならこれは、ドイツ軍に脆弱な南翼側〜そこにはまだ戦線は存在していなかった〜から大規模な戦車攻撃を憂慮することなく、包囲陣内を回って部隊を移動させる時間を与えたからである。もし包囲陣の開放された側面を攻撃するよう命じていたら、当時ドイツ軍はそれに耐えることはできず、戦闘はもっと早く終わっただろう。比較的に少数の戦車でさえ、彼らがドイツ軍の開放された南翼に〜派遣したら〜我々はそれを見ることになったろうが、ソ連軍はまさにほとんど成功を遂げただろう。

赤軍の主たる関心事は、いまや包囲陣への補給路は切断されており、包囲陣内からのドイツ軍の突破を防ぎ、救援部隊の突入を防ぐために内側および外側の両方の包囲環を形成することで、これは古典的な攻城戦のようなものであった。ソ連軍は救援の試みを不可避のものと見なしていた。というのもドイツ軍はつねに包囲された彼らの部隊を解放しようと試みてきたからである。ロトミストロフとクラウチェンコは、これを効果的に行うために、歩兵軍が追いつくのを待たなければならなかった。その間に戦車および機械化軍団は、ドイツ軍部隊の間の間隙を広げ、包囲陣へのあるいは包囲陣からの通路を閉鎖するための攻撃を続け、包囲陣南方〜そこにはただ100キロもの開けた土

地が横たわっているのみだった〜に新しい戦線が作られる前に包囲陣を分裂させるため、包囲陣そのものへの侵入を試みた。突破陣とズヴェニゴロドカでの連絡は、第XI、および第XXX XII軍団の両者の後方地域を混乱に投げ入れた。以前は比較的に安全な天国と考えられていたものが、今や前線と化したのである。補給部隊はソ連軍の戦車のいないあらゆる道路を伝って、南かあるいは北に逃れようとした。警報部隊（補給および支援部隊から抽出されたかき集め部隊）が、ソ連軍の突破を阻止する、あるいは遅帯させるため急いで投入された。両軍団のおよそ5,000名の部隊が、包囲陣の彼らの部隊から切断され、後に各種の戦闘部隊や警報部隊に編合された。これは同じく、ちょうどドイツでの休暇から帰って来たばかりの、包囲陣内の師団の何百もの部隊にあてはまった。

第389歩兵師団の全後方支援部隊は包囲陣外に置き去られ、戦闘の残り期間、師団を実質的にマヒさせた。補給を移動させるためのトラック、馬や橇も無く、医療、修理、そして補給部隊も無くては、師団はもはや効率的に機能しえなかった。その戦闘能力は、次の数日間で著しく減少した。同じことは、第5、および第72歩兵師団にもあてはまったが、それほどにはなはだしい程度ではなかった。補給はすぐに、包囲陣内のドイツ軍の戦闘能力に影響する、主要な制約要因の一つとなった。

第XI、および第XXXII軍団の司令官は、彼らがすぐに解放されるか、あるいは突破が許可されなければ、包囲陣内の60,

〇〇〇名は、限られた期間、彼らの陣地を保持することができるだけであることを、両者とも良く気が付いていた。空中補給は、それが即座に開始されてさえ、一時的な便にしか役立たない。スターリングラードは、包囲された部隊は無期限には空中からは再補給され得ないという教訓を教えた。加えて包囲陣は、使用できる部隊で十分防御するにはまだ大きすぎた。粉砕された防衛線からの撤退が、即座に許可される必要があった。

両軍団ともにいまや切断されており、第1戦車および第8軍の両軍司令部ともに指揮構造の問題が生じていた。包囲陣にある各軍団は、異なる高級司令部に報告しており、両者が早く同じ司令部の指揮下に置かれなければ、2個軍団間の調整は重大な影響を受ける。しかし、ソ連軍の侵入を除去し、前線を回復するために、もっと効果的な手段を取るためには、彼らは南方軍集団によって調整されねばならなかった。これは攻勢が2個の隣接する軍に影響を与え、ドイツ軍のいかなる対抗手段も軍集団～軍集団は各々の軍が有するより、もっと大きな資源にアクセスできた～に統制されるべき事実からして必然であった。実際、南方軍集団のブッセ将軍は、すでにそうした調整の必要性を認識しており、この朝シュパイデルに、リープの第XXXII軍団を第8軍隷下に置く必要性を熟考していると知らせていたが、彼にはそうした移動を命じる権限はなかった。

フォン・マンシュタインは1月28日夕方、東プロイセンのヒットラー本営への訪問から戻ると、危機に直面することに

なった初期の知らせは、勇気づけられるものではなかった。麾下の2個軍団が、2個のソ連軍戦車軍団に包囲されていた。後続する部隊はドイツ軍戦線を押し戻そうと試み、包囲された部隊と南方軍集団の残余との距離は増加していた。フォン・マンシュタインは素早く行動した。彼の最初の動きは、リープの軍団にヴォーラーの軍の指揮下に入るよう命令することで、1月28日1105時〔註：ここまで24時間標記がなされているので、これは午前11時5分ということになるが、マンシュタインが夕方帰還後に発したのであるからつじつまが合わない。午後11時5分のことなのだろうか？　それともさかのぼって効力を発揮したのか？　あるいは1月29日午前11時か〕に効力を発揮した。

彼の2つめの動きは、リープの部隊の、ロサバ川に沿ったより短く守りやすい防衛線への、南への撤退を許可したことであった。新しい防衛線は、ボグスロフを基底として、北東にミロノフカ～シュテパンツィ～クレシャティクの線に沿って北東に延び、そこでドニエプルを東翼の基底として、「ヴィーキング」の左翼に隣接していた。第88歩兵師団およびB軍団支隊の部隊は、翌日の昼にこの新しい防衛線への移動を開始することになっていた。この作戦は、「ヴィンテアライゼ（冬の遠足）」の秘匿名称がつけられていたが、一部部隊は24時間に満たない間に30キロ以上を行軍する必要があった。

最大の問題は、ほとんど1ヵ月前にカーニエフ突出部が出現して以来～すなわち突出部を皆放棄するまさにそのときであっ

た～、ヒットラーがぐずぐずして来たことであった。それを保持することによって、何ももはや軍事的に得るものはなかった。
1月半ば以来、フォン・マンシュタインは繰り返しヒットラーに突出部をあきらめ、より短い防衛線に後退するよう納得させようと努めたが、ヒットラーはまったくそう思わなかった。けれども、彼の決定を軍事的条件から補強するために、ヒットラーはドニエプルを保持するために、ヒットラーはルーマニアの政治的支援の継続を保証するためにドイツ軍の南部戦線を、後2者よりもでき得る限り東に遠く健在なまま維持することの方がより役立つと繰り返した。ヒットラーは彼の助言を留意することを拒否した。その上、彼はまだ突出部からキエフに向かって、大規模な攻撃を発動するという幻想を抱いていた。ヒットラーの、前線から1,000マイル〔註：1マイルは1・6キロ〕離れた司令部からの事態への理解は、現実とはまったく接点のないものであった。フォン・マンシュタインは、2つの軍団を救う唯一の方法は完全なる行動の自由を認めることだと、明確に示した。しかし、ヒットラーは拒絶した。ブッセはこの問題に関して、ヴォーラーから1日中、圧力を加えられて、ついに彼にたいして激高して明かした。「本官は5日間にわたって、第ⅩⅠ、および第ⅩⅩⅩⅡ軍団の北翼を後退させる許可を求めて来たが、成功しなかったのだ」。フォン・マンシュタインは彼自身で、再びヒットラーの承認を得ようと

したが、これもまた成功しなかった。それにもかかわらず、彼は両軍司令官に救出努力に益するための部隊の集結を開始するよう命じた。これは数日を要した。というのは、フーベとヴォーラーがそうした企てに使用できる部隊は、現在進行中の作戦に従事しており、引き上げて彼らの戦区を別の部隊に引き継ぎ、包囲陣に最も近い前線近傍で集結しなければならないからであった。それまで、2個の包囲された軍団は、彼らの前線の一貫性を維持し、来るべきことのために戦力を保持するため最善を尽くさなければならなかった。

包囲陣の指導部は、即座に事態の重大性を理解した。リープは、～彼の軍団はいまや第8軍の指揮下に入っていたが～すぐに新しい情況を受け入れた。1月28日の個人的日記には、リープ中将は以下のように論評している。

シュポラ～ズヴェニゴロドカ道に沿った後方との連絡は、すでに切断された。我々は包囲された…。我々の防衛任務は変わらないままだった。第8軍にたいして電話で要請した。「作戦には強力な敵の圧力にたいして、北東戦線を維持することを必要とする…北部および東部の戦線から即座に撤退する許可を要請する。これは南西への攻撃行動、そしてさらなる包囲および第ⅩⅠ軍団からの離隔の阻止を可能にする」。

◆
◆
◆

彼による事態の評価は、「ヴィンテアライゼ」作戦の発動にはずみをつけた。即座に行動しなければ、彼の痛め付けられた軍団はすぐに崩壊するだろう。あらゆる種類の戦闘力を維持するため、彼は彼の部隊をできうる限り集中する必要を理解した。そうするための唯一の方法は、彼の戦線を縮小して、予備部隊として運用するために部隊を抽出することであった。

実際、前に述べたように、リープはすでに、1月28日までにB軍団支隊が保持していた戦区を、まばらに保持された警戒網でしかない程度にまで、彼の前線を裸にしていた。第1戦車、第8軍の両者ともにこれに気づいたが、これを許可した。というのも、フーベとヴォーラーは、これを突出部からの将来の撤退の最初のステップと見なさねばならなかったからである。しかしこの移動は、ほとんど誰にも慰めとはならなかった。ヴァルター・ヴェンクは、この晩彼の日誌の冒頭に、次のように記している。

勇敢な第XXXII軍団の（兵士の）運命は、第1戦車軍の指導部の心情に重くのしかかった。こうした経過に至ったできごとに、第1戦車軍に責任がないことを知ることは、ほとんど気休めにならなかった…。2個軍団が（突出部で）失われるという危険性は、本当には認識されなかった。陸軍は、最高レベル（すなわちヒットラー）による、この「バルコニー」を保持する決定をけっして理解しなかった。単に従うことができないことだったとしても。たとえそれが悲しくてしかたがなかったとしても。

◆　◆　◆

包囲陣内部の軍団、および多くの前線兵士が彼らの包囲的早く気が付いた一方で、多くの師団参謀が彼らの包囲に比較的早く気が付いた。前線での噂話はともかくとして、多くの兵士は数日間それを知らなかった。前線での噂話はともかくとして、多くの兵士は非常に長い間包囲の脅威とともに生きていた、あるいは前の戦いで包囲を経験しており、彼らはそれに慣れてしまっていた。いまや現実となったものの、多くは、とくにフロントシュバイネ、東部戦線の激戦のベテランは、無関心であった。結局、もし彼らが包囲されても、フォン・マンシュタインは彼らを解放しようと全力を尽くす、あるいは多くがそう考えた。おそらく包囲内のドイツ軍部隊で最も楽観的だったのは、ヴァッフェンSSの兵士であったろう。若く、理想主義で、まだ最終勝利を信じており、彼らは知らせに動じなかった。レオン・デグレールは次のように書き留めている。

我々は「大釜」に慣れ始めていた。ドネツ、ドン、そしてコーカサスでの、数百の罠の生き残りである我々は、これを我々の一番の危機だとはほとんど感じなかった。我々はすべて、包囲がもうひとつの冒険のようなものと考えるのを望んだ。最高司令部は、我々をここで見捨てはしないだろう。

彼らが包囲されたという知らせにもかかわらず、「ヴィーキング」の「ヴェストラント」機甲擲弾兵連隊第II大隊の将校は、彼らの大隊長のヴァルター・シュミット大尉の27回目の誕生日を祝った。大隊はブダ・オルロフェッカヤの町に近いイルディン湿地に沿って布陣し、彼らの司令官の健康を祝って乾杯し、ロースト・ポークと自家製のシュペッツェレ（小さいだんご）、そしてシュナップスの、誕生日の食事となる最後の夕食の上品な食事を進めた。これはこれから来る多くの日々にわたって最後となる夕食となった。この祝いに出席した一人が、後に回想している。

我々が幸福の祝いをしている最中に、連隊から、我々が包囲されたという知らせが来た。当然ながら、我々は一年前のスターリングラードのドラマを忘れてはいなかった。しかし我々の情況を、ボルガ（に面した）部隊の直面したものと比較することはできなかった。我々は十分な補給と弾薬を有していた…我々のそのようなカタストロフを避けるために必要なこと、なんでもしたいという強い欲望は揺らぐことは無かった。

◆

◆

◆

町〜この町には連隊参謀部員が宿営していた〜に、ジプシーの占い師に会いにいくことに付き合うのを断った。彼の友人が後に彼に話したところでは、彼女は彼らに「彼らは家に帰れる、しかし彼らが頭には長い時間がかかるだろう」と話した。山師の疑わしい忠告に従う代わりに、メイヤーは彼自身の本能を信じることに決めた。彼には彼女が彼らを当然の報いに駆り立てようとしているように思えた。その上、メイヤーは、以前のふたつのヴォロネジ、そしてキエフの包囲で生き延びていた。俗に言われるように、「2度あることは3度ある」ので、彼はおそらくこの戦いでも誰も生き残ることができないと感じた。彼は正しかった。彼の友人は誰も生きて脱出できなかったが、彼はやり遂げたのだ。

アドルフ・オグロウスキーは、ジーゲルの第266擲弾兵連隊の補給科将校であったが、事態に関してほぼ同じ見解を持っていた。経験ある補給科将校として、彼はほとんど3年間の東部戦線での戦いの後、取引の奇術を学んでいた。包囲は必然的に連隊が餓死することを意味するわけではなかった。彼らが包囲されたという知らせを聞いたときのことを、彼は回想している。

（補給中隊の）兵士達はロシア戦役の開始以来、…希望の無い（ように思える）情況下で…非常に多数の経験を積み重ねていた。彼らは彼らを置いていかなる兵士にもないほど、やむを得ないことを潔く行い、でき得る限りの給養を部隊に提供すべ

国防軍の他の部隊は、より禁欲的か、あるいは率直に悲観的であった。第88歩兵師団第188擲弾兵連隊の通信兵のゲアハアト・メイヤーは、1月28日に彼の友人の求めでワシロフカの

きことを理解していた。彼らは常に〜毎日、毎時間〜給食が切り詰められる、可能性に対処しなければならなかった。

◆ ◆ ◆

彼らの兵士に与えるために、オグロウスキーはかなりの糧食を通常の配給に加えて大量に貯蔵していた。これには特別な缶詰糧食やクリミアのシャンパンまで含まれていた！　結果的に、彼の連隊に給食する能力は、その戦闘能力を維持することに大きく貢献した。これにたいして、他の部隊はこのようなやり繰りができず、その士気と戦闘力を低下させた。

しかし、全体として、「大釜」には十分な食料があった。問題はむしろその分配にあった。包囲の期間を通じて、ある部隊は非常に良好に給養され、一方他は本質的に飢えていた。しかし、包囲の初期段階では、食料は確固とした前線を作り出すことより、大きな問題ではなかった。別の問題は、包囲陣内で攻撃している赤軍の所在を確かめることであった。ある記事によれば、この問題に直面した「ヴィーキング」の補給部隊が以下のように記述している。

(我々は)最初、敵の攻撃を我々自身の手段〜主として個人携行小火器(ライフル、拳銃などなど)〜で、撃退しようとした。今回は、我々が対処できる単なる襲撃やパルチザンの待ち伏せ

ではないことは、すぐに明らかになり、隣接部隊によって確認された。偵察と報告の洪水によって、これらが正規の、すべての軍種、とくに装甲車両や多数の戦車を装備した(ソ連軍)部隊から成る、巨大な敵の攻撃であることが確認された。それで、敵は、このときだけは我が故国と前線の間にあったのだ。

◆ ◆ ◆

この問題を一層ひどくしたのは、ソ連軍が彼らの攻撃を続け、明らかに単なる包囲作戦では満足していない事実であった〜ジューコフ、コーニェフ、そしてバトゥーチンは、包囲陣の部隊の完全な殲滅を追求した。

ソ連軍司令官は、彼らはドイツ第8軍の大部隊、100,000名を越える部隊を包囲したと信じていた。情報部の評価を下にすれば、彼らがそう信じるのももっともであった。彼の参謀を通じたもたらされたズヴェニゴロドカで連絡したというニュースの後で、コーニェフの司令部列車上にただよう ムードは、幸福感に包まれたものであった。これは第2のスターリングラードになる。参謀将校の一人は、後にそう回想している。ドイツ軍は、今度もまた逃れることはできないだろう。ソ連のプロパガンダは、このテーマを、ソ連人民、ドイツの両方、残りの世界中に、彼らの国際メディアを通じて流し続けた。このテーマに固執することは、後に複雑な問題を招くが、この作

戦初期の段階では、ジューコフは完全に満足することができた。侵入には予定したより2日よけいにかかったが、計画通りに進んだ。ドイツ軍防衛線は、2個戦車軍によってみごとに打ち破られ、彼らは側面をかえりみず、驀進して1月28日にズヴェニゴロドカで連絡に成功した。2個方面軍の機甲先鋒が実際会同し、カーニェフ突出部の2個軍団のドイツ軍補給路が切断されたものの、ドイツ軍はまだ本当は包囲されていなかった。南方への多くのより小さな経路はまだ開かれていた。ソ連軍がドイツ軍の回りに打ち破られない環を形成するまでは、突破の恐れはまだ強く存在した。作戦の次の局面は、これが起こらないことを確実にすることであった。

ドイツ軍防衛線の突破の後、東西で続く歩兵軍はドイツ軍を押し戻すために突破口を広げ、突出部に包囲された部隊に到達する救援の試みをより困難なものにした。同時に、他の軍がドイツ軍の後方を攻撃して包囲の内側の環を形成するとともに、彼らが南部に新しい戦線を構築することを阻止するよう試みる。理想的には、ドクトリンによれば、赤軍はその後、自分に都合のいいように、各部分を除去し撃破することができる。しかし事態の進展するところによれば、包囲の内環には、ドクトリンの上で任務遂行に必要な、機甲部隊が欠けていた。

コーニェフの方面軍は〜積極的に突出部の東部においてドイツ軍の包囲を完遂しようとしたのであるが〜その一部が最初にこの作戦を開始したのであり、外環では、第4親衛、および第53軍が南

部と南西部に扇形に広がった。突破の北部では、第52軍が突破口を西に広げ内環を形成するため、その前進を開始した。第5騎兵軍は〜スタフカによってコーニェフの方面軍予備として働いたが〜第5親衛戦車軍の後に追従した。実際、その一部はすでに突破していた。その作戦はドイツ軍後方内部に侵入し、その方面で継続的な戦線を構築する試みを破砕することであった。

しかし、ドイツ軍の抵抗が激しく天候が悪化したため、包囲の形成は、コーニェフが予期したよりゆっくりしたものとなった。

西部では、バトゥーチンの歩兵軍が、同様の困難を経験していた。1月27日に第6戦車軍の先鋒が突破したものの、第40および第27軍の歩兵はついていくことができなかった。というのは、彼らは自身歩兵が不足していたからである。必要なことすべては、予想されるドイツ軍の救援の試みを撃退するために、ズヴェニゴロドカの南西に防衛線を確立しなければならないということであった。第40、および第27軍の前進は、突出部西部の地形と、ドイツ軍防御陣地がコーニェフの部隊が対峙した部隊よりもはるかに堅固に構築されていたためさらに低下した。しかし、バトゥーチンとコーニェフは、驚いたことにすぐに突出部のドイツ軍がドニエプル川から引き上げようとしないことに気づいた。1月28日が終わるまで、第XI、およびXXXII軍団は、まだ川に沿った彼らの陣地を保持し

「ヴァローン」旅団のレオン・デグレールSS大尉。写真では「ヴァローン・レギオン」（管区隊）がヴァッフェンSSに移行される前の陸軍大尉としてのもの。（U.S.National Archives）

第72歩兵師団第266擲弾兵連隊「予備役連隊」長のハンス・ジーゲル少佐（Photo courtesey of 72.Inf.Div.Veteran's Association）

ていた。変化の無い包囲陣は、包囲されたドイツ軍部隊を撃破する任務を、はるかに容易にした。ヒットラーの死守命令は、事態に素早く対応するドイツ軍の能力に影響を与え続けた。

しかしその夕方、ドイツ軍は事態は、少なくとも第8戦車区において、安定化し始めたと確信した。ソ連軍部隊および戦車の新たな動きがオシュトニアジュカの東で報告されたものの、第XI軍団の戦線は第57歩兵師団によって遂行された反撃によって回復された。「ハムスター陣地」は、あてにならないものの、保持された。本当のところ、第XI軍団、およびフォン・フォアマンは、この日フォン・フォアマンを訪れるため、ノボ・ミルゴロドの彼の司令部に飛び、同じ結論に達した。ヴォーラーもまた、第13戦車師団を隣接する第LⅡ軍団から引き抜き、歩兵師団と交替させ、それをフォン・フォアマンのよろめく部隊を補強させることを決定した。加えて、ティシュコフカの北部で包囲された第11戦車師団の部隊を突破させることもできた。もし軍団と師団の指揮官が冷静さを失わなければ、第8軍はまだ勝利を引きよせることができただろう。

南方軍集団からこの夕方、フォン・マンシュタインによる、包囲された部隊の救援計画のおおざっぱな概略が記述された知らせが来た。まだヒットラーの裁可は受けていなかったが、計画は第1戦車軍の戦車軍団の1個、ほぼ間違いなくヘアマン・

● 185　第7章：ズヴェニゴロドカで罠は閉じられた

ブライスの第Ⅲ戦車軍団、による第8軍の左翼を保持している第ⅩⅩⅩⅡ軍団と連絡することを目指して発動された反撃から成っていた。フォン・マンシュタインはヴォーラーに、彼の攻撃を続行するが第1戦車軍と連接するために西方への攻撃の準備もするように命じた。そうするためには、彼は彼の打撃を受けた戦車師団を一時的に前線から引き上げて、彼らにできる限り補給、休養させねばならなかった。彼らは、さらに南部の戦線から引き抜かれた第320、および第376歩兵師団と交替された。フォン・マンシュタインと彼の参謀の計画に取り掛かるに従い、詳細は後に続くことになる。彼らに知られることなく、コーニェフはさらにもうひとつの奇襲を用意していた。

1月28日、シュテンマーマンの部隊が、一日中、困難な情況下で「ハムスター陣地」を保持できたが、この夜第5親衛騎兵師団の大部隊に攻撃された事態にまったく備えていなかった。そのとき、戦車に支援された敵大部隊は、パストルスコエおよびタシリクの近くで、第57、および第72歩兵師団の南翼をそれぞれ攻撃したのである。これらの地域にたいする敵の攻撃は深夜以降報告されていたが、夜が明けるまで事態の重大性は明らかにならなかった。トロヴィツの師団は、この夜第5親衛騎兵師団の大部隊に攻撃された。彼らは過去2日間、ロトミストロフの先鋒に加わって突破することができなかった部隊である。セリアバノフの師団のひとつは1月27日に擦り抜けることができたが、劇的な突破の日には、戦車を含む軍団の大部分は、引き続き好機を待ってい

た。彼らは1月28／29日の夜、この機会を捕らえ、トロヴィツの部隊が何が起こったかに気づく前に、パストルスコエとカピタノフカの間を突破し、西に向かい、そこでコサック部隊は姿を消した。第57歩兵師団が報告できたのは、「戦線は修復された。しかしそれは薄く保持されているだけである。突破した部隊の規模は不明である」というものだった。

この朝、第72歩兵師団は60輛をはるかに越える戦車と何千もの歩兵から成る部隊によって攻撃された。彼らは2ヵ所で戦線を突破した～タシリクとイェカテリノフカの近くである。ホーンは、彼自身の連隊のひとつが、戦力が戦闘部隊員100名にも満たないまでに減少したと報告している（おそらく第124擲弾兵連隊であろう）。さらに深刻なことに、ホーンは彼の師団はいまや弾薬の不足の影響を受け始めており、彼は彼の戦区の真ん中での突破を予想していて、これは第ⅩⅠ軍団を2つに切断することになると述べている。師団の第266擲弾兵連隊長のルドルフ・ジーゲルは、この日のできごとの目撃者であり、彼は生き生きとした報告を残している。

ジーゲルの連隊は、当初タシリクに移動して師団予備となることになっており、この日朝早くポポフカに近い彼らの元の陣地から引き抜かれた。このときちょうど、後詰めの「リスト」歩兵連隊（第57歩兵師団第199擲弾兵連隊）のツィンマーマン大尉率いる大隊は攻撃されたのである。これによって引き起こされた突破によって、ツィンマーマンは左翼の「ヴィーキン

グ」との接触を失った。ソ連軍は間隙から噴出し、ジーゲルの連隊をタシリクの近くで捕えた。ジーゲルはすぐに事態を把握すると、敵を町の北部から追い出すべく反撃した。ジーゲルをろうばいさせたことに、彼の南側の隣接部隊のケストナーの第105擲弾兵連隊は、彼に知らせることなく撤退したのである。この逆風にもかかわらず、彼は彼の部下に町全体を占領するよう命じた。というのはそこは制高地点の頂上にあったからである。彼の部下は喜んで要求に応えた。というのも彼らは農民のイスバス〔註：小屋のようなもの〕を占拠し、おかげで暖まることができたからである。というのも彼らは野外でほとんど一週間にわたった、戦い、暮らしていたのである。

彼らの小休止は短いものであった。朝半ばまでに、ソ連軍は勢力を盛り返した。彼らは多くの戦車に支援されて、ジーゲルの部隊を何度も何度も攻撃した。ジーゲル自身の評価によれば、ソ連軍は1,600発以上の迫撃砲弾と砲兵射撃をタシリクにたいして射撃した。ジーゲルの師団は、ケストナーによって提出された報告に基づいて、早くにタシリクが失われたと報告したが、彼の連隊はジーゲルの到着前に、急いで町を離れたのである。第XI軍団による第8軍にたいする報告書はまた「いかなる戦闘部隊をも残るのは不可能」と述べている。個人的に情況を確かめるために、シュテンマーマンは、ジーゲルに会うためにタシリクにドライブした。このとき、ジーゲルは、カーニェフ突出部の全ドイツ軍が包囲されたことを知った。

ジーゲルの連隊が暗くなるまで保持し得ることを再確認して、シュテンマーマンは彼に彼の師団が西部の新しい防衛線に離脱することを知らせた。ジーゲルは後に書き留めている。「我々は我々の陣地を暗くなるまで保持することができた。もし、(我が連隊が)保持することができなかったら、全戦線は非常に厳しい情況となったろう。「予備役連隊(第266擲弾兵連隊の戦前の予備役から編成されていたから)」は、再び「備蓄を気にしていた」。これは彼の連隊とケストナーとの間に存在したライバル心を示すものであった。ケストナーの連隊は呼び戻され、クソフカの南の高地を占領するために前線に送り戻されたのである。3方向からのソ連軍の攻撃を撃退した後で、ジーゲルの連隊は良好な秩序を保ってクソフカに撤退し、そこで再び第105擲弾兵連隊と結び付いた。この部隊にいまやジーゲルの連隊は軽蔑感を抱いていた。この日過ぎに彼らは陣地を捨てたのである。

この日早く、タシリクの近くをかなり大きな―ソ連軍機甲部隊の一部は、ロトミストロフカの町の束で「ヴィーキング」機甲戦闘団に衝突した。この戦車大隊は単に彼らのこの日の戦闘日誌に、「反撃で敵部隊は、第2、第3中隊によって雪の開豁地で包囲され、完全に殲滅された。砲兵連隊からの支援中隊は、直射で(我々の攻撃を)支援した」と記録されている。イェカテリノフカの近くで報告された、他の大きなソ連軍部隊および戦車の所在は不明であった。南部では、巨大な圧力が働

いた結果、第389、および第57歩兵師団は、ゆっくり後退することを余儀なくされたが、大隊、中隊はお互い接触を保つことができ、効果的に遅帯行動をとりながら戦った。ジューコフは、ドイツ軍がこのような戦闘を続けるとは予想しなかった。彼の回想録には、「包囲されたドイツ軍は、すべての防衛可能な防衛線、すべての地域の住居、すべての森や谷にしがみつき、頑強に抵抗を続けた」と書き留められている。

実際、彼らにたいするこのように強大な戦力をもってして、どのようにしてドイツ軍はなおこのような堅固で激しい防衛戦を挑み得たのか？　理由の一部は疑い無く、ソ連軍のドイツ軍の士気の過小評価によるものであった。6ヵ月の後退と継続的な敗北の後も、彼らの士気はまだ破壊されてはいなかった。ドイツ兵はかつての攻撃精神の一部を失ったかもしれないが、個々のドイツ兵士は防衛戦において、侮りがたいことを自ら証明したのである。加えて、ヴォーラーはカピタノフカの近くの間隙を閉鎖する奮闘に、3個戦車師団を投入した。これらの師団は極度に戦力が低下していたが、彼らの継続的な反撃は、ソ連軍の時刻表をドイツ軍戦線に続いて展開することを阻んだのである。

なぜソ連軍がドイツ軍戦線の崩壊をもたらすことができなかったか、その理由を説明する上でもっと適当なのは、いまや彼らが慣れ親しんだ砲兵の支援を受けずに作戦していることであった。戦闘の最初の2日間に、砲兵はものすごい量の砲火を

浴びせたが、彼らは戦車や歩兵部隊に追従することができなかった。この地域の道路網はもともと貧弱であったが、進撃する戦車はすでにひどい道路を、かき回して泥沼の厚い帯に変え、砲兵を非常にのろのろと突破部隊に随伴させた。道路は夜間に凍結し、昼間も比較的堅かったが、このような大交通量によってもたらされた深い轍によって、移動は這うようなものとなった。ジューコフの言葉を借りれば、敵を陣地からたたき出すために我々が必要としたのは、強力な砲兵射撃であった。しかし道路情況によって、これを提供することは不可能であった。最小限の弾薬、地雷、そして戦車燃料、その他すべての補給品のストックを積み上げるためには、牛、徒歩、ずた袋、あるいは担架で運ばなければならなかった──一口で言って、これが我々のできる最善であった。ウクライナの地方の住民は、部隊が弾薬、燃料、そして食料を得る上で大いに助けを与えてくれた。

◆　◆　◆

実際、迫撃砲火と軽砲を除いて、この時期にドイツ軍が報告した、大規模な砲兵弾幕射撃は非常にわずかな数だった。カチューシャの使用もまた目に見えて減少し、守備兵を助けた。砲兵支援もなく第52、第53、および第4親衛軍は断固として前進した。1月29日1800時（午後6時）までに、第8軍は南方軍集団に、第XI軍団の右翼は大きく後退し、間隙はいまや

非常に大きく広がり、「もはや手元にはこれを閉塞するいかなる部隊もない」ことを知らせ、こうして最終的に、少なくとも過去24時間に明らかになったことを述べている。右翼で包囲されることを避けるために、第57歩兵師団と第389歩兵師団の残余は（前日にトロヴィツの師団に配属されていた）、その右翼でオシュトニアジュカとパストロイェフカを捨てて、急速に北西に後退し、最終的にカピタノフカからマケイェフカに至る鉄道線路に沿って停止することになった。ジラフカの近く、第57歩兵師団の右翼にいたフォン・ブレーゼの戦闘団は、フォン・フォアマンから、突破しズラタポルで第11戦車師団の部隊と連絡するよう命じられたが、それはできなかった。この時点より先、フォン・ブレーゼと彼の部下は、本当に包囲された。

フォン・フォアマンの軍団はこの日、勝ち目のない戦いをし、彼の部下もそれをわかっていた。「グロースドイッチュラント」のパンター大隊は再び、第XI軍団と連絡するため断固たる奮戦をしたが、朝遅くに甚大な損害を被った後に停止させられた。大隊は61輌の戦車をもって作戦を開始したが、いまやたった17輌の稼働戦車しか有していなかった。これらの損失のうち20輌は完全に破壊された。2日間の戦闘で、この部隊だけで、その戦車のほとんど4分の3を失った。この部隊を破城槌として使用するいかなる好機も、そして奔流をくい止める希望も消え失せた。赤軍の攻撃する第2梯団の重圧が、いまや感じられていた。午後半ばまでに、セリアバノフの第5騎兵軍団の大部隊が、

ピサレフカの近くの第14戦車師団の保持する薄い警戒幕に引っ掛かった。16輌のT‐34に支援された1,500名を越える騎兵が、ティシュコフカに向かうのが報告された。ウンラインの兵士ができたことのすべては、砲兵によって交戦することであったが、これは人員と馬の集団にほとんど効果を及ぼさなかった。まるで敵の地上部隊の攻撃にくいつめられたかのごとく、ソ連空軍の戦闘爆撃機やシュトルモビクによって、絶え間無い対地攻撃が加えられたことを、多くの部隊が報告している。彼らは天候条件が許すいつでも出現した。もちろん、その ような「好ましい天候条件」というものは～彼らの航空機は雲底高度（最低雲高）が、100～150メートルでさえ飛行した。彼らの攻撃は、地上部隊の支援のため4機から8機の編隊で飛行し、貧弱な調整で地上前線観測員の統制を欠いていたが、それでもなおソ連軍地上部隊の士気を、大きく鼓舞することとなった。

カピタノフカとライメントロフカの間の間隙からあふれ出るソ連軍の奔流は、実質的にくい止めることは不可能であった。ドイツ軍偵察部隊は、いまやソ連戦車はリピャンカの後方深くまで移動していると報告していた。ヴォーラーは彼の部隊を救うため、フォン・フォアマンに第11、第14戦車師団の両方を、ソ連軍の前進路にある開放された陣地から撤退させることを命令した。第8軍司令官は、彼らが間隙を閉塞するにではなく、新しい作戦～包囲陣線を元の陣地に回復する作戦にではなく、新しい作戦～包囲陣

に包囲された部隊の救援～に必要であると見越していた。南から引き抜かれた歩兵師団が、彼らの配置を占めた。戦車師団は近い将来の乱戦に投入される前に、傷をなめいくらかは戦闘能力の回復を装う時間が必要であった。

第XI軍団がその側面が迂回されるのを防ぐためにその右翼を後方に引き戻し、第XXXXVII戦車軍団がコーニェフの加速される攻撃の経路から部隊を引き抜く奮闘を続ける間に、戦場西側のドイツ軍部隊も同様にひどい目に会っていた。ヘル中将の第VII軍団は、この日、何ダースもの攻撃西側さらされた。圧迫されたものの、傷ついた第34および第198歩兵師団は、彼らの地歩を保った。ホアン中将の第198歩兵師団は、1月28日のとくに激しい戦いの一日の後、翌日にはその全部の連隊との連絡を回復し、困難ではあったが、一貫した主抵抗線を回復することができた。師団の東翼はいまやリシノの町にあり、左翼はビノグラードにあった。その戦線はいまや東を向いていた（たった1週間前には西を向いていたのに）。この新しい陣地の保持は、外部から包囲された部隊との接触を回復しようというあらゆる努力にとっても緊要であり、両者ともにそれを知っていた。ソ連軍第167、および第136狙撃兵師団による新たな攻撃にもかかわらず、第198歩兵師団はその地歩を保持した。

リープの軍団は「大釜」の中の2個軍団で最も疲弊し弱体であったので、リープはヴォーラーに「ヴィーキング」の主ソ連軍歩兵の波に莫大な損害を被らせた。

力を、彼の戦区～そこにはヒットラーが保持されねばならないと固執したドニエプル防衛線の部分が含まれていた～に一貫した防衛線を形成するために彼がそれを用いることができるよう、彼の軍団に配属するよう求めた。この配属は1830時（午後6時30分）に承認され、まったくもって時宜を得たものであった。この日、1月29日、B軍団支隊が保持していたリープの戦区の北方部分が、戦車に支援された第206狙撃兵師団のソ連歩兵の攻撃の激しい攻撃にさらされた。この戦区は、以前はほとんど行動が見られなかったのだが、75キロを越える長さにわたり、5個砲兵中隊に支援されたたった3個のドイツ軍歩兵大隊によって保持されていた。

幸運にもこれらの部隊は、前日ロッサバ川の線への後退（「ヴィンテアライゼ」作戦）が認められており、それで彼らはその途中2輌のT-34を撃破しつつ、良好な秩序を保って引き上げることができた。B軍団支隊と第88歩兵師団が短い防衛線に撤退する一方で、ドニエプルに沿った陣地にあった「ヴィーキング」と「ヴァローン」旅団のSS兵は、配置に留まることが命じられた。彼らはいまや突出部の包囲陣の最北東端にあることが痛いほどわかっていたが、彼らは総統の手の中にある彼らの運命を信じて、断固として彼らの陣地にしがみついていた。

レオン・デグレールは、それほど確信してぬかるんだ轍に沿って、彼らのわずかに残された装甲車で注意深くパトロールしている間に、デ「ヴィーキング」の偵察大隊の兵士が

グレールの部隊はモシニィの町に近い、ドニエプル突出部の最北端を保持する任務を与えられた。そこでは、彼と彼の指揮下の中隊の兵員は、町の3キロ東のオルシャンカ川に架かる橋を保持する任務が与えられていた。この橋を越えて道路はチェルルカッシィに続いており、そこにはソ連第294狙撃兵師団があった。その東方接近路は、10名の「ヴァローン」兵と2基の機関銃が配備された、強化火点によって保持されていた。橋を守ることはまったく無意味に思えた。もしソ連軍が攻撃して橋を奪取すれば、彼らは全「ヴァイキング」の後方地域への自由な接近路を手に入れる。橋を爆破するというデグレールの要請は、「ヴァイキング」の参謀将校によって拒絶された。彼は、彼の部隊は「1インチの土地も明け渡してはならない、あるいは敵に我々が戦闘の結果への自信を失ったという印象をあたえてはならない」と話した。

デグレールは、卓越した戦術家ではなかったとしても独自の考えを持ち、彼の旅団のドイツ軍連絡将校のヴェゲナー大尉に、橋を破壊することが全員の最善の利益にかなうと説得した。論理によって議論に勝利し、ヴェゲナーは「あらゆる可能な行動の自由を用いて、橋を爆破を遂行した」。翌朝、1月30日、ヴェゲナーは「ヴァイキング」の師団司令部に電話し、参謀に偶然のソ連軍の弾丸が橋を直撃し、不運にも完全に破壊した、と知らせた。デグレールは、彼の遺憾の意を加え、これが起こったのは本当に残念だとした。明らかにギレスSS少将にはわかって

いたが、しかし、橋の問題はこうして解決した。

第XI、および第XXXXII軍団の両者が包囲され、新しい短縮された防衛線に後退する間に、第1戦車、および第8軍、同じく南方軍集団の高級参謀の焦点は、他の一連の関心事に移動した。第1の、そして主要なものは、リープとシュテンマーンの軍団が、いまや包囲されたことが、どの点から見ても、現実となったことである。なんらかの救援攻勢が、遅滞なく発動されねばならない。実際、予備的な準備はすでに進行中であった。空輸はすでに開始されていたが、数日間成果は上がらなかった。いまや2個軍の間には100キロもの幅の間隙が大きく開いていたが、幸運にも突破口の肩は保持されていた。

ソ連軍が彼らに与えられた機会をどう処置するかは、まだ、だれにも予想がつかなかった。しかしもっと差し迫った関心事は、包囲陣そのものであった。包囲陣の2個軍団は西、北、東で一貫した戦線を維持していたが、南方には防衛線はまったく存在しなかった〜ソ連軍がこの方向から侵入し、守備兵を後方から攻撃するのを防ぐものは何もなかった。すなわち、補給部隊、間に合わせの戦闘団、そして補充兵の分遣隊以外には、である。続く数日間、1月28日から2月4日まで、ドイツとソ連の両者のすべての目は、この地域とその中にある町〜ステブレフ、クビチ、そしてオルシャナといった町〜に引き付けられた。もしこれらの町が保持できなければ、そのとき包囲陣内の強く圧迫されたドイツ軍にはまったく見込みはなかった。

第7章：ズヴェニゴロドカで罠は閉じられた

192

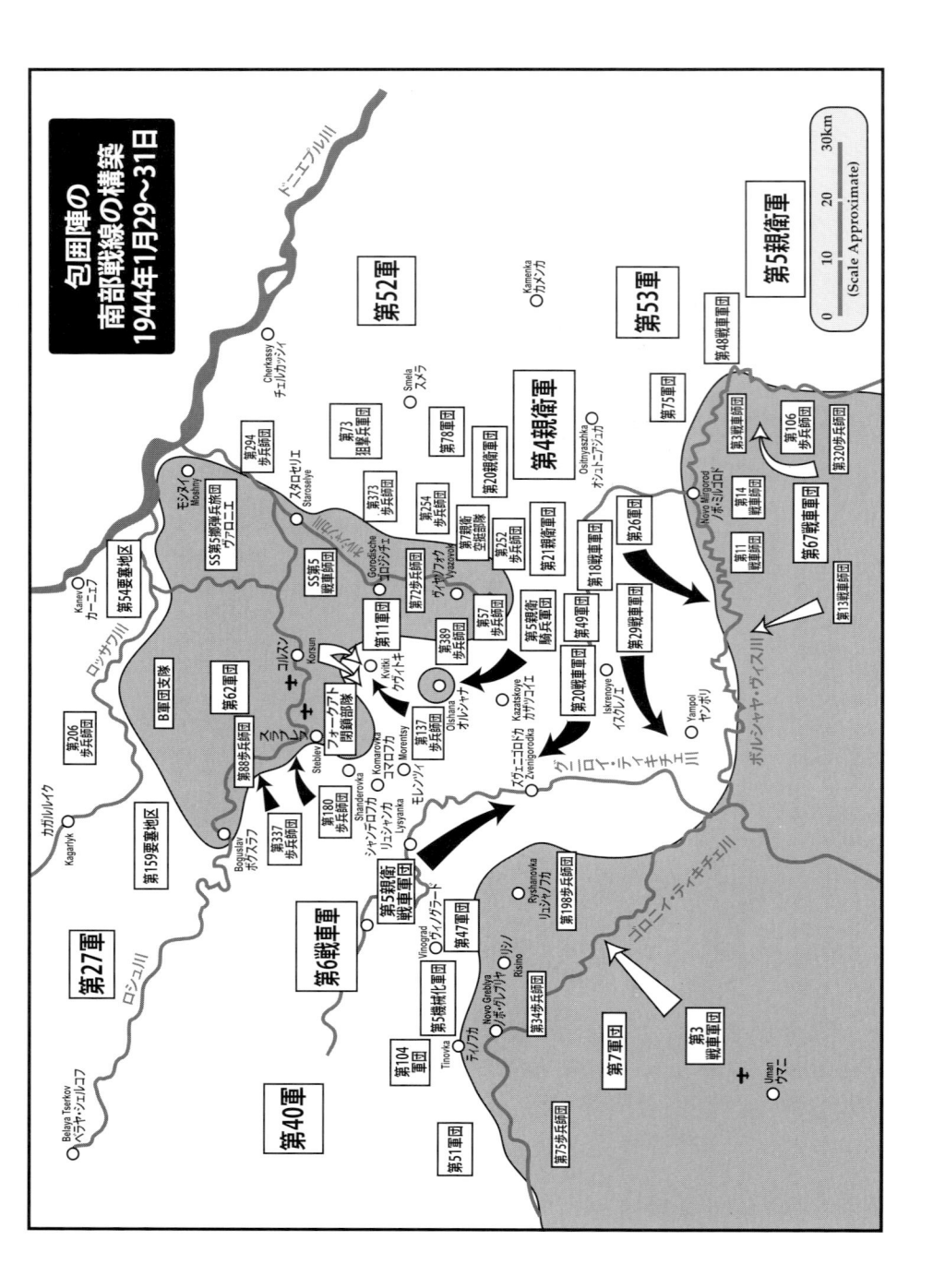

【第 3 部】
フォン・マンシュタイン、救援へ

第 8 章：大釜の南部戦線の構築
第 9 章：空の懸け橋
第10章：ソ連軍を包囲する
　　　　マンシュタインの計画
第11章：大釜内の危機
第12章：ブライス、「ヴァンダ」作戦を
　　　　発動する

第8章 大釜の南部戦線の構築

「成功の光芒ではなく、イニシアチブの純粋さ、そして義務への本当の献身が、兵士の価値を定めるのである」

グラーフ・フォン・モルトケ元帥

赤軍の前進速度は、第1戦車、および第8軍司令官を不意打ちしただけでなく、包囲された部隊の司令部をも驚かせた。軍団の左翼と右翼の連絡を回復しようという任務に直面して、リープ中将およびシュテンマーマン大将は、このひるませられるどころでない任務～使用可能なあらゆる部隊から新たに南翼を形成する～を遂行した。彼はいまや全ての中で最大の危険～ソ連軍が後方から包囲陣中深く侵入し、素早く細かい断片に切断し、包囲された部隊によっていかなる調整された行動をもとることを不可能にする～に直面した。新たな戦線はすぐに構築されねばならない。そのときまでに、第XI、および第XXXXII軍団司令官は、包囲陣の防衛線の他の場所より部隊を系統的に転換することによって、より統一された戦線が構築できるまで、いくつかの鍵となる場所を保持するため部隊をひとつずつ投げ込んだ。これは時間との絶望的な競争であることがはっきりした（P192地図参照）。

第1に、側面は支えられねばならなかった。1月28日、この日までに、第1および第2ウクライナ方面軍の戦車はズヴェニゴロドカで連接し、間隙を北西でシャンデロフカから、南東で

カピタノフカまで、幅広くほとんど60キロに大きく広げた。そこではいくつかのドイツ軍部隊が各々の配置で戦い続けていたが、その間の空間はコーニェフとバトゥーチンの軍の兵士の前に大きく開けて広がっていた。彼ら自身の包囲ドクトリンに忠実に、ソ連軍は、ドイツ軍司令部が反応する前に包囲陣を切り刻むために、忙しくできるだけ多くの部隊をこの真空地帯に送り込んだ。この時点でソ連軍を妨害したものは、良好な全天候道路を欠いた地域を横切る、距離そのものであった。ズヴェニゴロドカ、あるいはリュシャンカの北で対面したわずかなドイツ軍部隊は、主として役務、補給部隊で、最初のT-34が現れるやいなや消え去った。南方に向いた新しい戦線の構築を、たった1日躊躇しただけでも、包囲されたドイツ軍にとって致命的であり、そしてリープおよびシュテンマーマンの両将軍はそれを知っていた。

シュテンマーマンが、1月28日以後の彼の右翼の問題の解決策としてとったのは、フォン・フォアマンの第XXXXVII戦車軍団との連絡を回復するために反撃を続けることであった。前章で叙述したように、この試みが失敗したとき、シュテンマー

マンには彼の右翼を引き上げ、敵軍に包囲された部隊を基本的に北に転回させるしか選択肢はなかった。マツノフの町でその蝶番となった、第57、第389歩兵師団は一歩一歩退き、まず第5騎兵軍団、そしてそれに続く第21親衛狙撃兵軍団が、その右翼を迂回しようとするのを拒み続けた。シュテンマーマンの戦線のこの区域は、1月31日、第389歩兵師団がオルシャンカでドイツ軍守備兵と連絡しようと試みるまで、休息はなかった。

リープ中将の任務は、かなりおじけづかされるようなものであった。彼の左翼では、トロフィメンコ中将の第27軍の2個軍団がコルスンに突破しようと試みており、リープは敵の進路に投入すべき予備を持っていなかった。彼の軍団の戦線を短縮するために、リープは、グラーフ・フォン・リットベアク中将の第88歩兵師団に、1月28／29日の夜にロシュ川の左翼を引っ込めるよう命令した。彼らはロシュ川の北岸に沿って壕を掘ることができた。トロフィメンコの歩兵は、すぐ後に続いて、1月29日の朝にボグスラフの橋頭堡を包囲しようとした。ボグスラフを保持していたグラーフ・フォン・リットベアクの師団の連隊は、すぐに第337狙撃兵師団の部隊との白兵戦に巻き込まれた。彼らは第XI軍団から派遣された第239突撃砲大隊の7輌の突撃砲の到着で、やっとソ連軍を追い払うことができた。しかしその過程で、ドイツ軍は著しい損害を被った。無数のソ連軍のトラック隊列が、シャンデロフカやステブレ

フの方向に向かうのが、ボグスラフ近くの高地から観測された。これら行軍する隊列のいくつかは、第88歩兵師団第188砲兵連隊の中隊による良好に照準された砲火で、撃破されるか蹴散らされた。しかし、ボグスラフとステブレフの小さいドイツ軍駐屯地の間には、ソ連軍の前進を遅らせる、あるいは停止させるものは何もなかった。さらに悪いことに、この地域は東にコルスンに通じる道路が十字交差していた。西からの包囲陣の中心への接近路は、完全に開放されていた。

この危機を避けるため、リープは、1月28日夕刻に彼の新しい司令官である第8軍のヴォーラー大将の許可を得て、予備を作り出すために彼の北翼を裸にし始めた。この部隊はB軍団支隊から抽出された部隊から構成されることになっていた。彼らはこれまでは決定的な戦闘には従事していなかった。部隊は、第255、および第112擲弾兵師団からの3個大隊から構成され、B軍団支隊の司令官代理のハンス＝ヨアヒム・フォウクアト大佐にちなんで、フォウクアト封鎖部隊と名付けられた。フォウクアト部隊は翌日、カガルリクおよびカーニェフの近くの彼らの旧陣地から速やかにトラックに載せられ、できる限り早くコルスンの南西の開闢地に移動した。そこで彼らはソ連軍がより実質的な防衛線を形成するまで、急ぎ道路阻塞を構築した。接近するソ連軍にたいしては貧弱な障害でしかなかったが、フォウクアト封鎖部隊は、第337および第180狙撃兵

師団の先鋒を停止させる、あるいは遅帯させるためには十分な規模であった。その中隊のいくつかは、シャンデロフカやステブレフの町で～そこでドイツ軍はソ連軍の前進を遅帯しようとした～すぐに戦闘に引き込まれた。

コルスンそのものの防衛のために、駐屯地司令官のコフト大佐は、1月29日、第8軍によって、運転兵、事務官、そして整備員からなる警報部隊を編成して、周辺防衛線を構築するよう命じられた。というのはヤブロノフカの町の西近く、わずか5キロにソ連軍部隊の存在が報告されたからである。コルスンの失陥は、その鉄道線、貯蔵糧食、病院、飛行場、そして弾薬集積所とともに、組織的なドイツ軍の防衛努力の速やかな終焉という結果を招くことになる。というのもこの緊要な支援インフラがなくては、ドイツ軍はすぐに抵抗することはできなくなるからである。1月30日、町の防備をさらに強化するために、別の大隊規模の戦闘団、B軍団支隊の一部から、ヤブロノフカ戦闘団が編成され、前進するソ連軍をたたき出し、ヤブロノフカ～そこには応急飛行場が建設されていた～を確保するために派遣された。

ヤブロノフカのソ連軍歩兵は、村の暖かい家屋からすぐに放り出され、1キロ南の森に追い立てられた。そこで彼らは大規模な部隊が彼らを一掃するために送り込まれるまで、迫撃砲と機関銃火でドイツ軍を寄せ付けなかった。ゆっくりだが確実に、ドニエプル川に沿ったその北部戦線をほとんど完全に失うとい

う犠牲を払って、第XXXII軍団の左翼は安定した。いまや包囲されたドイツ軍の生き残りは、いかに素早く彼らが南部戦線を構築できるかにかかっていた。そうするために、「大釜戦士」～彼らはすぐに包囲陣の外の戦友からそう呼ばれるようになったが～は、コーニェフとバトゥーチンの部隊が、素早く後方から包囲陣に入り込むのを拒絶するために、いくつかの鍵となる地点を確保し保持しなければならなかった。

包囲陣南部戦線のこれら鍵となる地点のうちの3つは、北西部ではステブレフ、南部ではオルシャンカ、そのふたつの間にあるクヴィトキの町であった。ソ連軍の攻勢までは、これらの町のすべては後方で安全であり、あったとしても結果的に軽微に守備隊が駐屯しているのに過ぎなかった。ステブレフでは、「ヴィーキング」の野戦訓練大隊が前線への新たな徴募に備えた日々の業務を行っていた。オルシャンカは「ヴィーキング」の補給集積所として働き、クヴィトキには地方のウクライナ人軍属を除いては、まったく兵営はなかった。ともかく差し迫ったソ連軍の前進にたいしては、何の準備も無かった。しかし、これらの地点は各々、すぐに急近づくソ連軍の洪水の流路の中で、防波堤の役割を果たすことを強いられることになる。これらを保持することは、少なくとも一時的にだが包囲された部隊の引き続く生存を保証することになる。しかし、最初に、大急ぎの防衛線の見せかけを整えるために、戦闘部隊がはめ込まれなければならなかった。

戦闘の初期段階のうちに、第Ⅺ、第ⅩⅩⅩ Ⅻ軍団の両者は、南部で全く新しい戦線を構築しなければならなかった。ここでは、名称不詳の戦闘団の部隊が、雪の中に移動する前に集結している。(註：こちらも兵士の携行している各種装備品に注目されたい。手前の兵士はMP40短機関銃を携行しており、腰には専用マガジンポーチが見える。その上にはM43規格帽が乗せられている) (Bundesarchiv 277/802/29)

自信ありげな様子のMG-42（ソ連歩兵によって「ヒットラーのノコギリ」として知られた）機関銃チームの2名のドイツ兵が、前進中にポーズをとっている。右手の兵士が捕獲されたソ連軍の毛皮帽（ウシャンカ）を被っているのに注目。(註：兵士の携行している各種装備品にも注目されたい。2名の腰のベルトにはM39棒型手榴弾、俗称ポテトマッシャーが指しこまれている。右側の兵士の腰ベルトには、M39卵形手榴弾もぶら下げられている。左側の兵士はベルトに拳銃用のホルスターを装着している。右側の兵士の携行する小銃は、モーゼルKar98Kである) (Bundesarchiv 278/890/16)

● 197　第8章：大釜の南部戦線の構築

ステブレフは、激しい戦いが行われた町の最初となった。ステブレフにはコルスンとボグスラフ間の主要街道が通っており、もしバトゥーチン大将の第1ウクライナ方面軍部隊が、包囲陣を素早く奪取しようとするなら、包囲陣の心臓部に通じる明瞭な通行路を提供していた。彼らはそうするための試みを、早くも1月27日の夕刻には開始した。このとき第27軍第180狙撃兵師団の偵察斥候が、その外縁で観測されたのである。当時、町に駐屯していたのは、SS第5野戦訓練大隊だけで、町をうまく防衛しうるかは疑問であった。その指揮官のネダーホFSS大尉は、民間人の頃は警察官で、ほとんど歩兵戦闘の経験は持たず、ほんの最近に「ヴィーキング」の対戦車砲大隊から移動したのであった。

ステブレフの防衛を成功させるために必要なリーダーシップを確立するために、1月27日、「ヴィーキング」司令官のヘアベアト・ギレSS少将は、エベアハート・ヘダー中尉を、ゴロジシチェの彼の司令部に召還した。ヘダーはグロース・キューデ出身の、26歳の有望な民間技術者で、戦後西ドイツ連邦軍で大佐の階級まで昇進した。彼はほんの数日前に、ステブレフの師団工兵大隊のために、白兵戦学校を設立するよう命令されたばかりであった。ギレは彼にステブレフの情況を説明し、SS第5訓練大隊司令官代理として勤務するため、すぐに戻るよう命令した。

これはヘダーを気まずい立場に置いた。というのもネダーホ

同じ部隊の別の写真〔註：やはりガスマスクケース、飯盒、水筒等兵士の携行している各種装備品に注目〕。
（Bundesarchiv 277/802/26）

フはまだ公的には指揮官だったからである。幸運にもネダーホフは事態の重大さを理解し、ヘダーに指揮権を委譲した。彼が彼がステブレフの防衛という任務をこなせないことを知っており、階級は上だったもののヘダーに完全なる支援を与えた。町に戻るとすぐに、ヘダーは彼の指揮下の人員のほとんど誰も知らないことに気づいた。ソ連軍の攻勢が発動されるほんの数日前、彼は包囲陣の北東端のテクリノ地区で、エストニア義勇大隊「ナルヴァ」第2中隊の中隊長として勤務していた。

ステブレフでは、ヘダーは重火器、経験ある教官を欠く部隊を発見した。そしてこの部隊は最悪なことに、ヨーロッパ占領地のありとあらゆる地域からの半分訓練された徴兵者と義勇兵が配員されており、彼らの言語はバラエティに富んでいて〜スウェーデン、デンマーク、ベルギー、ノルウェー、ルーマニアなどなどであり、どうにか通じるドイツ語をしゃべれるのはほとんどいなかったのである。彼らはすぐに苛烈な戦闘に投入されることになるとは、ほとんど考えられない集団であった。ヘダーは彼と彼の部下が、すぐに危機的情況に陥ることを知っていた。ソ連戦車がすでにたった20キロしか離れていないボグスラフにおり、南西8キロのシャンデロフカの町はすでに攻撃されているという警報が入っていた。ヘダーは、報告の信憑性を確かめるため、南西にメドヴィンに向け、そしてボグスラフに向け彼自身のパトロールを派遣した。彼らは最悪の事態を確認した。

翌日、1月28日、ヘダーの部下は、ソ連軍の戦車と歩兵の何度もの断固たる攻撃を撃退した。しかしヘダーと部下達は、「ハリネズミ」陣地を構築していたが、すぐに包囲された。続く2日間を通してステブレフのドイツ軍駐屯地は1個戦車旅団に支援された第180狙撃兵師団のドイツ軍駐屯地は1個戦車旅団に支援された第180狙撃兵師団の攻撃に耐え抜き、1月29/30日の夕方になってB軍団支隊の第255師団集団から引き抜かれた2個大隊によって増強された。何回か戦闘は格別に激烈となり、防御陣地では白兵戦が報告された。1月29日朝、ソ連戦車は現実に、ステブレフそのものの中へと突破した。ヴァッフェンSSの戦闘工兵と徴募兵は街路でT-34戦車に忍び寄り、5輌の戦車と1輌の突撃砲、同じく3門の対戦車砲を破壊した。26輌の戦車に支援された赤軍2個歩兵大隊が北西、チロフカ方向から町に入ろうとしたが、反撃で撃退された。西方ではさらに多数のT-34が観測されたが、これらもB軍団支隊の砲兵大隊の砲火で追い散らされ、最終的に死活的に必要だった支援を与えることを止めた。

ヘダーとステブレフの守備兵は、戦車とおよそ4キロ離れたチロフカの丘の上の村を占拠したソ連軍からの砲火に絶えず悩まされた。ステブレフに向かってだんだんと傾斜した丘の上の彼らの陣地からは、下方のドイツ軍守備兵に、ソ連軍は容易に砲火を指向することができた。ヘダーはこの脅威を取り除くことを決意し、「ヴァローン」旅団の補充中隊長の中尉に、町を奪取し攻撃するソ連軍をたたき出せと命令した。「ヴァローン」

兵は敵の激しい防御砲火の中、斜面を昇って勇敢に攻撃したが、その目的を達するその瞬間に、中尉が戦死し、数に劣る「ヴァローン」兵は、丘を降りてステブレフまで後退せざるを得なかった。戦死者リストが増えた他に、何も得るものはなかった。しかしまだステブレフの守備兵は、頑として町を保持していた。

10キロ南の、隣接するシャンデロフカの町では、第323師団集団が急ぎボグスラフ—そこは第88歩兵師団の指揮下に置かれた—に近い戦区から引き抜かれ、第180狙撃兵師団の一部を投げ出し、全周防御陣地を構築して多数の戦車の攻撃を撃退し、同時に多数のカチューシャ中隊の弾幕に耐えていた。シャンデロフカ、ステブレフ、そしてボグスラフの守備兵は、すばやくともに手を結び、1月31日までには一貫した戦線が構築された。

コルスンへの西方接近路は、少なくともしばらくの間、敵にたいして拒止された。エベアハート・ヘダーは53年後に彼の経験を書く上で、彼は「ヴィーキング」のすべての士官が為すべきことを書いただけと主張し、彼ではなく、彼の部下こそステブレフの防御のすべての名声に値すると控えめに述べている。彼がギレ少将からステブレフの防御を命じられたとき、彼は彼の任務はほとんど成功の見込みのないもので、良くて問題ある企てだと感じたと書いている。おそらく問題はあったろうが、彼の師団、そして他のすべてが生き残るには確実に緊要であった。数百の半人前の徴募兵と決意によって、彼は期待された以上のものを為し遂げたのである。

オルシャンカが次に脅威を受けた。オルシャンカはコルスンのおよそ30キロ南にあり、北でコルスンと、南でシュポラとズヴェニゴロドカの町につながるいくつかの街道の重要な交差点であった。オルシャンカはこの地域に唯一導く道路にまたがって位置しており、この町を保持することは、ロトミストロフの第5親衛戦車軍の西方へ突入するコルスンを奪取し包囲陣を粉砕する、いかなる試みをも遅帯させるものであった。これはまた、リーブ中将とシュテンマーマン大将が第III、第XXXXVII戦車軍団の救援部隊の近づくのを待つ間に、半狂乱になって全周防御陣地を構築しようとする時間を買うものであった。

オルシャンカは小さな谷の中にあり、全周を小さな丘に囲まれた普通の町で、両側に街道がオルシャンカ川の多くの支流のひとつに沿って西から東にうねっていた。オルシャンカはおよそ5キロの長さにわたり、イスパスと呼ばれる数百の藁葺き屋根といくつかの集団農場、役所の建物、そして巨大な砂糖工場があり、ひとつとして同じところのない配置をしていた。むしろうびれた景色で、オルシャンカはその戦術的重要性を別にすれば、他の典型的なウクライナの田舎村と同じだった。ここはすぐに包囲陣の最も重要な最初の要石のひとつとしての役割を果たすことになり、そこで包囲陣の初期の防衛線は結ばれ

ことになるのである。実際、オルシャンカとステブレフの町を保持することはすぐに、一貫した防御線が構築される「コルセット支柱」の役割を果たすことになる。オルシャンカの東へは、シュテンマーマンの第XI軍団の師団がゆっくりと北西に後退していた。しかし、第XI軍団の右翼部隊の第389歩兵師団が、オルシャンカの守備兵と連接するまでには、少なくとも1週間は必要だった。

ソ連軍斥候が広がっていることは、早くも1月28日の朝には報告されていた。このとき「ヴィーキング」の補給部隊だけが、オルシャンカに駐屯していた。包囲された部隊への、残った唯一の開放された補給路がオルシャンカを通っていたので、ソ連軍によるその奪取はドイツ軍部隊の崩壊を速めることになるだろう。主として装甲車と騎乗したSS兵は、簡単にこの日の朝のソ連軍斥候を追い払った。しかし誰もが、彼らがすぐ、単に次は戦車か歩兵を連れて戻って来ることを知っていた。この予想は現実となった。

午後遅く、「ヴィーキング」の支援部門の補給科士官によってオルシャンカの南に張られた軽警戒網が、午後遅く第20戦車軍団のソ連戦車によって攻撃され、町に追いやられたのである。素早く危険を察知したギレ少将は、同じ日に村を保持している駐屯地が包囲されるのを防ぐために、すぐオルシャンカを増強することを決定した。最初にギレが派遣したすべては、その

き少し離れた場所にいたエストニア大隊からの1個中隊であった。彼らが到着するまでに、少なくとも1日2日はかかるだろう。というのもトラックの整備員は不足していたのである。そのときで「ヴィーキング」の整備員、補給部隊の事務員、そしてトラック運転手は、ライフル、機関銃、そしてパンツァーファーストで何とかしなければならなかった。戦車の攻撃にたいして、彼らは実質的に無防備であった。助けはすぐそこまで来ていたかもしれないが。

1月28日朝、「ヴィーキング」第5戦車連隊第1大隊の中隊長であるヴィリー・ハインSS中尉は、ゴロジシチェの師団司令部から、すぐに報告するよう命令を受け取った。ハインはブドウキの周辺〜そこで彼の大隊は、コーニェフ元帥の第2ウクライナ方面軍の前進をくい止めるべく奮闘していた〜にあった彼の中隊を離れ、オートバイを急いで捕まえて乗り込むと、1100時(午前11時)には師団指揮所に到着した。彼は師団長自らと、師団作戦参謀(あるいは先任参謀)のマンフレッド・ショーンフルダーSS中佐にともに迎えられた。ハインはすぐにオルシャンカの新しい戦術的情況を教えられ、そこの守備兵に増援する任務を与えられた。

この任務を達成するために、彼は軍に所属するポンコツの4輌の突撃砲を与えられた。これらはそのとき「ヴィーキング」の整備大隊で修理されていた。見捨てられたIII号突撃砲のどれも無線は作動せず、修理のためハインの任務を複雑にした。これ

らの車両に配員するために、ハインは彼自身の大隊から、撃破された戦車の4名の乗員をあてた。このつきはぎ部隊でなんとかしなければならなかったからである。師団にはこの任務に他の部隊をあてることはできなかった。というのはその戦闘部隊はすべて、北はドニエプル川から南はスメラまで、50キロを越える距離で、激しい防御戦闘に従事していたからである。いまやその後方地域はソ連軍戦車の攻撃に脅かされており、「ヴィーキング」は実質的にそれを止めるには無力であった。

彼は有名な画家の息子として、1917年にシュレースヴィヒ・ホルシュタインで生まれ、法執行活動のキャリアーを進むことを企て、いつの日か警視総監になることを夢見ていた。しかし戦争の勃発は、彼の世代の大多数を圧倒したように、彼の計画を変更させた。彼は1939年9月26日にヴァッフェンSSの兵籍に入り、すぐに2等兵から下士官へと階級を駆け昇った。その間彼はバルカンでの短期間の戦役と、「バルバロッサ」作戦～ソ連への侵攻の最初の6ヵ月間、歩兵としてSS師団「ライヒ」[註：師団は1940年4月1日に編成されたSS-VT（特務）師団を前身としており、1940年12月21日にSS師団「ライヒ」に改称された。基幹となったのは、「デア・フューラー」、「ドイッチュラント」SS第11連隊で、実質は自動車化歩兵師団であった。隊員は基本的に各SS管区から募集されたドイツ人から構成されていた。師団は1941年4

月にバルカン戦役に参加している。「バルバロッサ」作戦ではでは中央軍集団に所属し、ミンスク、ベレジナを経てドニエプル川に到達した。「バルバロッサ」作戦当時の師団の編成は、自動車化歩兵連隊2個、オートバイ兵連隊1個、戦車連隊1個、戦車駆逐大隊1個、偵察大隊1個、砲兵連隊1個、工兵大隊1個等から編成されていた。シュクロフ付近でドニエプル川を渡った後、キエフ北方で戦闘後、モスクワへと進撃した。モジャイスク、イストラを突破し、モスクワまで27キロに迫ったが、ソ連軍の反撃で後退し、ルーザ川、ルジェフ方面で防衛戦闘を行う。1942年2月下旬、師団は再編成が命じられ、ドイツおよびチェコで補充と新たな部隊の編成に参加している。7月にはフランスに移動し、11月には南フランス占領作戦に参加している。1942年11月9日、師団はSS戦車師団「ダス・ライヒ」に改称されている。師団は自動車化歩兵連隊3個、戦車大隊1個、戦車駆逐大隊1個、偵察大隊1個、砲兵連隊1個、対空大隊1個、工兵大隊1個等から編成されていた。1943年1月、急遽ハリコフ防衛戦に投入されることになり、3月にはハリコフ再占領に成功する。7月にはクルスクの戦いに参加中止後はミウス川戦区で防戦にあたり、その後、西方への後退戦を続け、9月下旬にはクレメンチューク付近でドニエプル川を渡った。1943年12月末、師団の位置部は本国へ帰還するが、残余は南方軍集団戦区で戦闘を続けた］とともに戦った。

1944年2月初め、クヴィチ村上の「風車の丘」のソ連軍塹壕に入った、シェンク（左から2番目、ソ連軍のフェルト帽を被って立っている）と彼の大隊戦闘団。(Photo courtesy of Ernst Schenk)

1941年11月、彼はババリアのバド・トゥルツのSSユンカー学校に配属された。これは士官学校に通うためのもので、彼は士官学校を1942年1月に卒業した。機甲科士官としての訓練に続いて、彼は1942年4月に少尉に昇進し、新しく集められた「ヴィーキング」の戦車大隊、ヨハンネス・ミューレンカンプ少佐〜彼自身後に「ヴィーキング」を指揮するようになる〜の指揮するSS第5戦車大隊に配属された。

ハインは、戦車小隊長として、彼の師団の1942年夏のコーカサス戦役〜ドイツ国防軍の運気がその最高潮を記録した〜に参加した。彼は戦闘指揮官としての能力を現し、その勇猛さで第2級、第1級鉄十字章、同じく銀色戦車突撃記章〔註：銀色戦車突撃記章は、戦車兵に与えられた記章で、3回の戦車戦への出撃にたいして与えられる〕を獲得した。彼はスターリングラードの厄災に続くコーカサスからの撤退、1943年の成功したフォン・マンシュタインによる春季反攻中に生起した激しい戦闘に加わり、そこでは「ヴィーキング」は戦略都市のハリコフの奪取に貢献した。1943年1月に中尉に昇進し、彼は戦車戦闘中〜この戦闘で彼の中隊ははるかに多数のソ連戦車を撃破した〜の彼の勇気とリーダーシップに関して、ドイツ国防軍の毎日の叙勲者名簿に言及される栄誉を得た。彼のリーダーシップと大胆さは、ヘアベアト・ギレによって空から観察され、彼の注目を勝ち取って、直接彼の師団長から名指しで、オルシャンカの保持という緊要な仕事を遂行するよう選ばれることにな

第8章：大釜の南部戦線の構築

るのである。

ハインと彼の間に合わせ部隊は午後少ししてゴロジシチェを出発し、1800時（午後6時）にオルシャンカに到着したが、これはソ連軍の戦車の攻撃が、補給部隊によって作られた弱体な警戒幕を蹴散らしたすぐ後であった。守備兵の指揮所に到着するとすぐに、支援部門の補給将校から、新しい戦術的情況を教えられた。ハインが説明を受けている間に、自走砲を装備した強力なソ連軍が、オルシャンカを動き回り北から村に侵入しようとした。ソ連軍はわずかに散在するドイツ軍包囲陣を簡単に蹴散らし、すでにそこを何時間も占拠し、忙しく陣地を構築していた。彼らをすぐに取り除けなければ、すぐに増強され、彼らを放りだすことはほとんど不可能となり、オルシャンカにいかなる一貫した防衛線を敷くことも不可能になる。

ハインは即座に反撃を決意した。1900時（午後7時）に、彼は4輛の突撃砲をもって、塹壕に入ったソ連軍を正面から攻撃した。榴弾を使用して、彼と彼の部下は歩兵を家から追い出した。彼らは先を争って冬の夜の中に逃げ出し、重大な損害を被った。彼の突撃砲1輛の損害と引き換えに、ハインと彼の部下は5輛のソ連軍自走砲（おそらく第5親衛戦車軍団第136狙撃兵師団のSU-76）を撃破し、一時的に赤軍の前進を窮地に追い込み、村の北西部分に沿った警戒幕を再建した。ソ連軍の攻撃する兵士を不安定な立場に留めることを期待して、ハインは彼の突撃砲でソ連軍をキリロフカにまで追求し、ほとんど

1943年8月、ハリコフ近郊における「ヴィーキング」の勲章授与式におけるヴィリー・ハイン。
(Photo courtesy of Willy Hein)

SS第5訓練大隊の大隊長代理、ステブレフの守護者エベアハート・ヘダー中尉。騎士十字章授章後の写真。(Photo courtesy of Eberhard Heder)

オルシャンカのソ連軍対戦車砲中隊にたいする単機の突撃砲による攻撃の指揮官を勤めたSS第5戦車連隊「ヴィーキング」第1大隊のヴィリー・ハインSS中尉。(Photo courtesy of Willy Hein)

燃料を使い尽くして停止した。しばらくは、少なくとも、危険は回避された。

ソ連軍は、何時間か後、1月29日早朝に再び攻撃した。再び第136狙撃兵師団の1個歩兵連隊に導かれ、ソ連軍は北と東からオルシャンカ周辺に忍び込み、後方から村を奪取しようとしてゴロジシチェからの街道に沿って西に攻撃した。続く12時間にわたって、ハインの突撃砲を先鋒としたドイツ軍守備兵は、町に入り込もうとするソ連軍攻撃兵の多数の試みを撃退した。再三再四、彼らは断固とした反撃で停止させられ、繰り返し町の東端から投げ出された。戦闘の経過の中で、さらに7輌のソ連軍自走砲が撃破され、こうしてその合計は12輌に達した。戦闘は完全に一方的だったわけではなかった。補給および輸送部隊から編成された警報部隊は、ソ連軍歩兵と繰り返された白兵戦によって、甚大な損害を被った。戦闘中、支援部門の補給将校は、師団の補給車輌の大部分を荷物とともに別の経路を使用してゴロジシチェになんとか脱出させた。そこでは彼らの荷物、食料、予備部品、燃料、そして弾薬は、まったくもって必要とされていた。

ソ連軍は翌日再びオルシャンカを奪取しようとした。この日はセリバノフ中将の第5騎兵軍団の第63騎兵師団だけがこの任務に使用され、同じく、ドイツ軍の撤退路を閉じ、自身オルシャンカを奪取しようとしていた第1ウクライナ方面軍の部隊との連絡を確立するという任務が追加されていたが、成功しなかっ

● 205　第8章：大釜の南部戦線の構築

た。第63騎兵師団は、多数の対戦車砲、自走砲、同じく軽砲に支援された、主として騎乗歩兵から構成されていた。その機動力はソ連軍に、この年のこの時期に彼らが行動した地形条件において、ユニークな利点を与えた。というのは、馬は装甲車両が動けない、あるいは普通の歩兵より素早く動けない場所へ、どこへでも行くことができたからである。これは、最も重武装のドイツ軍機甲部隊を除いて、おおよそ交戦する部隊に対処するには十分な火力と柔軟性を有していた。主として貧弱な訓練の補給部隊から構成された軽武装の「警報部隊」にたいしては、彼らは極めて効果的であった。しかしオルシャンカのドイツ軍守備兵は、ヴィリー・ハイン指揮下の3輛の残存突撃砲を有し、「ナルヴァ」エストニア大隊の部隊が来援途中であった。

1月30日の朝は、ハインと彼の突撃砲によって導かれたドイツ軍の反撃とともに明けた。彼らは西の方向に隣接するピディノフカの町に向かって攻撃し、第136狙撃兵師団の守備兵を高地から投げだし、不利な立場に置いた。しかし、ハインと彼の部下は、赤軍がさらに南西数キロに増援部隊を集結させていることに気づいていた。これら新たな部隊は第63騎兵師団のもので、つい最近集結地点に到着したばかりであった。2時間後、この師団の一部は西方から強力な戦車砲の支援を受けてオルシャンカを攻撃した。加えて、ソ連軍対戦車砲中隊が、ハインと彼の突撃砲の攻撃を防ぐために、彼らの側面に沿って砲列を敷い

た。ドイツ軍守備兵は一飛びでオルシャンカに撤退し、差し迫った攻撃に備えた。残った3輛の突撃砲のうちの2輛をもって、ハインは攻撃する兵士を撃退することができた。敵兵は町に戻る途中に、ハインの突撃砲の1輛が壊れたため放棄せざるを得なかった。彼はいまや、次の攻撃を撃退するためにもってするに、2輛を残すだけだった。

ドイツ軍にとって運のいいことに、1300時(午後1時)に増援部隊が使えるようになった。「ナルヴァ」第1中隊が到着したのだ。大隊の残りは後に到着するが、しばらくのところ、1個中隊であった。ハインは素早く南方向からトルスタヤおよびユコフカに向かうエストニア中隊長ウーレンブッシュSS少尉による新たな反撃を計画した。ソ連軍の監視哨がオルシャンカの南の地域に、ドイツ軍の中心部を見事に展望する広い斜面に沿って観測された。ハインはウーレンブッシュに彼の歩兵の一部を残された2輛の突撃砲に乗せ、中隊の残りは追従するよう命じた。地形を利用して接近を秘匿し、ハインと彼の小部隊は忙しく7門の対戦車砲を集団農場近くの低い茂みに据え付け、歩兵の戦闘陣地の準備をしていた～から数百メートルの斜面の西裾部の小峡谷に沿ってよじ登っていった。ソ連軍対戦車砲とソ連軍騎兵～彼らはすぐに除去されなければならなかった。さもなければドイツ軍は撤退しなければならない。

不運にも1輌の突撃砲は主砲が故障して離脱し、ハインと彼の最後の突撃砲が攻撃を遂行することになった（P217地図参照）。風に注意を払って、ハインは敵を側面から攻撃した。ドイツ軍の接近に完全に気づかず、ソ連軍は奇襲された。というのは彼らは接近する戦車の騒音を彼ら自身の戦車のものと考えたのである。ハインと袴乗した歩兵が彼らの隊列に走りだし、パニックに陥って叫び声を上げた。ハインの突撃砲の砲手はあらゆる方向にソ連軍の軽歩兵（榴弾）砲を撃ち、それから砲火を2門の4.5cm対戦車砲と4門の7・62cm対戦車砲〔註：正しくは野砲。いわゆるラッチェ・バムである〕とその砲員に集中した。砲手がこれらの目標と交戦している間に、ハイン自身は忙しく手榴弾を投げ、装填手のMG34を射撃し、そして彼の開けたハッチに立ってソ連軍に彼の短機関銃から弾丸をばら蒔いた。

ハインが駐車したソ連軍のハーフトラックとトラックの列、そして砲を陣地に挽っぱって来た馬チームにのしかかった後、ソ連軍は降伏し始めた。近接して追従して来た「ナルヴァ」の中隊は、大きな干し草の山に隠れた150名以上のソ連軍歩兵を駆り立てた。彼らの中の数名が撃たれた後、ソ連兵は手を挙げた。残りは2キロ南のトルスタヤに向かって一目散に逃げ出した。捕虜の中には大隊長もおり、彼は尋問にたいして2個の増援の師団がオルシャンカに近づいていることを認めた。ハインと彼の小さな戦闘団が斜面に沿って掃討している間に、2輌の増援のソ連戦車がトルスタヤの方向から、彼らに向かって進んでくるのが観測された。ハインは素早く交戦しそれらを2輌とも撃破したが、暗闇が近づくとともに斜面を保持することは不可能なことが明らかになった。というのもそこは町の中心から遠すぎたからである。

この行動のおかげでオルシャンカの包囲は防がれ、オルシャンカとゴロジシチェの街道に沿った包囲陣の粉砕は、少なくともしばらくの間避けられた。「ヴィーキング」の補給基地であるゴロジシチェへの撤退もまた可能になり、師団がその戦闘能力を多少なりとも長く維持することを可能にした。彼の勇気とリーダーシップを認めて、ギレ少将はヴィリー・ハインを騎士十字章～ドイツ軍の最高の武勇にたいする栄誉～に推薦した。彼は彼の褒賞を祝う時間を与えられなかった。というのも第63騎兵師団はまだオルシャンカの包囲を企図していたからである。

翌朝、1月31日、ソ連軍はオルシャンカの南斜面に対戦車砲陣地を再び構築し、再び2個連隊で攻撃した。新たな反撃を指揮するのではなくむしろ、代わりにハインは彼らと安全な町から榴弾で交戦することに決めた。この日遅く彼は彼の最後に残った突撃砲の主砲の7.5cmStuk40L／48では、弾頭と薬莢が連結された一体型の弾薬が使用されていた。弾種としては、主として2種類の徹甲弾と榴弾が使用された。対戦車用に多用さ

れたのが、通常型の徹甲弾、39式徹甲弾（Pzgr‐39）であった。弾頭重量は6・80キロ、砲口初速790メートル／秒、100メートルで106ミリ（30度傾斜した装甲板にたいして）、500メートルで96ミリ、1,000メートルで85ミリ、1,500メートルで74ミリ、2,000メートルで64ミリの装甲貫徹力があった。この弾丸は鋼鉄製の徹甲弾芯に弾着時に弾頭が滑るのを防止するための鋼製の被帽が取り付けられ、さらに飛翔中の空気抵抗を減少させるため風防が取り付けられた、風帽被帽防付徹甲弾（APCBC）であった。もうひとつ対戦車用に使用されたのが、高速徹甲弾と呼ばれる特殊な徹甲弾、40／43式徹甲弾（Pzgr．40／43）であった。同弾は中心にタングステン製の徹甲弾芯を持ち、周囲を軟鋼製の弾体で取り囲み、先端に軽合金製の被帽が取り付けられている。通常の徹甲弾に比べて軽量なためより大初速を得られ、それだけ大きい貫徹力を発揮する。ただし遠距離では空気抵抗で急速に弾速が失われるため、命中精度が落ちまた貫徹力は低下するとされる。弾頭重量は4・10キロ、砲口初速990メートル／秒、100メートルで143ミリ、500メートルで120ミリ、1,000メートルで97ミリ、1,500メートルで77ミリの装甲貫徹力があった。Ⅲ号突撃砲の弾薬搭載数は54発（G型）であった。戦略物資のタングステンの不足のため、ごく少数が供給されただけだった」でさらに6門の対戦車砲を破壊した。同じ方向からの1輌のソ連戦車の攻撃もまた撃退した。

戦闘の初期段階における「ヴィーキング」のⅢ号突撃砲〔註：すべてザウコフ型の防盾を備えたⅢ号突撃砲G型。戦闘室上には多数の歩兵が跨乗している〕。（Jarolin-Bundesarchiv 79/59/30）

次のソ連軍の攻撃を待ち構えるⅢ号突撃砲〔註：Ⅲ号突撃砲Ｇ型。ザウコフ型の防盾を備え、車長用キューポラの前面には跳弾用の膨らみが設けられているのがわかる〕。(Bundesarchiv 709/303/17)

じ日、「ナルヴァ」大隊の残余と師団戦闘工兵大隊の１個中隊と、同じくハイン自身の中隊の戦車も到着した。

彼が敵にたいしてこれほどの損害を被らせた突撃砲を残し、ハインは自身の指揮戦車に戻り乗車した。この車体は３日前にブドゥキの外縁で彼の砲手のエドガー・シュヴァイヒラー軍曹に委ねたものであった。しかし、彼の安堵感はほんのわずかな期間でしかなかった。別のソ連軍対戦車砲陣地との交戦で陣地変換中に、彼の戦車は待ち伏せしていた第63騎兵師団の戦車連隊の２輌のアメリカ製シャーマン戦車のうちの１輌から直撃弾を受けたのである。彼の戦車の乗員は無傷で脱出することができたが、ハインは顔と手に１度および２度の火傷を負い、彼はゴロジシチェの師団の野戦救護大隊に後送されざるをえなかった。ヴィリー・ハインにとって、包囲陣の戦闘員としての現役任務は終わりとなった。しかし戦闘の残り期間、彼は戦車大隊本部で彼の負傷が癒えるのを待って通信将校として勤務するよう配置された。彼の配置からは、彼は彼らが次の３週間にわたって巻き込まれる、続く激動的な出来事のほとんどを目撃し記録することができた。

しかし、オルシャンカの戦いは、ハインが負傷で後送されても終わらなかった。セリアバノフ中将が、さらに多くの部隊を必死で戦うドイツ軍守備兵〜彼らは最終的に１月31日に完全に包囲された〜に投入するにつれて、戦闘は新たに激しさを増してさらに６日間続いた。この夜、第63騎兵師団はついに、自

●209　第８章：大釜の南部戦線の構築

身ステブロフを北西から包囲しようとしていた、第1ウクライナ方面軍第27軍の第180狙撃兵師団と連接したのである。ソ連軍によって繰り返される、オルシャンカの中心部に侵入しようとする試みは撃退された。第5親衛騎兵軍団の歴史家の言葉によれば、町を巡る戦闘は「長引き激しい性格のものとなり」、「ヴィーキング」エストニア大隊、戦闘工兵大隊、そして補給段列かれのかき集め部隊の兵士達はそれほど頑強で印象的なものであった。

「ヴィーキング」戦闘工兵大隊第3中隊の立てこもった、砂糖工場を巡って戦闘は渦巻いた。コサックは中、あるいは重野戦砲兵を欠いていたので、コサックは彼らを追い出すのに実に甚大な損害を被った。彼らがドイツ兵を零距離射撃で吹き飛ばそうとして戦車を使用するときはいつでも、彼らはパンツァーファーストを使用する歩兵によって撃破された。オルシャナのうねる街路には機動の余地がなかったので、ソ連戦車は座ったあひるであった。こうした成り行きから、第63騎兵師団の司令官はオルシャナへの攻撃を止めるよう命じ、代わりに彼の師団が第4親衛軍の歩兵が到着するのを待つ間、ドイツ軍が突破する、あるいは包囲陣の外部から救出のために攻撃するいかなる部隊とも連絡するのを防ぐことに集中することにした。

乗馬騎兵と軽装甲車両は大胆な機動や流動的な作戦にはずらしい部隊であるが、彼らは歩兵として、とくに頑強で巧妙に指揮された敵と市街戦を戦うには、まったくもって訓練、装備されていないことが再びはっきりした。強力な部隊が到着するまでオルシャナへの攻撃を延期するというつっかりしたソ連軍の決定は、ドイツ軍に町の全周防御を構築するために必要な時間を与え、こうしていかなるソ連軍部隊も南からシュポラを経由して包囲陣に侵入することは不可能となった。

第4親衛軍の第5親衛空挺師団と第62親衛狙撃兵師団の到着によって、2月2日オルシャナへの攻撃は再興された。いまやソ連軍はドイツ軍を10対1の比率で圧倒していた事実にもかかわらず、2月3日までに彼らは町の4分の1を占領できただけで、これは戦闘の激しさを証明するものであった。第11親衛騎兵師団が参加したこともまた、賭け率をソ連軍に有利にはしなかった。というのもSS守備兵は町を赤軍の手にさないために死ぬまで喜んで戦ったからである。ドイツ軍にとって幸運にも、オルシャナの外の情況は大きく変化し、町をもはや保持する必要はなくなった。2月4日までに、「ヴィーキング」第57、そして第389歩兵師団によって、町の北東10キロにヴィアゾヴォク～ペトロパブロフカ～クヴィトキに沿って連続した防衛線が構築された。いまや立ち去るときであり、ギレはもはやそうする必要がないなら、彼の部隊を犠牲にする余裕はなかった。

2月5／6日の夜間、過去9日間にわたってオルシャナを保持してきた戦闘団は命令にしたがってその陣地を離脱し、配属されたSS警察師団の突撃砲中隊の援護によって、0230時

1944年2月初め、燃える突撃砲から脱出せざるをえなくなったすぐ後の、包帯を巻いたヴィリー・ハイン。（U.S.National Archives）

（2時30分）に北東に突破し、ペトロパブロフカで第389歩兵師団の連隊に連接した。戦闘の生き残りは、その後、計画通り彼らの母部隊に戻ったのである。突破中に重大な損害を被った唯一の部隊は、エストニア大隊「ナルヴァ」の1個中隊であった。彼らは後衛を勤めたのである。エストニア兵はオルシャナの北東を上った土手道を通過するときその隊列は待ち伏せを受け、部隊は彼らの車両のほとんどすべてを失い重大な損害を被った。

翌日、第5騎兵軍団のコサックと第4親衛軍の歩兵は、瓦礫の山に過ぎなくなった放棄された町に入った。この事実も彼らが戦闘後報告で、彼らが完全に「ヴェストラント」および「ゲルマニア」連隊、エストニア大隊「ナルヴァ」、同じく「ヴィーキング」の全野戦訓練大隊を含む、ドイツ守備兵を一掃したと主張することを止めることはできなかった。実際において、彼らは「ヴィーキング」のほとんどを実質的に一掃したと主張したのであるが、これは真実にまず近くはない。包囲陣における「ヴィーキング」の最大の戦闘は、まだ生起してはいなかったのだ。

ひとたびドイツ軍が1月29日まで一時的にオルシャナとステブレフの両者の支配権を保持したことで、彼らは実際において、包囲陣の南翼の肩を安全にした。いまや彼らはまだ彼らの情況図上に現れている開いた穴、さらなる侵入を招く間隙を繕わなければならなかった。実際に、1月30日に第180狙撃兵師団

● 211 　第8章：大釜の南部戦線の構築

の先鋒集団は、コルスンのたった10キロ南、ゴロジシチェの西12キロのクヴィトキの町を奪取した。クヴィトキはいかなる主要道の中心にもまたがってはいなかったが、敵がドイツ軍の主要な抵抗の中心となる地域にこれほど近くに収まることを許すことは、厄災を招くものであった。クヴィトキは奪還されるか少なくともさらなる増援から切断されなければならなかった。しかしこの任務を遂行する部隊はどこから来るのか？

解決策をあちこち捜し回って、第XXXⅫ軍団のリープ中将は〜彼の戦区内にクヴィトキはあった〜、すでに薄く広がった部隊から素早く探索を行った。彼の戦線で何かを譲り渡せる唯一の地区は、B軍団支隊地区であった。彼らはまだ軽微にしか戦闘に関与していない部隊を有していた。クヴィトキの奪還任務を遂行するように選ばれた大隊は、当時、包囲陣の最北の線にステパンズィの家畜置き場にあった、エアンスト・シェンクの第１１０連隊集団であった。彼の大隊は自分の力で勝ち得た休息を享受していると考えていたので、シェンクと彼の部下は１月30日の午後、彼らをすぐにトラックに乗せてコルスンの方向へ移動する命令を持って、トラックの隊列が到着したときには驚いた。シェンクと彼の部下はこれをカーニェフ突出部の情況が、極めて重大となった兆候と受け取った。というのもトラックは、一般に歩兵の輸送には使用されないからである。もはや誰も彼らが包囲されていないふりなどしなかった。シェンクの言葉では、「我々は悪い方向にあることは極めてはっきりしている」ので

あった。

このたびはとても順調にいった。というのも道路はまだ制限ない通行を許せるだけ十分凍っていた。彼の大隊がトラックからはい出したとき、彼らはなんとコルスンに着いていたのがわかった。彼らはすばやく参謀将校から、町の端に沿って南西にすぐに警戒幕を構築するよう指示された。シェンクと彼の部下はそのとき、彼らはいまやフォウクアト封鎖部隊の指揮下にあることに気づいた。過去数週間掩帯と塹壕を占めていた後で、シェンクの大隊の誰も夜間、とくに夜間気温はまだ零下に下がるので、野外にいることを期待してはいなかった。しかし彼らがそこに長く留まる機会はなかった。１月31日朝、シェンクは南にクヴィトキに向かって攻撃し、そのときソ連軍が薄く駐屯していた、リストヴェナの町を奪取するよう命令された。

この彼と彼の部下の任務は達成されたが、次の目標、ペトルソ連軍を奇襲する急襲の後、敵を町から投げ出す任務は白兵戦に陥った。ここまで、シェンクは気づいたのだが、彼の大隊はこの朝コルスンを発って以来10キロ前進したが、彼の左翼、あるいは右翼にまったく友軍の兆しを見なかった。彼と彼の部下は、まったく戦車も砲兵もなく、彼ら自身だけで、包囲陣の部隊が生存し続けるために必要な、最も緊要な任務を遂行するよう任された。

翌朝、２月１日、シェンクは、そのときたった５キロしか離

れていない。クヴィトキに向かって南に向かって攻撃するよう命じられた。1000時（10時ちょうど）、彼の大隊は戦うことなくペトルシキの南の357高地を奪取した。1200時（12時ちょうど）、彼はクヴィトキへの攻撃を開始するよう命令した。いっぱいに溢れた昼光の中、まったく兵士達に遮蔽物を与えない特徴の無い1,500メートルの長さの、雪で覆われた斜面を昇る攻撃に、彼の大隊は加わったが、彼らは敵砲火で釘付けにされた。ソ連軍はどうかと言えば、彼らは忙しく穴に入り、シェンクと彼の部下を暖かい歓迎をする準備をして、丘の上から観測していた。悪いことに、彼の攻撃にたいしては、まだ砲兵支援も受けられなかった。シェンクの左翼、あるいは右翼からの増援部隊の支援もなく、敵はすべての砲火を彼の部下に集中することができた。シェンクにとって結論は明らかだった。こうした条件下で昼間の攻撃は自殺であり、たとえ彼がそうするよう命令されたとしても、彼は絶対にそんなことをする気はなかった。

戦闘中に命令に従うことを拒否することは、自分の死刑執行礼状に署名することと同じだったので、シェンクはできうる限り彼の攻撃を遅らせることにした。これは彼に敵陣地の偵察を行い詳細な計画を立てる時間を与えただけでなく、彼の攻撃をソ連軍の火力の優位がものを言わないであろう、夜間に行うことを可能にした。それゆえ、エアンスト・シェンクは、彼の攻撃を支援する砲兵および増援部隊を要求して、引き延ばした。

放棄されたらしきIV号戦車H型(?)。「ヴィーキング」の車体であろう。砲塔シェルツェンは残っているが、車体シェルツェンは完全になくなっている。砲身基部に何か文字らしきものが見えるが判読できない。

攻撃後、ソ連軍陣地は一掃された。ここでは一人の陸軍擲弾兵が、ソ連兵の死体とともにポーズをとっている。（Bundesarchiv 690/219/29A）

電話越しに、彼は上官からもし彼がすぐに攻撃を開始しなければ、軍法会議にかけると繰り返し脅された。シェンクが時間を稼いでいる間に、彼の小隊長の一人はソ連軍の戦術配置の広範な評価を行い、シェンクと彼の参謀が急ごしらえの戦闘計画を作成することができる十分な情報を集めることができた。

最終的に、ちょうど帳が降りた1645時（午後4時45分）に、彼の大隊は行動準備が整った。彼らが飛び出す前に、シェンクの部隊を軍団司令部の将官が訪れた。彼はこの件に関する空騒ぎの様子を見ようとしたものであった。彼が見たものに明らかに満足して、彼はシェンクの攻撃を丘の上から観測し翌朝の夜明けまで立ち去らなかった。シェンクは述べていないが、彼と彼の部下は、彼の軍団長のリープ中将の訪問を受けたのである。後にリープは、彼の日誌に彼は「B軍団支隊第110擲弾兵連隊を視察した。部隊の士気は非常に良好だった。糧食は豊富だった」と記している。

シェンクの計画は単純だった。暗闇のカバーを使用し、隠蔽のため地形に紛れ、彼の大隊は側面から357高地のソ連軍陣地を攻撃し、そこを奪取し、すぐにクヴィトキそのものに前進した。ソ連軍は完全に無警戒で奇襲された。損害なしに素早く丘をとり、シェンクは彼の大隊をクヴィトキに導き、素早く村の北部を確保した。翌朝、シェンクは攻撃を続け、ソ連軍が何が起こったかを理解できる前に、町の残部を確保することを望んだ。

214

しかし、シェンクの大隊は、いまや400名以下に減少し、言うに足る重火器もなく、もはや任務を完遂する戦力は無かった。守備するソ連軍は、あまりに深くもぐりこんでおり簡単には排除できないことがわかった。2月2日朝、シェンクの部隊は3輛の突撃砲の到着で増強された。しかし彼らはクヴィトキの戦いが陥った市街戦で使用するには扱いにくいことがわかった。彼の部隊は、クロイツアー中尉によって率いられた1個小隊を、彼の広く開かれた右翼を援護するためペトルシキの近くに派遣したため、さらに弱体化した。

クヴィトキはオルシャナ同様、狭い谷に沿って形成されており、小さな流れに沿って走るいくつかの副次的な道路にまたがっていた。オルシャナのように、町は全面が全方向にある視界を与えてくれる丘に囲まれていた。単にクヴィトキの町を保持するだけでは十分ではなかった。本当にこの地域を支配するためには、これらの丘のできるだけ多くのこちら側あるいはあちら側をも持たなければならない。戦闘の行われている間に、これらは何度も持ち主を変えた。シェンクの第110擲弾兵連隊は、単にそうするために必要な人員が不足していた。

翌週の経過を経て生起したのは、彼がネズミ捕りにかかったと大騒ぎして述べているように、絶えず彼の部隊を隣接するドイツ軍部隊から切断しようとしている、ソ連軍に全周を囲まれてしまったことであった。そしてシェンクと彼の部下は衣服を着替える機会も得られぬまま、泥の中で生き、戦わねばならなかった。

シェンクの大隊は続く数日にわたって、第112擲弾兵師団および「ヴィーキング」の他の部隊によって増強されたが、ソ連軍は徐々にドイツ軍をクヴィトキの中心部から、村を見渡すことのできる丘の北麓に後退させた。シェンクにとって、これは助けとなった。というのは、これはクヴィトキの「ネズミ捕り」に捕まるよりは、かなりましであった。2月9日までに、シェンクの大隊と他の部隊は、再び彼らが8日前に出発したペトルシキにまで撃退された。同じ日、シェンクは彼の30回目の誕生日を祝った。彼は彼と彼の戦友が、彼らが彼に与えてくれる（誕生日の）すべての幸運を願う祝福がすぐに必要になると考えざるをえなかった。これはすぐに本当になった。

同じような光景は、新しく形成された南部戦線〜それは急ぎ編成された警報部隊が、大慌てで構築した、包囲陣を内側から突き破るソ連軍のいかなる試みをも阻止し、少なくとも一時的に阻止することのできる防衛線〜に沿った他の場所でも演じられた。プルリツィ、シェリチチャ、そしてヴァルヤヴァのような小さな村は、すべて同じような戦闘を経験した。これらはそれぞれ包囲に直面し、繰り返しソ連軍の突破の試みを激烈な戦闘で撃退し、ついには2月5日に最終的に確立された防衛線に組み込んだ。しかし、それらのどれも、ステブレフ、クヴィトキ、そしてオルシャンカの戦いほど重要で劇的ではなかった。

今日、これらの町には、これほど断固として、しばしば最後の一兵まで勇敢さを表した記念碑はまったく持たれていない。今日、ウクライナには、彼らの勇敢さを記念した式典はまったく持たれていない。しかし、危機的な1週間に、60,000名の包囲された兵員の全生命は、ヴィリー・ハイン、エアンスト・シェンク、そしてエベアハード・ヘダーのような男に率いられた部隊の混成の雑多な集団にかかっていたのである。

どうしてソ連軍は成功できなかったのか？　結局、彼らは人員と戦車、そして同じく空の支配において明らかに多数であった。彼らが成さなかったひとつの理由は、ドイツ軍後方を攻撃する作戦を遂行する任務を与えられたいくつかの部隊の編成にあった。例えば、第5騎兵軍団は、高い機動力を持つが、協調された対地攻撃を発動する～とくに要塞化された町や村で、彼らの攻撃を待ち構えている敵にたいして～のに十分な歩兵と戦車を欠いていた。その騎兵師団は、単に支配力を欠いていた。オルシャナをとる作戦を任された他の部隊、第136狙撃兵師団は、最近自身が包囲されており、はなはだしく戦力不足で、多数の装備を欠いていた。第20親衛戦車軍団の旅団のような戦車部隊は、最初オルシャナを奪取しようとしたが、十分な歩兵を持っていなかった。この規模の町、あるいはステブレフの規模の町の攻撃は、敵の対戦車火器を無力化する歩兵なしでは、厄災を招く。第5空挺師団はエリート部隊ではあったが、重火器と輸送手段が不足していた。

全般として、ソ連軍の攻撃は明らかに調整されておらず、主として彼らの目標を速度と奇襲にたよって達成しようとしていた。しかし、より重要なのは、全体的な砲兵の不足であった。彼らが慣れていた巨大な砲兵の準備射撃なしでは、ソ連軍歩兵はドイツ軍の強化点を、実質的に援護なしで攻撃しなければならなかった。このやり方は、最初ソ連軍部隊がほとんどあるいはまったく戦闘経験を持たない補給部隊にたいしていたときはうまくいったが、彼らがベテランのドイツ軍歩兵に直面したときには実質的に常に失敗した。砲兵はどこにいるのか？

第1、第2ウクライナ方面軍の両者の参謀将校は、継続的な砲兵支援を与えるよう計画したが、戦闘の経過はそれを拒んだ。砲兵部隊は第5親衛戦車および第6戦車軍の戦車の通過を待たねばならなかっただけでなく、彼らは道路が、はなはだしい交通と2月3日に始まった雪解けが組合わさって、実質的に通行不能となったことに気づいた。彼らは試みたのだけれど、砲員は通過することはできなかった。天候は包囲陣の内部と外部両側のドイツ軍を妨害したが、それとまったく同じくソ連軍にもまた影響を及ぼしたのである。わずかな通行可能な道路は、すぐに何マイルもの長さの渋滞で埋まった底無し沼となり、混乱にたいするなんらかの命令を持った参謀将校の介入が必要となった。地域住民の道路補修のための徴募さえ、ほとんど効果はなかった。

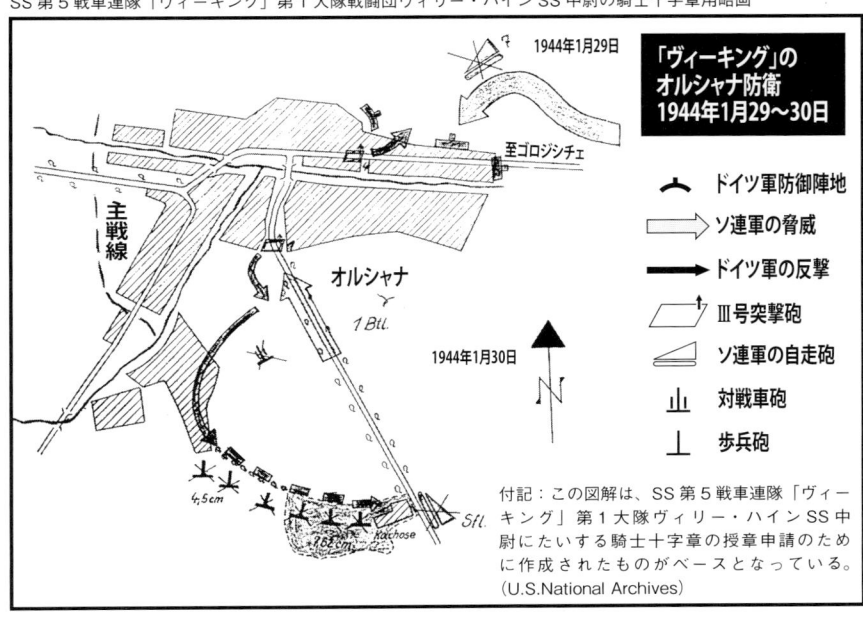

SS第5戦車連隊「ヴィーキング」第1大隊戦闘団ヴィリー・ハインSS中尉の騎士十字章用略画

「ヴィーキング」の
オルシャナ防衛
1944年1月29～30日

凡例:
- ドイツ軍防御陣地
- ソ連軍の脅威
- ドイツ軍の反撃
- Ⅲ号突撃砲
- ソ連軍の自走砲
- 対戦車砲
- 歩兵砲

付記：この図解は、SS第5戦車連隊「ヴィーキング」第1大隊ヴィリー・ハインSS中尉にたいする騎士十字章の授章申請のために作成されたものがベースとなっている。
(U.S.National Archives)

　建設工兵部隊が前線に送り込まれ道路を補修できるようになるまで、1月26日から2月5日まで、砲兵は待たねばならず、その間コサックと空挺部隊は、わずかな使用できる戦車と体力に頼って、オルシャナのような町を半狂乱で奪取しようとし、すさまじい損害を被った。その後のソ連軍の攻勢では、チェルカッシイ包囲陣における彼らの経験から引き出された結果によリ、彼らの砲兵の、計画、機動、そして補給に多くの注意が払われた。

　彼らが砲兵を欠くことで、小さい、あるいは軽武装のドイツ軍部隊でさえ、すくなくとも当初は、彼らの陣地にかじりつき数多くのソ連軍の攻撃を撃退することができた。包囲の内外の両方の環が彼らの敵によって形成された後は、ドイツ軍はうろたえさせられることに、再びソ連軍の「戦場の神」が、とくにカチューシャ多連装ロケットランチャー、恐ろしい「スターリンオルガン」の形で、投入されることを見るようになるのである。いまやソ連軍は完全に彼らの憎むべき敵を包囲しており、彼らは組織的に包囲陣を破砕する任務を開始することができた。しかし、少なくともこの段階では、ドイツ軍は、非常に困難であったが、堅固な戦線を構築することができた。しかしまた、彼らはまったく開かれた出口なく、完全に包囲されたことに気づくのであった。

● 217　第8章：大釜の南部戦線の構築

第9章　空の懸け橋

「我々は、我々に空中から補給し、多くの負傷者を脱出させた、第Ⅷ航空軍団の我々の戦友の犠牲に心から感謝する…」

ハンス・フーベ上級大将、1944年2月19日

　第5親衛および第6戦車軍のヤットコが、1月28日にズヴェニゴロドカで出会ったとき、これはソ連軍の作戦の第2段階の終わりを記すだけでなく、第XIおよび第XXXII軍団の包囲された部隊の運命の時が刻まれ始めたのであった。いまやほんどすべての補給路が切断され、ドイツ軍が補給を使い果し、さらなる組織的抵抗が不可能となるのは時間の問題であった。両軍団は彼らの補給所に補給物資の、食料や弾薬といったある種の物品を多数貯蔵していたが、これらは急速に消耗された。20世紀の戦争の兵站支援努力の大多数で常に要求されるように、とくに砲兵弾薬はそうであった。戦闘能力を維持するために、リープ中将およびシュテンマーマン大将の部隊は、毎日150トンもの補給を受け取らなければならなかった（※）。両軍団はすぐに突破する許可を拒絶されていたので、しばらくは空中からの補給に頼らなければならなかった。

　ドイツ空軍は、戦争のこの段階には、ロシア戦線に薄く広がっていたが、すぐに緊急空輸の計画に取り掛かった。ザイドマン将軍の第Ⅷ航空軍団は～南方軍集団を直接支援していた～のの搭乗員はこの作戦を支援しなければならないだけでなく、他の軍のための近接航空支援作戦や戦闘機護衛にも同様に飛ぶこと を要求され続けた。補給努力はシュミット少佐指揮下の第3輸送航空団第1中隊によって間に合わせですぐに開始され、コルスンの一時的な飛行場から彼らの基地からウマニの飛行場へ飛行し、弾薬を投下し負傷者を彼らに拾い上げた。この行動は、包囲された部隊に彼らに補給し続けるため努力が行われていることを示したものの、長く続くものではなかった。本質的に、1月28～31日から、数ヵ月間配置されていた既存の空中補給網では、使用できる少数の航空機によっては、もはや要求に合わせることは不可能だった。兵站システムの完全な崩壊を防ぐため、より大きなレベルでの努力が必要だった。

　幸運にも、ドイツ空軍は、1年前のスターリングラードの失敗中の悲惨な作業や、チュニジアで包囲されたドイツ軍への補給の試みで、その過程で数百の輸送機を失い学んでいた。いまや何ができて何ができないかを、より確固として把握していた。巨大な包囲部隊を無期限に空中から補給できないことはわかっていた。包囲陣の部隊に信用してもらうために、ドイツ空軍はその司令官であるヘアマン・ゲーリングがスターリングラード

雪で覆われた野原に着陸するJu-52〔註：Ju-52は第二次世界大戦中のドイツ軍の主力輸送機であった。もともとは民間輸送機として開発された機体であったが、1934年からドイツ空軍への配備が開始された。スペイン内戦当時は爆撃機としても使用されたが、第二次世界大戦中はもっぱら輸送機として使用された。低速で防御砲火が貧弱という欠点はあるものの、輸送機としては非常に優れた機体で、各種派生型を含めて5,000機近くが生産された。なお左側に写っている機体は、フィゼラーFi156シュトルヒである。小型の軽観測機で、わずか50mで離着陸できるSTOL性が有名。観測、連絡、軽輸送に広く使用され、ロンメルとともにアフリカを駆ったことや、ムッソリーニ救出作戦に使用された等、活躍のエピソードも豊富だ〕。(Bundesarchiv 459/150/29)

の部隊になにしたようには、もはやたくさんの空約束を享受して、包囲された部隊が作戦できるような、補給努力を約束する代わりに、彼らは絶対的な必需品～弾薬、医療物資、そしてガソリン～を補給するだけだった。

食料は少なくともコルスンでは利用できた。地方軍事行政官は、小麦や穀類のような、地方で調達された大量の食料をそこに疎開させており、加えてロシュ川を越えて移送した、大規模な国防軍の食料貯蔵所があった。第XIおよび第XXXII軍団の部隊はぜいたくな食事はとれなかったが、彼らは少なくとも戦闘力を保持するために十分食べることはできた。リープ中将の意見によれば、包囲時には包囲陣の食料供給は十分だった。彼が大きな関心を抱いたのは、弾薬の補給と負傷者の後送であった。

空中補給努力を容易にするため、ザイドマン将軍は、1944年1月31日にウマニの飛行場を基地に、作戦参謀部を設立した。ナップ少佐の指揮下で、この参謀部は包囲陣への空輸調整という唯一の任務を与えられた。この計画および作戦支部の到着は、ウマニを基地にした第3輸送航空団第3中隊長のリーシュ少佐～そのときまで作戦を遂行して来た～にとって、大きな助けとなった。彼の部隊は2月2日、バウマニ少佐の第2中隊がゴルタの彼らの基地から到着したことで、さらに増強された。これら2つの部隊は、ユンカースJu-52タンテ輸送機を装備しており、コルスンでシュミット少佐の中隊と統

219　第9章：空の懸け橋

合され、次の3週間の間に補給任務の大部分を飛んだ。この任務を遂行するため、輸送部隊はウマニ、ゴルタ、そしてプロスクロフ（第8軍戦区内）の飛行場から飛行した。しかし、ウマニだけが到着し出発する飛行機を急いで転回させるために必要な、適当な機材取り扱い装備（牽引車、フォークリフトその他）を保有しており、本質的に唯一の飛行場となった。ウマニはたより適当だった。というのは包囲された部隊に最も近く（戦闘の開始時にはたった30キロ、ウマニにこれも置かれていた第1戦車軍の野戦病院が近くにいっしょに配置されていた。航空機はたった60キロの往復でしかないという事実が重要だった。というのは、これは各搭乗員が毎日何度も飛ぶことを可能にしたのである。

負傷者はすぐ後送の高い優先順位が与えられた。すべての強壮な人員は後送を拒まれたので、コルスンあるいはヤブロノフカの隣接する飛行場に着陸した補給作戦は、負傷者を積んで戻ることができた。負傷者はすぐに累積した。1月29日、リープ中将は彼の日誌で、2,000名以上の兵士が両軍団中で後送を待っていると報告している。コルスン飛行場の負傷者の組織化に責任を負っていた部隊、B軍団支隊第112衛生大隊はすぐに身動きできなくなった。それにもかかわらず、そこで負傷者に責任を持つ医官は、飛行場の指揮官のシュミット少佐と密接に協力して任務を達成することができた。負傷者の救護所はコルスンの町中に見いだされた。多くはロシュ川の中の島上の

負傷者の積み込みの準備をする、Ju-52「タンテJu」。（Bundesarchiv 503/223/10A）

古いポーランドの城に置かれた。医療部隊と搭乗員の努力にもかかわらず、1月31日にまだ750名の負傷者の後送が必要だった。この数はこの後高まるばかりだった。

第3輸送航空団の搭乗員は、いくつかの方法で補給業務を加速しようと試みた。最初の方法は、何ダースもの飛行機が密集した編隊を組んだ、低空飛行を伴うものであった。これは搭乗員が飛行コースを保ちソ連軍戦闘機を避けるのを容易にしたが、ウマニからコルスンに飛ぶために選ばれた空中回廊の飛行ルートに沿って素早く展開した、ソ連軍対空部隊の砲火にさらされることになった。ときおりJu‐52の編隊は損失を被り、多くの他の機体はひどい損傷を被ったが、修理することができた。空輸の初期にはドイツ戦闘機の護衛がすぐには活用できなかったので、これは輸送機の大多数の安全を保証する最良の方法と考えられた。

この方法は2月1日、失敗に終わった。コルスンへの飛行の編隊長はウマニへの帰還ルートを、とくに重対空砲をさけるために命令に反してより高い高度を飛ぶことに決めた。機体がコルスンの飛行場上空で帰還飛行のため集結している間に、彼らは一方的な戦いが続いて起こり、各々1ダースを越える負傷兵を搭載したJu‐52 13機が撃墜され、2機が不時着を余儀なくされ、1機が飛行場を飛び出して破損した。飛行場の防衛のためコルスンに空輸された、空

軍の軽対空中隊はほとんど防御する余裕がなかった。このできごとはリープの司令部に大きな警鐘を鳴らし、リープに個人的に第8軍司令官、ヴォーラー大将に連絡を取らせ、コルスン飛行場の戦闘機による援護を要求させる結果となった。数日以内にエーリッヒ・ハルトマン大佐の第52戦闘航空団の機体が空中護衛を行ったが、通常平均して1回の作戦に3機のMe‐109

［註：メッサーシュミットBf109／Me109戦闘機は、第二次世界大戦中のドイツ空軍を代表する傑作軽戦闘機である。天才設計者メッサーシュミットの設計で、低翼単葉単座の近代的な戦闘機であった。速度を重視し実用上最小最軽量の機体に、当時としては最大の馬力のエンジンを組み合わせることで、最大限の機動性を発揮することを狙っていた。1935年に初飛行し、1936年にドイツ空軍に採用された。スペイン内戦では、爆撃機を護衛してイギリス本土に侵攻した。しかしこのときは、航続力が短くイギリス、とくにロンドン上空に長く留まれないのが最大の弱点となった。また脚部分の設計にも問題があり、撃墜された機体よりも事故で失われた機体の方が多いなどとも言われた。量産性に優れ、その後、改良を重ねられ、33,000機もの多数が生産されて、1945年の終戦に至るまで、ドイツ空軍の主力戦闘機として活躍した。ソ連侵攻時に主力となったのは最もバランスのとれたタイプと言われるF型で、1942年以降はエンジン、武装を強化したG型が主力となっ

第9章：空の懸け橋

た）が、一時に36機までのJu-52の空中護衛に飛ぶだけだった。

この厄災の後、ウマニの作戦参謀は前述の戦闘機の護衛つきの、高空の密集した編隊飛行に変更することを決定した。これらの編隊は、通常7,640から9,550フィート［註：1フィートは30・48センチ］を飛び、損失を減少させた。しかしこれは航空機により多くの燃料を消費させ、コルスン到着までに多くの時間を費やす結果となった。ほんの少しの戦闘機による空中護衛でも、彼らはソ連戦闘機を寄せ付けないようにするには十分だった。帰還飛行で護衛戦闘機が使用できないときは、搭乗員はソ連戦闘機が彼らを発見しにくくなる、暗闇が来るまで出発を遅らせた。この飛行戦術の変更は輸送機の損失を減らす結果となったが、これはソ連空軍が昼間Il-2地上攻撃機による飛行場を銃撃することを防ぐことはできなかった。この攻撃中に地上で捕まった機体はすべて、座り込んだアヒルであった。

例えば2月3日に、ソ連空軍の地上攻撃機は、コルスンの飛行場を19回攻撃した。幸運にも年のこの時期には、1630時（午後4時30分）には暗くなり始め、より多くの夜間飛行作戦が可能だった。これらの障害にもかかわらず、コルスンからウマニ、そしてその他の飛行場への空の懸け橋は続いた。1月27日から2月3日までに、第3輸送航空団の搭乗員はなんとかして2,800名の負傷者を後送し、包囲された部隊に、いくぶんかは必要を満たす、毎日120から140トンの補給物資を補給し続けた。ウマニ、ゴルタ、コルスン。そしてプロスクロ

フの飛行場は、活動で散らかった蜂の巣のようになった。数百の空軍の人員が24時間ぶっ通しで積み降ろしを手伝った。コルスンの飛行場をもっと効率的にするために、航空機の救難と修理要員と彼らの装備が空輸された。この方法で、損傷した航空機は修理され、包囲陣内の作戦に戻された。

1月終わりから2月3日まで、ウクライナ北部の飛行場は使用可能な状態であった。まだ堅く凍っており、24時間ぶっ通しで彼らの包囲陣への補給作戦のために航空機を飛ばすことができた。2月3日、天候は崩れた。高さ1メートルの積雪が溶け始め、早期の雪解けが腰を下ろし始め、継続的な空輸を脅かし始めた。そのときまだ使用されていたいくつかの飛行場、とくにコルスンの飛行場を溢水させた。これらは通常夜間再び凍ったが、日中は轍のついた泥沼と化した。2月4日までに、コルスンの主飛行場は、一時的に使用不能となり、退避しなければならなかった。これらの飛行場から3回飛ぶことができたが、搭乗員は夜間、せいぜい泥の固まりだが、これらの飛行場に使用にもかかわらず、5機のJu-52がなんとか着陸し、負傷者を積んで再び離陸した。これこそ搭乗員の献身の証拠であった。泥沼で離陸ないし着陸で機体が破壊して、彼らは死ぬか負傷する危険を犯したのである。そうであってもナップ少佐と彼の作戦参謀は、空中からの補給に必要な補給キャニスター、パラシュートと梱包資材を調達し、ウマニに送り出す準備を始めた。

しかし、彼は長く待たなければならなかった～これらの品目

の送り出しは遅れ、これらをすぐに使用することができなかった。コルスンの飛行場が移転される間に、補給任務を遂行するために、搭乗員は極端な低空〜地上10フィートもの低さ〜で、彼らの荷物を貨物ハッチから短く投げ出すという新奇な飛行技術に訴えた。このような低い飛行速度では、燃料、弾薬、そして医療物資（これらは通常藁を満たされた箱に入っていた）は、普通雪の吹きだまりや泥の中に落ち、ほとんど常に無傷で発見された。2月5日、必要な補給のほんの少しだけがこの方法で配達された。しかし、厚い霧が漂ったとき、この技術さえ一時的に放棄しなければならず、それが晴れるまですべての航空機は地上に待機しなければならなかった。

コルスン飛行場が使用不能となるとともに、すぐに別の適当な着陸場を見つけなければならなかった。2ヵ所が捜し出され、2月8日までに作戦使用された〜ひとつはコルスン（西）で、もうひとつはコルスンの西数キロのヤブロノフカの町の近くである。これらの飛行場は素早く調査され、時間が許すぎりできるだけ改善された。これらは開けた野原程度でしかなかったが、夜間離着陸が可能となるぎりぎり最小限の灯火が記された。しかしこれでも十分だった。翌8日から2月12日までに、100を越える補給作戦でこれらの場所に飛ぶぶか空中投下された。ウマニの飛行場が使用不能となるまで、負傷者は飛行機で運び出された。継続的な雪解けと地面の軟弱化と、同じく絶え間無い使用によって、これらの飛行場は修理不能なまでに損壊した。

2月10日に431名の負傷者が飛行機で運び出され、250トンの補給物資が飛行機で運び入れられた〜現在までの空輸の最高効率であった。遅くも2月12日、航空機が包囲陣に着陸できた最後の日に、1機のJu-52が着陸しようとした。しかし着陸したときにその降着脚は泥にはまり、機体は真っ逆さまに転覆してしまった。わずかな残存編隊は第8軍戦区のプロスクロフから脱出した。2月13日までに、コルスンからの負傷者の後送は非実際的となった。このときまでにソ連軍先鋒は西と北から町に到達し、砲兵射撃の射程内に入ったのである。コルスンそのものは、2月13/14日の夕方に放棄された。負傷者、いまやそれら2,000名は、2日前にシャンデロフカに後送された。この時点から、包囲陣へのすべての補給は、パラシュートで投下しなければならなかった。

Ju-52とハインケルHe-111〜輸送機としての運用が強いられた[註：ハインケルHe-111爆撃機は、第二次世界大戦中のドイツ空軍の主力となった、双発中型爆撃機である。「ベルサイユ条約」の規制を逃れるため、高速の民間旅客機を隠れ蓑に開発され1935年に初飛行し、1937年のスペイン内戦で軍用機としてのベールを脱いだ。ポーランド戦、フランス戦と活躍し大戦初期の電撃戦を支えた。当時としては高速であり、大搭載量で頑丈な機体であったが、防御火力が貧弱なのが弱点であった。すでに旧式化がすすんでおり、バトル・オ

ブ・ブリテンでは大損害を被った。その後、偵察機や雷撃機としても使用されたが、大戦後半はもっぱら輸送機として使用された。終戦までに各型合わせて7,300機余が生産された〜の搭乗員による包囲陣内への飛行は、昼に飛ぼうが夜に飛ぼうが、痛ましいでき事であった。1932年に初飛行したタンテJuあるいは「鉄のアニー」〜搭乗員から愛情を込めて呼ばれた〜は、もともとは民間用旅客機として設計された。その外部は波板鉄板の層で覆われ、目立つ外観をしており、その3発のエンジン配置と結び付いて、戦争中の最もユニークな見た目の航空機にしていた。同機は18名の完全装備の兵員か、12名の負傷者用の担架を搭載でき、最大速度10,8000フィートで毎時189マイル（1マイルは1・6キロ）で飛ぶことができた。哀れむべきほど脆弱で、同機にはコクピット背後のハッ

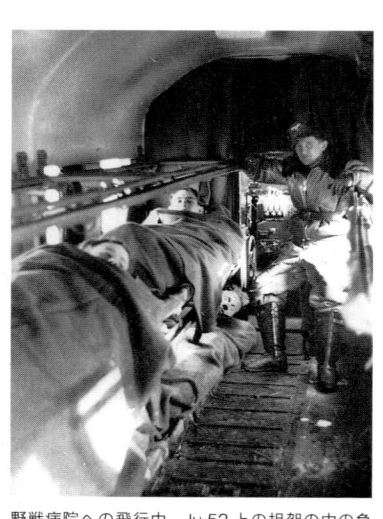

野戦病院への飛行中、Ju-52上の担架の中の負傷兵。ドイツ空軍の航空機関士が、一方でソ連軍戦闘機を機体のたった1挺の7.92mm機関銃で追い払いながら、短い飛行中安全のため看護師を勤める。（Bundesarchiv 503/224/25A）

チに配置された、たった1挺の7・9㎜機関銃で武装しているだけだった。1939年までには旧式化していたが、戦争終結までドイツ空軍輸送機艦隊の働き馬に留まった。

Ju-52を飛ばすのは、近代的航空機を飛ばすのとはかなり異なった。その低速度に加えて、同機は極めてうるさい飛行機だった。というのは、3つのエンジンの各々は、しばしば異なる公差で調整され、各々のエンジンが他の2つに打ち勝とうとするかのようにして、機体ははっきりとした断続音を発した。機体はまた断熱されておらず、搭乗員は冬季はかさ張るオーバーコートを着る必要があった。それにもかかわらず、同機は包囲陣に大量の補給物資を輸送し、ほとんどすべての負傷者を脱出させたのである。同機には12名の負傷した同乗者のための担架が装着されたが、通常できるだけ多くの負傷者を搭乗させるために畳まれた。ウマニあるいはプロスクロフまでの短期間の飛行中の負傷者の世話は、機付長に委ねられたが、彼はほとんどいかなる医療訓練も受けていなかった。負傷者の世話に加えて機付長はまた、エンジンの監視と機関銃の配置につかなければならなかった。

ウマニから包囲陣への飛行は普通、使用できる護衛戦闘機次第で、数機から2ダースの範囲の飛行機が編隊を組んで遂行した。ひとたび上がれば、編隊はその後、ソ連軍の対空砲を避けるため地形に沿って飛ぼうとするか、機敏なソ連空軍のYak-9およびLaGG〔註：LaGGとは、ラボーチキン、ゴル

ブノフ、ゴドコフの頭文字をとったもので、第二次世界大戦ソ連空軍を代表する戦闘機を作り出した設計局のひとつである。LaGG設計局の生み出した最初の戦闘機は、LaGG-1であった。低翼単葉単座、水冷エンジンを搭載した近代的な戦闘機で、とくに戦略資材である金属に代わり、木材を使用して製作されていた。1940年に初飛行し、試験もそこそこにすぐに量産が開始された。しかし、最高速度は期待したものを下回り、航続距離も短かった。機動性も悪く、機体の取り扱いもやっかいであった。完全な再設計とエンジン出力の向上が必要であったが、時間的余裕がないため、エンジンの換装とともに重量軽減やできるかぎりの機体の洗練が行われた。これらの改良が盛り込まれた機体はLaGG-3と改称され、1941年に生産が開始された。しかしその性能もまだ満足できるものではなかった。パイロットはLaGG-3を、「葬儀屋の友達」と呼んだという。しかしドイツ軍の侵攻のため、LaGG-3は欠陥機であるにもかかわらず、生産に拍車がかけられた。1941年末にはさらに強力なエンジンが搭載された改良型が導入されたが、パイロットの不評は変わらなかった。結局LaGG-3は戦闘機としてではなく、小型爆弾やロケット弾を使用した対地攻撃を主任務とするようになり、1942年6月には生産が中止された。総生産数は6528機であった。コルスン包囲戦当時の戦闘機は、LaGG-3の後継機ということになる。この機体はソ連のエンジン事情が作りだした戦闘機

であった。第二次世界大戦新世代のすべてのソ連戦闘機は水冷エンジンを搭載していたが、1941年夏に有望な空冷エンジン供給の見通しがたった。せっかく生産可能となった航空機用エンジンを無駄にすることはない。というわけですべての新型機に空冷エンジンを搭載してみることが命じられたのである。LaGG-3を空冷エンジンに換装した機体が最初に完成し、1941年12月には試験飛行が行われた。その結果はきわめて満足のいくもので、離着陸性能に関しては若干問題はあったものの、速度、上昇力ともにかなりの改善が見られた。その結果、6月には生産ライン上のLaGG-3に空冷エンジンを搭載することが命じられた。こうして量産されたのが、La-5（LaGGから変更）であった。La-5の最初の実戦部隊は9月に編成され、スターリングラードに投入された。La

Ju-52が補給コンテナを落とす。包囲陣の飛行場が天候あるいは泥で閉鎖せざるをえなかった場合は、これが包囲された部隊が、弾薬、燃料、そして医薬品を得る、唯一の実際的な手段であった〔註：写真に写っている機体はHe-111だが…。あるいは先行した機体はJu-52だったか。ちなみにHe-111は本来、爆撃機であるが、大戦後半には旧式化しており、輸送機としても使用された〕。(Bundesarchiv 73/103/66)

－５が多数前線に出現したのは１９４３年のクルスク戦の頃といわれる。Ｌａ－５は、低空での機動性においてはこれまでの総ての機体をしのぎ、上昇、降下能力も卓越したものがあった。性能的にはメッサーシュミットＭｅ１０９Ｇ型を上回っていたと言われる。なおその後、エンジンを強化した改良型のＬａ－５ＦＮが生産されている。Ｌａ－５は１９４４年末まで生産され、総生産機数は９，９２０機であった〕にたいして護衛戦闘機が機動する余地を与えるためにより高い高度を飛んだ。地表すれすれを飛ぶやり方は、控えめに言ってもぞっとするものであった。しばしば操縦士はあまりに低く飛んだため、彼らはゆっくりで重々しい輸送機を狙う、一人一人のソ連軍歩兵、あるいは対空砲手の顔まで見ることができるほどだった。霧や雨、吹雪、あるいは低い雲といった悪天候によって、旅ははらはらさせられるものになった。ときおり操縦士は耐え切れずに、丘の斜面に突っ込んだ。

Ｊｕ－５２は原始的な航法システムしか有していなかったため、包囲陣の飛行場への接近は、通常あまり役に立たない目算～すなわちコンパスと地図の使用、接近ルートに沿った地上目標の参照である～によって行われた。編隊が運に恵まれれば、先導機を飛ばす操縦士は周辺の経路を知っており、飛行場を発見することができた。しばしば編隊は迷子になり、機体の１機が彼らの位置を決定できるまで、包囲陣上空を円を描いて飛び、それからガチョウの群れは飛行場を見渡し、着陸進入を開始する。

コルスンの飛行場は初歩的な航空管制システムしか配置されておらず、着陸中および滑走中に機体が交信する管制塔を持たないので、機体は単にどこでも自分が空いていると思った場所に着陸した。これらの飛行場（コスルン西やヤブロノフカのような）の情況は混沌としたものだった。機体はしばしば彼らの荷物の燃料や弾薬を駐機場で降ろしたので、他の機体はこれらの障害物を避けてアプローチを行わなければならなかった。

飛行場上空を旋回した後、彼らは編隊全機が離陸するまで、それから多くの障害物を避けながら、とりうる最良の方法で離陸した。各機が離陸した後、彼らは編隊のための別の護衛戦闘機ペアがいたが、そうでない場合は、編隊は暗闇を待つか、低空を飛ぶことでなんとかするしかなかった。負傷兵は、急いで機上に積み込まれたので、しばしばシートベルトや固縛設備なしに座席や担架に乗せられた。多くはまったく何の固定もされずに、機体の床に置かれた。疲労と痛みの中で、負傷兵はウマニまで戻る３０分から１時間におよぶ飛行～その間操縦士はソ連軍の対空砲火やソ連空軍戦闘機、あるいは雪を覆われた丘を避けて旋回、降下を繰り返す～に耐えなければならなかった。負傷兵はしばしばこの乱暴な回避機動の間に、お互い投げ出された。負傷兵はしばしば、機体の薄い外皮を突き抜けた、機関銃弾や爆発する弾丸の破片で負傷した。別の機体は空中から撃ち落とされ、搭載した負傷兵を死に追いやった。

負傷者を積み込んだ Ju-52 が離陸する。いまやはらはらさせられる帰還飛行が始まった。
（Bundesarchiv 459/150/130）

ウマニあるいはプロスクロフに安全に着陸したことによって、事態は負傷兵にとって最終的に改善し始める。そこで彼らは救急車あるいは馬牽の橇に出会いその上に積まれ、それから後送病院に移動して、そこでさらに治療を受ける。その後でさえ、より重傷者の多くはぞんざいに改造された鉄道車両〜これらにはしばしば暖房、衛生装備が欠けていた〜に載せられ、さらにはポーランドあるいはドイツに後送される。少なくとも、彼らは彼らがついに包囲陣から抜け出し、おそらく生き延びるであろうことを知っていた。輸送機の操縦士に関しては、急いで一杯のコーヒー、あるいは一杯のスープを飲んだ後、すぐに再び飛び上がり、包囲された部隊により多くの物資を運びより多くの負傷兵を運び出した。彼らはこれを1日に5回から10回行った。

第XIおよび第ＸＸＸⅡ軍団の両者の軍医は、負傷兵の後送の手配に完全に没頭することになった。彼らには空輸を監督するというさらなる頭痛の種は持ち合わさなかったが、彼らは包囲陣の様々な場所から負傷兵を飛行場に輸送する手配しなければならなかった。これは耳で聞くほど簡単ではなかった。包囲陣はコネチカット州ほど広く〔註：12,403平方キロ、全米48位の広さでアメリカの州では、むしろ狭いと言った方がいいかもしれない。だいたい四国の面積の3分の2〕、雪解けが始まるとともに道路はどんどん通行できなくなっていった。いくつかの部隊は戦闘部隊は包囲陣中に広く散らばっていた。

当初のソ連軍の前進時に、自前の衛生部隊を失っていた。例えば、第389歩兵師団では、その衛生中隊は1月25日に包囲から逃れて、シュポラを通って南に脱出していた。「ヴィーキング」は衛生任務の部隊を廃止さえして、その衛生人員を戦闘部隊に組み込んでいた。

脱出飛行は天候の好転までしばしば停止されたので、何千の負傷兵のために、退避所が用意されなければならなかった。低空飛行のソ連空軍対地攻撃機にたいする防護を提供するため飛行場に掘られた塹壕を含めた。ほとんどの負傷兵は、コルスンそのものに収容された。後に、負傷兵の積み込みをスピードアップするために、即席の退避所が飛行場の外に作られた。負傷兵が町から飛行場まで何キロも移動する間、輸送機は完全にソ連機に無防備のままで、飛行場で待つことはできなかったからである。

包囲陣の東側の戦線から~第XI軍団がその野戦病院をゴロジシチェに開設していた~の負傷兵の輸送は、誰かが1月25日から26日にそこからコルスンの外縁に走る鉄道線路を破壊する命令を出したため、大きなハンディキャップを負った。もしこの命令が与えられなければ、何千もの負傷兵がすばやくコルスンに後送できたのである。代わりにこれらの負傷兵は、泥の絡み付く道路を通って、1時間の旅を一日がかりの事業にする、際限無い交通渋滞に耐えながら、30キロも馬の牽く橇に乗らなければならなかった。多くの者が、ゴロジシチェからコルスンへの

旅の途中で、寒く、湿った天候にさらされたことと、彼らの負傷によって死んだ。これらの負傷兵は、鉄道によって後送されれば、生き延びたろう。1944年3月3日に、Dr・M・ベーンゼン大佐によって書かれた、衛生士官による報告書では、この行為は大きな非難を受けた。というのは鉄道線路の破壊は、どちらの軍団司令部にも諮られたものではなかったからである。実際、今日まで誰が破壊を命令したのかはわかっていない。今はこれだけは言っておこう。これはひどい情況をさらに悪化させた、というのは負傷兵の後送を遅らせただけでなく、飛行場から戦闘部隊までの物資の移動を遅らせたからである。

包囲陣における負傷兵の治療は、第XXXII軍団軍医代理のDr・ベーンゼンに委ねられた。彼は、今度はB軍団支隊第112衛生大隊第1中隊長に、コルスン飛行場の負傷兵の積み込みと治療の任を負った。この士官、フォン・オーレン軍医大尉は、巨大な任務を負った。彼は飛行場で後送を待っている負傷兵の救急治療をしなければならないだけでなく、同時に彼らに給養し避難させなければならなかった。もっと重要であったのは、脱出しようとする許可の無い人員の大群の流入によって、完全に統制できないようになった情況にたいして、なんらかの形での秩序をもたらさねばならなかったことである。

飛行場の統制は、当初は下士官の手に委ねられたが彼は容易に、荷下ろしが行われる前でさえ、機体に乗り込もうと押し寄せる必死の群衆に打ち負かされた。スターリングラードのピト

ムニク飛行場の最後の絶望的な日々を思い出させる場面の中で、士官とナチ党の行政官は、銃を突き付けて無理やり機体に乗ろうとした。まったくもって悪いことに、ソ連軍の包囲によって地上から正規の通行許可証を持った兵士の悪党がいた。これらの連中は、Ju-52が彼らの最後の脱出切符だと感じて、ときには野外で担架に横たわった負傷者を踏み潰しさえした。何人かの負傷した兵士は、これらの必死の連中によって、座席を空けるため飛行機から降ろされさえした。というのも彼らは最初に脱出する「権利」を持っていると感じていたからである。軽傷者さえこの言語に絶する行動に加わった。明らかにこの機体の不公正な割り当てはすぐに止められなければならなかった。

飛行場の統制を再び取り戻し、初期の集団精神異常（「大釜精神病」と呼ばれる現象）を摘み取るために、軍団軍医はDr．フォン・オーレンにドラスティックな手段を取るよう指示した。フォン・オーレンは必要とあらば暴力を使うことを決意し、急いでコルスンから追加の衛生人員を駆り集めた。これらの人員には個々の機体の荷下ろしを管理し、負傷兵の秩序だった積み込みを監督する責任が与えられた。通行許可証を持つ兵士、あるいは軽傷者は、駆り集められ彼らの部隊に送り戻されるか、間に合わせの戦闘団の任務を押しつけられるか、包囲陣の他の部隊に増援として勤務するために送られた。これらの乱暴だが効果的な手段を使用して、フォン・オーレンは1月29日までには、飛行場に秩序らしきものを回復した。この同じ日に、50機の輸送機が補給のため飛来した。ドイツ空軍の人員と協力して働いて、Dr．フォン・オーレンと彼の部下は、その環境下で空輸をできうる限りスムースに運営しようとする飛行場の防衛を改善するため、彼はソ連軍航空機にたいする飛行場の防衛を改善するため、「ヴィーキング」からの4連装対空砲の移動の手配することさえできた。

あらゆる方向から、負傷兵はコルスンに流れ込み始めた。彼らが後送を待つ間彼らのためのスペースを見つけることは問題となり始め、軍団軍医は実質的に町の中のすべての健在な家屋を、負傷兵の避難に使用した。彼らの移動と給養は、とくに天候が悪化し始め、補給が不足し始めるにつれ、ますます困難となった。コルスン城内では、最終的に負傷兵のために200床のベッドが用意された。容易に観測できる目印としてのその地位のため、天井にはっきりと描かれた赤十字にもかかわらず、城はしばしば空襲を受け始めた。しかしその8フィートの厚さの壁は、負傷兵を直撃以外のすべてから防護した。そうであってさえ2月1日以後定期的なイベントとなった、止むことないソ連空軍の空襲によって、何ダースもの負傷兵が殺され、さらに何百もがさらに負傷した。これにたいしてはほとんど何も行われなかった。というのは使用しうるドイツ空軍戦闘機は輸送機の護衛に用いられたからである。彼らには選択の余地がなかったため、第112衛生大隊第1中隊、第188衛生大隊第2中隊、そして第582衛生大隊第1中隊の軍医と衛生兵は、

負傷兵の治療と避難という彼らの仕事に不撓不屈で取り組んだ。

前に述べたように、ドイツ空軍は負傷兵の後送と包囲された部隊の補給に、気をもむどころではなかった。道路が通行不能になるにつれ、第Ⅷ航空軍団の搭乗員は包囲陣内の部隊を救援しようと試みる部隊に、ますます補給しなければならなかった。

第Ⅲ戦車軍団は包囲陣を西から救援する任務を割り当てられていたが、すぐに動きが取れなくなり、その4個の戦車師団および2個の歩兵師団に道路によって補給することはほとんど不可能となり、前進を続けるために必要不可欠なものの、空中投下に頼らざるをえなくなった。これは東から攻撃するフォン・フォアマンの第ⅩⅩⅩⅩⅦ戦車軍団の戦車師団についても同じことが言えた。それゆえ、すべての使用可能な輸送機がふたつの別々の作戦に裂かれることになった〜包囲された部隊と救援部隊の両者への補給である。両者は別々の必要があり、3つの異なる地域〜被包囲部隊はコルスン周辺、第Ⅲ戦車軍団はリシノの近く、そして第ⅩⅩⅩⅩⅦ戦車軍団はズヴェニゴロドカの近くにあった。これら戦車部隊は保有する戦車に大量のガソリンと、その砲に7・5㎝および8・8㎝砲弾が必要で、一方で包囲された部隊には主として砲、小火器、そして対戦車砲用の弾薬補給が必要であった。

クナップ少佐が補給コンテナ(キャニスター)とパラシュートの量を適切に予想できなかったことで、搭乗員は救援の戦車

とりあえず安全な、泥に覆われた前線飛行場に降ろされる負傷兵。(Bundesarchiv 498/32/20)

隊列に必要な補給をするために、各種の方法を試みることになった。これを行うために、航空機は戦車の全進路に沿って3・5から5マイルにこれほど近く着陸することによって、これらの困難に着陸を試み、彼らの荷物をそのときそこで降ろした。機甲先鋒の先端にこれほど近く着陸することによって、これらの困難に着陸を試み、彼らの荷物をそのときそこで降ろした。機甲先鋒の先端にはソ連軍砲兵あるいは戦車砲に射撃される危険にさらし、こうした着陸を実際大バクチにすることになった。これらの困難にもかかわらず、補給作業は続いた。

して弾薬のコンテナを地上からたった12フィートの高度で投下した。このような低速、低空では、ほとんどのコンテナは安全に着地した。夜間の投下地点は、ランタンと車両のヘッドライトで作られた、間に合わせの明かりの流れで照らされた。これらはJu－52、またはHe－111が近づいて来る音が聞こえるや否や明滅された。これらコンテナのいくつかが破裂してさえ、戦車に前進を続けさせるのに十分な数が回収された。

補給コンテナとパラシュートが利用できるようになると、包囲陣の内側～2月13日までにはその補給のすべてを完全に空中投下に頼るようになった～と外側の両者でこれらが使用され、部分的な成功を収めた。これらは低空（300から400フィート）で投下されない限り、風によって流される危険があった。これらコンテナの多くは、それらを必要とする部隊からはるかかなたに着地するか、包囲するソ連軍のひざ元に着地した。おそらく彼らは医療物資か食料かどちらであろうと中身を喜んだろう。加えて輸送機が彼らのコンテナの投下を遂行する10分間は、ソ連軍の対空砲火にとって極めて脆弱であった。もし情況が適切であれば、より大胆で経験ある操縦士の何人かは、ブレイスおよびフォン・フォアマンの軍団の前進する戦車の脇の開けた大地

に着陸を試み、彼らの荷物をそのときそこで降ろした。機甲先鋒の先端にこれほど近く着陸することによって、これらの操縦士はソ連軍砲兵あるいは戦車砲に射撃される危険にさらし、こうした着陸を実際大バクチにすることになった。これらの困難にもかかわらず、補給作業は続いた。

包囲された部隊にたいする補給作業は、2月16日、包囲陣からの突破が始まったその日まで続けられた。救援部隊の作戦は、2月20日まで続いた。この日彼らは彼らの最初の出動陣地に戻り、彼らの作戦は完了した。ある権威筋の評価によれば、ドイツ空軍の空輸は真に成功した数少ないもののひとつは、シュテンマーマン大将の戦闘部隊は、17日間にわたってドイツ空軍の空中補給の努力のおかげで、その戦闘力および機動力を見たところは維持することができたのである。ブレイスおよびフォン・フォアマンの救援部隊もまた補給された。より重要なのは、実に多数の負傷兵が後送されたことである～全部で、彼らのうちの4，161名が、第1戦車軍戦区ではウマニ、第8軍戦区ではプロスクロフのどちらかに空輸されたのである。空輸された負傷兵の他に、計算によれば2，026トンの補給物資が、包囲陣内に空輸されるか投下された。この中には867.7トンの弾薬、8，2948ガロンの燃料が、ウマニからの空輸だけで含まれた。加えて4，000トンを越える燃料と弾薬が、第Ⅲおよび第ⅩⅩⅩⅩⅦ戦車軍団に空輸された。平均的な日で、被包囲部隊は70トンの補給物資を受け取った。この量はけっし

て十分ではなかったが、シュテンマーマンの部下が戦闘と移動を続けることをまさに可能にしたのである。もし救援作戦が失敗しなければならないとしても、それはドイツ軍が十分賢明に立ち向かわなかったからではなく、スターリングラード空輸の失敗と同じものに帰せられるのである。

ザイドマンの搭乗員は、1,536回以上の出撃を記録したが、そのうち832回が脆弱なJu-52の飛行であった。多くの輸送機操縦士が戦闘機の護衛の欠如に不平を述べたが、Me-109とFW-190【註：FW190戦闘機は、第二次世界大戦後半のドイツ空軍の主力となった戦闘機。当初、Bf109を補佐する程度の機体という位置付けであったが、戦闘機としてだけでなく、頑丈で大きな搭載量を生かして、戦闘攻撃機としても使用された。もうひとりの天才設計者クルト・タンクの設計で、軽くて丈夫でだれにでも取り扱える戦闘機として設計された。ヨーロッパには珍しく空冷エンジンを搭載していたが、洗練された機体設計で、高空性能を除けばBf109にまったく遜色の無い機体に仕上がった。1939年に初飛行するとその優秀さからすぐ採用となり、終戦までに戦闘機型のA型、戦闘爆撃機型のF、G型、さらに高空性能を改善するためエンジンを水冷にしたD型等合わせて、20,000機が生産された】は個々の作戦で226回以上飛んだ。この成功は大きな犠牲なしでは来しえなかった。ドイツ空軍は、主としてソ連軍戦闘機による他各種の要因で50機の航空機を失い、そのうち32機がJu-52であった。加えて150機が損傷を受けた。その上、数百かそこらの負傷兵が、彼らの空中の救急車が撃墜されたときに死亡し、22名のドイツ空軍搭乗員が戦死し、56名が戦闘中行方不明となった。この損失はソ連軍の主張する計算とまったくもって対照を為している。彼らは329機以上のドイツ軍航空機を撃墜したと主張しているのだ。この数はこの全期間における第Ⅷ航空軍団の稼働機の数より多い。これはソ連軍にありがちな誇大宣伝の有り様を示す例であろう。彼らがなした、乱暴に膨らませた主張の、最後というわけではなかった。それぞれの側の主張する損失はともかくとして、空輸は続けられ、包囲されたドイツ軍部隊に十分な補給を維持し、彼らがみ見捨てられていないという目に見えるサインを送って、戦争のこの段階の東部のドイツ軍にとって重要な士気を向上させたのである。

※1944年1月第1週に、南方集団がロシュ川の後方への撤退の計画策定を開始したとき、カーニェフ突出部の2個軍団はドイツ農業行政官の手元にあるすべての食料を集め、それらをロシュ川の南、コルスン周辺に集積した。これは空中補給の問題をより簡単にした。

(Earl Ziemke,Stalinrad to Berlin : The German Defeat in the East.(Washinton D.C.: Center of Military History,United States Army,1984))P.231

第10章 ソ連軍を包囲するマンシュタインの計画

「しかし、私は総統との個人的関係よりも、もっと重要な物事を心配しているのだ」

エーリッヒ・フォン・マンシュタイン『失われた勝利』より

包囲陣内で一貫した防衛線を完成するための戦いが、ステブレフ、クヴィトキ、そしてオルシャンカで荒れ狂い、ドイツ空軍が包囲された部隊を補給し負傷兵を後送する努力をしている間に、フォン・マンシュタインと彼の参謀はヒットラーの希望にしたがう計画を見つけだすために働いていた。ヒットラーは、前に述べたように、1月24日に存在した戦線を回復するだけでなく、それを、キエフを奪還する狙いの彼の長く望んだ反撃を発動する前進陣地として使用することを望んでいた。ヒットラーの司令部での会議から、1月28日朝、プロスクロフに彼の参謀が帰ると、フォン・マンシュタインはすぐに彼の注意を2つの包囲された軍団との接触の回復に集中した。

ひとたび救出されれば、彼はこれらの軍団がその後、新しく、短い防衛線に組み込まれることができ、続く作戦に加わる部隊を捻出することを心に描いた。フォン・マンシュタインは、その後、あるいは後に彼の回想録に、彼がまじめにキエフの奪還を狙う反撃～これは単にあまりに空想的で考えの邪魔である～を考慮したことは、まったく示していない。陸軍総司令部の誰よりも良く、元帥は彼の部隊にその能力がないことを知ってい

た。フォン・マンシュタインは、作戦は厳密に包囲された2個軍団の救出に限定されるべきであるという彼の勧奨をテレタイプでヒットラーに送った。ヒットラーはもちろん、即座にこの提案を却下した。彼は代わりに、彼の元帥にドニエプルの戦線を回復しキエフを奪還する作戦を発動することを命じた。

ヒットラーがこの野望に満ちた目的を遂行することを期待した部隊は極めて戦力不足であったという事実は、彼の計算では考慮されなかったようだ。「歴史上最大の軍事的天才」にとっては、地図上の旗〔註：部隊を表すシンボル〕は、実際部隊の多くがもはやその残骸を除いては存在していなかったのだが、現実の戦力と能力を示すものであった。東部戦線における作戦に責任を負う陸軍総司令部、そしてドイツ国防軍の最高司令部である国防軍最高司令部の参謀の誰一人として、そしてカイテルあるいはヨードルでさえ、こうした事実を彼に指摘する勇気を持たず、これは参謀本部がその最高司令官にたいする影響力を失った程度を示す黙示的な証拠であった。この公式には偉大な組織は、いまや単にヒットラーからの命令を東部で戦う3個軍集団に垂れ流すために働く地位に貶められたのである。

フォン・マンシュタインは、キエフ奪還のヒットラーの計画は、良くても非現実的と考えたが、彼はこの状況を第1、第2ウクライナ方面軍の両者に手厳しい一撃を加える好機を出現させるものと見た。最終的にバトゥーチンとコーニェフは、2個戦車軍の最良の部分を比較的に小さな地域に集結させた。もし彼がこれら軍の両者を粉砕することができれば、ウクライナの継続的な防衛はもっと容易になる。しかし彼の計画は単純ではなかった。少なくとも表面上は、フォン・マンシュタインはヒットラーの希望に従うように装わなければならなかった。ヒットラーの計画の最初の部分～キエフ奪還～は、こうして明確に排除された。そうすることは、南方軍集団司令官が、彼の総統を騙すことを必要としたのであったが。

ヒットラーの意図を表明した第二の部分～ドニエプル戦線の回復～は、包囲された2個軍団の救出という、より現実的な計画を操作して隠蔽することに利用可能であった。南方軍集団はヒットラーの承認のため提出された作戦命令に適当な言い回しを含めることで、東プロイセンの陸軍総司令部には、ドニエプル戦線を回復しようとしているように見せる一方で、軍集団は実際にはもっと現実的な目標を追求した。こうしてフォン・マンシュタインの計画は、2つの異なるタイプの作戦要素を統合せざるを得なかった。彼の軍集団は包囲された部隊の救出の試みと限定された目的の反攻を同時に遂行するのである。これを行うために、フォン・マンシュタインはすぐに、第1戦車軍と

第8軍に、包囲陣を取り囲んでいる部隊を包囲し撃破するために、同時に西と東から攻撃する機甲先鋒の準備をするよう命じた。実際、フォン・マンシュタインは彼自身の部下を包囲していた、同じソ連軍を包囲しようとしていたのである。

しかしこれが可能となる前に、彼はジューコフ、コーニェフ、そしてバトゥーチンが次にどのような行動を取るかについて、ちゃんと考えねばならなかった。というのも包囲された部隊の救出は、軍集団司令官が直面する唯一の問題ではなかったのである。さらに不吉でさえあったのは、彼の戦線の東ではノボ・ミルゴロドから西ではリシノの町まで100キロもの幅の穴が引き裂かれた事実であった。第1戦車軍と第8軍との接触は、まったくもって困難となった。ズヴェニゴロドカから黒海～たった200キロしか離れていなかった～の間には、赤軍を止めるものは（郵便部隊、修理廠等々を除いては）完全に何も無く、ジューコフはバトゥーチンとコーニェフに南に向かう前進を続けるよう促していた。最終的に、第5親衛戦車軍および第6戦車軍の大群は、ズヴェニゴロドカとショポラの周辺に集結し、容易にジューコフが命令したこと～彼はスタフカを通じてそうする権限があった～を実行できた。それだけでなく、フォン・マンシュタインは、消耗し当時再建のためフランスに送る準備のため前線から引き上げられる途中であった第2降下猟兵師団以外には赤軍の進撃路に投入する予備を持っていなかった。

1月28日から31日にかけて、南方軍集団の絶望的な部隊にとっ

「歴史上最大の軍事的天才」と、作戦実施における彼の最も能力ある実行者、エーリッヒ・フォン・マンシュタイン元帥が、ここではヒットラーにあいさつしている。1943年夏の終わり、ウクライナ、ヴィニツィア近郊。
(Bundesarchiv 705/251/5)

ては、事態は実にお先真っ暗に見えた。

ドイツ軍地上偵察パトロールが、包囲の外環に工兵が地雷を敷設していることを観測したとき、ソ連軍の意図を示唆するものが見え始めた。通信情報部隊もまた、各種ソ連軍部隊から地雷や対戦車壕、その他防御用障害物の据え付けの必要性について議論する無線通信を傍受し伝達した。ドイツ軍航空機は、ロトミストロフとクラウチェンコの戦車が壕に入り、鉄条網と対戦車防御陣地が、急ぎ西はリュシャンカから南はズヴェニゴロドカ、そして東はショポラまで広がる弧状に建設されているのを観測した。これらはバトゥーチンとコーニェフが、ともかくさらに南に進むつもりはなく、代わりに彼らの部隊に計画的な防衛の準備を命じたことを示していた。ソ連軍の戦闘後報告書は、これらの準備を詳述さえしており、これらを包囲された戦友を救出することを狙った、敵の南から北への浸透を防ぐために取られた予防手段と記述している。

証拠によれば、ジューコフと彼の方面軍司令官は、彼らの前進を続ける意図はまったくなかったようだ。実際、ソ連軍は急ぎ彼らがすぐに来ることを知っていた、救援攻撃への準備をしていた。ジューコフは彼の回顧録の中で、「(敵部隊を)包囲するこの作戦に加わった我々のすべてが、ナチ最高司令部は包囲された部隊を救援するため外部から打撃しようとしていることを、完全に理解していた」と述べている。ロトミストロフとクラウチェンコの戦車は、そのまま留まっていた。フォン・マン

シュタインと彼の司令官は、彼らの幸運を信じることができなかった。

なぜジューコフ、そしてさらにスタフカがこの好機を無視したかは、ただ推測しうるだけである。おそらく、ソ連軍最高司令部は、来るべき夏季戦役期のために計画された次の大作戦のために、戦略予備を蓄積し始めるために、比較的に小規模作戦と考えたこの作戦を拡大したくなかったのである。ジューコフは、彼の回顧録の中では、この可能性について確かに述べていない。別の理由はソ連軍の将軍はドイツ軍の作戦縦深く進み入り、前の冬にハリコフでポポフ機甲集団のような方法で切断され殲滅されることに用心深かったのだろう。フォン・マンシュタインはこの戦闘に関する彼の記述の中で、スターリンの将軍はまだ「ドイツ軍の攻勢能力に、健全な尊敬心、恐れをさえ抱いていた。これは私の見解ではもはや存在していなかった」。

ジューコフがバトゥーチンやコーニェフの前進を促すのに気が進まなかった別の理由は、包囲陣内の巨大なドイツ軍集団を一掃するのに十分な戦力しか手元に有していないと考えていたからである。彼らは彼らが罠にかけたドイツ軍の規模を、少なくとも100,000名(実際彼らは彼らがヴォーラー大将の第8軍の大群を包囲したと考えていた)を有する10個師団を越えるものから成るし見積もっていたので、ソ連軍司令官は彼らの部隊が成功裏に縦深攻撃を遂行することに賭けるよりも、包囲されたドイツ軍を撃破する方がはるかに素晴らしい賞品だと感じたのかもしれない。2つのありうる行動コースのうち、包囲されたドイツ軍の撃破は危険性しか必要とせず、最高の払い戻しが得られる可能性があった。ジューコフそしてコーニェフの両者の回顧録とも、この見方を補強しているようだ。もちろん、スターリングラード以来のドイツ軍の最大の敗北というプロパガンダの大成功も加わり、喜んだスターリンによって送られた褒賞や昇進は言うまでもない。ともかく、包囲された部隊の外環を形成し占めたソ連軍の軍、軍団、そして師団は、徹底して穴に潜り始めたのである。

ジューコフと2つの方面軍司令官もまた、彼らが予期しなかった問題に直面した。包囲陣それ自身の中の頑強なドイツ軍の防戦は、確実に最も悩まされる問題であったが、これひとつではなかった。戦車と歩兵に追従するソ連軍砲兵の遅さが、もうひとつの問題であった。攻撃部隊によってカバーされなければならない遠大な距離もまた、重要な要因であった。バトゥーチンとコーニェフの歩兵軍がゆっくり広がる間、機甲部隊は彼らの到着を切望して待った。というのも、ロトミストロフとクラウチェンコの軍は、両者ともドイツ軍の歩兵から彼らを守るため、足で歩く兵士を渇望していたのである。待つ間彼らは予想された救援攻撃に先んじるため、南を向いた彼ら自身の防御陣地を改善し続けた。

ロトミストロフの部隊の歩兵の不足を補うため、コーニェフ

は1月31日にガラーニンの第53軍に3個狙撃兵師団（第6親衛、第84狙撃兵、そして第94親衛）の派遣し、彼らを合わせて第49狙撃兵軍団を編成することを命じた。この新しい軍団は、今度は第5親衛戦車軍団司令官の指揮下に置かれた。コーニェフはロトミストロフに、南からのドイツ軍の救援の試みを、西でズヴェニゴロドカから東でリピャンカ～ここで彼の軍はガラーニンの軍と連接していた～に走る戦線を保持することで、北部で包囲陣と連絡することを阻ぐ任務を命じた。ラザレフの第20親衛戦車軍団はズヴェニゴロドカの南の戦線を保持していた。彼の東には第49狙撃兵軍団とキリチェンコの第29親衛戦車軍団が布陣していた。ポロズコフの第18親衛戦車軍団はロトミストロフの予備であった。防衛線を増強するために、損傷したあるいは行動不能の戦車は装甲トーチカとして運用するため埋められた。さらに彼の防衛線の強化を援助するため、コーニェフは第5工兵旅団と同じく追加の対戦車および対空連隊を、ロトミストロフに隷属させた。

バトゥーチンは、本質的に同じことを試みたが、そうするためにはるかに少ない部隊しか有していなかった。クラウチェンコの第6戦車軍を増強するため、バトゥーチンはすでにジュマチェンコの第40軍から彼に第47狙撃兵軍団を与えていた。クラウチェンコはまた、彼が前週成功裏に解放した、包囲された ソ連軍部隊によっても強化されていた。ただしそこには粉砕された残余しかなかったのだが、彼らはいくらかは必要な歩兵の支

援を提供することができた。1月31日現在、クラウチェンコの最も西の部隊、ボルコフ将軍の第5機械化軍団は、リシノ地区を占領していた。その左翼にはアレクセイエフ将軍の第47狙撃兵軍団が、ヴィノグラード地区を占領しており、彼らはズヴェニゴロドカの西でロトミストロフの部隊と連接していた。バトゥーチンの唯一の予備は第233戦車旅団で、同旅団はズヴェニゴロドカの北西のパブロフカ地区に布陣していた。

クラウチェンコの任務は、南西からリュシャンカに向かうドイツ軍の接近経路を阻むことであった。とくに強調されたのは、最もドイツ軍の接近経路となりそうな、シュベニュ・スタフ～リュジャノフカ地区であった。ジュマチェンコの第40軍には、クラウチェンコの右翼を守る任務が与えられた。コーニェフの部隊に比較して、バトゥーチンはわずかな損失しか被っておらず、最短の時間で最大の地歩を獲得していた。バトゥーチンの部隊は、こうしてはるかにドイツ軍機甲部隊に直面することにはならなかったが、彼らの防衛戦区は比較的平坦な開けた地形であり、ひとたび不可避なドイツ軍の救援作戦が開始されたら、防御することは難しかった。さらに、バトゥーチニェフがしたように、彼の他の方面軍の戦区をなぜいたくは許されなかった。というのはバトゥーチンの軍のいくつかは、はるか西方でまだ第XXXVI戦車軍団との戦闘に従事していたからである。浸透の程度にかかわらず、ソ連軍は包囲陣内のドイツ軍にたいする支配力を堅固にする方向で重

要なステップを踏んだのである。

　これが包囲の外環の防御を大きく改善した一方で、外方への戦車の再配置を痛切に感じさせることになった。内環にはいまやまったくもっぱらとして歩兵が配置されており、彼らは通常攻撃を支援するあるいは歩兵の突撃を導く、独立戦車旅団をあてにしていた。戦車の極度に重い損失（コーニェフの方面軍だけで、1月24日から29日の間にそれらの205輛もの多数が失われていた）のため、これらの旅団は2個戦車軍の増強に使用されていた。コーニェフの第4親衛および第52軍、そしてバトゥーチンの第27軍は、彼ら自身で包囲陣を縮小しなければならなかった。包囲陣の縮小を助けるために使用できる唯一の機動戦力は、セリバノフの第5親衛騎兵軍団であったが、その一部はオルシャンカの戦いに拘束されていた。彼らは彼らがこの任務を遂行するのに必要だと感じたほど強力な戦力ではなかったという事実にもかかわらず、ソ連軍の内側包囲環はまだ包囲陣内のドイツ軍をほとんど2対1の比率で圧倒していた。この仕事は、ひとたびドイツ軍が堅固な前線の建設競争に勝利したことが明らかになった2月4日以降さらに厳しくなったろう。ソ連軍包囲ドクトリンに必要とされる、包囲陣の安易な裂け目はなかった。彼らはいまや大地を1平方フィートごと、戦いとらねばならなかった。

　包囲陣の外環を形成するために戦車を展開したことはまた、構築された赤軍戦術ドクトリンに反するものであった。という

のも戦車軍団はスターリングラードの戦いでそうであったように、包囲の内環に使用されると考えられていたからである。このとき、ジューコフ、コーニェフ、そしてバトゥーチンの相互に了承した決定は、当時のソビエト内部の資料で裏付けられるように、いくらか赤軍内部で論争を引き起こしたらしい。彼らはこのタイプの作戦のために保有することに慣れていたより、少ない戦車しか保有していなかったため、ジューコフは方面軍司令官に彼らが保有する戦車を外環に使用するよう奨励したのである。彼らはそこを、ドイツ軍戦車が包囲陣内の部隊の救援のために来る、最大の脅威と見た。

　これは健全な決定であることは証明されることになる。ジューコフの調整の問題は、彼のドイツ側の相手、フォン・マンシュタインが直面したものに比べれば小さなことであった。しかし彼の好敵手は、南方軍集団の使用可能な戦車師団をソ連軍包囲部隊に投入することで、すぐにジューコフの決定を試す計画を起草した。フォン・マンシュタインは、アレクサンダー・スタールベアグ大尉によれば、彼の参謀のひとり、アレクサンダー・スタールベアグ大尉によれば、「いまや、彼は決してスターリングラードの繰り返しを許さないことを決意した。ヒットラーとの最後の会談、そしてヒットラーをより超然とさせ、断固としてふけすけな衝突は、明らかに彼をより超然とさせ、断固としてふるまうことにさせた」。

　ジューコフが第1戦車、第8軍の両者を包囲しようとしているというフォン・マンシュタインの恐れは、しばらくのところ

第1戦車軍第Ⅲ戦車軍団長、ヘアマン・ブライス大将。（Bundesarchiv）

第17戦車師団長、カール＝フリードリヒ・フォン・デア・メーデン少将。（Photo courtesy of Andreas Schwarz and 88.Inf.Div.Veterans Association）

　静まった。これは軍集団の情況をいくらか単純化した。南方軍集団全体が巻き込まれる大災害に直面しなければならない代わりに、フォン・マンシュタインと彼の司令官達は、単にどのように戦術情況を改善し「チェルカッシィの大釜」～いまや包囲陣の外側および内側の両方のドイツ軍部隊にそう呼ばれるようになった～で罠にかけられた軍団および師団を救出するかという問題に直面したのである。これはこのとき考えられたよりもはるかに大きな挑戦であることがはっきりすることになる。というのも、偉大なプロイセンの軍学者クラウゼヴィッツがかつて書いているように、「戦争は本質的に単純である。しかし戦争では、単純なことが難しいのである」。

　彼の計画を遂行するために、1月28日に起草された指令では、フォン・マンシュタインは第1戦車、第8軍に、救援作戦の計画を開始するよう指示している。フーベはブライスの第Ⅲ戦車軍団にヴィニツィア地区～そこではまだ戦闘が行われていた～から離脱し、その戦区を第ⅩⅩⅩⅥ戦車軍団～彼らはその戦線をさらに西に広げなければならなかった～に引き継ぐよう命令した。第Ⅲ戦車軍団はその2個師団～第16、第17とともにベーケ重戦車連隊を有する～は、ヘアマン・ブライス大将に指揮されていた。作戦は第1戦車軍のはるか右翼に移動し、北東方向にメドヴィンの町を目指して攻撃することになった。彼らが啓開した後、他の2個の戦車師団が追従することになった。全体の救援作戦は、陸軍総司令部によって「帰郷作戦」と名付

第10章：ソ連軍を包囲するマンシュタインの計画

けられた。

第Ⅲ戦車軍団は国防軍の最も古強者の部隊組織のひとつで、1939年のポーランド侵攻以来、北アフリカを除くすべての戦役に参加していた。同軍団はとくにクルスクの戦いで、SS第Ⅱ戦車軍団の左翼を成功裏に守り、数百輛のソ連戦車を撃破して評判をあげた。その司令官のブライスは、ドイツ軍機甲部隊の最も経験ある軍団長の一人で、味方からも敵からも同様に尊敬を勝ちえていた。彼は1892年にピアマーゼンで生まれ、第一次世界大戦では第121歩兵師団に勤務した。1939年以来引き続いて、彼は第5、第3戦車師団、そして1943年3月1日以来、第Ⅲ戦車軍団の指揮を執った。彼は1942年1月31日、ソ連軍の冬季反攻中に、トゥーラ近郊で第3戦車師団を率いた功により、柏葉付騎士十字章を授与された。

第16戦車師団長、ハンス＝ウルリッヒ・バック少将。(from Bender and Odegard, Uniforms, Organization, and History of the Panzertruppe)

ウマニの町に近い戦術集結地域に到着した後、ブライスの軍団は第Ⅶ軍団の第198歩兵師団によってまだ保持されていた突出部を、クラウチェンコの第47狙撃兵軍団にたいする北東への攻撃を発動する跳躍台として使用した。ひとたび軍団がソ連軍防衛線に切り込めば、たった30キロかそこらしか離れていない、メドヴィンの周辺のリープの軍団と連接するまで前進を続ける。包囲された部隊との接触を確立した後、そこでブライスは彼の軍団の方向を南東に変え、メドヴィンからズヴェニゴロドカの間に連なるクラウチェンコの戦車軍の後方を攻撃し、それを一掃する。

ブライスの2個の戦車師団、ハンス＝ウルリッヒ・バック少将指揮下の第16戦車師団と、カール＝フリードリヒ・フォン・デア・メーデン少将指揮下の第17戦車師団は、最近の激しい戦闘に巻き込まれていたにもかかわらず、このとき両者ともに比較的に良好な状態だった。1月28日に、バックの師団は、配属された7輛のティーガーと、同時に7輛の追加の突撃砲を含めて48輛の戦車が稼働状態にあった。彼の2個機甲擲弾兵連隊もまた、50パーセントかそれ以上の戦力を持ち、その他の師団の部隊も同様だった。フォン・デア・メーデンの師団はより一層悪く、たった29輛の稼働戦車しかなかった。彼の機甲擲弾兵連隊もまた、ブライスよりいくらか悪い態勢だった。フォン・デア・メーデンの師団砲兵は、その編成上の榴弾砲の定数の半分に満たない彼の同僚に比して比較的に健在であった。フォン・

マンシュタインもまた、第1戦車師団とSS第1戦車師団「ライプシュタンダルテ・アドルフ・ヒットラー」を～彼らはバトゥーチン部隊のいくつかと交戦中であったが～その作戦を完遂ししだい早く前進させることを計画していた。軍団の仕上げは、Dr.フランツ・ベーケ大佐の指揮する重戦車連隊で、彼らはブライスに攻勢の衝力を提供した。

この奇妙な部隊は、1944年1月にフォン・マンシュタインの命令で、軍集団の特別な攻勢任務を遂行するために編成されたものであった。これは極めて強力な、戦争のこの局面のためのその場限りの組織であった。他の戦車師団から「借用」された各種の軍レベルの独立部隊や大隊が組み合わされたもので、34輌のティーガー戦車を有する第503重戦車大隊と46輌のパンター戦車を有する第23戦車連隊第1大隊から編成されていた。

同連隊は同じく、自走砲兵大隊、戦闘工兵大隊、そして山岳猟兵大隊も保有していた。加えて、連隊装甲車小隊も、偵察能力を与えるため、第23戦車師団から借用して配属されていた。

ベーケ重戦車連隊の指揮官、Dr.フランツ・ベーケは、戦前は歯科医であった。彼は1989年にシュヴァルツェンフェルスの町で生まれ、第一次世界大戦には第53歩兵連隊に志願兵として勤務し、1919年には軍曹で退役した。1937年に再び招集され、予備役少尉に昇進し第11戦車連隊に配属された。そこで彼は最初は大隊副官としてて勤務した。戦争が始まったとき、彼は戦車小隊長でこのとき

から急速に上級への昇進の階段を駆け上がった。戦闘における彼のリーダーシップは、1943年1月11日、東部戦線において第6戦車師団第11戦車連隊の大隊長として勤務していたときに、騎士十字章を受賞したことで認められた。

少佐に昇進し連隊長に任命された後、1943年8月1日に、クルスクの戦いにおいて連隊を導いた功により、ベーケは戦闘指揮においてダイナミズムと独断専行のやり方で有名となった。彼の勇猛さは、彼が彼の右上腕に3つの戦車撃破章～彼が独力で歩兵火器で近接戦闘で、3輌のソ連戦車を撃破したことを示す～を着けている事実によって証明される。根っからの機甲部隊指揮官であるベーケは、他の人々はほんの少ししか有していない直感力で、彼の戦車達を巧みに取り扱った。

彼の技量は、1944年1月の第3週に、ヴィニツィアの近くで第4、および第1戦車軍の境界を突破した5個ソ連戦車軍団にたいする戦闘における、彼の連隊の示した行動によって証明された。続くオラトフの戦車戦で、ベーケの連隊は独力で、ほんのわずかな自身の犠牲で267輌ものソ連戦車の撃破を記録したのである。このはなばなしい行動が認められて、彼の連隊は1944年1月31日に、ドイツ国防軍発表～陸軍、空軍、海軍、そしてヴァッフェンSS部隊の、戦闘におけるめざましい功績を認めて公布されるもの～に特別に言及されることになった。フォン・マンシュタインとフーベはともに、この部

隊に大きな期待を抱いていた。

フォン・マンシュタインが計画した攻撃翼は、フォン・フォアマンの第XXXXVII戦車軍団によって構成されることが予定された。第3、第11、および第14戦車師団に集結し、後に第13戦車師団が加えられ、真北に攻撃しシュポラの近郊でシュテンマーマンの軍団と連絡することが命じられた。フォン・フォアマンはまた、彼の現在地を保持しシュポラ地域でのさらなる敵のいかなる突破をも阻むことが命じられた。彼らの現在の地域は、さらに南の彼ら自身の戦区から転用された、いくつかの歩兵師団に引き継がれた。

こうするために、フォン・フォアマンは彼の軍団の戦区を西～そこには現在のところまったく戦線は無かった～に拡大しなければならなかった。これは彼らが攻撃を始める前でさえ、彼ら自身の戦線を獲得するために戦わなければならないだろうから、ある程度の困難が必要であった。戦線の拡大を助けるために、第320および第376歩兵師団は、戦車師団を解放するために西に横滑りした。第XXXXVII戦車軍団それ自身の情況も問題だった～1944年1月初め以来の絶え間無い戦闘の後で、その3個の戦車師団は部隊の休息あるいは再建のために、非常に短い時間しか与えられなかった。

前章で述べたように、フォアマン軍団の師団は、コーニェフの部隊に大きな損害を被らせたが、彼らもまた大きく消耗していた。第LII軍団から移管された、比較的に回復していた第13戦

車師団を別にして、他の3個は実質的に消耗し尽くしていた。ウンラインの第14戦車師団は、その2個擲弾兵連隊のうちの1個（フォン・ブレーゼのもの）を失っており、それが戻ることはほとんどありそうに見えなかった。3個戦車師団のすべてが、彼らに残されていた数少ない戦車のほとんどを失っており、戦闘のこの段階では戦車に支援された歩兵戦闘部隊でしかなかった。フォン・ヴィーターシャイムの第11戦車師団に配属された「グロースドイッチュランド」のパンター大隊は、中隊規模の戦力でしかなかった。各師団の人員は疲れ果て、彼らの装備のほとんどは失われた。手短に言って、彼らは非常にわずかな戦闘力しか有しておらず、彼ら自身救援作戦に耐えられるどころではなく、ましてやロトミストロフの戦車軍を包囲し殲滅するどころではなかった。それにもかかわらず、これら消耗した人員は、続く戦闘で彼らのベストを尽くしたのである。

フォン・マンシュタインは、彼としては、フォン・フォアマンの軍団が悪い情況なのを知っていた。この部隊を増強するため、彼はカール＝アドルフ・ホリト上級大将から、第24戦車師団を呼び寄せた。彼らはキロボグラードの南東でヴォーラー軍と接しており、師団には救援努力のため第XXXXVII戦車軍団に加わることが命令された。歩兵師団と交換で、ヴォーラー大将は東部戦線に残されて入る数少ない戦闘に加入していない戦車師団のひとつを、一時的に使用できることになった。師団は当時ほとんど完全戦力で、60輛を越える戦

車と1個突撃砲大隊を有していた。この取引は誰をも満足させることになった。ただしヒットラーを除いて。彼は師団がすでに北への移動を開始するまで、移管について知らされなかったのである。これは後に重大な影響をもたらす。すぐ後の2月1日、ヒットラーはホリトの軍を、南のフォン・クライスト元帥のA軍集団に移管したのである。これはひとつには、フォン・マンシュタインが、ヒットラーの許可なくこれ以上部隊を移管することを阻むためであった。

この師団はフライヘアー・フォン・エーデルシャイム中将に指揮され、1月28日に第6軍から来るべき攻撃のため、第XXXXⅦ戦車軍団に加わるための移動命令を受け取ったとき、アポストロバの集結地点に配置されていた。ヤンポル近郊の集結地点に達するためには、310キロを越える路上行軍が必要であった。当時鉄道輸送は使用不能だったため、戦車を含めてすべてのものは、道路を使用しなければならなかった。フォン・エーデルシャイムの兵士達は、挑戦することを義務と考え、包囲陣内の彼らの60,000名の戦友を解放できるならなんでもすることを望んだ。当時、これを遂行することは不可能な任務とは思えなかった～このとき道路はまだ比較的良好な状態だったのである。東部戦線の基準でさえ、路上行軍は長駆であったとしても、第24戦車師団の兵士達は彼らが彼らの任務を遂行できると確信していた。

しい任務への準備を開始したとき、南方軍集団、第1戦車、そして第8軍の参謀は彼ら個々の計画の発展を続けていた。軍集団自身の計画は完成し、1月29日に加わる2個の軍に公布された。攻撃は少なくとも2月3日に開始されねばならない。フォン・マンシュタインの軍への命令は、1月29日付け南方軍集団命令第86／44号に、以下のように書かれている。

第1戦車軍：ヴィニツィアの東でのソ連第1戦車軍にたいする戦闘に決着をつけた後、でき得る限り速やかに第Ⅲ戦車軍団を戦闘から引き抜く。この軍団を、第16および第17戦車師団およびSS戦車師団「LAH」、同じくベーケ重戦車連隊とともに、遅くとも1月31日までに、ウマニ地区の軍右翼に移動させ、北方攻撃集団として集結させる。第1戦車師団は、でき得る限り速やかに続行する。

第8軍：第XXXXⅦ戦車軍団を、第3、第11、第13および第14戦車師団とともに、（現在の）戦線より引き抜き、軍集団南方攻撃部隊として、ズヴェニゴロドカ前面の、軍団左翼後方に集結させる。第24戦車師団は後で続行する。

◆
◆
◆

通常、このような大規模な移動は遂行困難ではなかった。しかし、第24戦車師団を除いて、他のすべての師団は、戦闘作来るべき救援作戦に加わる任務を与えられた師団が彼らの新

第13戦車師団長、ハンス・ミコシュ少将。(from Bender and Odegard, Uniforms, Organization, and History of the Panzertruppe)

第24戦車師団長、フライヘアー・フォン・エーデルシャイム少将。(Bundesarchiv 84/78/3)

戦に従事しているか前線からわずかに離れた位置で再編成中であった。各師団、とくに第Ⅲ戦車軍団の師団は、彼らの集結地点まで何日間もの路上行軍を続けねばならなかった。

例えば、第Ⅲ戦車軍団の一部は鉄道で移動した。これら部隊は、とくに戦車であるが、通常燃料を節約し、車両の機関、履帯および縣架装置の消耗および損耗を極小化するためこの方法で移動した。装輪部隊は道路を移動し、通常鉄道で移動する部隊に先立って到着した。これらの部隊が通過する第Ⅶ軍団には、行軍部隊のために主要ルートの道路境界を表示し、同時に彼らの地域内の主要な橋を57トンのティーガー戦車に適応するように補強することが指示された。第1戦車師団は行くためには最も遠く、最後に到着した。というのも師団はラウス将軍の第4戦車軍とともに、救援攻撃のために指定された集結地点の200キロも北西で戦っていたからである。

第Ⅲ戦車軍団の、50,000名の兵士を伴う4個戦車師団の偉大な計画は、天候に左右された～1月終わりまでは、天候は良好であったが、これは原始的な道路網が何千もの車両の重量に耐えられることを意味した。これは気温が氷点付近を漂う限りは有効だった。しかし、1月29日に天候は～最初は劇的にではなかったが～悪化し始めた。気温は日中通常より高くなり、いくつかの道路の一部を溶かすことになった。それらは通常夜間に再び凍り交通の再開を可能とするのだが、この暖かさがしばらく続き厄災をもたらした。これは短い暖かい期間でなく、

早い春の訪れの先触れなのか？誰もこのことを考えることを望まなかった～とくに軍の作戦地域の道路の補修に責任を負う、第1戦車軍の工兵士官の長は。

ベーケ重戦車連隊は、その戦車をどのようにして集結地点まで移動させるか心配するだけでなく、1月30日、自身の鉄道線路の末端まで戦い進まなければならなかった。ここ、オストロフで、ベーケの部隊は彼らの車両を平底貨車に積み込むことになっていたが、鉄道駅と操車場は敵に占領されていることを発見した。激しいが短い戦車戦の後、彼のティーガーとパンターは、自身の損失なしに46輌のソ連戦車を撃破した。戦闘が終了するやいなや、ドイツ軍は素早く彼らの車両を積載し、ソ連軍の攻撃に間一髪脱出した機関車と会合した。こうした決定的作戦の開始にあたっては決して幸先のいいものではなかったが、まだ進行中の戦闘からの撤退に伴うある種の問題のハイライトであった。

各師団が指定された集結地点へゆっくりと移動している間に、第1戦車軍は南方軍集団の作戦参謀から救援作戦の遂行に関する追加の指示を受け続けた。これらの命令は、攻撃の方向と前進路に沿って確保しなければならない主要地点、加えてその他詳細であった。ヴェンク少将が知らされたのは、第Ⅲ戦車軍団が第Ⅶ軍団の右翼後方からその攻撃を開始した後、北の方向に攻撃しその後、その部隊を東にメドヴィンの方向に旋回させるというものであった。そこで彼らは反対側から第8軍によって

発動された攻撃と協調してソ連軍戦車の大群を撃破し、その後、包囲陣内の2個軍団との接触を回復するのである。

このかなり漠然とした言葉の命令（委任戦術、あるいは作戦タイプ命令の概念を維持したため）の詳細の肉付きをよくするため、フーベは彼自身の付随的な指導をブライス大将に追加した。彼の軍作戦命令第11／44号では、フーベは彼の軍団司令官に、師団をできるだけ早く集結させるよう命じている。第Ⅶ軍団の第198歩兵師団は、第Ⅲ戦車軍団の通行路の調整を容易にし、同時に攻撃の最初の局面において左翼をカバーするために、ブライスの軍団に配属される。さらに、ブライスはメドヴィン～コシェヴァトイェの方向に攻撃し、外側のヘル将軍の第Ⅶ軍団包囲陣内のリープの第XXXII軍団の間に配置されている敵を打撃する。フーベの参謀長のヴェンク少将は、ブライスの作戦の秘匿名称を提案さえした～第Ⅲ戦車軍団による救援攻撃は「ヴァンダ」作戦と呼ばれた。

第1戦車軍の他の部隊は、第Ⅶ軍団砲兵～彼らはすでに配置についていた～を含めて、攻撃中ブライスを支援することになった。フーベの戦区における他のすべての活動は、「ヴァンダ」作戦に従属した。ヴェンクと彼の参謀には、ブライスの部隊と戦車の集結地点への到着と攻撃開始を待つ間に、弾薬、燃料、食料の補給、そして医療支援の調整のような、まだやることがたくさんあった。まだ、作戦への期待と戦車部隊の士気は高かった。ヴェンクは現在の情況を熟考して、彼の考えを戦闘

日誌に記載するために時間が必要だった。彼はこのように述べている。「すべての兵士の最高の衝動は、彼らの全精力をもってそして全員が闘争する国家、ドイツ（の一部）と感じる誇りをもって（ドイツの）自由を守ることであった」。

ブライスの軍団の部隊は、計画にしたがってウマニの北の集結地域に流れ込み続けた。1月31日の終わりまでに、第16および第17戦車師団のほとんどが到着したが、多くの隷属部隊はまだ、30キロから40キロの道路に沿って渋滞していた。幸運にも天候はまだもっていた。日中は散発的に雪が降り、強い風が起こって道路を凍ったままにした。彼らの幸運を飾るように、ソ連軍はドイツ軍の移動をほとんど妨害しなかった。集結地点に到達するために要する時間を短縮するため、ある車両隊列は何カ月もドイツ軍が慎重に避けて来た、パルチザンが出没する地域を通る直行路をとった。驚いたことに、彼らは妨害されることなく、通過することができた。ヘル将軍の第Ⅶ軍団は、前線は彼の戦区に関しては、簡単に撃退できる地域的な攻撃を除いては、比較的に静かだったと報告している。

ヴェンクはこの日の戦闘日誌に、敵はその精力を彼ら部隊の補給と再編成につぎ込んでいるようだ、と述べている。空中偵察で、ソ連軍の移動のほとんどは、オルシャンカ～そこではヴィリィ・ハイムと「ヴィーキング」の他の部下が彼らの生存のために戦っていた～にたいして包囲陣の南部分に北か方向に向かうものらしいことが確認された。ブライスの部隊は陣地への移

動の期間、比較的容易であったようだが、一方、第8軍戦区では状況は異なっていた。そこでは一週間が過ぎた後も、まだ戦闘が荒れ狂っていた。

ここ、第ⅩⅩⅩⅦ戦車軍団戦区では、戦闘はまったく終わった様子はなかった。1月27日と28日にロトミストロフの戦車の切断と撃破に2回にわたって失敗した後も、ヴォーラーはフォン・フォアマンと彼の疲れ果てた各師団を、1月31日から2月2日まで、そのときまでに不可能なことが明らかになったことを遂行させるために、押し出し続けた。ヴォーラーはこの件に関する彼の考えをまったく書き残していないが、フォン・フォアマンは明らかに彼の軍司令官は不合理だと確信していた。フォン・フォアマンの軍団に休息し、その師団にブライスの軍団と協調して発動される救援作戦の準備をするため何日か与えるより、ヴォーラーは堅固なソ連軍の戦線が構築される前に、突破を試み続けることを選んだのである。不運にも1月31日までには、ソ連軍防衛線は、上述のように、すでに十分発達してしまったのである。

フォン・フォアマンが何かを為す前に、彼は彼の戦線を西に60キロ～そこで彼の攻撃が発動される～追加して延伸するためにいくつかの歩兵師団を戦線に挿入する必要があった。第11および第14戦車師団が、1月29日から30日まで、ロトミストロフの第20および第29親衛戦車軍団に牽制攻撃を発動している間に、第320、第376、および第106歩兵師団、そして第2降

246

下猟兵師団は先だって戦車師団によって確保された新しい陣地に入った。解放された2個師団（第3戦車師団はまだ東で防御陣地に釘付けになっていた）によって、彼らは戦力復活のため引き上げることが可能になったが、ヴォーラーは代わりに失敗に終わった2月1日の救援攻撃に従事させることを選んだのである。

ヴォーラーは、フォン・フォアマンに現在使用可能な2個戦車師団をもって、シュポラの南西の彼らの集結地点から攻撃し、イスクレノエの町を奪取し、そしてズヴェニゴロドカに向かって西に旋回して、後方から敵を攻撃して、第XI軍団との連絡を回復することを命じた。ひとたび包囲された部隊との連絡が回復されたら、彼らは以前の東に向かう戦線を再構築する。他の3個戦車師団は、到着しだい戦闘に投入される。フォン・フォアマンは、我々に彼自身彼が求められていることについての考えを残している。

この全体的な大計画はただ紙の上だけに存在していた。というのも少なくとも5から6日は、イニシアチブは完全にソ連側に残っていた。自由に妨げられることなく〈彼らが〉何でも望むことができた。2月3日以降事態がどのように進展するかは、誰にもわからなかった。

◆

◆

◆

彼の師団のすべてが完全戦力であったなら、フォン・フォアマンは後に書いているように、彼は彼の任務のほとんどを遂行することができたろう。しかし彼らは戦闘でひどく消耗しており、彼はこの攻撃はほとんど成功の見込みがないと考えていた。クルスク以来の絶え間無い後退を永遠にやりくりすることはできないし、彼の戦力を再建する時間もなかった。フォン・フォアマンは軍司令官に、前線の頑強な防衛線はあまりに広範で、固執することはすべてを失う結果となると伝えた。彼の見解では、ブライスが準備を整えるまで待つことがはるかに賢明であった。しかし、ヴォーラーは彼の軍が第1戦車軍が救援攻撃を遂行するまで待つ余裕はないと確信していた。ヴォーラーはシュテンマーマンの「疲れ果てた」軍団は、もう長く持ちそうもなかったからである。彼は軍団司令官の反対を受け付けず、彼にともかく攻撃することを命じた。フォン・フォアマンはいやいや従った。

それにもかかわらず、フォン・フォアマンの各師団は、1月30日から2月1日まで、自身の配置を取り始めた。ウンライン少将の第14戦車師団は前線に残り、第11戦車師団の防衛戦区を引き継いだ。ラングの第3戦車師団は、1月31日の夜に前線から引き抜かれ西に移動し、そこでズラタポルの第14戦車師団と、トルマチの第11戦車の間の20キロを越える広さの地区に、薄い警戒線を構築した。フォン・ヴィーターシャイムの第11戦車師

団は、その主要努力を行った。彼の左翼ではハンス・ミコシュ中将の第13戦車軍団が、ついにナドラクの町に到着し、フォン・ヴィーターシャイムの左翼をカバーした。急激に悪化する道路に妨げられて、第13戦車師団は第4戦車連隊からの機甲戦闘団と100名の機甲擲弾兵を来るべき攻撃に動員できただけだった。彼の部隊、砲、そして車両の残余は、でき得る限り早急に前線に到達させようと奮闘していた。ミコラシュの師団との間には、第1戦車軍に向かってまだ50キロを越える広さの間隙が口を開けていた。

フォン・フォアマンはまだ、この攻撃のためにまだ強い疑いを抱いていた。攻撃が開始される前の夕刻に、彼はまだ第8軍の参謀長、シュピーデル将軍と、その賢明さについて議論していた。フォン・フォアマンは彼の師団が救援攻撃の準備ができていないと考えていただけでなく、彼はまた彼の地理的目標と敵の情況があまりにも漠然としていると考えていた。彼は「100名の兵（第13戦車師団より）をもって北へのはっきりしない目標にたいする攻撃をどう命令できようか」と述べている。シュピーデルは、目標～第XI軍団の南翼～は実にはっきりと言い返した。正確にこの翼がどこにあるかだけでなく、敵部隊がどこに布陣しているかも、はっきりした考えをもっていた者は誰もいなかったが、このことは問題ではなかった。ヴォーラーはフォン・フォアマンの攻撃に気の進まない様子を報告し、また数時間後に彼を呼び出して翌日、彼

の使用できるものすべてをもって、側面をかまうことなく前方に押し出すよう主張した。ともかく第XXXVII戦車軍団には彼の側面を守る部隊は残されていなかったから、それは問題外だった。計画にたいするフォン・フォアマンのしつような反対にもかかわらず、ヴォーラーは、彼が命令通り移動するよう断固として要求した。フォン・フォアマンの、実際の事態を明らかにしようとする、理屈好きでいらだたせられる性向は、シュピーデルもヴォーラーにも役立つことはなく、これは後に由々しき事態を招くことになった。

攻撃は2月1日、十分成功裏に開始され、第11戦車師団はシュポラの西10キロのイスクレノエの町に近いシュポルカ川にかかる橋を奪取し、北に押し出した（P252地図参照）。しかし、この橋頭堡を保持する小さな戦闘団は、さらに前進して第18および第29親衛戦車軍団によって遂行される多数の激しい反撃を撃退することはできなかった。続く3日間に、フォン・ヴィーターシャイムの部隊は62輛のソ連戦車を撃破したが、戦闘団自身も1輛の戦車と80名の機甲擲弾兵の戦力に減少してしまった。

さらに悪いことに彼らは、2月1日の午後遅く、雪解けによってもたらされた水嵩の上昇が、4輛の戦車が渡ったところで唯一の橋を流してしまい、川の北岸で立ち往生させられた。第13戦車師団の残された26輛の戦車と機甲擲弾兵連隊は、フォン・ヴィーターシャイムの部隊に、死活的に必要である増援を送るために渡ることができなかった。いまやあらゆる衝力を費やし

て、第XXXVII戦車軍団は第24戦車師団の到着を待つ間、ソ連軍部隊を他で使用できないよう忙しくさせることができただけだった。第11および第13戦車師団の両者は、ソ連空軍の絶え間無い攻撃下に置かれ、これら彼らの救援攻撃をおおいに複雑なものにした。

第11戦車師団のイスクレノエのそのちっぽけな橋頭堡を奪取し保持する努力に加えて、第14戦車師団はまだ、フォン・ブレーゼの被包囲部隊～彼らは再びシュポラの北で、別の小さな包囲陣を形成する情況にあった～との連絡を再度確立する努力を放棄していなかった。1月27日から28日までの戦闘中に、フォン・ブレーゼ戦闘団は、繰り返しその母師団から切断され、トラヴィッツ将軍の第57歩兵師団の右翼をカバーして、最終的に包囲陣に残らざるをえなかった。この師団および他の第XI軍団の師団が、1月29日から30日まで北西によろめき後退している間に、フォン・ブレーゼと彼の部隊は左翼後方にあった。1月31日、第14戦車師団は2輌の突撃砲と1個機甲偵察大隊からなる部隊をもって、食料、燃料、そして弾薬を補給する隊列を護衛して、その「失われた大隊」と連絡する最後の試みを行った。ひとたびフォン・ブレーゼとの連絡を再度確立したら、彼らはフォン・ブレーゼの車輌へ燃料、弾薬を補給させ、彼らを南に導く。そこで彼らは、マクラヤ・カリゴルカの町の近くで、第21親衛狙撃兵軍団の前線を突破する。

しかし全力を尽くしたにもかかわらず、このちっぽけな部隊

新しい戦闘陣地への移動準備をするドイツ擲弾兵。（Bundesarchiv 241/2173/15）

第10章：ソ連軍を包囲するマンシュタインの計画

は、フォン・ブレーゼの部隊まで突破することはできなかった。彼らはすぐにソ連軍戦車および歩兵によって停止させられ、ドイツ軍戦線に戻る道を戦い進まねばならなかった。フォン・ブレーゼは、彼らの救援は再び窮境に陥ったため、彼と彼の部隊の運命を包囲陣の残りの兵士と結び付けることになる北に後退した。燃料不足のため戦車を放棄せざるを得なかったため、彼の部隊は100名の歩兵と1個軽榴弾砲中隊の戦力に減少した。彼らはペトロパブロフカに近い包囲陣の前線に到達し、戦闘の残り期間「ヴィーキング」に編入された。

ヴォーラーの彼自身の救援攻撃を遂行する計画は、フォン・フォアマンが予言した通りに頓挫した。これはフォン・フォアマンの部隊が比較的に完全戦力に近かったらであったろうが、いま彼の消耗した師団でそうすることは、その戦力をさらに減少させるだけであった。ヴォーラーは、もし他に手がなければ、救援作戦が発動されたという事実が、包囲陣の部隊に緊要である士気高揚をもたらすだけで十分だと考えたのである。包囲の外環にソ連軍の防御線には縦深が与えられており、ヴォーラーの計画には成功の見込みはほとんどなかった。いずれにしても、包囲陣内に誤った希望をもたらしたろう。フォン・マンシュタインは彼の軍司令官の行動に気づいていたにもかかわらず、介入しなかったが、おそらくこれは部下の判断を尊重していたからであろう。

おそらく彼は第24戦車師団の追加が、不均衡を正すと考えていたのだろう。他の可能性は、フォン・マンシュタインは、何もいい案がなかったのだ。これは1月31日に生じた彼とヴォーラーの会話に、確かにほのめかされている。とにかく、5日間に渡って第ⅩⅩⅩⅧ戦車軍団はその部隊を気が狂ったようにコーニェフの防衛線にたいして投入し、その努力にたいしてイスクレノエの小さな橋頭堡以外には、ほとんど見るべきものはなかったのである。フォン・フォアマンの部隊は、開始にあたって弱体であったが、いまや第24戦車師団が前線に投入されるまでは、さらなる攻勢作戦を行うことは完全に不可能であった。そのときまでフォン・フォアマンの部隊ができることのすべては、ソ連軍の行動を砲兵によって妨害し、そのために「弾薬を惜しまないこと」であった。事態を自身で確認するため、ヴォーラーはノボ・ウクライナの彼の司令部からフィゼラー・シュトルヒ連絡機で、ノボ・ミルゴロドのフォン・フォアマンの軍団司令部を訪問するために飛んだ。彼に最も衝撃を与えたのは、機甲部隊の広大な開放地域を警備するための歩兵の全体的な不足であった。ヴォーラーは翌日、彼の隷下部隊との関係を繕うためまた別の部隊を訪問した。2月2日の戦闘日誌への記述で、ヴォーラーは前日行われたふたつの沸騰した議論について述べている。

（司令官の）事態の評価がはっきりしなければならない。軍はこうした流動的な状況で、詳細なはや退くも進むもない。もし

命令を起草する立場にない。我々は我々が与えられたいかなる任務をも、交渉することはできないのだ。(我々の)師団は、四方八方に撒き散らすのでなく、ひとつにまとまらなければならない。今日、そして続く数日間、すべての関心事は我々が突破してシュテンマーマンに到達することである。それゆえ君の側面防護はできうる限り薄く保つのだ。

関係したドイツ軍司令官のすべてが、大きな緊張の下にあった。フォン・マンシュタインがヴォーラーに彼自身の戦いをどのように行うべきか言わない間に、彼の軍司令官はうまくやる大きな圧力を感じており、そしてまたフォン・フォアマンに影響を与えることに失敗していた。少なくともフォン・フォアマンの攻撃継続の失敗は、ヴォーラーに救援攻撃のための軍集団の全体的な計画を再評価させた。彼は、おそらく、フォン・マンシュタインの限定的な反撃でさえ、それ自身あまりに野心的なものとわかり始めたのだろう。

元帥の司令官達はすべて、包囲されている軍団を救援する願望を一体としている事実にもかかわらず、2月2日までにはフォン・マンシュタインの作戦構想は、もはや彼らの前面的な賛成を得られなかった。最終的に彼自身の部隊は彼の軍の任務を遂行するにはあまりに弱体であることがはっきりし、ヴォーラーさえ難色を示した。フォン・マンシュタインの、包囲された軍団の救援に引き続いてソ連軍を包囲し撃破するという広範

な計画を遂行するより、彼は単に包囲陣に向かう最短経路をとる方がはるかに現実的と考えた。ヴォーラーは広範な包囲機動は、手元にある部隊にとっては単にあまりに過大な任務と感じた。ヴォーラーは、ブライスの第Ⅲ戦車軍団が、北にボヤルカとメドヴィン(フォン・マンシュタインの目標)に向かって攻撃するより、モレンズィに向かって北東にただ攻撃する方がずっと簡単と考えた。この攻撃ルートは、シュテンマーマンとリープの部隊のより早急な救援につながるだろう。これはまたソ連軍によって彼らに加えられている圧力をいくらか軽減し、救援の助けとなろう。

第8軍司令官は、フォン・フォアマンに、彼はいまや南方軍集団が、司令官達に上から非現実的な計画を課そうとするより、現場の司令官達の判断を信頼する方がより良いと考えていると伝えた。このように、ヒットラー式の指導に関するフォン・マンシュタイン自身の感覚が反映されていた。ヴォーラーとフォン・フォアマンは両者とも、いまや第8軍にとって主救援攻勢が発動される前に、西方で第1戦車軍の部隊と連絡する方がよりまっとうなのがわかって来ていた。しかしわりかし、フォン・マンシュタインは当初の計画に固執する方が良いと決断した。これは早くて2月3日に、遅くとも翌日までに開始されるものであった。こうして、ブライスとフォン・フォアマンの戦車軍団による最初の組み合わされた救援の試みの舞台は準備された。もし現在の天候がもてば。

第10章：ソ連軍を包囲するマンシュタインの計画

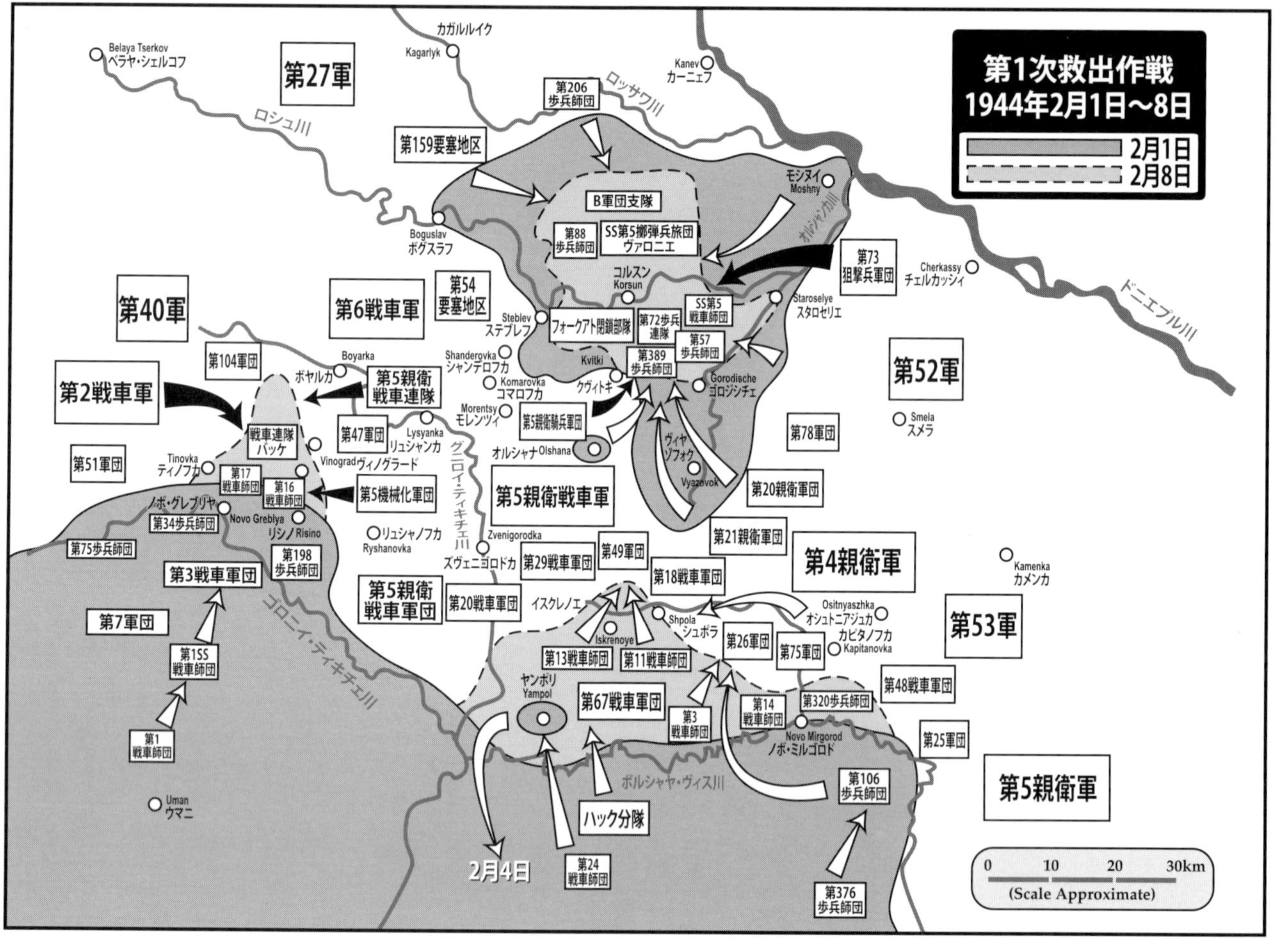
第1次救出作戦
1944年2月1日～8日
2月1日
2月8日
Belaya Tserkov ベラヤ・シェルコフ
第27軍
Kagarlyk カガルルイク
Kanev カーニェフ
ロシュ川
ロッサワ川
第206 歩兵師団
第159要塞地区
モシヌイ Moshny
オルシャンカ川
B軍団支隊
第88 歩兵師団
SS第5擲弾兵旅団 ヴァロニエ
Boguslav ボグスラフ
第73 狙撃兵軍団
Cherkassy チェルカッシィ
コルスン Korsun
ドニエプル川
第40軍
第6戦車軍
第54 要塞地区
Steblev ステブレフ
フォークアト閉鎖部隊
第72歩兵連隊
SS第5 戦車師団
Staroselye スタロセリエ
第57 歩兵師団
第104軍団
Boyarka ボヤルカ
Shanderovka シャンデロフカ
Komarovka コマロフカ
Kvitki クヴィトキ
第389 歩兵師団
Gorodische ゴロジシチェ
第52軍
第2戦車軍
第5親衛 戦車連隊
Morentsy モレンツィ
第5親衛騎兵軍団
Smela スメラ
第47軍団
Lysyanka リュシャンカ
第78軍団
戦車連隊 バッケ
ヴィヤゾフォク Vyazovok
オルシャナ Olshana
第51軍団
Tinovka ティノフカ
Vinograd ヴィノグラード
第17 戦車師団
第16 戦車師団
第5機械化軍団
グニロイ・ティキチェ川
第5親衛戦車軍
第20親衛軍団
ノボ・グレブリヤ Novo Greblya
第34歩兵師団
リシノ Risino
リュシャノフカ Ryshanovka
Zvenigorodka ズヴェニゴロドカ
第21親衛軍団
第75歩兵師団
第198 歩兵師団
第29戦車軍団
第49軍団
第4親衛軍
Kamenka カメンカ
第3戦車軍団
第5親衛 戦車軍団
第20戦車軍団
第18戦車軍団
イスクレノエ
Ostinyaszhka オシュトニアジュカ
第7軍団
Shpola シュポラ
Iskrenoye
第26軍団
カピタノフカ Kapitanovka
第53軍
第1SS 戦車師団
第13戦車師団
第11戦車師団
第75軍団
ゴロニィ・ティキチェ川
ヤンポリ Yampol
第67戦車軍団
第48戦車軍団
第14 戦車師団
第320歩兵師団
第1 戦車師団
第3 戦車師団
Novo Mirgorod ノボ・ミルゴロド
第25軍団
ボルシャヤ・ヴィス川
第106 歩兵師団
Uman ウマニ
第5親衛軍
ハック分隊
2月4日
第24 戦車師団
0 10 20 30km
(Scale Approximate)
第376 歩兵師団

第11章 大釜内の危機

> 「もう長くは持ちそうにない」
> テオバルト・リープ将軍、1944年2月4日

緒戦のソ連軍の成功にもかかわらず、包囲されたドイツ軍部隊はここまでは、続く第1、第2ウクライナ方面軍の包囲陣を分断し撃破する試みを阻むことができた。しかし、ジューコフ、バトゥーチン、そしてコーニェフは、けっしてあきらめなかった。それにもかかわらず、ステブレフ、オルシャナ、そしてクヴィトキで南部の戦線のコーナーポストを保持することによって、リープとシュテンマーマンの軍団の兵士は敵を、少なくとも一時的に、これらの十字路が与える、包囲陣内部への素早い侵入を拒絶することができた。同じく重要なのは、ソ連空軍が、ドイツ軍の空輸を遮断できなかったことである。ただしザイドマン大将の第Ⅷ航空軍団の輸送機パイロットにとって事態を困難にはしたのではあるが。ソ連軍にとってはまだ希望があった～ドイツ軍包囲陣の防衛線はまだ、完全には閉塞されていなかった。実際、ドイツ軍部隊の間にはもし攻撃側が十分素早く行動すればドイツ軍包囲陣内に通じる多くのより小さな通路も存在した。

同じ包囲陣内に通じる多くのより小さな通路も存在した。これは第4親衛、第27、そして第52軍の師団および軍団指揮官を助けた。彼らはドイツ軍を、より小さな境界内に押し込める

ために、包囲陣の中心に向かって同心円状の攻撃を遂行しようとし、一方、同時に集結中のドイツ軍救援部隊から包囲陣を引き離すよう強いた。これらの部隊にはクラウチェンコとロトミストロフの戦車軍が対処したが、彼らは包囲陣の外環の要塞化に忙しかった。成功は赤軍の掌中にあるようであった。

ドイツ軍には彼ら自身の悩みがあった。2月1日、ヴォーラー大将の最大の関心事は、シュテンマーマンの軍団の右翼であった。軍団右翼は1週間前にソ連軍の攻勢が開始されて以来、継続的に後退を強いられていた。オルシャナにおける守備兵との連絡は、いまだなっていなかった。この日、幅8キロの間隙があり、オルシャナの守備兵と、クルーゼの第389歩兵師団～彼らはヴェルボフカの小村の近くに位置していた～の右翼とを分かっていた。エストニア人の「ナルヴァ」大隊からの別の戦闘団が、オルシャナで包囲された部隊の突破を容易にするため、連絡するための前進陣地を構築するために編成されたが、到着するまでにはまだ数日あった。その間に、ヴォーラーとシュテンマーマンのできたすべては、コーニェフがこの機会を利用できるように十分素早く反応しないよう望むことだけだった。よ

り大きな間隙さえ、オルシャナとクヴィトキの間で北西に大きく開いていた。そこにはソ連軍第180狙撃兵師団が北西方向に深く侵入しており、もしドイツ軍が迅速に対応しなければ、ゴロジシチェの第XI軍団の大きな補給集積所に脅威を及ぼすことができた。リープとシュテンマーマンは、包囲陣の南部戦線を明らかに協同してできるかぎり早く編み上げなければならなかった。

リープの軍団は少なくとも西方で堅固な戦線を繕い合わせることができたので、シュテンマーマンの軍団より、いくらか良好な形態をしていた。本当のところは、多くの場所で薄く展開しただけで絶えず攻撃にさらされて～とくにボグスラフとステブレフで～いたものの、リープの部隊はなんとか戦線を保持していた。公平に言えば、シュテンマーマンの軍団にたいしてははるかに大きな圧力にさらされていた。大隊規模の部隊を急速にひとつの脅威にさらされた戦区から他の戦区に移動させることによって、第XXXII軍団はなんとか、厄災を寄せ付けなかった。しかしどれだけ長く？ すでにこの日には、弾薬と燃料の補給は低下していき、厳しく制限されねばならなかった。包囲陣内に捕らわれた補給列車を爆破しろという名前の知れぬ軍官僚による無意味な命令は、ドイツ軍指揮官の脳裏を去らず思い出されるのであった。

補給の不足は第XI軍団の参謀長のハインツ・ガドケ大佐をし

て、リープはドイツ空軍によって包囲陣内に空輸された物資を不当にも一番いい部分を取っていると信じこませることになった。この日まで空輸はうまくいっていたのであるが、けっして両方の軍団の必要とする物すべてを満足させることはできなかった。ガドケにも一理あった～結局、コルスン飛行場は、リープの軍団地区の中央に位置し、より多くの補給物資が、配給された以上に飛行場周辺に配置されていた一方で～のいくつかの部隊がコルスンからはるかに離れていた一方で～のいくつかの部隊がコルスンからはるかに離れていた一方で～のいくつかの行き渡ると考えるのは自然であった。第XXXII軍団がシュテンマーマンの軍団を犠牲にして肥え太ったかどうかは、もはや確実に証明することはできない。たぶん補給物資が、コルスンからシュテンマーマンの補給所のあるゴロジシチェまでの距離を移動するために要した時間が、多くの者に第XI軍団は物資を少なく渡されたという信仰を生んだのだろう。

部分的にでもシュテンマーマンを満足させるために、ヴォーラーは南方軍集団に第XI軍団戦区に、追加して弾薬の空中投下を行うよう要請した。というのはそこにはJu-52が着陸するのに適した飛行場がなかったからである。しかしシュテンマーマンと彼の幕僚は、まだ彼らが補給物資の彼らの公平な取り分を受け取っているとして満足することはなかった。これはついには紛争を解決するために、ヴォーラーが個人的に介入せざるをえなくなった。ヴォーラーは軍の補給将校を通しての命令によって、2月2日にコルスンに空輸された補給物資は、第XIお

よび第XXXII軍団の間で等しく分けられねばならない、ただしリープの軍団は両方の包囲された軍団への兵站の遂行を監督する責任を負い続ける、と指示した。シュテンマーマンの反応は記録されていない。ただし彼は失望したに違いない。包囲陣内の全体的な指揮を欠くことは、両方の軍団司令部がますます不足する物資の配分を巡っていがみ合いを始めるにつれ、ドイツ軍高級指導部が予想しなかった混乱を招き始めた。

補給情況が急速に悪化したことに加えて、ヴォーラーによる増援部隊を包囲陣内に空輸しないという決定は、歩兵連隊、大隊のタコツボの中の戦力が包囲の生き残りとして減少していくだけであることを意味した。包囲時の60,000名の全兵力から、両方の軍団の戦闘部隊の複合的な損失（戦死、負傷、病気、そして行方不明）は、すでに1日あたり300名に達していた。

対戦車砲員が彼らの75mmPaK40対戦車砲を、開けたステップの射撃位置につけようと試みている〔註：7.5cmPaK40 は、歩兵師団の戦車駆逐（対戦車）大隊に配備された。大隊は、戦車駆逐中隊2～3個その他から編成されていた。中隊には9～12門の7.5cmPaK40が配備されていた。7.5cmPaK40は1939年に国防軍の要求で開発が開始されたもので、前作である5cmPaK38をスケールアップする形で設計された。1941年の終わりから実戦配備が開始され、終戦まで生産が続けられた。徹甲弾（PzGr39、重量6.80kg）を使用して、砲口初速790m/s、100mで106mm（30度傾斜した装甲板にたいして）、500mで96mm、1,000mで85mm、1,500mで74mm、2,000mで64mmの装甲板を貫徹することができた。高速徹甲弾（PzGr40、重量4.10kg）を使用して、砲口初速990m/s、100mで143mm、500mで120mm、1,000mで97mm、1,500mで77mmの装甲板を貫徹することができた〕。
(Bundesarchiv 69/105/64)

たとえば、2月3日には、リープの軍団は174名を失ったが、これらのうち105名が「ヴィーキング」ひとりのものだった。もし最初に補給が尽きなかったとしても、包囲された軍団はせいぜいたった2週間持つだけということは、計算機を持ち出すまでもなかった。リープおよびシュテンマーマン麾下の将軍すべてがこのときできたことは、彼らの貧弱な資源をもってして約束された救援部隊が来るまで持ちこたえるよう試みることであった。このときまでに、彼らは彼らが所有するもので最善を尽くさなければならず、フォン・マンシュタイン元帥がそこに時間通りに到着することを期待した。

第XI軍団にとって、これは解決できない問題であった。シュテンマーマンの部隊は、コーニェフの1月24日以来のたゆみない攻撃によって絶えず押し戻され、東を向いたその元の陣地から段階的に後退することを強いられた。攻勢の当初から絶え間無く移動の中で、彼の戦線は蝶番で止めたドアのように後ろに旋回して、いまや南に向いていた。しかし軍団の後退はまだ停止していなかった。ときおりは、その師団と戦闘団のいくつかは、潰走せんばかりであった。彼らの指揮官の冷酷さだけが、いくつかの部隊の崩壊をくい止めた。しかし、2月1日までに、シュテンマーマンの残存部隊のすべては、最終的にお互いの翼側を結び付けることができた。その戦区はよろめき、まだ左翼はオルシャナの近くで第XXXII軍団と連絡しなければならなかったが、第XI軍団はついにともに手を携えることができ

た。唯一「ヴィーキング」は、2日前戦術的な指揮、統制権がリープの軍団に移されたことで失われたが、少なくともシュテンマーマンが憂慮しなければならない作戦地域は限定された。

シュテンマーマンは喜んでドニエプル戦線の残部を保持する責任を同僚の軍団長に引き渡したが〜これによって彼は、3個の残余の師団、第57、第72、そして第389歩兵師団の扱いに集中できた〜、彼は数日間に渡って「ヴィーキング」を彼の軍団に戻すよう言い続けてヴォーラーを悩ませた。ギレの部隊が包囲されたすべての部隊の中で唯一残存する機動力を有していることはよくわかっており、両軍団長はその所有権を巡って〜たぶん彼らの注意が緊急に必要な他の事物に損害を与えてまで〜口論した。言うまでもないことだが、両方のドイツ軍団司令官は〜、とくにいまやソ連軍攻撃部隊が彼らの部隊を包囲陣の破壊に集中することができたので〜手一杯であった。コーニェフとバトゥーチンは、いまやそうすることができたのである。というのもとくにいまやフォン・フォアマンのシュテンマーマンの軍団との連絡を再度確立する試みがブライスの救援部隊の破壊に集中し、ブライスの救援部隊の試みがまだ具体化していなかったから。

第XI軍団の情況は実際重大であった。しかし2月1日までには改善し始めた。一連の良好な防御陣地から1週間にわたる後退を強いられた後、シュテンマーマンの3個の師団は、ついに彼らが続く5日間保持することができた、確固たる防御陣地を構築することができた。最終的にシュテンマーマンの部隊

は、彼らの中隊、そして大隊をより分け、少しは休息さえとれる、一時的な戦闘陣地を構築することができた。彼の最強の師団、ホーンの第72歩兵師団は、軍団の最左翼で南東を向いた防御陣地を占めており、そこでオルロベッツの町の南でギレのSS部隊と連絡していた。中央では南に向いて、トロヴィツの第57歩兵師団が布陣していた。これはスタニフラフチクの町の近くでホーンの部隊と連絡していた。はるか右翼には、軍団最弱のクルーゼの第389歩兵師団があった。師団はその広くばらまかれた連隊をその指揮下に集めることができたが、その大隊のほとんどは各々100名以下でしかなかった。さらにいくつかはもっと少なくさえあった。

クルーゼの戦線は南東を向き、彼は彼の右翼をヴィヤゾフォクとヴェルボフカの町の間に引き戻さざるを得ず、そこでソ連軍第5親衛空挺師団が彼らを包囲するのを防ぐため真っすぐ西を向いた。配属された第417擲弾兵連隊の徒歩斥候は、はるかオルシャナまで到達しようと試みたが、そこでは戦闘が荒れ狂っており、どうしても突破することはできなかった。「ライン ゴールド師団」とオルシャナの間は、崖と小流が縦横に刻まれた2つの深い谷が横たわっており、それらすべてが戦闘のこの段階では洪水となっていた。幸運にもソ連軍はただ歩兵と騎兵の斥候を除いては、とてもこの間隙に侵入することはできなかった。

ドイツ軍の新しい防衛線は、すぐに試練にさらされた。第72歩兵師団のホーン大佐は、2月1日0930時（9時30分）のスタニフラフチクを保持する彼の部隊にたいする6輌の戦車に支援された歩兵～おそらくほぼ確実に第252狙撃兵師団～による攻撃について報告している。ジーゲル少佐の連隊、第266擲弾兵連隊は、攻撃の矢面に立った。試みられた攻撃のひとつはジーゲルの防衛線に侵入するため、盛り上がった鉄道土手を使用して3輌のT-34によって素早く撃破された。しかし彼らはジーゲルの1門の対戦車砲によって素早く撃破された。随伴した赤軍歩兵は、すぐにベンダー少尉の歩兵砲中隊からの砲兵射撃によって、地上に伏せることを強いられた。数回の良く狙われた弾幕射撃により、生き残りの敵歩兵はパニックとなって彼ら自身の戦線に逃げ戻った。

補給情況の悪さにもかかわらず、ジーゲルは卓越したまとめ役である「パン」オグロウスキー少尉の武勇を証言している。まだ射撃を続けるのに十分な弾薬が手元にあると報告している。ナサチョフに近いホーンの左翼への、ソ連軍第254狙撃兵師団の小規模な侵入はすぐに一掃された。ジーゲルの右に隣接していたのは、第57歩兵師団の連隊で、その司令官とはジーゲルは以前衝突していたが、彼らはこの日遅く戻ってきたが、ジーゲルをうんざりさせた。彼らはこの日戦闘中一時的に後退してジーゲルの連隊の兵員のかなりの嘲りに会わなければならなかった。

実際、ドイツ軍部隊が彼らの地歩を保持することを明らかに嫌がっていたことは、他の司令官に関する資料でも同様しばしば

現れるようになる。

ホーンの師団だけがこの日多忙であった唯一の師団というわけではなかった～実際、リュショフ将軍の第4親衛軍は全部隊がいまや到着し、その第20および第21親衛狙撃兵軍団は、塹壕に入ったドイツ軍にたいする彼らの攻撃継続の準備をしているようであった。シュテンマーマンは彼の師団のひとつからこの経過をすぐに知らされ、2月1日の昼には第8軍に、8輛の戦車を含むかなりの数のソ連軍部隊がマツトフからトロヴィツの戦区のブルティの南の集結地点に向かって、西に移動しているのが観測されたと報告した。彼の消耗した部隊には、まったく息をつく時間はなかった。3時間後、ブルティの南のドイツ軍防御陣地は、激しい敵の砲兵射撃を報告した。これはソ連軍の攻撃が迫っていることを、まさに意味するものである。しかしいつ？

シュテンマーマンと彼の師団司令官には、本当にすぐにわかった。1650時（午後4時50分）、5個のソ連軍狙撃兵師団から構成されると見積もられる部隊が、スタニフラフチクとヴィヤゾフクの間のドイツ軍の防衛線を粉砕した。第XI軍団の師団3個すべては、すぐにソ連軍の攻撃の撃退する戦いに巻き込まれた。攻撃は彼らの右翼を迂回しヴィヤゾフク、ブルティ、そしてスタニフラフチクの間～手短に言えば軍団戦区のほとんど～で全ドイツ軍防衛線を破壊することに、焦点をあてているのに間違いないようであった。夕方早くに荒れ狂った戦

冬季用防寒アノラックに上に、新しく支給されたらしい白くカモフラージュされた帽子を被った若きSS擲弾兵が、タバコを嗜んでいる。3つのタイプの帽子～夏季カモフラージュ野戦帽、標準型SS略帽および冬季帽用のウサギの毛皮～を被っていることに注目。（U.S.National Archives）

闘で、シュテンマーマンは、リュショフの兵士による攻撃を止めるために、彼の持つすべてを戦闘加入させることを強いられた。シュテンマーマンは1855時（午後6時55分）第8軍にたいして報告した。「これらの攻撃のすべては、（我が部隊の）最大限の努力によって撃退された。小規模な侵入は押し潰されるか切断された」。

攻撃はシュテンマーマンに、彼の軍団の補給情況に関して大きな関心をもたらさずにおかなかった。というのも彼は戦術情況に関するこの報告に続いて、この日の終りにより多くの弾薬と燃料を求める3本もの別々の要請を行ったのである。こうした要請のひとつは短く簡潔だった。無線による報告で、彼はシュピーデル将軍の発言を引用した。「(空中投下された)補給コンテナに感謝する。我々はもっと多くの人員を必要としている…空中補給は不十分である。弾薬。燃料。より多くの戦闘機の援護」。明らかにソ連軍戦闘機による輸送機の損失、あるいは空輸コンテナの誤投下が、シュテンマーマンの空中補給遂行の信頼性への信仰を失わせる結果となった。このため彼はヴォーラーがフォン・フォアマンの救援部隊が、彼らにかなりの量の弾薬、とくに砲兵用の10.5cmおよび15cm砲弾を持ってくることを要求した。もちろん、フォン・フォアマンの第XXXXVII戦車軍団はシュポラの南西で行き詰まり、この日あるいは翌日に包囲陣へと突破する見込みはほとんどなかった。シュテンマーマンをなだめるために、ヴォーラーは南方軍集団

1944年2月初め、SS擲弾兵分隊が、包囲陣のどこか北部戦区で自分の手で焚き火をして暖を取ろうとしている。これは冬の数ヵ月の間、ほとんど毎日、自然の猛威を寄せ付けないでおく頭を覆う退避所とてなく、屋外で過ごさねばならなかった部隊が、耐え忍んだ困苦を描き出している。部隊の一部兵士はアルコールも借りて、力を出そうとしている。被っているドイツ製、ソ連製の帽子の多種多様さに注目。(U.S.National Archives)

第11章：大釜内の危機

3名のSS擲弾兵が、頭上の防護用に何本かの丸太を敷いた掩蔽壕で眠る。保管のために掩蔽壕内に貯蔵された燃料用ドラム缶に注目。G-43自動小銃〔註：大戦半ば以降、各国の主力小銃は単発のボルト・アクションライフルから、M1ガーランドに代表されるような、自動装填の連発式の自動小銃へと移行することになるが、ドイツ軍の採用した自動小銃が、7.92mmGew43であった。1940～41年に開発されたものの失敗作であったGew41（W）の改良型で、ソ連軍のトカレフ自動小銃を参考にしたガス・オペレーションシステムが採用されていた。弾薬には7.92mm×57弾を使用し弾倉には10発が装填される。発射速度は毎分40発である。Gew43の多くにはスコープが装着され、スナイパーライフルとして使用された〕を含む小銃が、すぐ使えるように立てられている。（U.S.National Archives）

に、損失にかかわらず包囲陣内への追加補給への飛行努力を一層強化するよう要請した。

ジーゲルの連隊のような、第XI軍団の連隊のいくつかは、彼らの補給将校やコック、その他彼の持つ物でなんとかした者達の知恵のおかげで、補給し続けることができた。こうした部隊のひとつは、第57歩兵師団の第57通信大隊であった。その隊員の一人、ハンス・ゲアティッヒ士官候補生は、ある日、師団参謀部の補給将校によって兵員の一群を引き連れるよう命令され、彼にしたがって地区にある砂糖工場に行ったことを話している。彼らが到着したとき、ゲアティッヒは彼と彼の部下がありったけの砂糖を持ち出すよう命じられた。

ゲアティッヒは砂糖を入れる物が何もないのに気が付いたが、彼は背嚢から予備の長ズボンを持ち出し、足の部分で結んで即興で入れ物を作り出した。彼はこの自作の袋を入れられるだけの砂糖でいっぱいにした。全員が彼らが持てるだけ持った後、

260

ゲアティッヒは彼と彼の部下が頭からつま先まで砂糖で覆われていることを思い出した。他の糧食が不足する一方で、彼と彼の部下はますます砂糖の秘蔵品をあてにするようになった。彼らはそれを包囲陣から脱出するまで食べ続けた。ゲアティッヒによれば、「我々は汚染されている危険性のため、地方の泉から水を飲むことをはっきりと禁止されていた。（それで我々は）砂糖を新鮮な雪と交ぜて、自分で珍味を作った」。

この夕方、参謀将校の注意を占めていたのは兵站や負傷兵の脱出のような問題であったが、一方、前線陣地の歩兵の主要な関心事は、敵を寄せ付けず、そして生き延びることであった。シュテンマーマンの師団の兵士は、彼らが以前から何度もしていたように、彼らの眼前の戦線に敵が移動する兆候がないかと、目を皿のようにして見張っていた。中隊そして大隊の前進監視哨の兵士は、手榴弾と信号拳銃をいつでも使えるように握り締め、なんとか目を覚ましていようと必死だった。そしてできる限り暖を取ろうと努めたが、湿った軍服を着込んで、凍った大地に猿臂で掘られた浅い穴に入っているのでは、これは容易なことではなかった。

ソ連軍斥候は、彼らが毎晩するように、夜っぴいて絶え間無くドイツ軍陣地に探りを入れた。ソ連第78狙撃兵軍団第254狙撃兵師団によるノサチョフ近郊でのホーンの部隊にたいする攻撃も、そして第389歩兵師団が保持する第XI軍団最右翼のベルボフカ近郊にたいする、また別の攻撃も、同様に撃退

冬季用戦闘服、断熱ブーツで盛装した「ヴィーキング」のSS擲弾兵が、彼の掩蔽壕の端で仮眠をとっている。包囲陣北部戦区のどこかである。（U.S.National Archives）

された。明らかにソ連軍歩兵は、オルシャナと軍団右翼との間の間隙を探っていた。これはまだ塞がれていなかった。もし彼らが翌朝も協調した努力をしたなら、コーニェフの部隊はこれらふたつの箇所の間に楔を打ち込むことができ、ゴロジシチェの方向に進んで、包囲陣をふたつに切断することができたろう。

2月2日水曜日、ドニエプル川に沿った戦線は、暖かい気温と朝霧とともに明けた。これは攻撃部隊の接近を隠蔽した。この朝、情勢は静穏なままであったが、第XI軍団の部隊は第180狙撃兵師団がヴィヤゾフクの南1キロの森～そこにはクルーゼの第389歩兵師団の司令部が置かれていた～にまで侵入したとの報告を受けて衝撃を受けた。この大隊規模のソ連軍部隊は、あきらかに師団の最右翼に忍び寄り、後方から師団にたいする攻撃を準備していたのである。師団の後衛部隊は、この新たなる危機に対応するためすぐに派遣され、10時50分までにはソ連軍部隊を一掃することに成功した。オルシャナとヴェルボフカの間の間隙が最終的に閉鎖されるまで、この種の事態は継続した。

ヴェルボフカにたいするソ連軍の攻撃は、この日、そして翌日を通じて継続されたが、クルーゼの師団はエストニア「ナルヴァ」大隊～彼らはいまやリープの軍団の左翼を保持していた～と連絡するためその戦区を北西に拡大し続けた。不運にもこの連絡が成ったのは、オルシャナの北においてであった。というのも第5親衛騎兵軍団および第5親衛空挺師団による圧力が

機関銃座に配置された一人のSS哨兵が、鋭く敵を見張り続ける。包囲陣北部戦区にて。(U.S.National Archives)

SS擲弾兵がタコツボで立ち上がって、ボトルのワインかブランデーをラッパ飲みしている。彼は革製で、毛皮で縁取られた冬季用外套を着用しているが、これはSS部隊に大量に配給されたようだ。とくに興味深いのは手作りの手編みの手袋である。これはエストニア人部隊に一般的なアイテムである。これはおそらくここに写された部隊、あるいは少なくともこの兵士が、SS義勇大隊「ナルヴァ」の一員であることを示しているのであろう。「ナルヴァ」はチェルカッシィ包囲戦の間「ヴィーキング」に配属されていた。（U.S.National Archives）

加えられ、ドイツ軍がこの町の包囲を解くのを阻止したからである。オルシャナの守備兵は、少なくともさらに二日間、立てこもって頑張らねばならなかった。オルシャナの守備兵と第XI軍団の残部との調整をより容易にするため、町を保持していたヴィーキングの戦闘団は、2月2日にシュテンマーマンの軍団に加えられた。

2月2日から5日まで、第XI軍団にたいするソ連軍の攻撃は絶え間無く続いた。戦車に支援された歩兵の集団が、ドイツ軍守備兵に繰り返し激しく襲いかかったが、攻撃はほとんど効果は見られなかった。何度も何度も、軍団の最右翼のヴェルボフカ、そして最左翼のノサチョフは、何波にもおよぶ歩兵の大群に攻撃されたが、彼らは迫撃砲と機関銃によって積み重なってなぎ倒された。第57歩兵師団が占拠していた軍団中央部だけが、比較的に静かであった。ただしブルティにあったその司令部と、ヴィヤゾフクにあった第389歩兵師団は激しい砲撃にさらされたことが報告された。包囲された部隊の士気は、フォン・フォアマンが救援攻撃を発動したことと、彼ら自身の戦術的勝利の報告によって目に見えて改善された。

2月2日、ヴョーラーは包囲陣内の隷下部隊にたいして、ソ連軍の攻勢開始以来防衛戦で立てた武勲を称揚する布告を発した。ヴョーラーの言葉は次のようなものであった。「両軍団のリーダーシップと部隊の成し遂げたものは、重くむごたらしい犠牲をともなうものであったが、すべての期待を上回るもので

「ヴィーキング」のSS擲弾兵の一人が、2個の弾薬箱を持って彼の中隊に戻る。そのうちのひとつは、彼のMP-40の銃身につるされていることが見てとれる。(U.S.National Archives)

あった。戦闘の重要性は、撃破された戦車の数が極めて多数に上ったことで示されている」。実際、両軍団は1月24日から2月2日までに、彼らが全部で302輛の敵戦車を撃破したと報告していた。

スタニスラフチク近郊の第72歩兵師団の右翼で、ルドルフ・ジーゲルの連隊は、彼らの敵手から損害を被り続けていた

「ヴィーキング」機甲擲弾兵部隊の一人の若きSS少尉が、包囲陣北部戦区でパトロールに出発しようとしている。注目すべきは、彼が短機関銃でなくマウザー98K小銃〔註：7.92mmKar98Kは、第二次世界大戦中のドイツ軍の主力小銃であった。第一次世界大戦中のドイツ軍主力小銃であったGew98小銃の銃身を短縮したバージョンで、1935年に制式化された。ボルトアクション式で、弾倉には5発装填される。弾薬には7.92mm×57弾を使用した。先祖のGew98は、その起源を1871年にさかのぼることのできる、ペーター・パウル・マウザーにより開発されたマウザー・システムのボルト・アクションライフルで、極めて信頼性が高く威力のある小銃であった。自動火器の生産、配備が増大したにもかかわらず、Kar98Kは第二次世界大戦終結まで生産が続けられ、実質的にドイツ軍の主力小銃の座に留まった〕で武装することを選んだことである。これはおそらく、ソ連軍狙撃兵の注意をひくことを避けるためであろう。彼は国防軍が製作した冬季用外套をウサギの毛皮で覆ったものを着用している。(U.S.National Archives)

が、敵の攻撃は最終的に2月3日までには下火になり始めた。

彼の右翼の第57歩兵師団の隣接連隊は後方に逃げ去っていたが、ジーゲルの兵士は断固として彼らの陣地にしがみついていた。マイアー少尉に率いられた連隊の予備中隊の攻撃部隊が、連隊後方地域に侵入することを防ぐことに成功した。ベンダー少尉の歩兵砲中隊〔註：一般にドイツ軍歩兵師団は、歩兵連隊3個、偵察大隊1個、砲兵連隊1個、戦車駆逐(対戦車)1個、工兵大隊1個その他から編成されていた。そのうち各歩兵連隊は3個大隊編成で、各大隊は小銃中隊3個、機関銃中隊1個、歩兵砲中隊1個から編成されていた。歩兵砲中隊には、15cm重歩兵砲2門と7.5cm軽歩兵砲6門が配備されていた。重歩兵砲として主に配備されたのは、15cm SIG 33である。同砲は1927年に開発が開始され、1933年に制式化された。生産は1936年に開始され、終戦まで続けられた。最大射程は4,700メートル、発射速度は毎分2～3発である。弾種は榴弾(38キロ)、発煙弾、対戦車用にも使用可能な成型炸薬弾(24・6キロ)が用意されていた。軽歩兵砲として主に配備されたのは、7.5cm lIG18であった。同砲は1927年に開発が開始され、1932年に制式化された。第二次世界大戦中国防軍で最も広範囲に使用された火砲のひとつであった。最大射程は通常装薬で3,550メートル、強装薬で4,600メートル、発射速度は毎分8～12発である。馬牽のスポーク車輪タイプと車両牽引用の空気タイヤタイプがあった。さらに山砲、空挺バージョンも生産されている〕には、「ベンダーオルガン」というニックネームがつけられていたが（ソ連軍のカチューシャ多連装ロケット発射機のニックネーム、スターリンオルガンをもじったもの)、彼らはソ連軍歩兵に大損害を与え続けた。最終的に第57歩兵師団のリスト歩兵連隊が、ジーゲルの情況を回復すべく、予備の中から抽出された。ジーゲルの中隊長の一人のギーッセン中尉は、彼の右翼にあるリスト連隊のツィンマーマン大隊とともに、しばしば彼らの隣接部隊が激戦になると敗走する悩ましい性向がある事実を繰り返し訴えていたが、さらに付け加えて不平を言うことはなかった。

ジーゲルの連隊とリスト歩兵連隊の双方は、別々の師団に所属していたが、昔から並んで戦っており、両連隊の兵士はお互い信頼と尊敬の念を抱いていた。それにもかかわらず、ジーゲルは軍団司令部のこれらの問題が再び発生しないようにするために、個人的に事態を調査しに来るよう要請した。側面援護につけられた前線兵士の重要性を鑑みれば、ジーゲルの心配は理解できた。もしお隣さんがあきらめたとしたら、結局自分の陣地を保持することは、果たして良いことなのか。東部戦線の厳しい経験の中で、その隣接部隊への信頼は死活問題であった。それゆえに、部隊がしばしば戦闘の真っ只中から引き上げることは、死活的に重大であった。しばらくして、このタイプのパニックは、自身の部隊に伝染し始め、彼らを前線に止

めるには、最も極端な手段が必要になった。翌日の第XI軍団からの第8軍へのメッセージのひとつには、事態を簡明に捕らえられていた。

不利な天候下での絶え間無く激しい戦闘のため、我々の部隊は危機に直面している。たとえば、丸まる1個の大隊が、少数の歩兵をともなうたった1輛の敵戦車の攻撃に直面して撤退した。我が部隊の疲弊と将校の不足によって、命令は極めてゆっくりといやいやながらでしか遂行されなかった。

2月4日、第266擲弾兵連隊の情況は深刻なものとなった。唯一残存した対戦車砲が、修理のため後方に下げられた直後に、6輛のT‐34が攻撃して来たのである。ジーゲルの中隊の一人の兵士は、パンツァーファースト【註：第二次世界大戦初期において、歩兵用の携行可能な対戦車火器としては対戦車銃が装備されていたが、戦車の装甲が強化されるにしたがって、漸次威力不足となり用をなさなくなっていった。各国でほぼ共通して開発されたのが、成型炸薬弾であった。成型炸薬弾は、炸薬を円錐形に成型し、爆発のジェットで装甲板を貫徹するというものである。このため弾丸の速度には依存しておらず、対戦車銃や対戦車砲のような高初速の速度を必要としなかった。1942年半ばに開発が開始されたもので、パンツァーファーストは、発射薬で弾頭を射出する簡便な擲弾発射機であった。大直径で後部に折り畳み式の安定翼を持つ弾頭と発射筒からなり、発射筒にはフォルクスワーゲンの車軸が流用されたことが知られる。弾頭は再装填可能ではあったものの、それができるのは工場レベルであり、事実上の使い捨て兵器であった。1943年半ばより部隊試験が開始され、以後終戦までに爆発的な大量生産が行われた。最初期の弾頭の小さなクライン、射程30メートルの30、同じく60メートルの60、100メートルの100までが実用化され、さらに長射程の150および200は試験段階に留まった。弾頭直径はクラインのみ100㎜で、その他はすべて150㎜であった。装甲貫徹力はクラインのみ140㎜（30度傾斜した装甲板にたいして）で、その他は200㎜であった】とモロトフカクテルで対抗した。最も初歩的な対戦車兵器がモロトフカクテル、火炎瓶であった。これはウオッカその他の空き瓶にガソリン、タール等可燃性の高いガソリンエンジンを使用したドイツ戦車相手には有効だった。火炎瓶をなぜ「モロトフカクテル」と呼んだかについては諸説あるが、フィンランドの説ではソ・フィン戦争で火炎瓶を多用したフィンランド兵がにっくきモロトフへのプレゼントとして名付けたものと言われる。しかしロシアの説では、火炎瓶の製造命令にモロトフが署名したからというものもある】を掴み攻撃し、戦車の1輛を撃破し他を追い払った。それらのうちの4輛は夜更

けに戻って来たが、ペテルス少尉と彼の7.5cm PaKによって同じことになった。1輌の戦車は、第I大隊のハッル伍長勤務上等兵によって撃破され、彼は彼の勇猛果敢にたいして二級鉄十字章を授与された。

彼の行動とベンダーオルガンの継続的な支援によって、敵攻撃部隊の残りを敗走させることができた。このときまでに、雪と氷は溶け、泥と大きな水たまりとなり、景色は水浸しとなった。ジーゲルの連隊はまだ、他の連隊同様に、でき得る限り長く頑張って敵撃部隊を寄せ付けないようにする以外に選択肢はなかった。しかしこの日はジーゲルと彼の部下にとって、スタニフラフチクで過ごす最後の日となった。翌日、彼らは荷物をまとめてさらに右翼、ブルティに向かって移動した。というのも事態が再び動き出しからである。

この移動は、第389歩兵師団は独力では、ヴェルボフカにおいてシュテンマーマンとリープの軍団の連絡を保持するにはあまりに弱体過ぎるため、シュテンマーマンが決断して行われたものであった。打ち続くソ連軍の攻撃を3日にわたって耐え抜いた後、「ラインゴールド」師団はもはやその陣地を保持するための戦力をほとんど残しておらず、消滅し始めた。危機を避けるため、シュテンマーマンは2月4日の夕方遅くに、トロヴィツの師団のほとんどを、軍団中央部のその戦区から引き下げ軍団の最右翼～そこで翌5日にクルーゼの打ちのめされた師団からヴェルボフカ戦区を引き継ぐ～に移動させることを決

定した。師団の旧戦区のほとんどは、リスト歩兵連隊～彼らはホーンの右翼の位置に留まった～を例外として、第72歩兵師団によって引き継がれた。これは明らかにジーゲル少佐にとって都合が良く、彼の連隊の兵士には素晴らしいことだった。トロヴィツの師団が去ると、第XI軍団の全南翼はこの日遅く、戦線を短縮しより多くの人員を戦闘予備として控置するため、新たな防衛線まで撤退した。

第57報道大隊のハンス・ゲアティヒは、その間に第57歩兵師団の各種役務部隊から集めた人員から集成された寄せ集めの警戒中隊に編入されていた。これは2月3日にフォン・マンシュタイン自身の命令による、支援部隊の情け容赦ない徹底した人員徴発の結果であった。マンシュタインは局所的な敵の突破にたいして防戦し反撃を行うために、前線背後の部隊が補強される必要があると考えた。歩兵大隊の戦力はあまりにも低下しており、戦闘部隊の不足を埋め合わせるためにいまや極端な手段が必要とされた。ゲアティヒの、通信部隊、コック、そしてトラック運転手による新しい部隊は、すぐに彼らの新しい配置についた。彼らはほとんど前線勤務の経験のない将校に率いられており、ゲアティヒはこうしたことから何か良いことがあろうとはほとんど予想することはできなかった。ゲアティヒは次のように述懐している。

事態の深刻さは、弾薬や食料の補給の不足によるものだけで

なく、とくに我々が我々の戦闘背嚢に入れて携行できないものすべてのものを破壊する命令を受けたことから、我々にも明らかだった。個人的手回り品と地図や無線通信線、無線機、そしてある種の車両のその他の機材を除いて、その他すべてのものは取り捨てられ、ガソリンをかけられて燃やされた。

　トロヴィッツの師団は2月5日の夜明け、移動し去った。この交替はまったくもって早すぎるということはなかった。というのもヴェルボフカを保持していた第389歩兵師団の部隊は、前日22輛の戦車に支援された少なくともソ連軍1個連隊に攻撃されていた。

　彼らはなんとか敵攻撃部隊を寄せ付けなかったものの、第389歩兵師団の戦闘部隊としての有用性は、明らかに終わりを迎えており、もしもう一度攻撃されればおそらく壊滅しただろう。雪解けによる泥道と溢れた流れに遅帯され、トロヴィッツの師団の先鋒部隊は彼らの新しい戦区に、ソ連軍がまさにそのヴェルボフカを目指した新たな攻撃を発動した、朝早くに到着した。敵攻撃部隊はすぐに確認され、攻撃を仕掛けたT-34戦車8輛のうちの4輛が失われた。トロヴィッツのババリア兵達は、すぐに左翼でヴェルボフカを保持するクルーゼの師団生存者と、右翼で新たに前線に送り込まれた「ナルヴァ」大隊〜その中隊

◆　◆　◆

のうちのひとつはまだオルシャナで足止めされていたが〜と連絡をとり、格別よく戦ったと報告された。

　トロヴィッツは彼の部隊に、ゴロジシチェから10キロもないペトロパブロフカの町の南西に、西を向いた防衛線を急いで構築させた。彼らは文字通り、きわどいときに到着した。第57、第389歩兵師団は「ナルヴァ」とともに、明らかにまだ南から包囲陣を突破しようとするソ連軍の努力を阻止した。いらだったソ連軍は、ペトロパブロフカとヴェルボフカを保持するドイツ軍にたいして増援部隊を投入したが、うまくいかなかった。それだけでなく、彼らは第XI軍団残余の、さらに北の新陣地への撤退を妨害することもできなかった。南東では第72歩兵師団の後衛と第389歩兵の残余が、泥と戦っていた。泥は新防衛線への彼らの移動を、まだ著しく遅帯させていた。

　ソ連軍のヴェルボフカへの前進は、セリバノフの第5親衛騎兵軍団のコサックによって実行されていたが、ヴェルボフカからヴァリャバの町へ、ゴロジシチェの西を向いた経路に沿っているようであった。しかし軍団の3個の騎兵師団のうちの2個は、まだオルシャナに釘付けとなっていた。そこではドイツ軍守備兵が最後の抵抗を行っていた。このため、ソ連軍の圧力はほとんど進捗をもたらさず、前述したように2月5日夕刻に、この町に包囲された守備兵が突破できる情況を作り出すことになった。第57歩兵師団の移動は、セリバノフにとっても驚きをもたらした。というのは彼の師団はまだ、南東12キロの防衛線

を保持していると信じていたからである。騎兵軍団の大群は放棄された町を占領した後に自由となり、攻撃続行に使用できるようになった。

攻撃は、翌日、2月6日に計画された。セリバノフの軍団は、第4親衛軍の部隊と協力して、ヴェルボフカとペトロパブロフカに突進し、両方の村を包囲するとさらにヴァリヤバに向かって前進し続けた。そこで、彼の部隊はゴロジシチェ～コルスン道を切断し、東に進み弾薬および燃料集積所があるゴロジシチェを包囲するつもりであった。それから、第5親衛騎兵軍団は、南東に旋回して第XI軍団を包囲し殲滅するために前進するのである。セリバノフは攻撃を成就させるため、第11親衛騎兵師団を右翼に、第12親衛騎兵師団を左翼に並べ、第63騎兵師団を後方に第2梯団として配置した。主攻にあたることになっていたのは第11師団であった。彼らはヴェルボフカ、ペトロパブロフカ、そしてヴァリヤバが奪取されたら、右に旋回し東にゴロジシチェを目指す。第12師団はヴァリヤバの北方外縁で包囲し、残るすべての抵抗を一掃し、ナバコフ・クトールの近くでゴロジシチェ～コルスン道を切断する。セリバノフの攻撃の右翼は、第4親衛軍の一部である第21親衛狙撃兵軍団の第5、第7親衛空挺師団によって行われる支援攻撃によってカバーされることになっていた。彼らの作戦行動は、トロヴィツの第57歩兵師団の戦線を北方からヴィヤゾフォクを経由して攻撃して追い立てることであった。

1944年2月初め、レニナの町の近くの防御陣地を占めた、第72歩兵師団の部隊。(Scanned photo courtesy of 72.Inf.Div.Veteran's Association)

この計画は紙の上では単純に見えるが、軍団の3個の師団すべてが一週間以上にわたって進撃と戦闘を続けており、オルシャナの包囲中に激しい損害を被っていた事実をまったく考慮していなかった。天候および地形の情況は、ドイツ軍に影響したのと同様に彼の部隊にも影響した。騎乗した部隊はなんとか泥の中を前進することができたが、軍団のトラックと砲兵牽引車にとっては極めてつらい時期となった。セリバノフの計画はまた、十分敵の情況を勘案したものではなかった～明らかに彼はこの地区のドイツ軍守備兵は、破断界にあると考えていた。これに関しては、彼は完全に誤っていた。彼の経路上にあるのは、弱体でばらばらになった敵ではなかった。彼は断固として防備された前線にぶち当たったのである。戦線は薄っぺらく保持されていただけだが、2月6日までにドイツ軍は包囲内に最終的に確固たる防衛線を確立することができた。ヴェルボフカで第389歩兵師団は包囲されることを防ぐために、北東に後退し、それにしたがって新しい戦線が引かれた。

セリバノフの攻撃は、この日の10時に開始された。第11親衛騎兵師団の戦車と騎兵は、すぐにペトロパブロフカで頑強なドイツ軍の抵抗によって釘付けにされた。それにもかかわらず、事態は第XI軍団司令部に大きな波紋をもたらし、その結果、シュテンマーマンは予備兵力を脅威を受けた戦区に送るよう決定した。予備の大隊の移動は、不運にも自動車輸送の算段がつかなかったため、1時間以上遅れた。さらに、大隊の部隊は泥

の中を行軍したために、ペトロパブロフカに到着するころには、完全に消耗してしまった。2輌のソ連戦車がヴィヤゾフカの町に突入し、彼らが撃破されるまで第389歩兵師団に大きな緊張を招いた。彼らは数時間後に3輛の戦車と1個歩兵大隊をもって再び試みたが、短い戦闘時間のちに彼らもまた撃退された。

第XI軍団にたいするソ連軍の圧力はこの日一日中続き、最も激しい戦闘が戦われたのはペトロパブロフカであった。ここではトロヴィツのババリア兵は、セリバノフのコサックと白兵戦の激闘を演じた。ペトロパブロフカとヴィヤゾフカの間で、ドイツ軍は土地を与えることを強いられ、最終的に数時間後に数キロさらに東の別の防衛線に撤退した。防衛線はその場でねじ曲げられたが、まだ保持された。

第57および第389歩兵師団が保持する戦区で戦闘が荒れ狂っている間に、ホーンの第72歩兵師団は軍団のはるか右翼にあったが、彼らもまたソ連軍の注意をひかずにはいられなかった。昼間には、ソ連軍第78狙撃兵軍団第254狙撃兵師団が、第72歩兵師団と第389歩兵師団との境界のレニーナの町に向かって限定的な偵察攻撃を発動した。この攻撃は町の北の鉄道分岐点を狙っているようであったが、師団司令部からの連隊によって比較的に容易に撃退された。ルドルフ・ジーゲルの連隊をコシュマクの町に後退させて軍団の予備とする命令に応じて、クノストマン大尉に率いられた彼の先発隊を探しに、ジーゲルはゴロジシチェの南のクリュストリフカの小さな村を通っ

270

て、彼のシュビムワーゲンを走らせたが、彼らは見つからなかった。農家のイスバスのドアをいくつか叩いたが、何の反応もなかった。最後にウクライナの婦人が答えたときには、ジーゲルはびっくりした。ドイツ軍将校と婦人との続く会話は、東部戦線での戦争にいくらかの人間らしい感覚を与えた。

この村にドイツ兵はいるか、とジーゲルが婦人に問うと、婦人は8歳と10歳のふたりの娘とともに入り口のところに来て、片言のドイツ語で彼と他のドイツ兵は出て行くのかと尋ねた。彼が答えあぐねると、彼女はひざを折って崩れ落ち、手で顔を覆って泣き叫んだ。「ああ、ドイツさん。ドイツさん。ついにNKVD（スターリンの秘密警察）が来るんだわ！」。ジーゲルは後に書いているが、彼はこの気の毒な婦人の苦悶に大きく心を動かされてしまい、決してこの場面を忘れなかったという。彼女はおそらく彼女の子供を食べさせるためドイツ軍の野戦食堂で働いており、ソ連が帰って来れば何が起こるか知っていたのだろう。彼はこう推量した。良くても彼女は強制収容所行きだろう。悪ければ彼女はＮＫＶＤに対敵援助と扇動で訴追されることは何もなかった～彼には面倒を見なければならない連隊があった。このような何千もの人間の悲劇が、この戦いを通じて何度も何度も繰り返された。一般住民は相争うふたつのジャガーノート（絶対的な力）に捕ってしまったことに気づくのであった。

戦いは、翌日も続いた。ソ連軍は戦車と歩兵によってこれらの町にたいして何度も攻勢を発動したが、彼らが砲兵支援を欠いたことが極めてはっきりした。それぞれ大隊はそれぞれの地歩を確保したが、彼らはドイツ軍の反撃によって再び撃退されてしまった。砲兵は、ソ連軍の攻撃において大きな重心を占めていたものであるが、その他すべてのものといっしょに泥の中にはまり込んでいた。報告書では、リープに隣接する第ⅩⅩⅫ軍団に配属された「ナルヴァ」によるヴァリャバにおける頑強な防戦を証言している。ここでは、エストニア大隊の抵抗はコサックの司令官によって「極めて強力」と評された。

やっと翌日の終わりになって、「家屋や建物を頑強に防衛する」敵の集団との激しい市街戦の後に、第12騎兵師団は町の一部を確保することができた。第Ⅺ軍団全部隊は、ゴロジシチェの南の新しい短い防衛線に移動する過程にあり、実際彼らはドイツ軍守備兵が撤退した後でやっと町を奪取することができたのである。シュテンマーマン大将はまだ彼の部隊に、このような差し迫った移動を可能にする十分な統制を施すことができ、彼は何度も何度も部隊に包囲され撃破される前に、すぐに撤退するよう命令することができ、ソ連軍はもぬけの空となったところを攻撃させられたのである。

2月6日および7日に行われた撤退すべてが、計画にしたがったものではなかった。絶え間無いソ連軍の攻撃への対処にペトロパブロフカ、ヴァリャバ、そしてヴィヤゾフォクでの

加えて、ドイツ軍はまだひどい天候と地形状況に甘んじなければならなかった。これらは2月4日の早い雪解けの始まり以来悪化するばかりだった。道路は極めてひどく轍が穿たれ、水で満たされたため、装備の多くを放棄しなければならなかった。第XI軍団のすべての師団の中でも、ホーンの第72歩兵師団は最も大きな影響を受けた。というのは、彼らはブルティとレニーナの南の元の防衛線からコルスンの南の新しい陣地〜そこでシュテンマーマンの予備兵力となった〜まで、最大の距離を撤退しなければならなかったからである。

ルドルフ・ジーゲルは、彼の部下が直面した情況を、第XI軍団ほとんどの部隊が新しい防衛線への移動を開始したとき直面するようになったものの例証となると説明している。彼がうんざりさせられたことに、2月7日朝、彼の右翼に隣り合う連隊は、夜明けにはまだ陣地にあったのに、彼に知らせずに撤退してしまったのである。この開けた側面を塞ぐために、彼は対戦車小隊と1門の2cm対空砲【註：第二次世界大戦では航空機が発達し、地上の戦闘部隊に対して大きな脅威となった。このため取られた対抗手段が、対空火器の開発、装備である。対空火器として装備されたものには大きく分けて二種類があった。主に低空の目標に対処する対空機関銃、対空機関砲と、高空の目標に対処する高射砲である。このうち対空機関砲は、触発または短延期信管を装着した弾丸を、航空機に直撃させることで破壊することを狙っていた。このため多数の弾丸を目標に指向

包囲陣の北部戦区における B 軍団支隊の擲弾兵。(Bundesarchiv 277/802/35)

272

するために、高い発射速度が必要であった。第二次世界大戦中のドイツ軍を代表する対空機関砲のひとつが、20㎝対空機関砲であった。そもそもの設計は第一次世界大戦当時のドイツにさかのぼるが、直接はスイスのソロトゥルン社で開発されたS5-100 20㎜機関砲が原型である。同砲は1934年にドイツ海軍に採用され、1935年にはドイツ空軍にＦｌａｋ30として採用された。略三角形の台座上の全周旋回式の砲架に搭載され、射手は砲後部に位置し、右側上部に砲と連動した照準器が装備されている。照準器と砲前面には小防盾が装備できる。

砲身長は65口径で、初速は徹甲弾で830メートル／秒、榴弾で900メートル／秒であった。20発入り箱型マガジンによって給弾され、発射速度は毎分280発（実用120発）であった。2輪式トレーラーに搭載して容易に運搬することができた。Ｆｌａｋ38はＦｌａｋ30の改良型で、とくに発射速度の向上が図られていた。砲架、トレーラー等のデザインは変わらないが、砲取り付け部がリング状のデザインとなっているのが特徴であった。同じく20発入り箱型マガジンにより給弾され、発射速度は毎分450発（実用220発）に向上していた。さらに2㎝対空砲の発射速度を向上させ命中率を向上させるべく開発されたのが、4連装対空砲架であった。1938年に海軍向けに開発されたのが最初で、地上部隊向けに生産が開始されたのは1940年であった。機関砲は左右に2門ずつが上下に取り付けられている。発射速度は毎分1,800発（実用720～800発）に達した。4門同時に発射することも可能だが、通常は給弾の関係で対角線の2門ずつ発射した」を派遣した。この間、ソ連軍は大挙して再びレニーナの北の鉄道分岐点を攻撃し、彼の師団の撤退に先んじようとした。ジーゲル少佐の左翼でこの危険な地域を保持していた部隊は、シェーラー少佐に率いられた第124擲弾兵連隊の戦闘団で、彼らはまさに突破されようとしており、ジーゲルはベンダー少尉の歩兵砲中隊に隣接部隊を圧倒しようとしているソ連軍に全勢力を指向させた。再びベンダーのオルガンは、攻撃するソ連軍を撃退することに成功した。

その間、オーレンドルフ少尉は、ゴロジシチェへの鉄道土手に沿って連隊のトラックのための撤退経路を偵察していた。そこは彼自身、そして他の師団のトラックの渋滞で、実質的に通行不能であった。一日中、彼と彼の部下はトラックを泥から脱出させようとしたが、それらを動かすことは不可能だった。4輪駆動でなければ、出力不足のオペルやメルセデスのトラックは、深くなるばかりの轍にはまったままであった。暗くなるころには、これらの回収は見込みのない作業であることがわかり、ジーゲルはすべての行動不能のトラックを破壊するよう命じた。引き出すことのできた唯一のものは対戦車砲、歩兵砲、そして2㎝対空砲で、これらを一群の馬かハーフトラック式牽引車［註：ドイツ軍では、兵員輸送や各種火砲の牽引を目的として、ハーフトラック式牽引車を整備した。各種用途に合わせ

て、牽引力別に1t、3t、5t、8t、12t、18tの各種のタイプが整備された。各車ともに基本的に共通するデザインを持つ。フロントエンジンで、トラック型車体の前輪に、後輪部分がキャタピラ式走行装置のハーフトラック形式となっていた。後部のキャタピラ部分は長い接地長を有しており、トーションバー式の高級なサスペンションに、ドイツ独特の挟み込み式の転輪配置をしていた。ステアリングは低角度では前輪だけで行うが、急角度ではキャタピラの差動も併用するようになっていた。なお前輪は駆動しない。最も小型の1tハーフトラック軽牽引車Sdkfz-10は、1932年、デマーグ社によって開発が開始された。1937年より生産が開始され終戦までに約25,000輌が生産された。出力90馬力（後100馬力に強化）のマイバッハガソリンエンジンを搭載し、最大速度65キロ/時を発揮した。本車は主に3.7cm、5cmおよび7.5cm対戦車砲の牽引に使用された。2cm対空砲を搭載し自走対空車両としても使用された。Sdkfz-250軽装甲兵員輸送車のベースともなった。次のクラスの3tハーフトラック軽牽引車Sdkfz-11は、1933年にハンザ・ロイド社によって開発が開始された。1937年より生産が開始され終戦までに約25,000輌が生産された。出力70馬力（後100馬力に強化）のハンザ・ロイドガソリンエンジン（後マイバッハ）を搭載し、最大速度52.5キロ/時を発揮した。本車は主に10.5cm軽野戦榴弾砲の牽引に使用された。Sdkfz-251中装

甲兵員輸送車のベースともなった。中型クラスの5tハーフトラック中牽引車Sdkfz-6は、ビューシングNAG社が開発にあたり、ハーフトラックシリーズの中でも最初に生産されたタイプであった。しかし1934年より生産が開始されたものの、中途半端な牽引力であり、より軽量な3t以下、より重い8tクラスに生産が集中されたために止まる。1942年までに約3,000輌が生産された。出力90馬力（後115馬力に強化）のマイバッハガソリンエンジンを搭載し、最大速度50キロ/時を発揮した。本車は主に10.5cm軽野戦榴弾砲の牽引に使用された。続く8tハーフトラック中牽引車Sdkfz-7は、おそらく第二次世界大戦中のドイツ軍のハーフトラックとして最も有名な車体であろう。開発にあたったのはクラウス・マッファイ社で、1934年から終戦までに約12,000輌が生産された。出力115馬力（後130～140馬力に強化）のマイバッハガソリンエンジンを搭載し、最大速度50キロ/時を発揮した。本車は主に8.8cm対空砲、15cm重野戦榴弾砲、10cmカノン砲の牽引に使用された。2cm対空砲や3.7cm対空砲を搭載し自走対空車両としても使用された。さらに大型の12tハーフトラック重牽引車Sdkfz-8は、ダイムラー・ベンツ社で開発され、1934年から1944年にかけて約4,000輌が生産された。出力150馬力（後185馬力に強化）のマイバッハガソリンエンジンを搭載し、最大速度50キロ/時を発揮した。本車は主に8.8cm対空砲、15cm重野戦榴

弾砲、10cmおよび15cmカノン砲、21cm臼砲の牽引等に使用された。ドイツ軍ハーフトラックの最重量級の車体が、18tハーフトラック重牽引車Sdkfz-9であった。FAMO社で開発され、1938年から1944年にかけて約2,500輛が生産された。出力230馬力（後250馬力に強化）のマイバッハガソリンエンジンを搭載し、最大速度50キロ/時を発揮した。本車は主に12・8cm対空砲、15cm重野戦榴弾砲、21cm臼砲等の牽引の他、戦車回収車、工兵車両として使用された〕によって牽引された。

彼の撤退は予定よりはるかに遅れてしまい、ジーゲルはこの夕刻彼の連隊に、後衛を配置することなく引き上げるよう命じた。彼は、彼の部下と同様、ソ連軍を遅帯させるため背後に兵員を残すことは、単に不必要な損害をもたらすだけであることを知っていた。彼の連隊は全員を必要としていたのである。ベンダー少尉と彼の中隊は一時的に道に迷ったものの、残りの連隊は事故無しでクリュストノフカとクラチコフカの間の夜営地に到着することができた。部隊は師団司令部の近所で野戦炊飯所より糧食を与えられ、少し眠ることさえできた。この夕刻遅く、ベンダーと彼の部下はついに遅れて到着し、連隊の全員をほっとさせた。残されたものは1ダースを越える車両と、それに積まれていた懸命に退蔵された弾薬、被服、そして糧食であった。これからは、連隊は他と同様にその日暮らしで生き延びねばならなかった。

師団の歩兵連隊のひとつを支援するために射撃準備中の、第88歩兵師団第88砲兵連隊の砲員達〔註：ドイツ軍歩兵師団に配属された砲兵連隊は、本部および本部中隊と、軽砲兵大隊3個、重砲兵大隊1個、観測大隊1個から編成されていた。各砲兵大隊は大隊本部および本部中隊と砲兵中隊3個から編成されていた。軽砲兵中隊には、10.5cm軽砲4門、重砲兵中隊には、15cm重野砲4門が配備されていた。写真は軽砲兵中隊のもの。軽歩兵砲として主に配備されたのは、10.5cm lFH18であった。同砲は1928～29年に行われた研究に基づき、1933年にプロトタイプが製作され、1935年に制式化、大量生産が開始された。最大射程は10675m、発射速度は毎分4～6発である。信頼性が高く頑丈な野砲であった。馬牽のスポーク車輪タイプと車両牽引用のソリッドゴムタイヤタイプがある〕。（Bundesarchiv 277/847/11）

雪原に放棄された10.5cm軽野戦榴弾砲 leFH18/40。10.5cm軽野戦榴弾砲 leFH18の発展型で、マズルブレーキが装着され、PaK40の砲架が使用されているのが写真からもわかるだろうか。射撃位置に無いようなので、ここまで牽引されて来て放棄されたものであろう。向こう側にも火砲が放棄されているようだが、はっきりしない。

放棄された15cm重野戦榴弾砲 sFH18。向こう側にはSdkfz10/4 2cm自走対空砲らしきものも見える。

ゴロジシチェの南の新しい防衛線への撤退は、筆舌に尽くしがたい道路状況で遅れたものの、計画にしたがって行われた。2月7日の夕刻までに、第XI軍団の師団のすべてが間隔を詰め、ソ連軍を阻止し続ける用意が整った。撤退した部隊の多く、とくに第57歩兵師団は彼らの敵に急追された。彼らはドイツ軍後衛陣地の突破を達成するあらゆる手段を探していた。セレニウスのコサック軍団は、この日、ペトロパブロフカとヴァリヤバで、泥とドイツ軍の遅帯行動のために窮境に陥っていた。彼の部隊のほとんどは、この日1から1キロ半の地歩しか記録することができなかった。翌日、2月8日、彼らは同じく成功を収めず、彼らを阻止するために多数のドイツ軍による反撃が行われたことを報告した。夜更けには事態はうまくいき始めた。このころ彼の師団のひとつが、クヴィトキの南東で第XIおよび第XXXII軍団の境界に沿って4から5キロにわたって侵入を成し遂げたのである。しかし、幸運にも包囲陣の外側の情況は最終的にドイツ軍に有利に運んだ。

ブライスとフォン・フォアマンの戦車軍団による救援部隊の接近により、セレニウスはコーニェフによって第63騎兵師団を、ドイツ軍の救援攻撃に備える他のソ連軍部隊の増援としてリュシャンカに派遣するよう命じられた。セレニウスの他の2個の騎兵師団は、ゴロジシチェ～コルスン道を横切ってザバドフカに向かって攻撃を続け、北から攻撃する第52軍部隊と連絡しようとした。うまくいけば、これはまたゴロジシチェ包囲陣で第

XI軍団の大群とともに、「ヴィーキング」のほとんどを罠にかけることになる。しかしセレニウスは、もはやおおよそ2週間前カピタノフカでドイツ軍の戦線を突破した、攻撃衝力を持っていなかった。軍団の最強でありほとんど消耗していない第63騎兵師団の派遣によっても、セレニウスには長く望んだ決定的な突破を達成する見込みはほとんどなかった。それにもかかわらず、彼の部隊は再編成を続けつつ、ドイツ軍に圧力をかけ続けた。しかし第72歩兵師団全部が前線から引き上げ、ドイツ軍の将来の作戦のための予備となることを防ぐことができなかった。彼らの成功はチェルカッシィ包囲陣で罠にかけられた全部隊のまさにその生存に決定的であった。

シュテンマーマンの軍団にとって2月1日から8日の間の事態の成り行きが劇的であったのと同様に、リープの戦区の情況も負けず劣らず興味深いものであった。彼の軍団は彼が保持していた南はクヴィトキから西はボグスラフ、そして北ではドニエプルに沿ってカーニェフに至る元の戦区を保持することで戦闘力が増加した一方で、いまや彼の軍団が守らなければならない戦線の総計はほとんど2倍になった。この新たに加えられた戦区は、北部ではカーニェフからドニエプル川に沿ってロソボク（ヴァローン）に、南部ではオルロにには彼の軍団地域の責任に加えて、「ヴィーキング」の戦区も担当することになった。これが追加されたことは、主に「ヴィーキング」の機甲戦闘団がその貴重な残存戦車とともに加わったことで戦闘力が増加した一方で、いまや彼の軍団が守らなければならない戦線の総計はほとんど2倍になった。

ベツの東の地区に走り、全部でほとんど80キロに達していた。

SS師団長のギレSS少将は、包囲陣内の師団の中で最大の戦区を保持していたが、いまや絶え間無く、第ⅩⅩⅩⅡ軍団の前線のいろいろな部分、とくにオルシャナ周辺を受け持ったために、彼の師団の分遣隊を、派遣することを強いられた。それにもかかわらず、ギレは彼の師団が任務に耐えることができると楽観的なままであった。しかし彼らはまだソ連軍の全力での攻撃は被っていなかった。それが到来するのは遠い先ではなかった。

軍団長としての見地から、リープの第一の任務は、ブライスの救援部隊が南西から来て包囲するソ連軍の環を突破しメドヴィンとボグスラフの間でリープの部隊と連絡するまで、彼らの軍団ができうる限り長く陣地を保持することであった。そうするために彼は絶えず彼の戦線を短縮し、戦術予備の形成のために必要な歩兵部隊をより多く自由にしなければならなかった。これらの部隊は、不可避的に生じる敵の突破にたいして、反撃し突破口を塞ぐために使用される。とりわけ彼は敵をコルスンの飛行場から、遠ざけねばならなかった。もし飛行場がヴァトゥーチン、あるいはコーニェフの部隊の手に落ちたなら、実質的に包囲された2個の軍団へのすべての補給は、空中投下を除けば切断され、すみやかに一巻の終わりとなってしまうだろう。

1月29日に彼は彼の戦線の短縮に向けて、大きな一歩を踏み出し、1月29日にB軍団支隊をカーニェフの西のその元の戦線から離

脱させ、ロッサワ川の南に沿った短い防衛線に移動させた。これは「ヴィンターライゼ（冬季遠足）」作戦と秘匿名称が付けられた。リープの第2の任務は、ステブレフとオルシャナの間の包囲陣の新しい南部戦線の構築を助けることであった。彼の3番目の任務は、コルスンの飛行場からの空輸の支援であった。

リープは後2者の任務をうまく遂行することができたが（南部戦線は間一髪で間に合わせ繕うことができた）、彼の長大な前線の残る部分の崩壊を防ぐことは、まったくもって困難であることがはっきりした。彼の軍団には「ヴィーキング」が加えられたのではあるが、彼はこの戦線でさえ保持するにはまだ不十分な戦力しか有していなかった。第ⅩⅠ軍団は激しい戦闘で釘付けにされており、リープはすぐには外部からの支援も期待できなかった。それだけでなくブライスは2月3日あるいは4日まで、彼の軍団の担当する救援作戦を発動することができなかったからである。第Ⅲ戦車軍団の部隊がメドヴィンの近くで連絡をつけるには、すべてが予定通りに進んだとしても、まださらに何日か必要だった。このため、2月1日から遅くは7日あるいは8日まで、第ⅩⅩⅩⅡ軍団は単独でやらなければならなかった。

1月29日に「ヴィーキング」と「ヴァローン」旅団が隷下に加えられたことでリープの軍団は大きく強化されたが、彼の他の2個師団はひどい状態だった。B軍団支隊はまだ比較的わず

かな損害しか被っていなかったが、その連隊、そして大隊は軍団戦区中にばらばらに分散し、その当座の指揮官であるフォウクアト大佐にとって、その指揮、統制、そして補給は極めて困難であった。彼はいまや、シェンクの第110擲弾兵連隊のような、包囲陣の南部戦線で戦っている部隊を有していたが、一方他の部隊は南西、そして北部戦区で戦っていた。軍団の戦闘の主要努力は、クヴィトキとステブレフの間の南の方向に移動し、リープはフォウクアトに当座B軍団支隊の指揮をヴォルフガング・ブヒャー大佐に引き継ぎ、南に向かいコルスンの町の近くに急ぎ集結中の部隊を引き継ぐよう命じた。この部隊は前述したフォウクアト阻止部隊で、これにエアンスト・シェンクの部隊も加えられた。

B軍団支隊の2つの半身の間の楔には、軍団の最も手ひどく打撃された師団である、グラーフ・フォン・リットベアグ中将の第88歩兵師団が置かれていた。連続的な前線はなんとか維持されていたものの、ソ連軍の突破の最初の局面の間に、師団はひどい損害を被っていた。2月1日までに、その戦線は実際には南と南東を向いていた。その右翼はボグスラフの北部外縁を基底とし、師団の左翼はロス川に沿ってステブロフ～「ヴィーキング」のエベア・ヘデアSS第5野戦訓練大隊が保持していた～の北部外縁まで東と南東に延びていた。グラーフ・リットベアグの師団はこの防衛線を保持することができたものの、1月28日から2月2日まで、戦車に支援されたソ連軍第337狙

撃兵師団および第159要塞地区の部隊が、ドイツ軍の防衛施設に絶え間無く襲いかかったため、ボグスラフの情況は大きく変動した。

ボグスラフはドイツ軍の防衛努力にとって緊要であった。そこは高さ219メートルの絶壁の麓にあり、北方および北東方からの包囲陣へのすべての接近路を支配するのみならず、ロシュ川に沿って南に向かう渡渉点でもあった。ここはあらゆる犠牲を払って保持せねばならなかった。もしこがソ連軍の手に落ちれば、第88歩兵師団の後方地域に砲兵射撃を指向することが可能になる。ロシュ川の線はドイツ軍によって非常に強固に保持されていたので（川を覆っていた氷もまた溶けていた）、師団の最も攻撃にさらされていた陣地は、ボグスラフの北方と北西方に配置された部分であった。この危険な防御陣地に入っていた部隊は、第213保安師団第318保安連隊であった。その戦線は、西はミッサイロフカの村から、ボグスラフの北6キロのシュピキの村まで走っていた。この連隊は、師団の第177保安連隊からの追加の大隊とともに、1943年12月初めにはフォン・リットベアクの師団に配属されていた。この部隊はDr・エアンスト・ブロヒ中佐に率いられていたが、フォン・リットベアクの師団が保持していた全戦区の中でも最も激しく攻撃にさらされていた箇所に配置されていた。この連隊は消耗して、この戦いが開始された1月26日以来、敵の圧力の下絶えず後退を繰

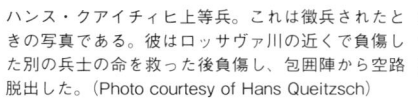

ハンス・クアイチィヒ上等兵。これは徴兵されたときの写真である。彼はロッサヴァ川の近くで負傷した別の兵士の命を救った後負傷し、包囲陣から空路脱出した。（Photo courtesy of Hans Queitzsch）

第188砲兵連隊の通信兵であったゲアハード・マイアー。チェルカッシィ包囲陣から逃れた後、ハイブロンの家で撮られた一葉である。（Photo：Gerhard Meyer）

り返していた。

Dr.ブロヒの部隊は、ほとんどが中年の州兵（民兵）の予備役兵で、前線勤務には不適切と考えられていたが、これまで数多くの攻撃を撃退しており、しばしば消耗させられる危険な白兵戦にも巻き込まれた。戦闘後に書かれた報告書では、Dr.ブロヒは、部隊への肉体的および士気的要求は危険なレベルにまで高まり、過労と無感覚の状態から目を覚まさせるには、部隊指揮官は3回あるいはそれ以上も命令を下されねばならなかった。ブロヒの兵士達は過去何日間も夜間撤退を行い、昼間は追撃するソ連軍を撃退することを強いられた。このような絶え間無い肉体労働は若い兵士にも同様厳しいものだったが、保安連隊の老人には衰弱をさえ強いるものであった。

この間、夜間にソ連空軍の複葉機によって夜間投下される宣伝ビラが姿を見せ始めた。ただしこの手のビラはこのような初期の段階では、まだ無視することができた。部下を動かすためには、中隊長、大隊長は、しばしば目を覚ますよう体罰や処罰の脅しのような無慈悲な手段をとらなければならなかった。ある兵士は単なるソ連軍の攻撃の言葉をとらえて容易にパニックに陥り、一方、他は包囲神経症の兆候が現れた。これは他の包囲された師団にも同様に広がっていった。

第27軍司令官のトロフィメンコ将軍は、2月1日、彼に任された戦兵師団に圧力を加えるだけでなく、包囲されたボグスラフの第88歩兵師団に圧力を加えるだけでなく、区の残りのドイツ軍部隊にたいしても攻撃を発動し始めた。B

軍団支隊の3日前のカーニェフの西の旧陣地からロッサワ川に沿った新しい陣地への夜間撤退は、ソ連の将軍を驚かせた。トロフィメンコは、再びこのようなことを許すわけにはいかなかった。このため彼は撤退するドイツ軍に、大きな勢力を費やして圧力を加え始めた。彼はロッサワ川に沿った新しい線に裂け目を開けなければならなかった一方で、ボグスラフとステブレフの守備兵にもまだ圧力をかけ続けた。新しいドイツ軍の北部防衛線の要衝は、ミロノフカの町の強化点であった。これはミロノフカからコルスンに、南東に30キロにわたって広がる大地の底にあった。もしB軍団支隊の第332師団集団の部隊がこの町から駆逐されれば、その後、トロフィメンコはコルスンの中心部に、わずかしかない比較的に良い道路のひとつに沿って、狙いすました射撃が可能になるのである。ボグスラフで窮境に追い込まれたものの、第27軍はどうやらここではもっと運が良かったようだ。

攻撃は2月1日の1100時（午前11時）に開始され、第513、および第493砲兵、機関銃大隊が、ミロノフカそのものと、町の南のドイツ軍防衛線をも突破した。何時間かの戦闘の後、第332師団集団の部隊は、攻撃部隊を阻止し、追い出すことができた。赤軍は翌朝再びやって来たが、これもまた成功しなかった。要塞地区の砲兵および機関銃大隊は、その最大の弱点～あまりに歩兵が少ないことを示し始めた。これらの部隊は広い正面を守備することができたが、継続的な攻

勢作戦を遂行するのにはとりわけ十分な兵力を欠いていた。南東では、第206狙撃兵師団は、ついにブアグフェルト大尉の第258連隊集団の保持する、ロッサワ川岸の北のシニャフカに近い戦区で、第112師団集団にたいする攻撃を開始した。このときB軍団支隊の大群は、その撤退を遂行する準備を開始していた。

師団集団司令官のフィービッヒ大佐は、この攻撃と、そして数キロ南東のサロサワ近郊における別の攻撃も撃退することができた。しかしすぐに、まだ可能なうちに彼の全部隊が川の南岸への撤退を許可されるよう要請した。2月2日にソ連軍が獲得した地歩は、地域的なドイツ軍の反撃によってすぐに一掃された。これまでのところ、ロッサワ川の戦線は保持されていたが、リープはこの夕方、第8軍のヴォーラー大将に川の対岸への撤退を要請し許可された。これが実行されるとフィービッヒは、この短縮された戦区をフォン・リットベアクの師団に引き継ぎ、B軍団支隊の大群は2月4日から5日にわたって、軍団の南部戦線に移動した。

B軍団支隊の残余が撤退すると、ブアグフェルト大尉と彼の部下は、河岸に沿って勇ましい防戦を行い、ソ連軍を寄せ付けないため何度かの反撃を発動した。2月2日のある名もない村における戦闘で、ハンス・クアイチィヒ上等兵と第258連隊集団の彼の中隊の残余の40名の兵士は、2輌の突撃砲に支援され、損害を被ることなく目標を確保した。2月3日朝、彼と他

の兵士は彼らの指揮官から、ソ連軍がB軍団支隊の大群がまだその旧陣地にいると考えさせるために、攻撃を続けることを命じられた。このとき実際にはそのほとんどはすでに撤退していた。彼の第6中隊は、すぐに激しい敵の防御砲火で釘付けにされた。

クアイチヒの負傷した戦友のひとりは、野外に横たわったままで、衛生兵を呼んで悲鳴を上げていた。軍曹のいいつけに反して、衛生兵としての訓練を思い出し、クアイチヒは遮蔽物から飛び出し、弾雨の中をかいくぐって戦友の下へ走った。しかしその兵士に近づく前に彼は撃たれた。ちょうどそのとき、1輛の突撃砲が現れ、ソ連軍の砲火を制圧し、ドイツ兵がクアイチヒと他の兵士を安全な場所まで引きずることができた。すぐにクアイチヒと他の11名の負傷者は、1輛の突撃砲のデッキに載せられ、コルホーズの包帯所に連れ戻された。そこで彼は、負傷の応急手当を受けるまで、納屋の中の藁の束の上に寝かされた。

翌日、彼はJu-52に載せられて後送するためにコルスンの飛行場に連れて行かれた。彼を脱出させる飛行機の機械的トラブルのため数日間遅れた後、彼はついに2月7/8日の夜に包囲陣から飛行により脱出した。彼はすぐにウマニの病院で手術を受けたが、彼の兵士としての日々は終わりを告げた。クアイチヒはひどい負傷により兵士不適格を宣告され、1944年8月に国防軍から退役した。彼は幸運な者のひとりであり、彼

の戦前の民間人としての職業に戻ることができた。そこで彼は彼の残された戦友の身に何が起こるか考えながら、戦争の残された期間を終わりまで見続けた。

しかし、ロッサワ川の線が保持された一方で、南西にボグスラフに走るミロノフカの南の街道に沿って保持しているドイツ軍の情況は悪化した。この日の午後、20輛の戦車に支援されたソ連軍機関銃大隊4個による新たな攻撃が行われ、ミロノフカとボグスラフ間のドイツ軍戦線は息もたえだえにまで弱められ、第332歩兵師団と第88歩兵師団の部隊は、さらに東数キロに急いで新たな防衛線を構築しなければならなかった。ボグスラフはこの夕刻にはあきらめざるをえなかった。というのも北から包囲される危険が、いまやあまりにも大きかったからである。グラーフ・リットベアクの部隊は、まだ町の上の制高地点を保持することができたが、追撃する敵の正確な砲火が集中した。この戦闘の後、第XXXII軍団の西部および北部戦線はさらに数日間、安定したままであったが、リープの南翼に沿った戦闘は、再び激しく燃え上がった。

ドイツ軍がウマニ近郊で救援部隊を急ぎ集結させていることがわかっていたので、トロフィメンコはバトゥーチンに、第1戦車軍が包囲陣を突破して戦い進む前に、彼の任務を終わらせるように促した。リープの戦線は南西、西、そして北翼がいくらか堅かったので、おそらく彼の南翼に圧力をかけ続けることが、より見込みがありそうなことがはっきりした。ドイツ軍に

SS第5機甲偵察大隊長代理ハインツ・デプスSS中尉。彼は突破時に「ヴィーキング」の先鋒を率いた（この写真は彼の戦闘時の功績により、騎士十字章を授与された後撮影されたものである）。(Bundesarchiv 81/14/20A)

第88歩兵師団第248擲弾兵連隊司令官、クリスチャン・ゾンターク中尉。(Photo courtesy of Anderas Schwarz and 88.Inf.Div.Veteran's Association)

は兵士を鼓舞し続ける、あるいはその補給路を維持するといった問題はあったものの、彼らはまだ～少なくともソ連軍の見地からは～頑強な抵抗を示すことができた。そうなったのも当然だろう。これはたぶんソ連軍がなぜこの戦いの戦闘後報告書で、ドイツ軍の「堅固な防御陣地」について詳細に記述しているかの、説明になるだろう。しかし実際にはこれらいわゆる準備された陣地のほとんどは、すぐに水が溢れるウクライナの水浸しの黒土を急いで掘り出した穴に過ぎなかったのだ。

確かに効果的なドイツ軍の防戦を担ったのはその中にいた兵士ではなく、準備された陣地であった。前線にあった軍人にとって、政治将校がそう語ったように、この戦いは容易には勝利に至るものではなかった。しかし、決定的な成功には欠けていたものの、第27軍の最小限の兵員にとって、包囲されたドイツ軍を阻止し続けた事実は心地よいものであった。ここまでは、少なくとも、トロフィメンコの兵士達は、彼らの敵が救援部隊に向かって前進することを阻止し、彼らを救援部隊よりさらにかなたに押し戻しさえしていた。救援部隊はまだ32キロ以上離れていた。うまくいけば、第6戦車および第40軍は十分長期間、彼らを足止めし、その間に第27軍、第52軍、そして第4親衛軍は包囲陣内のドイツ軍を殲滅するのである。

トロフィメンコの部隊にとって、もし北部からの接近路がしばらくの間阻止されたとしても、薄っぺらに保持されたドイツ軍の南部戦線を突破し、おそらくコルスンに向かって突進する

● 283　第11章：大釜内の危機

ことはまだ可能であった。しかしこの南方からの経路は、まだ容易なものではなかった。トロフィメンコの第337狙撃兵師団の部隊は、1月28日以来、ステブレフを奪取しようと試みつづけていたが、成功を収めず、同じくステブレフを奪取しようとするクヴィトキで停止させられていた。それゆえ、2月3日初めには、第27軍はステブレフと同じくシャンデロフカ、タラシチャ、そしてセリシチェの町を奪取する努力を強めた。シャンデロフカを守備するドイツ軍は、とくに脆弱であった。というのは繰り返される攻撃によって、第323師団集団の保持する地域は、ますます切断される恐れが強まっているたった1本の道でステブレフとを結ぶ、危険なまでに狭い突出部となっていたからである。トロフィメンコの第180狙撃兵師団の部隊は、クヴィトキの南のドイツ軍防衛線を突破することはできなかったが、エルンスト・シェンクがすでにはっきりと体験させられたように、ドイツ軍による町の奪取を拒止することができた。

第180狙撃兵師団を強化するために、トロフィメンコによって第337狙撃兵師団は、2月3日にボグスラフの南の陣地から移動して、新着の第54要塞地区に戦区を引き継ぎ、セリシチェの南の新しい集結地域に行軍するよう命じられた。そこでこの日遅く、第180狙撃兵師団とともに協同した攻撃を行い、そこのドイツ軍防衛線に突撃して彼らを圧倒し、わずか10キロしか離れていないコルスンに、南から進撃するのである。

攻撃は、独立戦車大隊の少数の戦車、増援の大本営の砲兵機

材、そしてカチューシャ大隊の支援を受ける。彼らは、天候が許せばクラソウスキー中将の第2航空軍の航空機の支援も受ける。ドイツ軍が準備されたやってのけることは容易ではなかった。ドイツ軍をみごとにやってのけることは容易ではなかった。ドイツ軍に加えて、第27軍の部隊は守備兵に有利となる起伏の多い地形とも戦わなければならなかった。

2月3日には天候もまた悪化し、厚い霧と雪を溶かす気温が、視界と機動を制限した。さらに、ステブレフとクヴィトキの間の地域は、多くのバルカ（涸れ谷）深い峡谷で切り刻まれており、無数の敵砲兵中隊、迫撃砲、そして指揮所が隠されていた。天候が許す限り、ドイツ軍は良好な視界および射界を有していた。この不毛の大地は、夏には小麦とひまわりで覆われるのであるが、憎むべき8.1cm迫撃砲とMG42機関銃〜ソ連兵からは「ヒットラーのノコギリ」とあだ名された〜に溢れる土地であることがはっきりした。ドイツ軍はこの地域の多くの町や村を急いで、強化点ないしハリネズミ陣地に転換した。これらは弱体であったものの、攻撃部隊にたいして何度も、この戦力を保持することができた。ここでは、B軍団支隊第323師団集団と「ヴィーキング」の兵士は、立派にやってのけることができた。

「ヴィーキング」の無線傍受小隊は、何人かの司令官が頑強なドイツ軍の防戦にいかに悩まされたかいくつかの兆候を示す、ソ連軍の通信を傍受し翻訳することができた。クヴィトキでは、

第337狙撃兵師団は、町の北端とその上の高地を保持するB軍団支隊の部隊にたいして、何度も何度も襲いかかった。ソ連軍指令所のひとつが～おそらく連隊長あるいは師団長のものであろうが～、隷下部隊に話すのを偶然耳にした。「私はすでに君に言ったはずだ。クヴィトキは我々の取るべきものだと。」しかしまだドイツ軍がそこにいるではないか。」彼の部下は返答した。「我々は大損害を被っております。食料はほとんどなく、それに今度は泥です…私の部下達はもうこれ以上進むことはできません！」。指揮官の返答は～彼はおそらく感じた怒りをほとんど隠そうとしなかった～こうだった。「何だと？　できないのか？　それなら何人かを天国に送ってやれ。そうすれば他のやつらも、我々が本気であることがわかるだろう！」。彼の部下がこの脅しを実行したかどうかはわからない。もしこのように兵士を急き立てる必要があれば、すぐに兵士を撃つことは、労農赤軍ではよく知られていた。もし愛国的熱意が十分でないなら、そのときは彼ら自身の将校への剥き出しの恐怖が、彼らを勝利に急き立てるのに十分であった。クヴィトキは、あるドイツ兵の目撃者によれば、ソ連軍とドイツ軍の兵士の数百もの戦死者と負傷者が横たわったまま残された町の中と、取り囲む丘の麓には、ソ連軍は失敗し、クヴィトキの攻撃された。それにもかかわらず攻撃は失敗し、クヴィトキの攻撃は「狂信的な活力」をもって繰り返し攻撃された。リーブの南部戦線にたいするソ連軍の攻撃は、2月3日から6日まで荒れ狂い、そこでリッスル大尉の第323師団集団第

591連隊集団第I大隊の部隊は、最終的に撤退した。その結果生じた激しい戦闘の間に、第180および第337狙撃兵師団の兵士はドイツ軍陣地に多数の箇所で侵入したが、そのひとつとしてトロフィメンコが長く待ち望んだ決定的なものではなかった。これらの突破の多くはドイツ軍の反撃で素早く一掃された。その他の再奪取できなかった要衝あるいは村々については、数キロ後方に素早く前線が構築された。絶え間ない圧力にもかかわらず、ドイツ軍の前線は多くの場所でねじ曲げられたものの、確固として保持された。ソ連軍歩兵は繰り返し包囲されたドイツ軍に襲いかかり、その正面から数キロの村を獲得した。

両者ともに損害は大きかった。リーブ中将は2月4日に書き込まれた日誌の中で、「両軍団の毎日の損害は平均して300名に上っており、これは1日あたり1個歩兵大隊に相当すると述べている。軍団の弾薬、とくに砲兵弾薬もまた不足し始めており、1日の消費量は200トンに達していた。リーブは、第8軍に保持し続けるためには、追加して1日あたり120トンの弾薬と、加えて2,000名の増援を要請した。彼の人員に関する要請は却下されたが、空軍は必要とされる弾薬の、空輸あるいは空中投下の努力を強化した。

ソ連軍の戦闘後報告書では～コルスン‐シェフチェンコフスキー作戦撰集の中に要約されているが～、2月5日、トロフィメンコの第27軍は「包囲されたドイツ軍部隊をいくつかのば

第11章：大釜内の危機

らばらの集団に孤立させ、包囲環は狭められた」と述べている。包囲環は実際狭められた（主としてドイツ軍によって戦力を維持し、包囲陣全体の防御戦力密度を高めるために取られた手段と、ソ連軍の圧力が組合わさったため）が、包囲されたドイツ軍部隊は、たまたま小隊や分隊がそうなった場合を例外として、ひとつも別個の集団に分断されなかった。実際、常にソ連軍の部隊の大きな部分を切断しようとする努力に反抗した。彼らは疲労し空腹で、そして補給が不足していたが、第XIおよび第XXXII軍団の部隊は頑として頑張り抜き、孤立した村落、あるいは「205高地」というように地図上のその標高や、「風車丘」というような他の目立つ特徴で知られているだけの丘の上を巡る、一連の名もない激戦や小競り合いを戦った。

2月6日、こうした戦いのひとつが、第XXXII軍団南部戦線に沿って、グルシュキの町に近くで生起した。要衝ヴァリャバの2キロ北で、当時ここは軍団の最右翼であった。第88歩兵師団第188砲兵連隊の通信兵であったゲアハード・マイアー伍長勤務上等兵は、他の師団の別の通信分隊を救出し、村を保持する歩兵中隊に砲兵支援をするために連絡をとるため、彼の通信分隊を率いて、この「神に見捨てられた村」に向かうよう命じられた。ヤブロノフカ近郊の彼の元の宿舎からの、泥の中を通る数日の行軍の後、マイアーと彼の部下は「ほとんど死にそうなまでに疲労困憊して」到着した。到着したとき、彼らは村が12から15名の兵力の擲弾兵によって守備されているのを発

モシニュ近郊の「ヴァローン」旅団のMG-42銃座。（Photo courtesy of Fernand Kaisergruber）

見した。彼らは彼らの中隊の残余がどこにいるのか、まったく知らなかった。

立ち去る通信兵との話の間に、マイアーは、前の分隊には一軒のイスバの中でストーブを点けようとして負傷した兵がいると聞かされた。このストーブには、おそらく、爆薬が詰められていたのだろう。それで火が中に灯されたとき、爆薬が爆発したのである。マイアーはその男はたった1本の腕を失っただけで済んで、運がよかったと思った。少なくとも彼は戦いから抜け出せる。数日前に村の一般住民は脱出していたため、マイアーはすぐに彼の分隊を住まわせるのに適当なイスバを見つけだすことができた。それは深い峡谷の中を走る村の北端の小川にかかる橋の近くにあった。

イスバと外側にある橋の爆薬と仕掛け爆弾を探している間に、彼と彼の部下は家の後ろの小屋で「かなり立派な橇」を見つけて喜んだ。ドイツ軍は素早く豚を屠殺し、最も良い部分を切り取り、オーブンで「皮と毛がまだ付いたまま」文字通りローストした。彼らが一週間以上にわたって極上の料理を楽しんでいる間、マイアーと彼の部下は、小銃射撃の嵐と空気を引き裂く手榴弾の爆風に驚かされたことがあった。マイアーはイスバの戸口から頭を出したが、敵の隠れ場所も気配も感じられなかった。そこで彼は、外で何が起こっているか気にすることなく、ローストポークの夕食を再開した。それにもかかわらず、彼は心配するよりは安心できた方がいいと思い、小屋の外に歩

新しく降った雪の上を移動する「ヴァローン」旅団の斥候。(Photo courtesy of Fernand Kaisergruber)

哨を配置した。

残る午後の間、村は静かなままであった。この日遅く、マイアーはストーブの上で昼寝をしていると、歩哨によって荒っぽく揺すられて目を覚ましました。この若者は明らかに脅えていて、ソ連軍の歩兵の攻撃するときの喊声の「ウラー！」という叫びを聞いたとどもりながら言った。マイアーはいまや完全にを覚まして、グルシュキの村全体が、戦闘騒音〜小銃の発射、機関銃のタタタという音、そして手榴弾の爆発〜で満たされているのに気づいた。兵士は、命令を叫び怒鳴った。彼が小屋から出ると、おそらく町を保持していた歩兵分隊から派遣された兵士は彼を置いて走り去り、北に逃げたようであった。マイアーは残る彼の部下に、装備を運ぶのに使用していた橇に、すぐに荷物を積んで逃げる準備をするよう命じた。一方、彼と哨兵は小銃で近づくソ連兵を阻止した。

マイアーは最悪の事態を予想したが、200メートル離れたところでドイツ軍士官が、パニックに陥った歩兵を呼び集めて、村を奪取するための反撃を組織しようとしていたので驚いた。彼と彼の部下が「ヒンメルファーレツ・コマンド（決死隊）」に捕まえられるのを恐れて、マイアーは機会を見つけて、一番近い「ラメッタートラーガー（俗語の将校）」に近寄り、彼は砲兵連隊と無線通信を確保しており、もしも将校が彼にそうするよう命じたなら、歩兵を支援する砲撃を要請できると知らせた。

将校はマイアー自身の師団の第248擲弾兵連隊長のクリスチャン・ゾンタルク中尉であった。この知らせに勇気を引き立てられて、ゾンタルクはマイアーにすぐに砲兵支援を要請するよう命じた。要請に応えたのは、連隊副官のハンス・メネデッター大佐〜彼をマイアーは良く知っていた〜であった。ゾンタルクの目標情報を素早く伝達されて、マイアーはしばらく後に、いまやソ連軍が占拠している村に落ちる第1弾を発射させた。射撃が激しくなるにつれて、ゾンタルクは彼自身の戦闘団と彼が町（ママ）から逃げようとするのを阻止した兵士による反撃を発動した。短い戦闘の後、ソ連軍は町（ママ）から力づくで追い出され、ドイツ軍は土地を再度獲得した。戦死したソ連軍歩兵と装備は、村の街路に散乱していた。

失望したことに、マイアーは彼の古いイスバスに戻り、ゾンタルクの部隊を支援して残るよう命じられた。彼は最終的に数日後に撤退することが認められた。連隊に戻ると、彼は彼の機転に関してメネデッターから祝福され、彼は砲兵支援を与えようという彼の提案によって多くの人命を救ったと話された。マイアーは、いくらか自嘲気味に、彼は自分だけ無事に逃れたかっただけだったと何年か後に回想している。彼がすぐに歩兵の攻撃の支援について大声で話さなければ、彼と彼の部下はすぐに「歩兵のように行動しようとして、道化者の一団のように走り回っている」はめになったろう。

グルシュキで起きたことは典型的なものであった。マイ

ーー同様な数百の行動のおかげで、包囲陣の防衛線は保持された。最後の瞬間まで断固とした士官あるいは曹長に駆り集められたわずかな兵士が、奇跡を行い防衛線の間隙を塞ぎ、包囲陣が生き続けるのにその保有が緊要な村を、再度奪取することができてきたのである。これらの兵士のほとんどの名前も、彼らが戦った戦いの名前も、決して知られることはないだろう。しかし、ブライスとフォン・フォアマンの救援部隊が到着するまで、さらにもう何日かリープとシュテンマーマンが、急いで前線をつなぎ合わせることができるように、時間を稼ぐために彼らの努力は続いた。

そしてそれが続いた。名も無い戦闘、戦闘で、すでに長々と続く犠牲者のリストにさらに名前が加えられた。2月3日、5輌のT-34がトゥルケンズュの南の村で、B軍団支隊の部隊によって、その付属歩兵が撃退された後に撃破された。軍団の前線の北縁に沿って11輌のソ連軍戦車および突撃砲が、同じ午後にリープ中将によって起草された撤退計画にしたがって、彼らの戦区を第88歩兵師団に引きついで撤退するヴィーヴィヒ大佐の部下を、ミロノフカの東で執拗に攻撃した。それらのほとんどは撃破されたが、その前に彼らはいくつかの戦闘陣地に脅威をおよぼし、そこにいる者を押し潰した。この夕おそく、8輌の戦車と突撃砲が、セリシチェの南部近郊でB軍団支隊によって撃破された。

ソ連軍のT-34はあらゆる箇所を攻撃しているようであった。

しかし決然たる対戦車狩要員と対戦車砲兵は、なんとか一時的に攻撃を停止させることができた。この同じ日に、7輌のソ連戦車がマトリノフカ近郊～そこで第88歩兵師団は、「ヴィーキング」の左翼に連接した、新しい陣地に入ったばかりだった～でドイツ軍防衛線を突破した。ソ連軍の通り道には、第112師団集団第86砲兵連隊のランデアー中佐が指揮する大隊の第10中隊があったが、彼らは第88歩兵師団のマッスロフカ地域に残されていた。ドイツ軍榴弾砲の移動を指揮するために背後のT-34と交戦したが、全弾直接照準射撃で接近する1輌にも1発も命中させることができず、すぐに蹂躙されて砲員は散り散りになり、機関銃の射線に捕らえられた。戦車は後で撃破されたものの、リープは翌日彼の日誌に「明らかに我々は、老練な砲手をほとんど有していない」と簡潔に記述した。

これやあれやの困難にもかかわらず、B軍団支隊の大群の南部戦線に沿った新しい陣地への移動は、2月5日の夕方には完遂された。しかし、困難がないわけではなかった。というのも、ソ連軍の圧力、動きが取れない道路、そして絶え間無い敵の空襲が結び付いて、午後中に遂行すべき機動に3日間もかかったのである。包囲された部隊には、増大するソ連空軍による効果的な空襲には、できることがますます少なくなった。しかしとき には、対空砲手も運を掴んだ～2月3日だけで、「ヴィーキング」、第88歩兵師団、そしてB軍団支隊の砲手は、2機のシュトルモビクと1機のYak-9を撃墜したのである。本当のと

ころたいしたものではなかったが、これは赤軍の航空機をお返しに撃墜するところを見せてドイツ軍の士気を高揚させた。

2月4日から7日にかけて、リープが最も大きな関心を寄せたのは、それほど南部戦線の保持についてではなく、リープのはるか左翼のシュテンマーマンの軍団との連絡の確立と維持であった。というのもセリバノフの第5親衛騎兵軍団による断固たる攻撃は、ゴロジシチェ近郊の第XI軍団後方地域に脅威を与えただけでなく、2つの軍団の接触を永遠に切断する脅威を及ぼした。このため第XI軍団は2月4日から7日まで、ヴァリャバとペトロパブロフカの間で必死に戦う一方、第XXXII軍団はタラシャ〜セリシチェ〜クヴィトキ〜グルシュキの線に沿って同じことをしていた。これらの町や村の多くは、何度も持ち主を変えた。たとえばクヴィトキは、2月5日、カチューシャが守備兵を粉砕し村を廃墟にした後、ついにドイツ軍は放棄した。シロフカの村落でのひとつの戦闘の後に、B軍団支隊の部隊は79名のソ連軍兵士の死体を数えた。ただしドイツ側犠牲者の数は記録されていない。ステブレフの守備兵もまた無視できない。エベアハード・ヘデアと彼の部下のSS第5野戦訓練大隊の兵士には、前週のうまくいかった防戦の後勝利の栄光にひたる暇はなかった。2月5日の夕刻には、彼らは戦車に支援されたソ連軍の2個歩兵大隊から攻撃された。この攻撃は撃退されたが、ドイツ軍守備兵に彼らは第1ウクライナ方面軍から忘れられていないことを思い出させた。

バイブズュの近くの、「ヴァローン」旅団の兵士がウクライナの橇を使用して、半解けの雪と泥を通って、補給物資を移送している。(Photo courtesy of Fernand Kaisergruber)

2月5日の夕方、ついに、大きな困難をもって、リープの最左翼の部隊、「ナルヴァ」大隊は、ペトロパブロフカの北西1キロの228・4高地の頂上で、第57歩兵師団と連絡することができた。戦闘が開始されて以来初めて、包囲陣を取り巻く連続的な防衛線が構築された。血と資材の犠牲は大きかった。過去5日間の戦闘で、第ⅩⅩⅩⅡ軍団ひとりで750名を失った。繰り返し繰り返し、ソ連の軍は何ダースもの箇所でドイツ軍戦線に侵入した。両方の軍団から第8軍への無線連絡は、この突破がほとんど絶え間無いものであったことを証言している。しかしこれらのひとつとして、大規模なものとはならなかった。最後の瞬間に、ドイツ軍は侵入を封じ込める、あるいは切除するのに十分な兵士、しばしばほんの一握りに過ぎなかったが、をかき集められた、ように見えた。

冬の監視哨に立つ「ヴァローン」旅団の兵士。
（Photo courtesy of Fernand Kaisergruber）

2月6日、日曜日は、第ⅩⅩⅩⅡ軍団にとってはほとんど何事もなく過ぎた。両陣営ともにほとんど2週間もの不断の戦闘の後で、息を付いているようであった。この時点ではソ連軍の注意は、ゴロジシチェの突出部を切断しようと試みることと、発達しつつある南西からのドイツ軍の救援の試みを停止させる必要の両者によって、ほとんど占められていたようである。この日第ⅩⅠ軍団戦区で生起した戦闘は、主としてヴァリャバの町～ここではエストニア大隊が、セリバノフのコサックにたいしてしっかり保持していた～に限定されていた。この町は包囲陣南部戦区全域の防衛成功のためにも、町の南東外縁でふたつの軍団の内翼が連絡している事実からも緊要であった。エストニア義勇兵はこの朝村の別の戦闘団から放り出されたが、キョーラー戦闘団と第72歩兵師団のほとんどから切実に必要としていた支援を受けて、翌日町のほとんどを再度奪取することができた。

リープの軍団のほとんどが北、西、そして南部で一連の激戦を戦っている間に、第ⅩⅩⅩⅡ軍団の北西および東の右翼を保持していた、「ヴィーキング」旅団の残余と付属された「ヴァローン」旅団は、ソ連軍第52軍の師団にたいして、彼らの私闘を戦っていたようである。包囲されて以来1週間半、ドニエプルおよびオルシャンカ川の線に沿って布陣したほとんどのSS兵士にとっては比較的に静かなままであったが、2月2日には復讐のための戦いが再開された。

第11章：大釜内の危機

キョーラーの機甲戦闘団、ヘデアの大隊、そしてエストニア人兵士は絶え間無く戦闘を行って来たが、「ヴィーキング」の残りの戦闘部隊のほとんど～主として「ゲルマニア」および「ヴェストラント」～は、主として小規模な警備行動、あるいはドニエプルそしてオルシャンカ川の防衛線に沿った小規模なソ連軍の探り撃ち攻撃の迎撃をした。ギレ少将はゴロジシチェの彼の司令部で彼の土地を保持すると堅く決言した～最終的に総統自身がこの陣地を保持することは将来の作戦の実施にあたって死活的であると宣言し、忠実なSS兵士として、この命令を遂行することは彼の義務であった。このため彼の部下は、彼らの掩蔽壕を強化し、コンスタンチン・コロテイエフ中将と彼の第52軍の第1波を待った。

2月2日、第206狙撃兵師団は、ドニエプル川に沿ったミカイロフカ～そこでB軍団支隊の右翼と連絡していた～とクレシチャティクの間の左翼「ヴィーキング」の防衛線は、「ヴィーキング」機甲偵察大隊の少数の装甲車が警備しているだけで、容易に突破できることをついに理解した。第206狙撃兵師団はすぐに薄っぺらいドイツ軍防衛線を突破し、ギレの師団の左翼後方になだれ込んだ。ギレは蹂躙されることを防ぐために、一時的にハインツ・デブス中尉の指揮下にあった偵察大隊に、西方で隣接する部隊との接触を保ちつつ、2300時（午後11時）に新しい陣地に撤退を開始するよう命じた。

この移動により、ドニエプル陣地はもはや攻撃に耐えることはできなくなり、北部戦区の残りのヴァローン旅団の部隊は、「ヴィーキング」の他の部分と切り離されかねない危うい情況となった。翌2月3日、この攻撃にさらされた戦区から、東はバイブズフから西はポポフカまで、オルシャンカ川に沿った新しい陣地への撤退を開始することが命じられた。そこではギレのSS部隊がB軍団支隊の部隊と一体となって、グラーフ・リットベアクの第88歩兵師団に彼らの戦区を引き継ぐことを前に、計画された撤退を行っていた。こうしてファンファーレもなく、ドニエプル川に沿った最後のドイツ軍陣地は放棄されたのである。

この移動は2月3日から4日まで遂行され、包囲陣の北部戦線はかなり短縮された。このときの第8軍の各種部隊の移動は巧妙で秩序だったものに見えるが、地上部隊の実態は違っていた。この計画された撤退に最も影響を受けた部隊は、リッパートの「ヴァローン」旅団であり、彼らはこの大規模作戦の準備にたった1日しか与えられなかった。「ヴァローン」は前日にロゾボク周辺の彼らの攻撃にさらされた陣地から撤退しなければならなかったのである。レオン・デグレールは書いている。「ロゾボクと包囲陣の東の右岸の最後の戦区から脱出する命令は、全般情況が最悪なまでに悪化するまで与えられなかった」。

2月1日遅くに引き上げたのに、「ヴァローン」は実質的に

戦闘に巻き込まれることなく撤退できたのであるが、2月3日までには彼らは移動中赤軍とイルディンの森から出動したパルチザンの双方と交戦するようになった。彼らはオルシャンカ西流に沿った新しい陣地に後退する全経路に沿って妨害を行った。旅団は前年11月に2,000名の兵力を擁してロシアに到着したが、いまやおよそ1,200名の兵員でバイブズュの外縁からデレンコベツまでの30キロに延びる戦線を守備しなければならなかった。旅団は全部でおよそ300名の小銃兵を擁するたった3個の歩兵中隊しか有しておらず、前線の1キロあたりざっと10名しか配置されない計算になった。旅団はまだ自身の砲兵と重火器を保有していたが、しかし水に満たされたタコツボに入った個々の「ヴァローン」兵は非常に孤独で、実際数的に圧倒されていると感じていた。

バイブズュは1943年11月以来、「ヴァローン」が占拠していたが、2月3/4日の夜、旅団は大きな町のスタロセリィエ近郊数キロ南のより良好な防衛線に撤退し放棄された。ある砲兵隊員が後方に残されたいくつかの装備を探すために町に戻ると、中隊のヒヴィス～～が仰向けに大の字で死亡して横たわっているのが発見された。彼の右腕にはまだドイツ国防軍と記されたアームバンドが巻かれていた。デグレールは書いている。「我が兵士がバイブズュを立ち去ったのはわずか10分前だったが、もうパルチザンはドイツ軍の軍属として働いていたウクライナ人全部を虐殺していた」。実際、ソ連軍の追撃は

極めて近接しており、場合によっては、ソ連軍部隊は、ドイツ人あるいはベルギー人が放棄した瞬間に村に入るのがしばしば見られた。デグレール自身こうした情況下で、彼と彼の運転兵が曲がり角を間違えて道に迷い、あやうく捕虜になるところだった。彼のフォルクスワーゲンが小さい村を通り過ぎたとき、その住民は、おそらく赤軍が戻って来たと思ったのだろう、彼らの家あるいは垣根の陰に隠れた2人の「ヴァローン」が通り過ぎるのを完全な沈黙のまま見守った。これはベルギー王党派指導者にぞっとするような印象を与えた。

何度か窮地を逃れた後、デグレールは安全に彼自身の戦線に戻ることができたが、彼は捕虜になる不安にかられたと告白しているデグレールの運命を気遣ったのは、彼自身だけではなくアドルフ・ヒットラーもそうだった。少なくとも一度、彼は陸軍総司令部の当直士官に、デグレールがどこにいるのか確認するよう第8軍司令部に無線で問い合わさせた。はっきりと外国放送で、ベルギー王党派指導者がソ連軍の捕虜になったという趣旨の声明がなされた。もちろんこれは巧妙な欺瞞であったが、ヒットラーは心からデグレールを気にかけた。彼にたいするヒットラーの感情は、デグレールの存在そのものが、東方で「ヨーロッパの自由のために戦っている」というプロパガンダの柱となっていたことからだけではなく、ヒットラーは明らかにこの若者を称賛していたことから生じたものであった。

第11章：大釜内の危機

ある資料によれば、ヒットラーは一度次のように語っている。

もし彼が息子を持ったら、その子がレオン・デグレールのようになって欲しい。というのも、彼は他のヨーロッパ諸国の多くが戦争の5年目に無くしてしまった、新しい、国家社会主義ヨーロッパの、理想と信念を体現していたからである。リープ中将は「ヴァローン」旅団について、彼自身の意見を持っていた。ただしそれはほとんどヒットラーのように好ましく思うのではなかった。2月9日の日誌の書き込みで、リープはデグレールと彼の部下は好ましい人間ではあるが、彼らは「あきらかにこの任務には軟弱すぎる」と考えていると書いている。

デグレールは、「ヴァローン」がスタロセリエからオルシャンカ川上の高地に沿って西に向かってデレンコベツに広がる防

「ヴァローン」旅団のレオン・ギレSS少尉。1944年2月初め、ベロセリエの西方の塹壕で、MP-44（ママ）を携行しているところを撮影したもの。
（Photo courtesy of Fernand Kaisergruber）

衛陣地を占拠している間に、この地域の無垢の民間住民へ戦争が与えた影響のさらに多くの例に出会った。2月4日の夕刻、彼が「ヴァローン」の集団を新しい陣地に導いているとき、デグレールはデレンコベツに近い稜線を見上げ、ソ連軍の空襲と砲兵射撃のために、高地に沿ったすべての村が燃えているのを見た。数百メーター離れてからさえ、前進する同胞の前に留まろうとした、「子供を引き連れた、あるいは豚を腕に抱いた数百人の婦人」を見ることができた。彼らの助けを呼ぶ叫びは、デグレールの書くところによれば「尋常で無い空気」を醸し出しており、彼は叫び、祈り、そして暖を取ろうと自分の足を叩く農民を見た。

ドイツの支配は惨めなもので、ウクライナの農民に被害を及ぼしたがそれでも、スターリンの支配の下に落ちるよりはまだ好ましかった。何千もの避難民が流れ出したことで、包囲されたドイツ軍部隊の行動はさらに困難になった。両集団は同時に同じ泥濘んだ道を使用しようとしたのである。ドイツ軍憲兵はその手で集団をえり分け重要な道路分岐点を厳格に統制しようとした。いわゆる「鎖でつながれた犬」（ドイツ軍憲兵が身につけたノドあてにちなんだもの）は、力づくでものごとを進めることに、ほとんど躊躇することはなかった。どこで聞いても、包囲陣の道路に沿って存在した地獄絵図はともかくとして、ドイツ人の秩序への強い指向が、戦闘のまさにその最後に至るまで日々を律した。

294

「ヴァローン」旅団がオルシャンカ川に沿って北を向いた新しい陣地につくと、続く5日間にわたってこの戦区は安定したままに留まった。「ヴァローン」はこの戦線に沿って、第73狙撃兵軍団の部隊から何度も攻撃されたが、彼らは断固として持ちこたえた。急いで掘られた塹壕、点在する射撃陣地は、一週間前にドイツ軍務に徴用されたウクライナ住民によって掘られたものであった。彼らはあまりに深く掘ったため、「ヴァローン」兵はその上から見張るために踏み段を設けなければならなかった。それだけでなく、それらはすぐに水で満たされてしまった。そして支えとなるソダ束や他の工兵資材で補強されてはいなかったので、しばしば守備兵の頭の上に崩れ落ちた。デグレールにとって、これらの塹壕はお笑いのような防護を与えるものでしかなかった。「ここ、そこが、霧雨と暗闇の中、希望も無く孤立した一握りの「ヴァローン」兵によって守備された。すべての哨所の右、そして左には、1キロもの間隙が広がっていた」。防衛線は30キロもの幅があったため、旅団はもはやすべての中隊とリッパートの司令部とを結ぶために十分な電話線を保有しておらず、これは一層の孤立感を招いた。これはまた増援を前線に送り込むことや、迫撃砲あるいは砲兵支援をも遅らせた。というのは、個々の中隊はいまや彼らの陣地間、そして旅団司令部との情報の受け渡しには伝令に頼らなければならなかったからである。

少数の砲(彼らは、「ヴァローン」同様、砲兵を送り込むの

緊張の兆候を示し始めた、「ヴァローン」旅団の5名の兵士。スタロセリエ近郊で写真撮影のためポーズをとったもの。(Photo courtesy of Fernand Kaisergruber)

に難儀した)に支援された第294狙撃兵師団のソ連軍歩兵は、2月5日から9日にかけて「ヴァローン」にたいして無数の攻勢を発動した。その度に彼らは追い返されたが、「ヴァローン」もこの成功を血で贖わなければならなかった。戦いは要衝や村を中心にし、しばしば個々の兵士が探し合い殺し合う、デグレールがいうところの「インディアンの戦い」にまで悪化した。こうした情況のひとつ、スタロセリエの村近くで、デグレール自身、ソ連軍狙撃兵と相討ちで指を撃たれ哨所で死んだ。彼の隣に立っていた若い16歳の義勇兵は、口を撃たれ負傷した。

デグレールは攻勢によって前方へと押し出すことが不可能であったために、戦車の支援を要請した。キョーラー機甲戦闘団から2輌の戦車が、数時間後に到着した。ついにヴァローンの反撃により突破がなり、町の上の小山を保持する小隊は救出されたとき、デグレールと彼の部下は敵の手に落ちた他の死体が衣服を剥ぎ取られ切り刻まれていたのを発見しても驚かなかった。死者にたいするこのような冒涜は、東部戦線では当たり前のことであった。しかしデグレールのような鍛えられたベテランでさえ、まだ衝撃を受けて怒りを覚えた。

戦闘は彼の部下をまたいらだたせ始めた。彼らはしだいに彼らの情況が見込みの無いものになっていくのに気づいていった。デグレールによれば、彼はこの攻撃について次のように論評している。

我々は大量の機関銃を捕獲した。しかし我々の勝利にもかかわらず我々は懐疑的なままだった。我々は昨日以上のことをしたのか? 何も。実際、我々は多数の戦友を失った。ソ連兵を殺すことは、何の役にも立たない。彼らはシロアリのように増殖し、際限無く、我々の10倍、20倍の数になって戻ってくる。

◆ ◆ ◆

デグレールは彼方で、ソ連空軍によってゴロジシチェ〜コルスン鉄道床に沿って撤退する、「ヴィーキング」第72、そして第57歩兵師団の隊列にたいして行われる絶え間無い空襲を見ることができた。撤退の進展はトラックやその他の車両の炎上していることを示す煙の列によって判断することができた。シュトゥルモビクとYak-9がどこにでもいることに加えて、2月3日には始まった雪解けも、その影響を痛感させ始めた。ドイツ人とベルギー人の生活を惨めなことにしたことに加えて、ぬかるみはあまりにも徹底的なものとなり、巨大なデマーグ18tハーフトラック回収車両でさえ牽引が不可能となり、ます砲や車両を放棄させることになった。

リッパートの「ヴァローン」旅団が見込のない戦力比で戦っている間に、「ヴィーキング」の戦区での戦闘もまた激化した。驚くべきことに、ギレの防衛戦区のほとんどは、2週間近くにわたって静かだった。ときおりのソ連軍斥候と探り撃ち攻撃以

外には、「ヴィーキング」の兵士は比較的気楽であった。一方、彼らのはるか左翼、および右翼では激しい戦闘が荒れ狂った。ソ連軍の記録はなぜ彼らがギレの師団ひとりをほおっておいたか、何も説明していない。実際、彼らを十分な戦力で攻撃して釘付けにして、どこか他でひどく脅威を受けた師団を助けるための機動部隊を派遣できないようにした方が戦術的にセンスがあったろう。「ヴィーキング」の戦線は２月５日、日曜日に目を覚まさせられた。師団の右翼を保持していたフリッツ・エーラスの「ゲルマニア」は、第２５４狙撃兵師団の部隊から攻撃された。攻撃は撃退され、そして重要なことに、「ヴィーキング」の右側の隣人、第２６６擲弾兵連隊との連絡は維持された。

ソ連軍は２月７日に、第XI軍団のゴロジシチェの南のより短い防衛線への全般的撤退と時期を合わせて、「ヴィーキング」にたいする攻撃を本格的に再興した。この日ソ連軍第73狙撃兵軍団は、「ヴィーキング」の最左翼、ハインツ・デブスのSS第5機甲捜索大隊の保持するポポフカ、「ヴァローン」の保持するスタロセリエ、そして「ゲルマニア」への攻撃を発動した。「ヴェストラント」は、「ヴァローン」とエーラスの部隊の間の楔となっていたが、激しい砲撃と偵察活動を報告した。これらの陣地のすべてが保持されたが、デブスと彼の部下は一時的にポポフカから追い出された。しかしこの日遅く行われた反撃で再度奪取された。第72歩兵師団の撤退に従って、「ヴィーキング」の右翼連隊はゴロジシチェの南東の新しい防衛線に

徐々に後退しなければならなかった。エーラスのSS兵士は追撃する敵を寄せ付けなかったが、彼らにとって最大の障害はソ連軍の攻撃ではなく、撤退路であった。そこは包囲陣のその他のすべてと同じく、泥の川となっていた。

ゴロジシチェの師団司令部における、ギレの主たる関心は、リッパートの「ヴァローン」旅団が、その陣地を保持できるかどうかであった。もし彼らが屈服すれば、コロテイフの部隊が包囲陣を２つに切り分けることを止めるものは何も無くなる。彼らを何とかするために、ギレはすでにキョーラーの戦車のうちの２輌を、リッパートと彼の部下を支援するためスタロルセリエに派遣していた。彼はそれ以上派遣することができなかった。というのも戦車大隊はどこでも必要とされていたからである。両軍団司令官は、キョーラーの貴重なわずかに残された戦車の所有権を巡って争っていた。ギレに他に何ができようか？彼のような楽観主義者でさえ疑い始めた。しかし事態に関する彼の考えは記録されていない。

もしソ連軍が突破し南東に向かったら、彼らはオルシャナから反対方向を攻撃するセリバノフの第５親衛騎兵軍団によって発動される攻撃の勢と連絡することができるであろう。こうして包囲陣を二つに切断し「ヴィーキング」と第XI軍団の大群を孤立させるのである。この危険のために、ヴォーラー大将は２月７日の夕刻、リーブの抗議にもかかわらず「ヴィーキング」の戦術指揮権をシュテンマーマンに戻したのである。リーブはこの

決定が不満であったが、再調製によって各々の軍団が守らなければならない戦区の規模は減少し、指揮統制を容易にした。シュテンマーマンの戦区は1月24日以来はなはだ縮小し、2月7日には包囲陣全戦区のたった20キロの部分だけになった。一方リーブは残る130キロの長さの部分を保持していた。これはリーブが第8軍にたいする残毎日の情況報告で誇らしげに吹聴した事実であった。

1月29日以来、包囲陣は最初、アフリカ大陸に似た形をし、おおよそベルギーの大きさがあったが、やがて落花生の形をしてルクセンブルク公国の大きさに縮小した。南東～北西軸に沿って東に向き、主要な町ゴロジシチェは南東極の中心にあり、コルスンは北西極の中心にあった。包囲陣の最大の危機は、第27、第52軍の両者による集中するソ連軍の脅威によって、ふたつに切断される可能性であった。

しかし包囲陣は「ふらつき」始めていた。包囲されたドイツ軍が、包囲陣を個々の部分に分割しようとするソ連軍を阻止できた一方で、彼らはまた別の敵が近づく救援部隊から、ゆっくりと押し戻すのを防ぐことができなかった。リーブとシュテンマーマンの両軍団は、また別の要素も心配しなければならなかった。それはコルスンの建物や小屋に集められて、安全に空路脱出する順番を待っていた、何千もの負傷兵であった。

2月7日には、弾薬と燃料はすでに厳しく制限され、食料もまた不足し始めていた。兵士はいまや、パンの固まりか一握り

「ヴィーキング」師団と「ヴァローン」旅団が占拠したスタロセリエの村。ソ連軍の攻撃の後炎に包まれている。
(Jarolin-Bundesarchiv 79/59/20)

の「サミシケ（深煎りしたひまわりの種）」が、ひょっこり見つかることを期待して、殺されたソ連兵士の死体をくまなく探し始めていた。天候もまたドイツ軍に敵対するようになった。予備部隊と補給の急速な移動は、内線の位置を占めることによって得られる利点と考えられるのだが、泥は人員と兵站支援のすべての移動を、這うようなものに制限し、名目だけの利点となったのものに制限し、名目だけの利点となった。疲労、困憊はありふれたものとなり、包囲陣症候群の症例として、奇妙なタイプの無関心が不条理なパニック中将とシュテンマーマン大将はふたりとも、救援の試みがすぐに、2月10日または11日よりも遅くなることなく、包囲陣に到達する、さもなくば救援すべきものは何も残されていないと考えていた。

ソ連軍もまた全面的に満足していたわけではなかった。彼らは包囲陣の部隊を、素早く撃滅できるものと期待していた。彼らは包囲陣を締め上げたが、粉砕することはできなかった。第4親衛、第27、および第52軍は、すべて数千名の被害を被っていた。数百輌の戦車が、不屈で決然としたドイツ兵によって失われた。ソ連空軍は、ますます効果的になってはいたが、まだドイツ軍の空輸を撃退することはできなかった。見たところだけだが、エーリッヒ・ハルトマンそして彼の戦闘航空団の他の操縦士達は、しばしばYakやシュトルモビクの群を蹴散らすのに十分で、彼の戦闘陣地にこもった惨めな兵卒、あるいは泥

の中の交通渋滞にはまって轍を急がせる運転兵の戦意をより高揚した。

ジューコフ、バトゥーチン、そしてコーニェフがより関心を抱いたのは、近づくドイツ軍救援部隊であった。彼らは戦って道を切り開いて、ソ連軍の外周防衛線を突破して、第Ⅺ、および第ⅩⅩⅩⅡ軍団の両者と連絡しようという試みを開始していた。ソ連軍司令官には、罠にかけられたドイツ軍はしばらくはどこにも行かず、彼らの救援を待って戦っているように見えた。これはブライスとフォン・フォアマンの機甲軍団の撃退と、同時にリープとシュテンマーマンに圧力をかけ続けることに、第1、および第2ウクライナ方面軍の兵士の全勢力を集中させることになった。

確かに彼らは、包囲されたドイツ軍部隊の司令官とそっくり同じで、守備兵はもはや長くは持ちこたえられない～せいぜいあと数日～と考えたに違いない。救援の試みが粉砕されれば、罠にかけられた「ヒットラー信奉者」には、降伏する以外の選択肢は無い。しかし、フォン・マンシュタイン元帥と彼の部下の指揮官の中には降伏という考えは無かった。彼らはたとえソ連軍がその前路に何を投入しようとも、使用できるすべての戦車、すべての砲、そしてすべての兵員を用いて戦うつもりであった。

第12章 ブライス、「ヴァンダ」作戦を発動する

「泥は戦車師団にとって最大の敵であった」

リットマイスター・フォン・ゼンガーおよびエッテアリン、第24戦車師団

ソ連軍が予期したように、ドイツ軍は救援の試みを素早く発動することができなかった。コーニェフおよびバトゥーチンはこの時間を有効に活用し、彼らのすでに強力な防御陣地を強化、改善した。ドイツ軍の攻撃が招来したとき、彼らの兵士は待ち構えていた。その間ソ連軍司令官は、包囲されたドイツ軍部隊が逃げ出すことをあまり気にする事なく、彼らの撃破に集中した。

包囲陣の外側のドイツ軍は、彼らの側で、まだソ連軍の外環を撃ち破り、包囲陣内へそこでは激しく圧迫された、第XI、第XXXII軍団の兵士が待っていた～に戦い進むために、十分な部隊と戦車を集めなければならなかった。彼らが計画のこの部分を成し遂げたら、それから救援部隊は回れ右して、救援の試みの過程で包囲された適当な規模のソ連軍部隊を撃破する。ドイツ軍救援部隊が最も経験に富み良好な装備を使用できたとしても、これは怖じけずくような任務であった。

必要な部隊を集めるために、マンシュタインは彼の軍集団の全幅にわたる陣地から、全部で8個の戦車師団を集中させねばならなかった。1月31日から2月2日までに、第XXXXVII、Ⅲ戦車軍団士官の間での共通認識は、2月3日には問題なくソ

および第Ⅲ戦車軍団の両方の指揮官は、彼らの部隊を位置につかせるために奮闘した。フォアマンの軍団は1月24日以来の絶え間無い戦闘で消耗していたが、ブライスの部隊はまだ比較的に元気であった。さらに、彼らはバトゥーチンの第1、第2親衛戦車軍の西方への進撃を阻止した。成功裏に遂行された反撃から来攻するところであり、彼らの士気はそれによって高揚していた。

第16、第17戦車師団、およびベーケ重戦車連隊の装輪車列は、異常に暖かい天候によるひどい道路情況に直面していたが、戦車は鉄道によって予定通りに到着した。第1戦車軍は、指定された突破地区におけるソ連軍の活動は、時折の徒歩斥候、あるいは第Ⅶ軍団の戦線に浸透しようという試みを除けば、相対的には無いと言っていいと報告した。2月1日にはズヴェニゴロドカに向かって南東に移動するのが観測された、バトゥーチンの戦車やトラックの車列を繰り返し攻撃して損害を被らせた。

マンコフカ近郊、オマン北東の集結地域中の、第

300

連軍防衛線を突破し、リープとシュテンマーマンの部隊を救出するというものであった。第III戦車軍団は、後から第1戦車師団と「ライプシュタンダルテ・アドルフ・ヒットラー（LAH）」師団は、ドイツのヴァッフェンSSの中でも最も古い歴史を誇る部隊である。その前身は、1933年3月17日にヒットラーの身辺警護のために編成された、SS司令部衛兵班「ベルリン」にさかのぼる。同隊は9月3日にアドルフ・ヒットラー親衛連隊「ライプシュタンダルテ・アドルフ・ヒットラー（LAH）」と命名された。部隊は1934年10月には自動車化歩兵連隊に拡大された。1939年9月のポーランド戦役では、第16軍団に加わりモドリンからワルシャワ攻略戦に参加した。1940年5月の西方戦役では第18軍に配属されてオランダに侵攻し、ロッテルダムからダンケルクまで進出し、カンブレー地区から南西に突進して、エチエンヌにまで到達した。その後、1941年4月にはバルカン戦役に参加している。その後、部隊は（自動車化）旅団に拡大されている。「バルバロッサ」作戦では南方軍集団に所属し、アンノポリからロシア領内に侵攻し、ウマニ包囲戦に参加しドニエプル川に到達した。「バルバロッサ」作戦当時の旅団の編成は、自動車化歩兵大隊2個、自動車化大隊1個、機甲隊1個、オートバイ大隊1個、砲兵連隊1個、突撃砲大隊1個、工兵大隊1個等から編成されていた。旅団はクリミア半島の付け根のペレコプ地峡を奪取した後、ミウス川に到達しロストフ攻略戦に加わった。11月21日にはドン川大鉄橋を占領して橋頭堡を確保した。しかしソ連軍の反撃によりロストフは失われ、旅団はミウス川まで撤退した。その後、1942年7月15日には、SS師団（自動車化）「ライプシュタンダルテ・アドルフ・ヒットラー（LAH）」となった。師団はさらに1942年11月24日にはSS第1機甲擲弾兵師団「ライプシュタンダルテ・アドルフ・ヒットラー（LAH）」に改称された。師団は機甲擲弾兵連隊2個、戦車連隊1個、偵察大隊1個、砲兵連隊1個、突撃砲大隊1個、工兵大隊1個等から編成されていた。1943年1月、急遽ハリコフ防衛戦に投入されることになり、3月にはハリコフ再占領に成功する。7月にはクルスクの戦いに参加し、作戦中止後はドネツ川戦区で防戦にあたった後、8月イタリアに送られる。1943年10月22日、師団はSS第1戦車師団「ライプシュタンダルテ・アドルフ・ヒットラー（LAH）」に改称された。師団は再び東部戦線に投入され、キロボグラード、ジトミールと転戦し、次いでコルスン包囲戦に投入されることになる）が持って来るものを数に入れないで、おおむね166輛の戦車および突撃砲を有しており、戦争のこの段階での東部戦線において、極めて多数のドイツ軍戦車が集結していたことを示していた。救援作戦のために、第17戦車師団を右翼、そして第16戦車師団を左翼に、メドヴィンに向けて奇襲攻撃を発動

し、ベーケ重戦車連隊はそのティーガー戦車をもって先鋒となる。ブライスの軍団はチェメリスコエからロスコシェフカまで走るソ連軍戦線を突破した後、北にグニロイ・ティキチェ川の方向に攻撃し、渡渉点を奪取し、メドヴィン近くの包囲陣の西翼に穴を穿つ。

「ライプシュタンダルテ」は到着したら、第16戦車師団の後に続き軍団の攻撃の左翼を援護する。第34歩兵師団の歩兵は、「ライプシュタンダルテ」の左翼で、その後でその右翼を拡張し、そこと前進する救援部隊との間に、連続的な防御線を用意する。2月7日、あるいはその前後に第1戦車師団が到着したら、彼らは情況の命ずるままに、おそらく第198歩兵師団の右翼で、第17戦車師団（原書は誤植と思われる）の攻撃を援護し、一方自身の戦線をフォン・フォアマンの第XXXXVII戦車軍団の左翼と連絡するため東方に延長する。包囲された両軍団が解放され、グニロイ・タシリノ～シポルカ川の線に沿って新しい前線が構築された後、第3戦車軍団は他所への展開が可能となる。ヴェンク少将は2月1日の第1戦車軍の日誌には、来るべき作戦が成功する見込みにほとんど疑いをさしはさんでいない。

悪い道路状況のため、第III戦車軍団部隊の集結地域への到着は遅れ、フーベ上級大将は2月2日、南方軍集団に攻撃の24時間の延期を求めた。彼が考えたのは、もし攻撃がもともとの時間表通り実行されれば、ブライスの師団群は彼らの支援部隊のすべて、とくに砲兵を欠いたまま、前進しなければならなくな

る危険が生じることであった。さらに悪いことに、これはおそらく、ソ連軍の防御線を突破するためには、軍団は白兵戦を演じて道を切り開かねばならないはめとなるだろう。提案を補強するために、フーベはフォン・マンシュタインに、ブライスは1日の遅れを喜んで受け入れるだろうと知らせた。

ブライスはまた、彼の装甲車両により良好な通行路を利用するために、計画された前進路のわずかな逸脱をも提案した。というのは、偵察によって最初の経路は「とくに不適当な地形情況」であることがはっきりしたからである。ブライスはシュバニー・スタフを通ってブシャンカに続く、メドヴィンへの北東経路をたどるよりも、真っすぐ北に向かいティノフカの町を経由する、より直接的な経路をとりたかった。この経路は目的地のメドヴィンまでが短いだけでなく、戦術的見地から、道路がより戦車に適しているように思われた。もともとの経路よりも、このとき第III戦車軍団がどちらの経路をとっても大差はなかったように思われる。

おそらく、最後の瞬間に時間表と攻撃方向の変更が要請されたことに関連して、フォン・マンシュタインは、同じ日に彼自身で事態を確認するため、ウマニのフーベの司令部に走った。フォン・マンシュタインは、そこに1315時（午後1時15分）に到着し、計画の変更とそれにともなう攻撃日の先送りの要請を説明された。ゼロアワー（予定行動開始時）は、いまや2月4日0600時（午前6時）となった。彼はまた前進路を変更

するブライスの提案にもまた同意した。というのもそれは包囲陣の西端への最速の方法を与えるように思えたからである。雪解けが始まっていたが、「ヴァンダ」作戦に本当に不利な衝撃を与えるほど、重大なものとは思われなかった。ヴェンクはこの夕遅く、第1戦車軍の部隊はこの貴重な追加された時間をうまく使うよう期待したと、書いている。2月4日に攻撃が開始されたとき、彼が書いているのは、ブライスは強力な反撃の口火をうまく切らなければならないということであった。しかしすぐに、天候と頑強なソ連軍の抵抗の双方、そして攻撃経路の変更がいっしょになり、ブライスが彼の目的を達成することをほとんど不可能にした。

翌日、フーベと彼の参謀長の両者は、ソ連軍を包囲し包囲陣内の部隊を救援するフォン・マンシュタインの計画の賢明さに疑いを抱き始めた。ヴォーラー大将が前に言ったように、フーベもまた彼の情報要員から、第27、第53軍の両者からの強力なソ連軍部隊が、包囲陣を真っ二つに分断しようとして、南翼に流入していることを知らされた。包囲陣内の兵士にとって時間は尽きていった。シュテンマーマンとリープの軍団が大規模な攻撃を長い間は阻止できないことを恐れて、フーベはマンシュタインに彼の軍が東に向かってモレンチュの方向に攻撃し、それでメドヴィンを奪取することを狙う攻撃は完全に放棄するよう提案した。

フーベは論じた。そこで、彼の部隊は反対方向から来るヴォー

随伴歩兵を載せた救援部隊のⅣ号戦車〔註:Ⅳ号戦車H型である。H型は1943年4月から1944年7月までに3,774輌が生産された。写真の車体は溶接製誘導輪に代えて鋳造性誘導輪が装備されており、一方、上部支持輪がまだゴム縁付きなので、(例外があるので断言できないが一応)1943年10月に生産された車体である。なお右側車体側面にエアクリーナーは1944年2月に廃止されており、それ以前の車体であることもわかる(コルスンの戦いの時期を考えれば当然のことであるが、逆に写真の真偽を判断する上の材料のひとつとなりうる)が、ソ連戦車軍団の包囲環を攻撃するため出動する。(Bundesarchiv 277/835/4)

ラーの部隊と連絡でき、第5親衛戦車、および第6戦車軍の両者を罠にかける。彼らの部隊がソ連軍戦車を処置したら、その後、彼らは彼らの部隊を合体させ、そして包囲陣内の部隊を解放するために北に向かって攻撃する。フーベは、ヴォーラーが感じたように、この攻撃は残された時間の限界内で遂行できる唯一のものと感じていた。フォン・マンシュタインは、なぜ彼の部下が彼らの考えをこんなに遅くなってこれほど早く変えたか、いぶかしく思ったであろう。彼は彼の部下の提案を無視して、フーベとヴォーラーに当初の計画を推進し、予定通り攻撃を発動するように命じた。フォン・マンシュタインは、第1戦車軍が新しい方向にこのような攻撃を遂行するには、第III戦車軍団の部隊の再配置が必要であり、これはさらに24時間の遅れを要すると説明した。

マンシュタインは、あきらかに彼の部隊がさらに貴重な一日を無駄にできないと考えていた～彼は第XIおよび第XXX、XII軍団を解放しようという、彼の願望を断固として譲らなかった。それに加えて、彼はすでにヴォーラーにシュテンマーマンとリープの両者に、ブライスとフォン・フォアマンが南西方および南方から、それぞれ前進していると、無線で知らせる許可を与えていた。おそらく、1942年12月に、スターリングラードの亡霊、そしてドン軍集団がパウルスと彼の部下を救えなかったことが、脳裏を離れなかったのだろう。フォン・マンシュタインは、彼の兵士を再び死なせず、彼らを解放する努力

を惜しまないと決意したのである。第1戦車軍の攻撃は予定通り開始され、第III戦車軍団が時間通りその攻撃を始めることを確実にしうるよう必要な手段をすべて使用するよう命令された。

ブライスの軍団は、ソ連第104狙撃兵軍団第133、第58狙撃兵師団の保持する陣地を弱化させるための強力な砲兵弾幕射撃の後に攻撃を開始した。彼らはこの方向からのドイツ軍の攻撃を予期していたにもかかわらず、この狭い戦区のソ連軍守備兵は、払暁の攻撃で不意を衝かれ、すぐに制圧された。ブライスの師団群は、ハンス・ウルリッヒ・ルデル指揮下のスツーカ中隊による急降下爆撃の支援を受けて、当初かなりの前進を成し遂げた。攻撃する先鋒部隊の右翼には、フォン・デア・メーデン将軍の第17戦車師団が、ベーケ重戦車連隊を先鋒として、1000時（午前10時）に、前週失ったパブロフカの町を再度奪取した。この午後、フォン・デア・メーデンの部隊は、戦って血路を開いてヴォティレフカに入った。左翼では、バックの第16戦車師団もまた、この日かなりの成功を収め、ティノフカの外縁を再占領し、スタニスラフチクの村の南東の重要な交差点を奪取した。夜更けまでに、バックの機甲擲弾兵達は、グニロイ・ティキチェ川の南岸に沿った、コシャコフカの南縁を奪取した。

第III戦車軍団はこの日、かなり良好な成績を示した。情況は、道路状態がますます悪化しているにもかかわらず、計画通りに進んでいるように見えた。ブレイスの先鋒は、ソ連軍陣地

内に30キロを越える深さまで、楔を打ち込んだ。第58および第359狙撃兵師団の両者は、奇襲されたように見えた。というのは、ドイツ軍はほとんどいかなる効果的な防戦にも出会わなかったからである。この夕方、彼が記録した戦闘日報に、ヴェンクは以下のように記した。

攻撃初日は極めて良好な結果となった。我々は（急速に悪化した天候によってもたらされた）想像しえないほどの地形的障害に妨げられただけであった。これは（我々の）消耗した部隊に、前代未聞の努力を要求した。彼らは彼らが行軍し戦わねばならない、ずぶぬれの地面に耐え忍んだ。（我々の）指導部は我々の部隊に、自然と戦うために提供できるものは何も無かった。

◆
◆
◆

第1戦車軍は、翌日完全に攻撃を続行するつもりであり、ブライスが成功することを予想していた。第1戦車師団の最初の部隊の到着は、この日になることが予定され、「ライプシュタンダルテ」も同じであった。実際、後者の先鋒部隊は、ノボ・グレブリヤ近郊の師団の集結地域にすでに到着し始めていた。これらふたつの強力な師団が加わったことは、救援の試みの成功の見込みをさらに大きくすることになった。

天候は、1月31日以来かなり暖かくなっており、もはやドイ

ツ軍の味方ではなかろうか。気温はその後、華氏（摂氏の誤りで0度前後をうろついたが、2月4日にはその日中氷点上に上昇し、これは翌週と週の半分そのまま留まった。さらに事態を悪化させたことに、輝く陽光と雨降りが交互に現れた。夜には雲が残り、熱を地表面低く閉じ込めた。地表面に場所によっては数フィート（1～数メートル）もの深さで積もっていた積雪は、たちまちすべて溶けてしまったようであった。道路は、最良のときでさえ装輪車両はほとんど通行不能であったが、泥の川の下に消えた。ともかく、春が早く来たようにつれ、道路情況はますます悪化し、彼らの速度を低下させ始めたと報告した。

第16および第17戦車師団が戦って道を切り開いている間に、ヴェンクは第1戦車師団と「ライプシュタンダルテ」の道路にしばりつけられた輸送隊は、完全にはまり込んでしまい、第4戦車軍の彼らが出発した地点から、ウマニの北の彼らの集結地点までの100キロの道路に沿った紐となってしまったと知らされた。この日到着したコルの第1戦車師団の唯一の部隊は、鉄道で移動したものだった。この部隊、フッパート戦闘団は、第1戦車連隊の1個戦車大隊と、師団の唯一のハーフトラック搭載機甲擲弾兵大隊と、その自走砲大隊から成り、翌日第198歩兵師団と協同して、第Ⅲ戦車軍団の右翼のストゥブニィ・スタフの村の北の高地を奪取するために発

第12章：ブライス、「ヴァンダ」作戦を発動する

動される反撃に使用されることになっていた。これはさらに北へ進むブライスの主要努力にために最短の補給路を構築しようというもので、ますます貧弱になる道路事情から緊要な要素であった。

2月4日の軍日報の中で、ヴェンクは翌日の作戦の成り行きに関して書き留め、以下のように述べて結論としている。

通常、軍はこのような作戦は素早く行われてこそ、大きな成功に導かれると確信している。いまや、雪解けの始まりのために、我々の困難さは大きく増大した。それゆえ、包囲された軍団のことを考えると、我々には時間を無駄にする余裕はなかった。全員が緊張して作戦の行方を追った。

◆　◆　◆

泥と泥によって引き起こされた遅れにもかかわらず、ブライスと彼の戦車師団は翌日の準備を進めた。もし彼らが攻撃のペースを保ちさえすれば、彼らは数日間にわたって包囲陣の西端を保持している、第XXXII軍団の部隊に近づくことになる。

攻撃は翌日再開された。ますます泥まみれになる地表と道路は、前進を遅らせて這うようなものにさせ、厚い霧はドイツ空軍を地上に縛り付け、ドイツ軍先鋒部隊の近接航空支援を不可

能にし、輸送機がコルスンの飛行場に飛来し、あるいは脱出することを阻止した。ブライスの攻撃を支援するために、第1戦車軍は彼に第135建設工兵大隊～道路建設大隊を隷属させ、彼の戦区の道路の補修にあたらせた。加えて、少数の馬曳補給部隊もまた、第III戦車軍団に燃料と弾薬輸送の支援のため派遣された。というのも、彼らの方が泥濘んだ情況下では、トラックよりもはるかに良好な機動性を発揮できたからである。休暇の兵士は、ウマニで輸送を待っていたが、シャベルで道路の補修にあたっていた。現地のウクライナ人に指示を与えて監督する作業にとりかかっていた。しかしこれはとても十分とは言えなかった。さらに事態を複雑にしたのは、ソ連軍はブライスの前進を阻止するため、彼らの戦車を他の地区から移動させ始めたことであった。

バトゥーチンは、当初は突然のドイツ軍の救援攻撃に驚かされたが、すばやく対応して第104狙撃兵軍団戦区を、第5機械化および第5親衛戦車軍団の130輌もの多数の戦車で補強した。2月5日にソ連軍の防御戦力強化されたことは、すぐにドイツ軍にも知られた。軍団右翼の第198歩兵師団によって発動された攻撃は、当初成功を収めたものの、ソ連軍の戦車によって支援された反撃によって迎撃された。フォン・ホアンの兵士は、攻撃して来た戦車の10から15輌を撃破し、ソ連軍の攻撃を停止させることができたが、彼自身の攻撃は行き詰まった。これはブライスの反撃がソ連軍戦車にぶつかった初めての機会

であり、その後もっとぶつかることになるのであった。

第17戦車師団の攻撃は、強力なソ連軍戦車部隊によってヴォティレフカの町の近くで阻止されたが、フォン・デア・メーデン自身の戦車隊は優勢を保つことができた。前進中、第16戦車師団の先鋒はコシャノフカで、その右翼のフォン・デア・メーデンの師団との接触を失った。このため間隙を閉鎖するため、ベーケ重戦車連隊が派遣された。途中でベーケと彼の部下は、タティアノフカの近くの2つのバルカ（涸れ谷）を守備し、ドイツ軍の進路を閉塞していた、強力なソ連軍戦車部隊を攻撃しなければならなかった。ここでは、彼のパンターとティーガーの不整地行動能力が、はっきりと示された。彼の戦車は泥に妨げられることはなく、彼らの7・5㎝および8・8㎝砲の狙いすました射撃で、ソ連軍守備兵を粉砕したのである。ドクター・ベーケによれば、

連隊は我々の攻撃方向を閉塞している2つのバルカの間を走るよりなく、強力な敵の防御陣地に直面した。敵の前線の長さは800から1,000メートルの間だった。正面攻撃は大損害を招くため、私は0600時（午前6時）に敵の前線に向けて敵を釘付けにするために陽動攻撃を発動することを決めた。太陽が昇ると、私はパンター大隊を派遣した。彼らは、東の涸れ谷の縁にある、敵部隊の右翼を取り囲んで大きな弧を描くようにして、完全に敵の背後に回った。0830時（午前8時30分）

頃、パンター大隊は後方から敵を攻撃し、完全な奇襲に成功した。この後で、（私は）ティーガー大隊による第16戦車師団の偵察大隊をともなう、正面からの攻撃（を命じた）。

ベーケの連隊はすぐ守備兵を粉砕し、この日遅くバック将軍の師団との連絡を回復した。守備していた40輌のソ連軍戦車のうち、ベーケのティーガーとパンターによって31輌が撃破された。北方への道には一時的に敵はいなくなった。

彼の前進は、グニロイ・ティキチェ川にかかる60トンのティーガー戦車に耐えられた橋が、彼の眼前で爆破されたため、停止させられた。架橋資材はまったく利用できなかった。というのは工兵の架橋中隊は泥の中にはまって、ベーケの先鋒に追いつくことはできなかったからである。長い一日となった2月5日の間に、第16戦車師団は、絶え間無く小規模のソ連軍の反撃につかまり、全勢力をあてる必要があった。バックの左翼では、第34歩兵師団はティノフカのその陣地にたいして、戦車に支援された攻撃が多数行われたことを報告した。しかし、師団は陣地を保持し、ソ連軍の突破を阻止した。あきらかに、この日こでも成果はあがらなかった。泥とソ連軍の頑固な抵抗によって、「ヴァンダ」作戦は一時的に停止に至った。

バトゥーチンは最初の驚きから立ち直り、ブライスの救援攻

◆

◆

◆

● 307　第12章：ブライス、「ヴァンダ」作戦を発動する

勢にたいして実に素早く反応した。事実、ジューコフ、コーニェフ、そしてバトゥーチンが、ドイツ軍の突然の反応に驚かされたことは、はっきり証拠が示している。これは偉大なる大本営の調整官、ジューコフは彼の回想録の中に書いている。「ラジノ地区で、敵は我が軍の防備を弱体化させることができた。敵司令部は、このときは突破の成功が他所から増援を確信していた。加えて、フォン・マンシュタインが他所から増援を呼びよせることを阻止する陽動攻撃が、事態の推移を遅らせた。

精妙なソ連の偽装計画のこの部分は、とくに第1戦車軍に相対した戦区では、みじめな失敗となった。そこではバトゥーチンの第2戦車軍と第38軍が、第Ⅲ戦車軍団の離脱を妨害しようとしていたのである。プライスは彼の部隊を戦線から引き抜くことができただけでなく、ゴルニク大将の第ⅩⅩⅩⅥ戦車軍団はソ連軍の陽動攻撃をいともたやすく撃退することができた。しかしフォン・マンシュタインの右翼では、第3ウクライナ方面軍によってクリヴォイ・ローグの近くでドイツ第6軍にたいして発動された陽動攻撃は、もっとうまくいった。しかしこの攻撃は、予定より4日も遅れて2月2日にまで開始されなかった。第6軍は一時的に第24戦車師団をヴォーラーの第8軍に譲り渡したものの、まだニコポリ橋頭堡から秩序を保って撤退することができた。

ジューコフはウマニ近郊に集結しつつある救援部隊の兵力に感づいて、2月4日バトゥーチンにS・I・ボグダノフ中将の第2戦車軍の大部隊を、西方はるか右翼の第1ウクライナ方面軍から最大速力でティノフカの西の集結地域に移動するよう命じた。バトゥーチンはまた、アレクセイエフの第5親衛戦車軍団に、ズヴェニゴロドカ北西の予備陣地から移動してドイツ軍の前進を阻止するよう命じた。ボグダノフの軍は、主として第3、第16戦車軍団から構成されていたが、極めて戦力が低下しており、108輌の戦車しか有していなかった。それでも実質的にバトゥーチンとクラウチェンコの部隊に加えられたこれらの戦車は、ドイツ軍の阻止に活用することができたのもクラウチェンコ自身の戦車軍は、この当時はたった100輌の戦車にまで減少していたからである。2月5日夕刻までに、ボグダノフの部隊と戦車は到着し、戦力を均衡させることができた。このベテランの部隊は、翌日ドイツ軍の先鋒を切断し撃破することを目的に、プライスの部隊の左翼に襲いかかった。

日曜日、1944年2月6日、太陽が沈むと、ウクライナの景色は霧と低く垂れ込めた雲に包まれた。一日中雨が降り続き、気温は氷点上をさまよった。これ以上戦闘に適さない情況は想像もできない。第Ⅲ戦車軍団は泥で完全に行動不能となり、こ の日どこにも行くことができず、迂回した敵部隊の一掃を狙った地域的な作戦を遂行する代わりに、その補給路の安全を図った。第34および第198歩兵師団の両者は、彼らは彼ら自身、

とくにティノフカとパブロフカの守備を固めることに、注意を集中した。

ドイツ軍は燃料および弾薬を前方の戦車部隊にもって行くために奮闘した。これらの部隊は、これらの緊要な補給物資なしでは、すぐに行動不能になってしまう。戦車とその他の装軌車両、加えて馬が曳く橇だけが通行することができた。トラック、ジープ、そしてオートバイは、フェンダーまで泥に埋まるか、機械故障で修理工場送りとなるかで行動不能となった。ここでは、ドイツ軍装輪車両艦隊の弱体さが再びあらわとなった。レンドリースによって入手された、ソ連軍の4輪駆動の2 1/2 tトラックは通行することができたが、2輪駆動のドイツ軍のオペル「ブリッツ」や捕獲されたフランス製のシトロエントラックは、ますます多数が途中で脱落していった。この夕刻、ヴェンク少将は失望して書いた。

◆

◆

◆

天候と地形上の困難のため、我々の部隊には未曾有の要求が為された。人員および機材は泥によってじわじわと苦しめられた。我々の司令部は、補給を保証するために泥にできると思われることすべてをやった。それによって攻撃する部隊は、彼らの前進をできうる限り早く再開することができるのである。

事態をさらに悪化させたのは、ブライスの部隊にたいする敵の圧力がこの日中絶え間無く増加したことであった。彼の右翼では第198歩兵師団は、ソ連軍第167狙撃兵および第2親衛空挺師団の部隊によって、この日のうちに2度攻撃されたが、フォン・ホアンの兵士は第1戦車師団フッパート戦闘団によって遂行された反撃の助けも得て、彼らの地歩を守ることができた。フォン・ホアンの第305擲弾兵連隊は、師団の最左翼の重要な町、ブロフカとヴィノグラードを保持する任にあたっていた。その兵士達は、ヴォルホフの第5機械化軍団の第2機械化狙撃兵旅団よって行われた断固たる攻撃を停止させ、第16および第17戦車師団が切断されるのを防いだ。連隊のすべての残存兵員、事務員、コック、そしてトラック運転手までが前線に投入され、敵にスヴィノロフカ川にかかる橋を与えず、ソ連軍は停止させられた。

フォン・デア・メーデンの第17戦車師団もまた、この日は手一杯だった。師団は、第5親衛戦車、および第5機械化軍団の両者の部隊を先鋒として、師団の北および東翼にたいして発動された。無数の戦車に支援された反撃を、一掃ないし撃退した。師団はその左翼〜ここは第16戦車師団によって防護されているはずだった〜からのソ連軍の攻撃にたいして、自らを守りさえしなければならなかった。敵はあらゆるところにいるようであった。それにもかかわらず、フォン・デア・メーデンと彼の部下は、ソ連軍攻撃部隊を撃退しヴォティレフカ周辺で、彼ら

の支配地域を拡大することができた。ベーケの連隊はこの日ほとんど戦闘を経験しなかったが、代わりにヴォティレフカとコシャコフカ〜そこではバックの部隊が、多数のソ連軍の反撃に直面しつつ、グニロイ・ティキチェ川の向こうの小さな橋頭堡を保持していた〜の間にバックになった、第16戦車師団の先鋒部隊に、致命的に必要とされた燃料と弾薬を、輸送する補給段列を防護するために使用された。ティーガー戦車は、このとき何両かのトラックを泥の中から引っ張り出すために使用された。というのもまた、タティアノフカに向かう主補給路に沿った南への攻撃を発動するために使用された。ここは2日前にドイツ軍が通過した後、敵によって再度占拠されていた。

戦車に支援されたソ連軍歩兵の1個大隊がティノフカの村の南西および南の2つの重要な丘を奪取したことで、極めて重大な情況が生じた。これらの部隊は、第3親衛空挺旅団のものであったが、あきらかに第16戦車師団を切断し東から攻撃する第359狙撃兵師団の部隊との連絡を計画していた。もしこれらソ連軍部隊が早急に一掃されなければ、ブライスの救援攻勢の終わりを招く結果となるだろう。バック将軍は素早く反応し、彼の部隊の一部と、ちょうどこの地区に到着した「ライプシュタンダルテ」のヴァイデンハウプト戦闘団によって反撃を発動した。

ヴァイデンハウプト戦闘団の先鋒部隊の到着は、早すぎるこ

救援の試みが開始された。1944年2月初め、第1戦車師団の戦車とハーフトラック〔註：手前はどうにも判然としないが、フェンダー形状からSdkfz.251ではなく、装輪装甲車ではないだろうか。その前中央はSdkfz.251/1装甲兵員輸送車で、後部形状から1943年9月から生産が開始されたD型であることがわかる。右はIV号戦車だがアンテナが車体側面右側にあることからG型であることがわかる。G型は1942年5月から1943年6月までに1,687輌が生産された。その前左側は、Sdkfz.251/6装甲指揮車で、特徴的なフレームアンテナが目立つ。車体はC型である。その右はSdkfz.251/1装甲兵員輸送車D型車体か。右はやはりIV号戦車G型であろう。その前もおそらくIV号戦車G型であろうがはっきりしない。さらに遠方左側の車体は、ちょっと珍しいマルダーII対戦車自走砲である。その左遠方もマルダーIIかもしれないが、ちょっと判然としない〕が、ウマニから包囲陣に向かって移動を開始した。（Bundesarchiv 90/3913/23）

とはなかった。彼らは師団突撃砲大隊の一部と、SS第1機甲擲弾兵連隊から成り、午後のバックの反撃に加わるのに合うように到着した。ドイツ軍はすぐに18輌のT-34と3輌のSU-76自走砲を撃破し、2つの丘を奪還した。第16戦車師団の戦闘団はティノフカの守備を「ライプシュタンダルテ」に引き継ぎ、師団の残余といっしょになって北へ向かった。はるか左翼では、第34歩兵師団もまた忙しい一日であった。彼らもまた、多数の断固としたソ連軍の戦車に率いられた反撃を撃退し、さらにソ連第133狙撃兵師団の1個大隊を一掃するための兵力を送りさえしなければならなかった。明らかに、バトゥーチンはドイツ軍救援努力を阻止するために、できることすべてを行った。ブライスもまた増援を得た。それらは恐ろしい道路事情が許す限り、できるだけ早急に移動することになっていた。

この日ブライスが得たひとつの最大の増援は、「ライプシュタンダルテ」であった。彼らの先鋒部隊は、ノボ・グレブリ近くの彼らの前方集結地点から、ちょうどいまブライスの戦区に到着したのである。2月4日までに、師団の戦闘部隊のほとんどが到着したが、その装輪車両輸送隊はまだ、これまで直面したいかなるものよりも悪い道路を通過するために奮闘していた。師団の一人の人員によれば、文字通り膝の深さの泥との戦いが始まった。隊列はとぼとぼと、しばしば互いに並んで苦闘しながら、前へ進んでいった。ウクライナの重たい泥は雪と交じって、どろどろぐちゃぐちゃになった。軽い夜間の霜でさえ、埋まった車両を堅く固まりつかせ、彼らが再び動きだすいかなる機会をも封じた。装軌車両でさえこの溶岩のような泥に空しく擱座した。このため師団は指定された地域に、小集団に別れて到着した。

◆　◆　◆

ある目撃者は、泥が場所によっては彼らのパンターが脱出できない泥沼になるほど、深かったと後に書いている。加えて行軍経路に沿った泥の橋のいくつかは、非常に劣悪で師団の隊列は、工兵架橋部隊が戦車の重量に耐えられるよう補強するまで、ときどき停止しなければならなかった。「ライプシュタンダルテ」は、ブライスの前進する左翼を援護するよう予定されていたので、2月6日一日中予定された位置につくため奮闘した。

ブライスは、この有名な部隊が作戦のために彼の軍団に配属されることになったとの知らせを、歓迎しないはずはなかった。彼らはヒムラーのヴァッフェンSSの最初の、最古の部隊のひとつで、戦争の初めよりドイツ国防軍の最も攻撃的で激しい戦いを行う師団として自ら名を成した。ポーランド、フランス、バルカン、そしてソ連への侵攻作戦中、「ライプシュタンダルテ」は常に、戦闘の最も激しい最前線にあった。1944年2月までには、もはや単なる「総統」の警護部隊で

第12章：ブライス、「ヴァンダ」作戦を発動する

はなく、ヒットラーの隷下部隊の中の最も強力な戦車師団のひとつに成長した。

ゼップ・ディートリヒ、クルト"パンツァー・マイヤー"、ヨッヘン・パイパー、そしてフリッツ・ヴィットのような人々、ヴァッフェンSSの最も有名、そして無名の隊員の何人かは、1933年に創設されて以来、この部隊でその経歴を経たのである。これらの兵士の名前すべては、事態が命じるままにいつでも、大胆さ、不適さと同義語となった。実際にはドイツ軍の戦運は1943年夏までには暗転し始めていたのではあるが、その旗印は繰り返し勝利の栄冠を担った。彼らはまた戦後の評判をも帯びていた。民間人と軍事上の敵の両者にたいする一連の残虐行為があきらかになっており、これはさもなければ赫々たるその武勲に陰を落としていた。師団は、歴史家のゲオルグ・シュタインの言葉を借りれば、「総統の希望であり、その敵の絶望であった」。

チェルカッシィの戦闘時には、47輛の稼働戦車（ミヒャエル・ヴィットマン中隊のティーガー6輛を含む）を有する戦車連隊1個、19輛のⅢ号突撃砲を有する突撃砲大隊1個、機甲擲弾兵連隊2個、機甲砲兵連隊1個、機甲偵察大隊1個、そしてその他支援部隊から編成されていた。編成定数は18,000名を優に越えていたが、イタリアにおける再編成期間の結果、11月に東部戦線に帰還して以来継続的な戦闘に従事して来たその部隊のほとんどは、50％の兵員はかなり手薄になっていた。その部隊は

から70パーセントに戦力低下しており、その砲兵は編成上12個中隊のうちの4個しか展開できなかった。

1944年1月31日には第1戦車軍によって、緊急に補充が必要であるという警告があったにもかかわらず、「攻勢作戦に適する」と分類されていた。「ライプシュタンダルテ」は、ラドミシュル、ジトミール、そしてヴィニツァでの戦闘の間、ヘアマン・バルク大将の第XXXXⅧ戦車軍団に配属され、再びドイツ軍の最良の戦闘師団であることを証明した。その若き師団長テオドア・ヴィッシェSS少将は、前年4月にゼップ・ディートリヒから師団の指揮を引き受けて以来師団を良く統率した。

ヴィッシェは1907年12月13日に、シュリースヴィヒ・ホルシュタインのヴェーゼルヴェルナー・コーグで生まれ、耕種学者になる教育を受けた。農業技術者としての生活は、彼に適していなかったに違いない。というのも彼は1933年春に「ライプシュタンダルテ」に加わった最初の義勇兵の一人だからである。ポーランド戦役中、ヴィッシェは中隊長として勤務し、ふたつの鉄十字章を勝ち得た。1940年にはフランス、1941年にはユーゴスラビアおよびギリシャ、そしてソ連では最初から、彼は大隊長として勤務し部下を率いた。ヴィッシェは何度か戦闘で重傷を負ったが、彼は率先垂範し、危機に直面したときの、個人のイニシアチブの価値を理解する将校として知られていた。彼は1941年9月15日、SS第1機甲擲弾兵

連隊第II大隊を率いている間に騎士十字章を獲得し、1943年2月25日同連隊を指揮しているドイツ黄金十字章を授与された。彼は1943年4月に師団長に昇進し、クルスク攻勢の間、師団を率いたが、そこで「ライプシュタンダルテ」は傑出した役割を演じ、師団にはヒットラーの「消防隊」という名声が付け加えられた。

ヴィッシェの師団は、第III戦車軍団の攻撃に追従し、第16戦車師団の左翼を防護する作戦を命じられた。この任務は意気消沈させられるものであることが明らかとなる運命にあった。というのは、彼の師団はその後、数日間にわたって、到着するに連れて、その隷下部隊はブライスによってばらばらにされて戦線に投入されたからである。その人員、戦車、砲はドイツ救援攻勢に歓迎される増援となったものの、それがばらばらに投入されたことは、「ライプシュタンダルテ」が軍団として戦闘のではなく、戦場いっぱいに広くばらまかれた戦闘団の1集団として戦闘に従事したことを意味していた。

これら「ライプシュタンダルテ」の各種部隊は、文字どおりきわどい瞬間に到着した。突撃砲大隊の一群と歩兵1個大隊から編成された小規模な戦闘団、ハイマン戦闘団が、第16戦車師団を支援するためティノフカに派遣された後は、ハーフトラックに乗り、SS第1機甲擲弾兵連隊の主要部と突撃砲大隊の残余から成る、ヴァイデンハウプト戦闘団がすぐに追いついた。師団の他の戦闘団、クールマン戦闘団は、戦車連隊の戦車大隊のうちの1個とSS第2機甲擲弾兵連隊から編成されていた。これらも、バックの部隊が日暮れ近くに到着するときまでにティノフカに派遣されたが、部隊が日暮れ近くに到着するときまでに、この日の戦闘は終わりとなり、第16戦車師団はその前進陣地に戻っていた。

ヴィッシェはクラシュニィの村に彼の指揮所を構築した後、ブライスから追加の指示を与えられた。それはコシャコフカからティノフカの北端までの防衛警戒線を構築せよと命じるものであった。これは「ライプシュタンダルテ」が軍団の左翼を防護することを可能とするものであった。ティノフカの西端では、彼の師団は第34歩兵師団の部隊と連絡するよう命じられた。戦車連隊の残余は、まだ前線に到着すべく深い泥沼のような道路に沿って奮闘していた。続く数日間、ブライスが絶え間なくヴィッシェの部隊を前進させようとするにつれ、ヴィッシェは彼の指揮する部隊を4つの方向に分散させる、混乱した命令を受け取った。

この日、2月6日、第1戦車軍はシュピーデルの訪問を受けた。彼の意図は、ヴェンクと両軍が両被包囲軍団まで突破口を穿つために調整するために必要とされる手段について議論することであった。シュピーデルとヴェンクの両者は、包囲陣内の部隊まで突破する唯一の方法は彼らの攻撃をモレンズィの方向に曲げることである～というのもメドヴィンを経由するより長

● 313　第12章：ブライス、「ヴァンダ」作戦を発動する

フォン・マンシュタインが、包囲陣と接触を再度確保しようとするにつれてソ連軍捕虜が連行されていく。
(Bundesarchiv 277/804/6)

い経路を取るには十分な時間が無いように思われるので〜という彼らの確信について同意見であった。両者共に、包囲された部隊もまた時間を使い果たし、天候および道路情況は〜ソ連軍の断固たる抵抗は言うまでもなく〜事態をより複雑にしていることに、はっきりと気づいていた。ヴェンクはシュピーデルに、より高位の指導部によって1月初めに包囲陣内の部隊の撤退に必要な処置が取られていれば、現在の情況は生じなかっただろうと話した。彼らは皆このとき、ヒットラーの決定が大惨事を招いたと見ていた。しかし、ヴェンクが彼の軍司令官はこの決定に責任が無いと感じていたにしても、これはまったくもって彼を安らかにするものでは無かった。シュピーデルは、同意しうるのみであった。

ヴェンク自身の疑念にもかかわらず、フーベおよびブライス将軍は両者共にまだ第Ⅲ戦車軍団が、彼らが追求している前進経路、すなわち第Ⅲ戦車軍団を経由して包囲陣に至る経路を使用して、突破することができると確信していた。フーベは、フォン・マンシュタイン自身がついに彼自身攻撃の進展を疑い始めたときでさえ、彼の自信を元帥にたいして伝えたのである。フーベはフォン・マンシュタインに、ブライスの戦車にたいして本当の障害物とはならないことを示した、過去数日間の経験を話した。フーベは、強力な攻撃によって守備兵を簡単に押し潰すことができ、彼の前進を拒む唯一のものは天候情況だけであると確信していた。対戦車砲障壁は、

マンシュタインは再集結して他のより短い攻撃方向から試みる方が良いのかどうか尋ねたが、フーベは天候および道路状態を考慮すると、これは実行するためにあまりに貴重な時間を費やすことになると、フォン・マンシュタイン自身の議論を繰り返して対抗した。フーベは彼に地形はあまりにひどく、通行するのにたった数時間しか要さない地域に、対照的にいまや何日もかかると話した。フーベは、彼の幕僚は攻撃を検討を取る可能性を再調査しており、再集結が必要かどうか検討を続けていると言って話を終えた。しかし、その間も彼は攻撃の判断を信じる方が良いと考えたのであろう、これを了承した。

この議論では、包囲陣自身がブライスの救援行動から遠ざかり続けているという事実を完全に見過ごしていた。メドヴィンを通ってボグスラフに至る経路は、包囲陣に至る最短経路であり、1月28日に計画が策定されたときには、最大数のソ連軍師団を罠にかけるものであったが、2月6日までには計画はもはやまったくもって実行不能であった。ボグスラフは2月2日には放棄され、包囲陣の全西縁は、救援部隊から離れて東に移動し始めた。この移動の一部はソ連軍の圧力によってもたらされたものであったが、別のより大きな理由はシュテンマーマンとリープがより多くの部隊の手を空けるために、彼らの戦線を短縮したかったからであった。これらの行動はまったく包囲陣内の第1戦車軍と調整されたものではなかった。というのは包囲陣内の2個

軍団は、直接第8軍に報告していたからである。たとえブライスの部隊がメドヴィンへの道を切り開いてさえ、彼らは薄い空気を衝くことになることがわかり始めたのである。それにもかかわらず、フーベとブライスは前進し続けることを決断した。最終的に、彼らはちょうど2日間で30キロ以上を獲得し、そのためにこれほど激しく戦った地歩をあきらめたくなかった。泥と増大するソ連軍の攻撃にもかかわらず、彼らは前日計画された通りに決然たる攻撃を続けた。

ドイツ軍の攻撃は2月7日に再興されたが、すぐに下火になった。第Ⅲ戦車軍団の師団群は、霧に包まれた景色を横切って攻撃したが、すぐに激しい防御戦闘によって釘付けとなり、一日中東、北、そして西からのソ連戦車および歩兵の断固たる反撃を撃退し続けた。ボグダノフの第2戦車軍は、かなり力強いやり方でその存在を露にした。彼の部隊は、クラウチェンコの第6戦車軍、およびジュマチェンコの第40軍といっしょになって、情け容赦なくドイツ軍を叩いた。

泥は両陣営を悩ましたが、機動性に優れたソ連戦車とトラックは、不整地を通ってほぼ意のままに移動することができた。タンクデサントを花づなのように飾って、第5親衛戦車、第3、および第16戦車軍団の兵員は、第3親衛空挺師団とその他部隊によって遂行された新たな攻撃の支援を受け、ときおりブライスの部隊を圧倒するような脅威をおよぼした。ベーケ重戦車連隊でさえ前進できないほど、ソ連軍の抵抗は激しかった。ベー

ケの戦車は2月4日に救援攻撃を開始して以来、80輛以上の敵戦車を撃破したが、7ヵ月前にクルスクではっきり示されたように、T-34はベーケのティーガー戦車を近接戦闘で撃破することができた。ベーケはドイツ軍の突破のはるか北方先端で行き詰まったが、ベーケと彼の部下は彼らの補給路と切断される危険に直面していた。長く留まりすぎることは災厄を招くことになろう。

2月4日以来、ソ連軍の防戦は3個の異なる軍の部隊が自由に入り交じり、調整されることなく遂行されていた。ジュマチェンコの第40軍の歩兵とクラウチェンコの第2戦車軍団は、あらゆるところで頑強に抵抗し、ドイツ軍を釘付けにする数多くの貧弱に計画されただけの反撃を発動したが、数多くの幕僚によって適切に調整された行動よりも、はるかに大きな犠牲を招く結果となった。この問題を緩らげるために、バトゥーチンはクチコフカとコシャコフカの間で、ブライスの先鋒部隊と戦っているすべてのソ連軍部隊をボグダノフに従属させた。ボグダノフはドイツ軍が撃退されるまで、彼らの指揮、統制を遂行した。

本質的にこの命令は、より経験に乏しいクラウチェンコが、彼の最大の戦車部隊であるアレクセイエフの第5親衛戦車軍団を手放すことを必要とした。クラウチェンコ自身は、第47狙撃兵および第5機械化軍団、さらに第233戦車旅団とともに、ズヴェニゴロドフカの南西の接近路を閉塞し続ける命令を与え

られた。彼らの戦車の機動性能にもかかわらず、ソ連軍はドイツ軍同様悪天候の被害を被った。彼らの兵士もまた、泥と泥濘んだ雪の中で暮らしそして戦った。クラウチェンコの第6戦車軍が直面した情況はあるソ連軍の解説では、次のように叙述されていた。

雨と泥濘んだ雪による困難によって、補給の輸送は遅帯した。(第1ウクライナ)方面軍は、燃料と弾薬の補給を、近接した飛行場から飛来する複葉機によって組織した…1944年2月は湿った月だった。雨と雪は、装輪および装軌車両にとって大災害をもたらし、これらは車軸の深さの泥にはまってしまった。戦車でさえ牽引を必要とした。燃料および弾薬は、空輸しなければならなかった…これらは決して必要を満たすことはできなかった。

◆ ◆ ◆

2月4日から7日の間の戦闘を評して、ジューコフは後に、ドイツ軍の前進は停止されたが、ブライスの部隊はまだあきらめることを拒否し彼らの進路を打ち破ろうとしていると書いている。彼らの敵の粘り強さは、ソ連軍指導部を憂慮させ始めていた。このためジューコフは包囲陣内のシュテンマーマンおよびリープの部隊にたいして、救援の試みが彼らに到達する前に彼

らの多くが降伏する可能性に期待して、心理作戦を積極化させ始めた。

2月7日の夜更けには、第1戦車軍はこの方向への攻撃は失敗する運命にあることがわかった。輸送機および近接支援航空機を地上にしばりつけたひどい天候情況、そして道路事情、そして最後だが少なからぬものである激しいソ連軍の抵抗が組みわさって、フォン・マンシュタインとフーベの両者は、包囲陣への他の経路を発見しなければならない〜しかもすみやかに〜ことがはっきりした。フォン・マンシュタインが、第XIおよび第XXXII軍団を取り囲んでいるソ連軍部隊を包囲し撃破する彼の考えを、最終的に放棄したのはこの日であった。いまや使用可能な部隊をもって追求する価値のある唯一の目的は、包囲

第1ウクライナ方面軍第2戦車軍司令官、S.I. ボグダノフ戦車軍中将。(Photo courtesy of the Battle of Korsun-Shevchenkovsky Museum, Korsun, Ukraine)

陣内の兵員の単なる救援であった。

2月7日の第III軍団戦区における戦闘は激しいものであった。右翼では第189歩兵師団は、第2親衛空挺師団による戦車に支援された、リシノ付近において右翼を包囲しようとする数多くの試みを撃退していたが、この地域においてその最右翼の連隊の全線が南を向くまで、はるか後方へ後退せざるを得なかった。師団はまたヴィノグラードの近くでその左翼を攻撃され、時宜にあって到着した第1戦車師団のフッパート戦闘団だけが、フォン・ホアンの部隊が軍団の残余から切断されることから救った。第1戦車師団のその他の先鋒部隊は、「ライプシュタンダルテ」の部隊がそうなったのと同様に、前進行軍中に道路によって沿って散り散りになり、ブライスの軍団の開かれた右翼を援護するため急いで派遣された。そこでは、第8軍のフォン・フォアマンの第XXXXVII軍団の最西翼師団とは、まだ連絡してはいなかった。

ベーケ重戦車連隊と第17戦車師団は、一日中激しい防衛戦闘に拘束された。フォン・デア・メーデンは、彼の師団の後方地域にあるヴォティレフカの町〜この町は前夜ソ連軍に奪取されていた〜を再度獲得することに彼の勢力を集中させた。ベーケの連隊は、この日レプキの町を奪取する任務を与えられていたが、ヴォティレフカの再奪取にも加わり、終日町に戻ろうとするソ連軍戦車を撃退した。ドクター・ベーケは後に報告している。

移動、とくに装軌車両の移動は、完全な泥沼となった道路によって妨げられた。泥によって兵士が精力を奪われた一例を上げれば、多くの擲弾兵がブーツを脱いで抜け出せない泥沼の中を裸足で歩いていた。これは何歩か歩む度に、ブーツを泥の中から掘り出すために立ち止まるよりも楽だったのである。

◆
◆
◆

第16戦車師団の話もほとんど同じだった。強力な戦車に支援された攻撃によって、計画された通りにコシャコフカの橋頭堡から北への攻撃を続けることは不可能だった。バックの師団はこの日ある時点で第5親衛戦車軍団の攻撃によって切断されて

SS第1戦車師団「ライプシュタンダルテ・アドルフ・ヒットラー」司令官、テオドア・ヴィッシェSS少将。
（Bundesarchiv 87/120/12A）

しまったことに気づき、敵のクチコフカとヴェシェリイ・クートから敵歩兵〜彼らは前夜のうちに浸透していた〜を追い出すため、その後方地域に向かって反撃せざるをえなかった。第16戦車師団の1個大隊はタティアノフカの近くで9輌のT－34を撃破し、町を再度奪取するために隊列を整える過程で、ソ連軍歩兵に満たされた大きな窪みを攻撃して一掃した。このようにバックの師団は彼ら自身が包囲されることを防ごうとすることで忙殺されたため、バックは北方へ攻撃を続ける考えを完全に放棄した。

バックの師団への助けは、最終的にこの日遅く到着した。2130時（午後9時30分）ヴァイデンハウプト戦闘団が、ついにコシャコフカを保持する第79機甲擲弾兵連隊に所属するバックの部隊と連絡することができたのである。第16戦車師団の開放された左翼を防護する命令を受けて、ヴィルヘルム・ヴァイデンハウプトSS中尉と彼の部下は小流の川床に沿った陣地を保持する強力な敵を突破して戦い進まねばならず、T－34 1輌を撃破し歩兵を追い出した。泥と雪を重い足取りで通り抜けた後で、彼の部下は完全に消耗していたが、少なくともバックの師団との接触は回復された。同時にヘアベアト・クールマンSS少佐の指揮する戦闘団は、10輌のT－34戦車に支援された第3親衛空挺師団の部隊によるソ連軍の攻撃が発動されるちょうど前に、ティノフカとヴォティレフスキィの間の彼らの防御陣地を占位することができた。続く戦闘において、クー

ルマンの部隊には、SS第1戦車連隊からの11輛の戦車が配属されており、7輛の戦車を破壊し、SS部隊とティノフカを保持する第34歩兵師団との連絡を阻止しようとする敵の試みを挫折させた。

この日、ウマニの第1戦車軍司令部で行われた会議で、フーベは彼の攻撃がこれ以上進展しえないことを認めざるを得なかった。時間の経過とともに、第Ⅲ戦車軍団が包囲陣に到達するまで遠方への攻撃が続けられることは、もはや不可能となった。この方向への攻撃が続けられれば、ブライスの部隊はメドヴィンに前進できようが、彼らは空虚な空間を衝くことになるだろう。もしこれを続ければ、もう一週間で包囲された両方の軍団は撃滅されるか降伏を余儀なくされるであろう。フーベとマンシュタインのどちらも、そうなることを許すわけにはいかなかった。ヴェンクはこの夜、「軍は第8軍の切断された部隊と、最も早く連絡することに効果をもたらすよう、すべての手段が取られなければならないということに、もはやいかなる疑いも持たない」と書いている。明らかに第1戦車軍はシュテンマーマンに到達する、より迅速な方法を見つけなければならなかった。もしそうしなければ、「ヴァンダ」作戦は完全に失敗する結果となり、ソ連軍は第2のスターリングラードを手にすることになろう。

第1戦車軍が2月4日から7日まで包囲陣まで戦い進んでいた一方で、ヴォーラーの第8軍はフォン・マンシュタインの計画に必要とされた任務を遂行しようとしていた。激しい戦闘にもかかわらず、フォン・フォアマンの軍団はその兵士達の奮闘によっても、以前の試みと同様に暗礁に乗り上げて停止し、ほとんど成功を収められなかった。天候および道路情況は、彼らの西方に隣接した部隊とまったく同じぐらいひどかった。フォン・フォアマンの兵士達は猛烈なソ連軍の反撃に対処しなければならないことに加えて、自然力とも戦わなければならなかった。彼は生き生きとした筆致で、次のように述べている。

一夜にして天候は急変した。数日間にわたって吹雪が凍りついた景色の上を荒れ狂った～それがいまや雪溶けである。春の雪溶けが、激しく早く始まったのだ。これは春の泥濘の時期を画するものであった。完全に動くことのできない時期である。この時期には地元の農民は、暖炉の傍らに座って家に留まり、決して家から出ようとはしない。彼は外でいかなる種類の作業をもやろうとすることが、いかに無意味であるかを知っている。太陽と雨、そして暖かい風の効果の下で、重く黒いウクライナの土は一日で、粘り着く重い泥に変化する。そこにはいかなる言うに値する堅い路面の道路も存在しない…。装輪車両は空しく擱座するのみである。我々のハーフトラックでさえ、（泥によって）その薄い履帯は切れてしまう。移動し続ける唯一の手段は、巨大な牽引車と戦車のみである。彼らは激しく損耗し燃料を消費し軋りながら前進することができるが、最高速度は毎

時たったの4～5キロでしかない。

歩兵、戦車部隊、同じくすべての者が、想像し得る最悪の冬季の情況下で生きなければならなかった。

第一次世界大戦中の西部戦線での経験と同じくらいまったくもってひどい条件の中で、ドイツ軍、ソ連軍の両方の部隊は、恐ろしい天候に対処する以外他に選択肢は無いのであった。フォン・フォアマンは続けている。

徒歩の兵士は彼のふくらはぎまで沈みこみ、1歩か2歩を歩くだけで彼らのブーツと靴下を無くす…。凍傷のため病気となったと報告された者の数は急速に増加し、すぐに戦闘による負傷者の数を圧倒した。歩兵はとくに被害を被った。というのも彼らは開けた野外に留まったからである。彼らが毎日毎日着なければならないじめじめした軍服は、夕方には彼らの体の上で凍りつく。すべての計画、すべての計算は放棄された。再び、ロシアの気候が侵略者にたいして凱歌を上げたようであった。

◆ ◆ ◆

◆ ◆ ◆

明らかに第XXXVII戦車軍団は、その兵士達がなし得る限界に近づいていた。敵の抵抗とひどい生活条件にもかかわらず、フォン・フォアマンの兵士達は、ロトミストロフの戦車部隊の繰り返される反撃を断固として撃退した。すべての希望はいまや第24戦車師団の到着にかかっていた。

第11および第13戦車師団が、イスクレノエで獲得された橋頭堡を拡大できなくなって以来、フォン・フォアマンもまた、彼自身の軍団の運を取り戻すために、フォン・エデルシャイム男爵の師団の到着を切望していた。このほとんど完全戦力の部隊が加わることで、フォン・フォアマンはイニシアチブを再度獲得し、最終的にシュテンマーマンの第XI軍団まで突破することを希望していた。前に述べたように、エデルシャイムの師団は1月28日にニコピリに近いアポストロヴォ近郊の彼らの陣地からの移動を開始していた。ノボ・アルチャンゲルスクに近い彼らの集結地域までの移動に鉄道を使用できなかったために、師団はその行軍のほとんどを道路によって完遂しなければならなかった。これを遂行するために、師団は自身を6つの行軍集団に編成した。機甲集団が最初の集団となったが、これはおそらく敵と交戦する最初のものとなると考えられたからである。隊列が彼らの300キロの旅の最初の行程を移動し終えたとき、先頭の行軍集団は夜更けまでにクリヴォイ・ローグに到着していた。75キロの移動を遂行するには15時間かかったが、これは劣悪な道路事情を考慮すれば悪くはなかった。しかし、戦車と

近接戦闘で撃破されたT-34〔註：六角形の砲塔にキューポラを装備した、T-34 1943年型である。車体側面砲塔のすぐ下に、砲弾の貫徹口らしきものが見える。出現当時は貫徹困難だったT-34の装甲も、この頃にはもはや強力とは言えなかった〕。（Bundesarchiv 277/802/22）

突撃砲の通過によって、未舗装の道路をあまりにひどくかき回したため、師団の続行する隊列は平均して一日10キロ移動することができただけであった。雪溶けがはるか北の第III戦車軍団に影響を与えたのとまったく同様に、南方でも同じく移動に影響を与えたのである。

第1戦車軍地区とまったく同様に、第6および第8軍間の道路は暖かい気温によって、雪を溶かし、雨を降らせて不利な影響を与えた。それらはすぐに実質的に通行不能となった。春の雪溶けは早く訪れた。ここの、他の場所と同様に、黒土の肥沃な土壌は、ほとんど即座に、厚くねばねばした流動物となり、あらゆる物にこびりつき、人、馬、そして機械を動けなくした。道路が小流の川床、あるいは渓谷の底を通るところではどこでも、道路は文字通り消えて無くなった。第24戦車師団は、このような流れを渡る箇所にぶつかったところではどこでも、隊列の移動を続けさせるために、戦闘工兵がなんらかの形の仮設橋を素早く設置する必要があった。使用できるときはいつでも、砂利が道床に投げ込まれたが、泥の中にすぐに飲み込まれ、目に見える改善は見られなかった。

日中は曇り空が暖かい陽光に替わり、事態をさらに悪化させた。冬の間に数フィート（1～数メートル）の深さまで凍りついた土の層は、溶けて事態を悪化させた。通常霜が降りる夜間に使用できるように、工兵によって日中に道路の通行可能な部分を塞ぐ試みが為されたが、これでさえも不十分だった。夜

間は日中通過した隊列によって作られた深い轍が堅く凍りつき、その上を走行するのを戦車を例外としてほとんど不可能にした。夜間動かないままでいた車両は、通常その場ですぐに凍りつき、機転の効く乗員がその下で火を焚くか、霜で堅く凍った車両が「揺り動く」ことができるまで、戦車の履帯を溶かすブロートーチが手に入らない限り動けなくなった。

この泥と氷の悪夢によって、フォン・エデルスハイムの師団の行軍隊列は、東部戦線の最も老練なベテランでさえ想像することができないような情況下で、重い足取りで進んだ。何百輛もの車両が渓谷の底に擱座するか、行軍中に故障して取り残され、通過する戦車かハーフトラックが気が付いて引っ張り出した。戦車は～タンクの中のガソリンで150キロもそらの距離を動くことができたが～、しばしばたった1ダースかそらの距離しか走ることができなかった。というのは、厚い泥の中を走るためには、より大きな力が必要であり、それにともない大量の燃料を消費したのである。しばしば道路交差点は、引き続き行軍する隊列が同時に通過しようとしたため何時間も閉鎖された。

師団の砲兵連隊は、なんとかしてノボ・アルハンゲリスクまでその砲兵を輸送する列車を確保したが、その砲だけを積むよう命じられ、牽引車は行軍経路上に擱座した車両を助けるために後方に残された。砲が積み降ろし地点に到着しても、そこではそれらを射撃陣地まで牽引する牽引車が使用できる可能性はなかったが、これはエデルシャイムが負わねばならぬ危険負担

であった。

機甲擲弾兵でさえ、彼らの車両を軽くするために、乗車するハーフトラックを降りて、泥の中を押さざるを得なかった。水平な地表では多くの車両がお互いにつながれて、戦車が牽引するための力を提供した。行軍に参加したある兵士は、1輌の戦車が1ダースもの多数のトラックを牽引している様子を目にしている。手短に言って、移動の本当の初めから、隊列のいかなる種類の体系的な移動も不可能であった。事態をさらに悪化させたのは、ソ連空軍が行軍する隊列に向かって数多くの対地攻撃を遂行したことであった。彼らは移動そのものにはたいした影響を与えなかったが、エデルシャイムの部隊に、それまで間違い無く感じていた緊張に加えて、さらにかなりの緊張を課した。

師団の最初の部隊は2月1日と2日の間に、彼らの集結地域に到着し始めた。最初の行軍部隊は戦車の集団を伴うものであったが、その人員と車両のほとんど70パーセントが、その行軍経路の全行程に散らばっていた。行軍第2集団は、機甲擲弾兵連隊の1個から構成されていたが、ヤンポール近くの集結地域の70パーセントが、その行軍経路の全行程に散らばっていた。しかしまだ、連隊の192輛の車両のうちの50輛が後方に残され、泥の中に擱座するか、サスペンションシステムが壊れるか、エンジンが爆発する、あるいは駆動機構が壊れて行動不能となっていた。不運にも、師団の補給段列のほとん

戦車軍団への攻撃に師団を導くことになっていた。エデルシャイムは攻撃の発動に24時間の延期を要請した。というのは夜更けまでには、彼の60輛の戦車のうちのたった12輛しか到着していなかったからである。砲兵に関しては、彼は6門の砲を装備するたった1個中隊しか集結させることができなかったのだ！ 歩兵はもっと悪い情況だった。というのも両機甲擲弾兵連隊は、路上行軍中にめちゃくちゃに入り交じってしまったのである。事態をさらに悪化させたのは、師団の無線機の多くが壊れていて、彼の部隊の効率的な指揮、統制を現実として不可能にしたことであった。過去数週間の活動を要約して、師団先任参謀のハンス＝ヘニング・フォン・クリステン少佐は、以下のように記している。

師団の敵を押し戻そうという意図は…使用できる弱体な部隊だけで、そして再び鉄道線（ズヴェニゴロドカ近くの）が今日戦車の攻撃により再び奪取された事に放棄せざるを得なかった。というのも我々は戦車を引き連れる事ができなかったからだ。道路は彼らにとってさえ通行不能となっていた。

どもまた、まだ到着していなかった。それどころか、多くはまだアポストロフを出ることさえできていなかった。というのはものすごい交通渋滞が、彼らが彼らの元の集結地域を出発した瞬間に始まったからであった。第24戦車師団は、彼らの車両が自身で携行して来た燃料と弾薬だけで、戦闘に突入しなければならないことがあきらかであった。しかしまだ、エデルシャイムの部下は、何があろうとも、前進し彼らの攻撃を時間通りに発動しようと決意していた。

フォン・フォアマンは、彼として支援のためにすべて行った。第24戦車師団がどれだけ前進を成し遂げたかを確認するため、彼は毎日フィゼラー・シュトルヒ連絡機で飛行し、どこに師団の連隊および大隊がいるか特定するため前方を偵察し視察した。フォン・フォアマンはこの「スチーム・ハンマー」が加わることがなければ、計画された救援の試みが彼の区域では、まったくもって成功の見込みが無いことがわかっていた。彼のその他の戦車師団のすべては、あまりにも弱体で攻撃を続けることはできなかった。フォン・フォアマンはそれゆえ当然のことに、エデルシャイムの師団が予定通りに到着することを切望した。

エデルシャイムは、2月2日の夕刻に彼の師団の前進司令部をヤンポールの近くに構築し、翌日に北方、マリ・イェカテリノポールに向かって攻撃する任務を与えられていた。そこで彼はロトミストロフの第5親衛戦車軍に所属するラザレフの第20

翌2月4日、第24戦車師団はその長らく待望されていた攻撃を開始した。師団の先鋒はすぐにソ連軍の第一線の監視哨に

◆
◆
◆

第12章：ブライス、「ヴァンダ」作戦を発動する

ぶつかり、3輌の軽戦車を撃破した。地表は現在のところ、まだ戦車とその他の装甲車両の重量に耐えることができた。というのはそこはまだ、絶え間無い機動によってかき回されてはいなかったからである。この練達の師団の到着によって、第XXXXⅦ戦車軍団の多くは、たぶん事態がついに計画通りに進むだろうという希望を抱き始めたものは間違いなかった。

しかしエデルシャイムの師団は、当初、前進したものより先にはそれ以上決して前進できなかった。師団は2月4日の朝早く、総統からの直接の命令により停止させられたのである。フォン・マンシュタインが彼の同意も無く第24戦車師団を移動させたことへの怒りと、第3ウクライナ方面軍がついにニコポリを狙う攻撃を開始した事実がない交ぜになって、ヒットラーは南方軍集団司令官にエデルシャイムの師団に元来た道を戻らせるよう命じたのである。ヒットラーの思考方法では、ニコポリの保持はその豊富なニッケル鉱床と製錬所が第三帝国の兵器産業に極めて緊要であるため、チェルカッシィの西で包囲された60,000名の生命よりも重要なのであった。

第8軍は、はなはだいぶかしくエデルシャイムの師団を前線から引き上げるよう命令を受けた。攻撃を中止する最初の命令は0250時（午前2時50分）に到着し、6時間後、師団の先鋒部隊がすでに敵と交戦を開始した後に、詳細な指示が続いた。シュパイデルは南方軍集団において、第8軍に対応する時間をくれるようブッセに懇願した。というのも攻撃がこのように好調に開始されたいま停止させるのは無意味だったからである。シュパイデルはあきらかに命令にははなはだ動揺していた。彼はブッセに、「軍集団司令官自身が、第24戦車師団に攻撃に加わるよう命じないのか？ 軍集団（で貴官）は何を考えているのか？」と電話した。数百キロも悪路と雨、そして泥濘を通過するのに奮闘して来た師団に、いまや攻撃を取り止めろという命令は、彼にはあるいは誰にとっても道理が通らなかった。もし師団が引き抜かれてニコポリを攻撃するため南に行軍したとしても、おそらく間に合うようには到着しないだろう。というのも彼らは、ヤンポールにたどり着くために使用されたのと同じ、恐ろしくひどい道路に沿って移動しなければならないのである。しかしそれも無益だった。フォン・マンシュタインでさえ命令を撤回することはできなかった。というのもこれはヒットラーから直接来ていたからである。それで第24戦車師団は攻撃を取りやめ、部隊を呼び戻し、すぐに帰還の移動のために隊列を整えなければならなかった。その8日間におよぶ長駆の行軍は、水泡に帰した。

ニコポリの西のアポストロヴォの新しい集結地域へと戻る移動は、ヤンポールへの移動とまったく同様にひどいものであった。迂回して鉄道で輸送された戦車を除いて、師団の残りの車両は道路上を移動した。師団は北方への移動で機械的トラブルだけでその戦車の半数を失った。残る中で、これらの半分以下が、ノボ・ウクライナの鉄道線路末端にたどりついた。師団の

装甲車両のわずか15パーセントだけがアポストロヴォに到着した〜残りは300キロの経路沿いにばら蒔かれて、泥の中に擱座、燃料切れで立ち往生し、深い泥の中を走り続けた消耗と損壊によってもたらされた機械故障で脇にどけられた。往路復路の移動の中で、これらはもっと大きな被害を被った。装輪車両のうちの1,958輛〜師団の全数量の55パーセント〜が失われた。これらのほとんどは、いかなる機械化部隊の作戦にとっても死活的な部隊、師団の補給、工兵、そして通信部隊のものであった。

師団は敵の行動よりも泥によって、はるかに深刻な損害を被った。典型的なものであったが、ヒットラーは、事態を深く理解した上でなく、感情にまかせた思いつきの決定をした。再び彼は彼の野戦司令官の助言を覆し、現場の兵士を置き去りにした。事態に関する彼自身の疑わしい軍事的判断を押し付けようとした。このようにして、エデルシャイムの師団は、どちらの戦闘にも参加しなかった。2月8日に第6軍に戻ったとき、それは1月28日にあったものの抜け殻であった。シュピーデルが予言したように、第24戦車師団は到着があまりに遅すぎ、ニコポリの戦闘に影響をおよぼすことはできなかった。ソ連軍第3、および第4ウクライナ方面軍による攻撃は、守備兵に後退を強い、ニコポリを解放し、そして師団が到着しさえする前に西への前進を開始した。ドイツ軍にとって運のよいことに、マリノフスキー、そしてトルブーヒン将軍は、バトゥーチ

ンのように創造力に富まず、コーニェフのような冷酷さも持たなかった。

彼らはニコポリ橋頭堡でドイツ軍を罠にかけるのでなく、代わりに正面から攻撃することを選択した。これは敵手に橋頭堡から脱出するために、ソ連軍を遅帯させる十分な時間を与えた。この種の戦闘を行うために、ホリトの第6軍が必要としたものは、戦車師団ではなく、新たな歩兵師団であった。当時そこにあった第24戦車師団のひとりの隊員によれば、これは誤算の際立った例であった。これは、高級司令部に責任があった、事態の誤った評価、技術的可能性の不十分な認識、そして地形および天候要素の軽視によって生み出された、重大な結果を示すものであった。

◆　◆　◆

このようにして、第24戦車師団により計画された攻撃は、チェルカッシィの戦いにおける最大の「あったかもしれない」もののひとつとして残った。もしヤンポールからの攻撃の続行が認められたら、彼らには大いに突破できる可能性があった、あるいは少なくともバトゥーチンとコーニェフに、より多数の機甲部隊さえも第Ⅲ戦車軍団より引き離すよう強い、それによって部隊の包囲された部隊への突破をより早めることを可能にしたであろう。しかし、決してそうはならなかった。全エピソー

フォン・フォアマンの救援攻勢に加わるために、泥の中を行軍する第24戦車師団のSdkfz.251装甲兵員輸送車〔註：2輌ともにSdkfz.251/1装甲兵員輸送車D型である。D型は1943年9月から1945年3月までに10,602輌が生産された。ハーフトラックは十分な不整地機動力があるはずだが、搭乗する兵員が降りて押しており、いかにひどい泥沼であったかがよくわかる〕。(Photo from Der Russlandkreig Fotographiert von Soldaten,Ullstein Verlag,1968)

　これらの危機の日々に、(師団は) ズヴェニゴロドカでもアポストロフカでも戦うことは無かった。ひとつの地点では決定的な攻勢を発動することを阻まれ、一方別の地点では崩壊を防ぐには到着があまりに遅すぎたのである。その勢力を費消させたのは、敵では無く泥とぬかるみであった。

◆　◆　◆

　これによって、第8軍の救援の試みにおける決定的な役割は、勢力を投入さえしないうちに終わりを迎えた。5個の戦車師団による集中した奇襲を行う代わりに、2月4日に計画された攻撃には1個の師団をも使用することはできなかった。第11および第13戦車師団の両者はイスクレノエの橋頭堡に釘付けにされ、一方第3および第14戦車師団はレベリンの近くで第29および第18親衛戦車軍団によって動けなくなっていた。エデルシャイムの師団はその出発地点に呼び戻され、師団が旅立った300キロ彼方へと呼び戻された。フォン・フォアマンによれば、「第XIおよび第XXXII軍団の運命は、2月4日に閉ざされたのである。この後に起こったことはすべて、我々の部隊が彼らの包囲された戦友の破滅を救うために～命令と無関

は、フォン・フォアマンによって、描写されている。彼は以下のように述べている。

326

係に〜、事態を転回させようとした絶望的な試みを印したものなのである。

フォン・マンシュタインはいまや、決断することを強いられた。彼の精巧な計画はいまや崩壊し、いま行うべく残された唯一のものはでき得る限り早く包囲された部隊に到達することであった。フォン・マンシュタインは彼の自叙伝の中では次に何が起きたかは述べていないが、彼の意図は2月6日に第1戦車、および第8軍に無線伝達された命令の中にはっきり説明されていた。この命令は、作戦のコンセプトを完全に変更するものであった。これは攻撃の方向を変化させるだけでなく、包囲された部隊〜いまやシュテンマーマン集団と名付けられていた〜が救援部隊の方向に攻撃することによって、救援努力に加わることが必要とされていた。これは以前にはその能力から考慮されていないものであった。そうすることで、彼らはその戦力の最後のものを奮い起こさねばならなかった〜1月28日に彼らが包囲されて以来、初めてチェルカッシィ包囲陣内の師団は攻勢に転移するのである。成功するためには、計画は両者〜内側と外側からの〜攻撃がそれらの目標に到達することが要求された。もしどちらかが失敗すれば、そのときはシュテンマーマン集団の60,000名の命運は尽きるのだ。

Ⅲ号突撃砲のアップ。こちら側に被弾したのか、破壊状況が大きい。足回りは上部支持輪が失われ、履帯がだらりと垂れ下がっている。戦闘室天蓋は失われ、戦闘室後面板に取り付けられた内部パーツが見える。

328

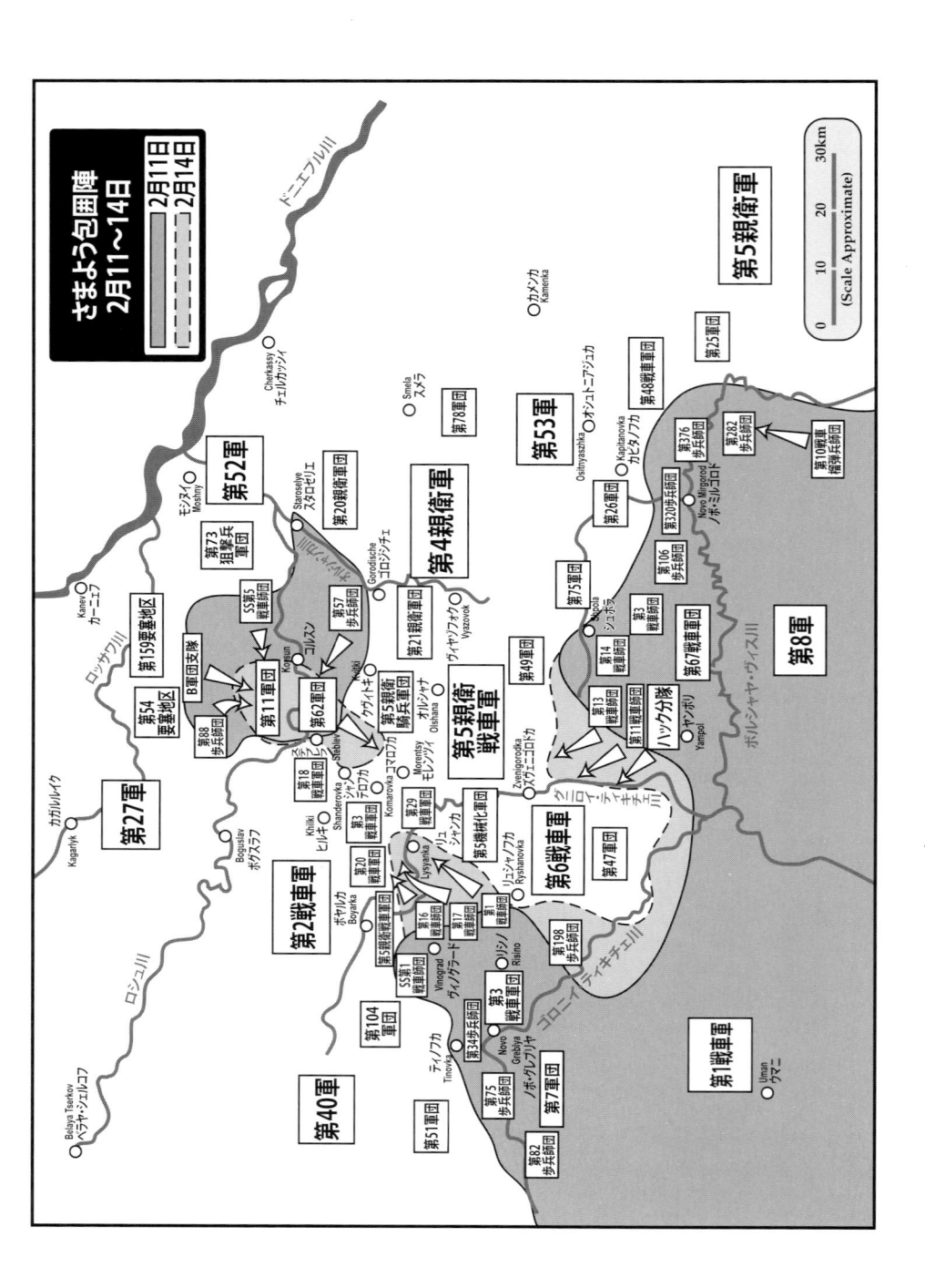

【第4部】

絶望の日々

第13章：さまよう包囲陣
第14章：交渉の試み
第15章：シュテンマーマンの攻撃

第13章 さまよう包囲陣

「自然が我々に敵対するようであってさえ…」

ハンス・メネデター大佐、第88歩兵師団

ブライス中将の救援部隊は、泥沼を通ってゆっくりと地上を切り開いて前進していったが、2月6日の夕方には、マンシュタインには〜その努力は大変なものではあったにしても〜、予定通りに包囲陣内の部隊に到達するには十分でないことがあきらかになった。フーベ大将やブライス中将のような、少数の頑固な楽観主義者を除いて、ほとんどその他全員が、たとえ救援部隊が北に向かって戦い進むよう試み続けても、存続する成功の見込みはわずかしかないと考えるようになっていた。もし第Ⅲ戦車軍が素早く短い経路を試みなければ、救援攻勢は目標にはるかにおよばないと推量された。

シュテンマーマンとリープの部隊は絶望的なまでのヒロイズムを担って戦ったが、彼らが永遠に持ちこたえることは不可能だった。補給は消耗し人員もそうだった。悪いことに、包囲陣はソ連軍の圧力が増したことと2個の軍団司令官によって彼らの戦線を短縮する必要があったため、救援部隊から離れるように「さまよい」始めた。必要なものはラジカルに見直された計画であった（P328地図参照）。

マンシュタインは、前に触れたように、すでに、ヴォーラー大将やヴェンク少将が有したような、そのような考えを抱いていた。バトゥーチンの第1ウクライナ方面軍の激しい攻撃に直面しつつ、ますます通行困難となる地形を通って頭から突っ込むより、救援部隊は攻撃方向をほとんど90度変化させなければならない。北に向かって攻撃する代わりに、いまや成功する唯一の機会は、攻撃方向を東に位置させることのように思われた。南方軍集団の新たな意図は、2月6日1955時（午後7時55分）に元帥によってフーベとヴォーラーの両軍にたいして起草された作戦命令にはっきり説明されていた。命令は第1戦車軍にたいして第Ⅲ戦車軍団の北方への攻撃を停止し、できる限り早くその部隊の方向を変えるよう指示していた。それによって彼らは東にリュシャンカの周辺でグニロイ・ティキチェ地区方向に攻撃することが可能となり、そこで包囲された部隊と連絡できるだろう。

それでさえ、包囲陣からは外部との接触が再度確立されたら、できる限り速やかに、完全に脱出するという認識があった。ブッセ将軍の言葉によれば、包囲陣内の兵士は、救援部隊と連絡するやいなや突破するために、背嚢を背負って準備を完

了していなければならなかった。南方軍集団はおそらく包囲された部隊を救援できるであろうが、彼らの装備と重火器のほとんどは放棄されるだろう、という認識はすでに現れていた。ヴォーラー大将と彼の幕僚に救援の兆候をもたらしたに違いない無線連絡の中で、マンシュタインは彼に彼自身でヒットラーが言ったことを無視して、突破の命令の準備をするよう知らせた。マンシュタインの言葉によれば、「包囲陣内の2個軍団を座り込んだままにしておくことは考慮にさえ値しない」。あらかじめ陸軍総司令部からこのような行動の許可を得る過去の試みは失敗に終わった～ヒットラーは単に彼自身決断することができなかった。というのも彼はまだキエフが再び奪取できると信じていたからである。

第III戦車軍団の右翼部隊、第17戦車師団と左翼部隊、第16戦車師団はソ連軍の反撃から、北翼と北西翼を防備していた。開放された左翼の長さが増大するにつれ、「ライプシュタンダルテ」は他の2個の戦車師団の側面を守るために、その部隊を現出した間隙部内に移動させる任を負うことになった。途中に遭遇したあらゆる敵機甲部隊を撃破した後、ブライスの戦車師団群はグニロイ・ティキチェ川を渡りでき得る限り早く、ブシャンカ～リュシャンカ～モレンツィの経路に沿って、包囲陣の方向に攻撃する。ひとたび接触が確立されたら、ブライスは包囲された部隊を後方に脱出させ、一方、同時にその右翼の第XXXXVII戦車

1944年2月初め、ゴロジシチェからコルスンまでの街道に散らばった、損傷したあるいは燃え尽きたドイツ軍のトラック。道路情況は、数百輌のトラック、ハーフトラック、そしてその他の車両が、東からコルスンに続く道路上に、何の救いも無いくらい泥の中にはまってしまうほど、最悪のものであった。これらはソ連空軍戦闘爆撃機を誘う標的となった。(U.S.National Archives)

軍団と連絡する。その後、第Ⅲおよび第XXXXⅦ戦車軍団の両者は、北へ向かった第1戦車軍および第8軍を結び付ける新しい戦線を構築するために、各々の方向に向かって攻撃する。

第8軍は、情況が許せば、本来の攻撃の一方で、できうる限り多くの敵部隊を拘束し、ブライスの南翼を守るために、少なくともフォアマンの2戦車軍団の2個戦車師団をもってオルシャナ～トピルノ～ズヴェニゴロドカの線に沿って、北に攻撃することを命じられた。それ以上を期待することはできなかった。フォアマンの軍団は、ほとんど完全に最後まで戦い抜いていた。2個の包囲された軍団は、第8軍から突破のために2つの異なる行動方向を命じられていた。最初の攻撃は第XI軍団によって南に第XXXXⅦ戦車軍団の方向に向かうものが予定された。

第二のものは、ブライスの軍団に向かって突破するために有利な陣地を確保するために、ブライスの軍団がリュシャンカに到達したら、両軍団が並んで南西に攻撃しようというものであった。最初の行動方策は「フリューリングスグラウベ（春の信仰）」という秘匿名称で、第二のものは「ベトリープスウルラウブ（銀行の休日）」というものであった。加えてマンシュタインは、シュテンマーマンとリーブに、夜陰に乗じた突破の発動、および携行できないあらゆる機材の破壊を計画するよう命じた。

新たな救援の試みに加えて、始めからマンシュタイン、ヴォー

ブライスの第Ⅲ戦車軍団の部隊は、初めて120mm砲（実際には122mm砲）を搭載した怪物、イォセフ・スターリンⅡ重戦車に遭遇した。東部戦線におけるデビューとなったこの戦いで、本車はボグダノフの第2戦車軍に配属され、救援部隊を粉砕するため急ぎ突進した。いかなる基準でも印象的であるが、これら強力な戦車もまた、ベーケ重戦車連隊および第1戦車師団のティーガーとパンターの餌食となった。(Photo：von D rnberg)

第266機甲擲弾兵連隊長カール・バーケ大佐。彼は包囲陣の中で部隊から切り離された。包囲陣の外にあった休暇中のバーケの連隊は、第8および第1戦車軍の間の連絡を回復しようと試みた。(Photo courtesy of 72.Inf.Div. Veteran's Association)

ラーそしてフーベをいらだたせる、別のやっかいな問題に対処〜しかもすぐに〜しなければならなかった。この問題は、1月終わりにソ連軍がドイツ軍の戦線を突破して以来延長された、ふたつの軍の間の32キロの幅の間隙であった。ドイツ軍はソ連軍がこの好機を活用し損ねたことで息をつく余地を得たが、間隙は残った。第1戦車軍および第8軍の両者の最近の行動によってこの距離は、その右翼と左翼がそれぞれ、お互いの方向に延伸したことで、いくらかは近づいたが、彼らはこれらを完全に縫い合わせるための人員を欠いていた。ソ連軍の攻撃でどこかで伸び切った師団が消耗し尽くす前に、それだけの数の師団を反対側の翼から引き抜き、戦線に投入できるだけだった。陸軍総司令部予備からもまた、1個の師団も現われようとはしなかった。それゆえ、ソ連軍が事態を利用して南方にウマニに向かって攻撃する前に、どこかでなんらかの便法を見つけなければならなかった。

両方の軍ともに戦闘に忙殺されているため、南方軍集団は援助するために使用できるあらゆる部隊をもってして、可能なことはすべて行うことを決めた。2月3日、マンシュタインは両軍に対する命令の中で、彼は2つの軍の連絡を回復し、その間で捕捉されたいかなるソ連軍部隊をも撃破するために、突破集団を編成することを計画していると述べて、彼の意図をはっきり説明した。最近になって使用可能となった人員の源泉のひとつは、第XIおよび第XXXII軍団が包囲されたことで、彼らの部隊から切り離されてしまった、何千もの部隊の休暇中の人員であった。

これらの人員は最近ドイツあるいは西欧での休暇から帰ったもので、ヴォーラー大将の命令によって、包囲陣内に補充として飛行することを許されなかったものであった。代わりに第8軍司令官は、彼らを即興の戦闘団に編成することを2月4日の第XI軍団への命令の中に記述していた。南方軍集団幕僚がこのうわさを嗅ぎ付けたころ、ブッセ将軍は第8軍と接触し、これらの部隊は2つの軍の間隙部を閉塞するように用意された部隊

第13章：さまよう包囲陣

の基盤として使用されようとシュパイデルに知らせた。こうして、2月5日2100時（午後9時）に、ハーク戦闘団が生まれた。

この戦闘団は、第310特別任務砲兵師団長のヴェアナー・ハーク少将にちなんで名付けられたものであった。全くもって文字通り即席の部隊である。ハーク戦闘団はまとめて戦闘に投入された各種の戦闘、支援部隊から構成されており、3個砲兵大隊、1個突撃砲大隊、1個ネーベルヴェルファー連隊、1個工兵大隊、そして1個自走対戦車中隊が含まれていた。後に1個機甲集団が加わることが予定されたが、実現しなかった。しかし、部隊の中核は休暇中のバーケの連隊であった。この部隊は最近休暇から帰ったばかりの数千の兵士から成り、兵員は包囲陣の中に閉じ込められたすべての師団の兵士で占められていた。連隊は重火器、通信機材、ましてその他もろもろの基本的な補給役務は、最初の突破でシュポラの近郊で切断された第389歩兵師団のものがあてられた。この大急ぎで集められた連隊は、間隙部を閉塞するために血と肉を差し出すのであった。

連隊は、第72歩兵師団第266擲弾兵連隊長のクアト・バーケ大佐によって指揮された～師団は包囲陣内で一時的にジーゲル少佐によって指揮された。バーケはドイツでの休暇から帰って包囲陣外に取り残され、彼はすぐに、参謀部も無く、通信機材も無く、ほとんど結合力も無い部隊の指揮官に据えられた。

バーケの連隊とハーク戦闘団の統制は、当初は直接第8軍から遂行された。ハークの司令部は、当初ズヴェニゴロドカの真南45キロのヤンポールの町に置かれた。戦闘団を編成する命令は、「第8軍の左翼に展開し、間隙を閉じ、北およそ25キロのイェルキでシュポルカ川を越える橋頭堡を勝ち取るために、第1戦車軍に向けた攻撃を行う」と読むことができた。

この任務は完全兵力の戦車師団の能力を精一杯働かせてやらねばならないほどのものであったが、それに加えてハーク戦闘団はフォアマンの左翼の防御の任務が与えられていた。2月8日までに、ハーク少将の新たに作り出された部隊のほとんどは、彼らの新たな集結地域への行軍の途上にあった。攻撃はすぐ開始されることが予定されたが、泥と恐るべき道路情況から、2月10日まで延期しなければならなかった。

マンシュタインの作戦における主要点、第III戦車軍団による反撃が、いまや再開された。しかしこれを実行するためには、ブライスは彼の師団群を2月7日に奪取した陣地から引き上げ、2月4日の出撃時の線まで戻さねばならなかった。これは地図上で手をかざし、そうなることを望むほど簡単なことではなかった。同じ泥に加えて、ブライスの部隊は、適当な数の赤軍機甲部隊によって率いられたあいかわらずのソ連軍の反撃と戦わなければならなかった。敵と接触しつつ撤退することは、中でも最大の戦術的難題のひとつである。このため、部隊がひとつとして攻撃され、彼らが後退のため移動している間に、

圧倒されないことを確実にするため注意深い計画が必要であった。実際、ブライスの軍団は、2月7日も翌日も動くことはできなかった。それほどまでに、彼らを撃破するためのソ連軍の攻撃は激しかったのである。

どれほど事態が深刻だったかをちょうど示す指標として、2月8日に撃破されたソ連戦車の数が裏付けとなるだろう。この日だけで、第16、および第17戦車師団、ベーケ重戦車連隊、および「ライプシュタンダルテ」によって、108輌のソ連戦車が撃破されたと記録されている。加えて、ソ連第2親衛戦車軍の第11親衛戦車軍団がティノフカの近郊に現れた。町はソ連軍歩兵の支援で攻撃されたにもかかわらず、彼らはそこで「ライプシュタンダルテ」と第34歩兵師団によって停止させられた。この部隊はたった30輌の戦車しか引き連れていなかったが、この戦車は新たに導入された、イオセフ・スターリンⅡ～旧式のKV－1重戦車の車体をベースとし、恐るべき12.2cm砲で武装した、ティーガーに対抗しうる以上のものとなった、鋼鉄の巨獣～であった。バトゥーチンはこの軍団を、ドイツ軍救援部隊を分断し撃破しようと骨折ってはいるか西から移動させた。これは彼が、敵の包囲陣内の部隊への到達成功をいかに憂慮していたかを示すものであった。

新しい計画を遂行する上での別の障害は、フーベ上級大将自身であった。彼は2月8日になってさえまだ、救援攻勢が開始されて以来、取られて来た方向に、まだ重い足取りで歩み進む

ことができると信じていた。加えて彼はブライスの師団群がグニロイ・ティキチェで分離されることを望まなかった。そこでは彼らは、もし攻撃されたら相互に支援を与えることのできる橋はわずかだったからである。ブライス自身の参謀長、エアンスト・メアク大佐も、事態が好転するかどうか見極めるため、第1戦車軍が一日決定を延期することに同意した。フーベとブライスのどちらも、新たな出発地点に引き上げることを望まなかった。

この夕方、マンシュタインは、彼の決断を下しフーベに事態を確認するよう電話をした。フーベは次の攻撃にための彼の計画策定を助けるために、よりはっきりした事態の評価を作り上げ、そうするよう命令が与えられる前に、すでに新しい攻撃計画を起草していた。自らの軍集団司令官に頭を越されている、ヴェンクとブッセの両将軍いわゆる「裏チャンネル」の連絡によって助けられたものだ。これら参謀将校は、彼の司令官が抱くより何日も前に、より詳細な指示を受け取った。これは疑い無く、南方軍集団における戦車軍の攻撃軍団は、フーベが抱いたであろう疑念にもかかわらず、命令に応じてそのもとからの出発ラインに撤退し、モレンズィに向かって東に攻撃しようとしていた。

ドイツ軍が、彼らが2月4日に出発したラインまで戻ろうと奮闘している間に、ソ連軍の反撃は激しくなったが、決定的な

結果を得ることはできなかった。ブライスの部隊はこれらの攻撃を撃退することができたが、第2親衛および第6戦車軍が突破に成功したように見えた緊迫した瞬間が多数現出した。ドイツ軍の戦力はまた、急速に消耗した。故障したか、あるいは擱座したブライスの戦車や車両の多くは、乗員によって敵手に落ちるのを防ぐため意図的に破壊された。歩兵は5日間におよぶ泥の中の戦闘により疲労困憊した。先導する戦車師団戦闘力は（第1戦車師団は計算しない。彼らはまだ完全に戦闘に従事していた）、危機的なまでに低下した。2月9日には、第Ⅲ戦車軍団は、5日前に攻撃を開始したときの半数にも満たない、たった62輛の戦車および突撃砲を展開できただけであった。メーデンの第17戦車師団は、たった4輛の稼働戦車を有するだけだった。彼らの努力にもかかわらず、ブライスの兵士は5日間の戦闘で、300輛近くの敵戦車を撃破、あるいは行動不能としたと報告した事実を除いては、ほとんど成果を示すことができなかった。

しかし、ジューコフとその他のソ連指導者の観点からは、バトゥーチンの方面軍が実際に勝利を遂げたように見えた。彼らは彼らがドイツ軍を押し戻したと確信していた、あるいは少なくとも彼らは後にそれを成し遂げたと報告していた。ジューコフによれば、「リツィノ地区で、敵は我が方の守備を窪ませることができた…。敵は阻止され、とくに彼らが出発しようとした地域に立ち戻らせた」。ジューコフあるいはバトゥーチンが、

1944年1月終わり、負傷したSS擲弾兵が、橇で搬出されているところ。(U.S.National Archives)

彼らの敵が計画的に撤退していることに気づいていたかどうかはわからない。しかし、ドイツ軍が彼らの次の救援攻勢を試みたとき、ソ連軍守備兵は2つの収斂する攻撃〜ひとつは包囲陣の外から、もうひとつは包囲陣の中から〜にさらされて、完全に奇襲されたようであった。

実際に、プライスとフォアマンの当初の救援の試みは、ほとんど何も達成しなかった。数百の撃破されたソ連戦車は、すぐに戦線のその他の地区から突進する、あるいははるか後方の集結地域の予備からの、それ以上の戦車で代替された。ドイツ軍は、敵から同じだけ環境から、人員および機材に重大な損害を被った。包囲陣が東にさまよっているので、北方へ攻撃を続けることが無益であることを認識する代わりに、プライスとフーベは彼らの軍集団司令官の助言にもかかわらず、頑固に前へとにじり進んだ。フォアマンの部隊の達成したものはもっとささやかで、イスクレノエでシポルカ川を越える橋頭堡を奪取したが、活用することはできなかった。前方へと突進する代わりに、第XXXXⅦ戦車軍団は、彼らが他に転進することを阻むため、第5親衛戦車軍の猛烈な反撃に、一週間にわたって忍従することを強いられた。

マンシュタインでさえ、野心的な大規模包囲と、情況が受容するよりはるかに長躯の救援作戦の考えに固執した。彼の名誉のために付け加えると、彼は前進を続けよというヒトラーの命令は無視し、第Ⅲ戦車軍団の攻撃が空っぽの空間を

砲兵隊員が、雪で覆われた道路上で、馬で牽引される105mm榴弾砲を助けて押している。(Bundesarchiv 278/883/36)

第13章：さまよう包囲陣

打撃していることに気づいたため、フーベにブライスの軍団を引き戻しより短い経路を試みるよう命じた。ヒットラーは新たな攻撃がすでに遂行された後になって、攻撃方向の変更を知らされたときには、力無く了承した。許可よりも許しを得る方がはるかに良い、マンシュタインはそう考えなければならなかった。さらに、第1戦車師団の全部が、いまや新たな突進に使用可能となった。しかし新たな接近経路はいくつかの優位を与えてくれるようではあったが、2個の包囲された軍団には無駄にする余裕などない時間、貴重な5日間が失われた。

展開する情況に彼の影響力をより良く発揮するために、2月7日、マンシュタインは彼の指揮用列車と幕僚を、事実上戦闘地域の範囲に入るウマニに移動するよう命じた。彼は戦闘中何度か彼のキューベルワーゲンで、情況を見極めるため、彼自身前線に乗り入れようとした。しかし、いつも泥のために戻らざるを得なかった。こうした旅のあるときに、彼は再びソ連戦車がドイツ戦車のものよりも幅広い履帯を持つことの有利さに注目した。

救援攻勢の方向が変化したことに加えて、注意しなければならない他の事情もあった。包囲陣内の指揮、統制の問題は、リープの軍団が第8軍に配属された1月28日以来、わだかまったままであった。これは論理的な移動であったが、包囲された部隊の全般指揮を執る人物は誰もいないままであった。前に述べたように、両方の軍団の司令官は、燃料や弾薬の

ような希少な物資の配分や、「ヴィーキング」の戦術指揮を巡ってお互いに争った。2月6日、シュテンマーマンはヴォーラーにたいして、包囲された部隊の全般指揮を誰が執るかを巡って秘密の無線通信を送った。命令する件～これは事態が必要としていたことにほかならない～に関して、彼が決断するよう秘密の無線通信を送った。それゆえ、2月7日には、ヴォーラーとマンシュタインの両者にとって、一人の指揮官がそして一人の指揮官だけが、包囲陣内のすべての行動を指揮する権威を持つことを保障するために、指揮の統一がすぐに確立されなければならないことが明らかになっていた。

誰であるべきかは簡単に決断できることであった。というのもこれは第一次世界大戦以来、勤務する将校団に共通不変の原則だからである。すなわち、指揮は先任者が執るべきなのである。シュテンマーマン大将はリープ中将より上級であるだけでなく、彼の任命日時は1942年12月1日だったのにたいして、リープは1943年6月1日であった。それゆえ、2月7日朝、第8軍司令部によって発令された命令によって、シュテンマーマンがリープの第XXXⅡ軍団を含む包囲陣指揮官に任命されたのである。包囲された部隊はこの後、シュテンマーマン集団と呼ばれることになった。この日、リープは日記の書き込みで、この事態の推移にたいして何の反対も記していない。実際、リープは打ちひしがれるような責任とつらい運命を、免れたのである。

しかし、ヴォーラー個人としては、シュテンマーマンがこの任命によって課せられる緊張に耐え得るか疑いを抱いたのはもっともである。確かに、戦闘の最初の週においてシュテンマーマンは神経質であり、先行きに不安を抱かせた。そのとき第XI軍団司令官はある惨事そして他の惨事について記した、憂慮のテレタイプ通信を数分おきに発したのである。公平を喫すれば、これはシュテンマーマンにとって最初の軍団レベルの指揮の機会であり、そして彼の戦区は大規模な攻撃を被ったのである。このため、彼がこの最初の実際の試練にたいして、過剰に心配したとしても自然なことであった。そうであったとしても、ヴォーラーは、第8軍作戦参謀のビトル少佐に、包囲陣内の両軍団長の判断を聴するとともに、少なくとも1回は飛ぼうとした。しかし荒れた天候のため中止せざるを得なかった。

ビトルの評価によって生じたひとつの結果は、啓蒙的なものであった。というのも、ほぼ2週間におよぶ戦闘がシュテンマーマンとリープの両者に与えた効果をはっきり示したのである。2月5日、ビトル中将と軍のアシスタント補給将校はコルスンに飛び、そこでリープ中将とシュテンマーマンの参謀長のゲドケ大佐と会った。彼は両軍団が最初の救援の試み支援するために何をすべきかに関する指示を携えるのに加えて、彼はまた彼が知り得る限りにおいて、2人の人間の精神状態を報告するよう指示された。

シュテンマーマンに関しては、ビトルは彼の軍団が被った犠牲者の数に強く影響され、包囲された部隊の全体的な情況を良く意識していた。シュテンマーマンが彼の現在の窮境の重さを理解していることを強調するために、ビトルは「非常に真剣な様子で」話したと記している。他方、リープは、将軍は「非常に真剣な様子で」話したと記している。他方、リープは、将軍は冷静で自信を持ち、事態に関して楽観的な見解を持っているようであった。しかし、ビトルはリープは全体情況がどれだけ深刻か、本当にはわかってはいないようだと記している。ビトルはまた、2個の軍団の戦闘能力と同時に補給情況に関して、最新情報をもたらした。これは有利とは思われなかった～両軍団ともにいぜい3日分の燃料と弾薬しか残していなかった。

軍司令部に帰還すると、ビトルはヴォーラーとシュパイデルに彼が見たものを詳細に説明した。彼の評価は疑い無く、シュテンマーマンが包囲陣内の部隊の全体指揮を執ることが可能である一方で、必要とされたときには、リープの軍団のみが接近する救援部隊に向かう突破を導く破城槌を勤めるための戦力と士気を有するという、ヴォーラーの確信に影響をおよぼし、それにしたがってマンシュタインに知らせた。テレタイプによるメッセージで、マンシュタインは突破がいつ行われるべきか決めるのはヴォーラーしだいであるが、いつでもそうなった場合には、ヴォーラーは彼にすぐに知らせねばならないと答えた。

2月7日までに、このような突破は必然となった。命令が来るとき、突破を導くのはリープと彼の部下であろう。

これらの事柄に加えて、マンシュタインはより上位のレベルでのあれやこれやの悩みがあった。おそらくシュテンマーマンとリープの気持ちを元気づけ、包囲された部隊の士気を高めるために、ヴォーラーは両名に彼らが騎士十字章の受賞として名前が登録されたことを知らせるメッセージを前線に送った。ヴォーラーは実際に心から祝福して、マンシュタインが事態の進展を確認するため立ち寄ったときには、勲章を授与する準備をしていた。

突破を命令すべきかどうかについてヴォーラーと打ち合わせた同じ日のテレタイプメッセージの中で、マンシュタインはまた、現在の情況と1943年1月とを比較するため、勲章はまだリープとシュテンマーマンに与えられるべきではないという、彼の意見を述べている。もちろん彼が言おうとしているのは、勲章を与えたくないというのではなく、単に将軍と部隊の士気を鼓舞するためであった。というのも、これはまったくもって1年前に、スターリングラードでヒットラーがパウルスにたいしてやったことだからであった。マンシュタインはこの件に関して彼に発言権がある限り、このようなできごとが再び起ることを防ぎたかったのである。士気を鼓舞するよりも、代わりにこのような褒賞は包囲陣内の司令官と兵士が、まさにヒットラーがパウルスに期待したのと同じように、死ぬまで戦うこ

標準型無線テレタイプ通信システム用のエニグマ暗号化キーボード。（Bundesarchiv 241/2173/9）

戦いを通じて、包囲されたドイツ軍は外部の部隊と、直接の無線通信を維持することができた。これは大釜の内側と外側の部隊の間の調整をより容易にした。ここでは、通信大隊の部隊がテレタイプのためのマストアンテナを起てている。携帯式発電機を載せた、後方の荷車に注目。(Bundesarchiv 241/2173/11)

とを期待されているという印になるのではないかと彼は考えた。これは、マンシュタインの見解では、士気を高めるのではなく低下させるものであった。それゆえ、彼は勲章は包囲された部隊が解放されるまで延期するよう命令した。

ヴォーラーは代わりに彼の挨拶を伝え、シュテンマーマンに受賞者の名簿には載せられたが、戦闘が終わった後で授与されると知らせた。シュテンマーマンはヴォーラーに無線で返し、謝意を告げるとともに第XI軍団は必要とあらば最後まで戦い抜くことを、総統はご期待されるよう付け加えた。この件に関するマンシュタインの考えは記録されていない。しかし、彼がこの発言について聞いたとき、内心たじろいだに違いない。これはまさにパウルスの運命を閉ざした盲従の一種であり、マンシュタインはこうした考え方を嫌悪していた。

戦闘中のヒットラー、マンシュタイン、2人の軍司令官、そして軍団長達との意志疎通が可能となったのは、技術的進歩の賜物であった。ドイツおよびソ連両軍は彼らの必要とする普段の通信連絡の大部分を野戦電話に頼ったが、無線と無線テレタイプの進歩はいまや命令と報告がほとんど即座に伝達されるのを可能にした。このような方法で、ヒットラーとスターリンは、彼らの指揮所を数千キロ離れたところに置いておきながら、一方、司令官と常にリアルタイムに接触できたのである。これは、今日同様、恩恵であると同時に呪わしいものでもあった。スターリンは、ますます進行中の作戦に介入しないようになっていき、

スタフカ（大本営）により方面軍、軍、そして軍団を、直接指揮する手段を講ずることを許したが、ヒットラーは、前に述べたように、ますます低いレベルにまで作戦に干渉するようになり、彼の指揮官の柔軟な行動を制限しイニシアチブを敵に差し出したのである。

暗号装置の改善、すなわちエニグマ・システム［註：エニグマは、第二次世界大戦中にドイツ軍が使用した暗号機である。1918年にドイツの発明家シュルビウスによって発明され、1925年にドイツ軍に採用された。ローターおよびプラグボードを使用して換字変換する電気機械式暗号機で理論的にはすでに戦前にその機能は解析されていたが、大戦中Uボートから回収された暗号機を入手する等でイギリス軍によって解読されたが、ドイツ軍は最後までその事実を知らなかった］の使用で、命令および報告を無線テレタイプあるいは暗号化音声通信で送ることが可能になった。こうした命令の多くは、戦闘を通して2個の包囲された軍団と第8軍の間を往復して送られた。チェルカッシィ包囲戦中に使用されたように、軍団司令部およびより上位における標準装備機材が、「フェルトフェルンシュライバー（野戦テレタイプ）」T36テレタイプライター／テレプリンターである。このトランスミッター、リピーター、およびレシーバーコンポーネントの組み合わせにより、エニグマ暗号を使用した暗号化テレタイプメッセージを、155から207キロ離れた受信基地に送ることができるのである。こ

のシステムは携行式ガソリン駆動式発電機により電力が得られ、3、4人で運用することができた。彼らは機材を起こし、そして装備を維持するのに必要であった（写真参照）。このような装備によって、ヴォーラーおよびフーベ上級大将は、お互い、そして包囲された部隊の指揮官と、また南方軍集団司令部のマンシュタインとの絶え間無い接触を維持し続けることができたのである。

第XIおよび第XXXXII軍団に配属された通信連隊あるいは大隊の部隊、同じく第XXXXVII戦車軍団の戦車軍団第447通信大隊は、戦闘後にフォアマン大将から高い評価を受けている。突破のまさに最後の段階まで彼らの機材を稼働状態に維持することに加えて、彼らはまた関係するはるかな距離、ソ連空軍の攻撃、無線通信の方向探知によって狙いをつけた砲兵射撃、湿った天候（すべての通信兵の災いの元）、そして装備の不足にもかかわらず、何千ものメッセージを伝達したのである。

両方の包囲された軍団から第8軍への無線通信の記録は、現在でもドイツ公文書館に存在しており、包囲陣内のできごとを毎時、実用的に説明してくれている。関連してお互いに連絡を維持しなければならない師団と軍団の数を考えれば、戦闘において通信部隊が成し遂げたものはまったくもって並外れたものであった。シュテンマーマンに戦闘を通じて上級司令部と連絡を保ち続けさせる彼らの能力が無かったとすれば、今日、いかなる種類もの突破を成功裏に実施し得たかは疑わしいものである。

こうして2月7日月曜日の朝、ゴロジシチェのシュテンマーマンの司令部は、無線によって新しい命令を受領した。命令は彼に救援部隊の攻撃方向を知らせていた～フォアマンの軍団は北にズヴェニゴロドカを経由してオルシャナに向かって攻撃を試みようとしており、一方ブライスは彼の攻撃方向をモレンツィの方向に変更しようとしていた。シュテンマーマン集団は包囲のソ連軍内環最初の突破を遂行することに指向され、その後、全戦力をシャンデロフカ～クヴィトキを越えてモレンツィ～そこでブライス将軍の救援部隊と連絡するのである～に向かう攻撃に集中する。

突破を行うかどうかの最終決定は、救援部隊の前進いかんにかかっていた。命令は「事態はこれ以上の遅れを許さない」と言及して終わっていた。突破が開始される最初の日付は2月9日1700時（午後5時）が予定されていたが、シュテンマーマンはこれを2月10日に変更する許可を求めた。というのは悪天候と交通事情が数限り無い遅れを招き、彼の部隊が時間通り位置につくことができなかったからである。

シュテンマーマンと彼の幕僚が彼の計画を遂行するのを助けるため、第8軍はもし包囲突破攻撃が必要になった場合、前もって2月4日に、それに続くふたつのありうるべき行動経路を決め、仮の計画を策定していた。いまや詳細な計画策定が真剣に開始された。最初の選択肢、「フリューリングスグラウベ（春の信仰）」は、包囲陣の南縁からの第XI軍団によるフォ

アマンの軍団に向かう攻撃をともなうものであった。他のもの、「ペトリーブスアウスフルーグ（慰安旅行）」は、第XIおよび第XXXII軍団の両者による、リュシャンカの周辺にあるブライスの軍団に向かう南西方向への協同した攻撃をともなうものであった。ブライスの救援攻勢は、その以前の秘匿名称のヴァンダを保持していた。当初マンシュタインは、「フリューリングスグラウベ（春の信仰）」を進める方に傾いていた。というのは第XI軍団は少なくとも2月7日には、ふたつのうちの救援部隊のひとつに最も近い軍団であったからである。しかしフォアマンの軍団はそのときには、ほとんど完全に最後まで戦いソ連軍を釘付けにし続ける希望しかなかった。

しかし2月7日には、シュテンマーマン集団は、内側からそうした攻撃を実行するための、適当な位置にはまだなかった。この日には、包囲陣はコルスンとゴロジシチェのふたつの主要な町を取り巻く8の字の形をしていた。その45キロの長さの長軸は、北西（そこにはコルスンがあった）から南東を指していた。これが最初の失敗に終わった救援の試みのために配囲された部隊の最良の配置であったが、2月7日にはもはや包囲陣に近い南部の戦線に沿った地歩をあきらめることによって、シャンデロフカおよびオルシャナに向かう、新たに命じられた突破攻撃を発動するために最良の陣地から、移動し去る、あるいは「さまよ」ってしまっていた。シュテンマーマンは包囲陣の形状と方向を、北西から南東に軸が走

るものから、新しい形状をした東から西に縦の軸が走るものに～「むしろ敵の海のど真ん中で戦艦が会頭するように」～変更しなければならなかった。

新たに作られた陣地はあきらめねばならず、以前の陣地を敵から再び奪取しなければならなかった。ゴロジシチェは放棄せねばならず、町を取り巻く包囲陣を保持する部隊は、ともかく分断される危険から、脱出しなければならなかった。この移動は、実質的に第XI軍団全部～第57および第72歩兵師団および「ヴィーキング」～にあてはまった。クルーゼ中将の消耗し切った第389歩兵師団は、2月9日のシュテンマーマンの命令で一時的に廃止された。このとき師団の戦力はたった200名の歩兵に3個砲兵中隊にまで低下し、師団としての戦闘力は消滅し、もはや戦闘における要素ではなくなった。その残余は戦闘の残り期間、トロヴィツの第57歩兵師団に配属された。

クルーゼと彼の幕僚に関しては、各種の「特別任命」によって、コルスン、後にシャンデロフカで交通管制幕僚として、勤務についた。わずか2週間で、「ラインゴールド」師団はその実戦力の少なくとも75パーセントを失った。しかしコーニェフの主攻経路上での、その絶望的な抵抗によって、ソ連軍の時刻表は遅れ、シュテンマーマンとリープが南部戦線らしき外見を繕い合わせる時間を作ることができた。

東部における新たな防衛線は、当初はゴロジシチェの西外縁に配置されることになった。実際には、これはまったくもって

これからは、空中からの救援努力が大車輪で行われる。「ヴィーキング」を含むシュテンマーマン集団のすべての部隊は完全に切断されてしまい、彼らの補給をすべてドイツ空軍に頼らねばならなかった。ここでは、「ヴィーキング」の一人のSS擲弾兵が、Ju-52によって低空からパラシュート投下された空中補給コンテナから10.5cm砲弾を見つけだしている。ゴロジシチェ近郊にて、1944年2月初め撮影。(U.S.National Archives)

正式の防衛線として計画されたものではなく、むしろ第XI軍団のコルスンに向かっての段階的な撤退によるものであった。このコルスンへの戦闘の多くは、第389歩兵師団の残余とまた「ヴァイキング」の一部の支援をうけて、トロヴィッツの師団によって遂行されるものであった。ホーン大佐と「ヴァローン」旅団および「ヴァイキング」の一部は、コルスンの近くで予備となり作戦の次の段階に使用される。シュテンマーマン集団の司令部は、2月8日にゴロジシチェからコルスンに移動した。そこはその後、国防軍のあらゆる部門の何千もの部隊、そしてまた文民の官吏、ドイツ国鉄の被傭者、そして外国人軍属でごったがえした。コルスンはソ連空軍によって毎日爆撃されたが、そのごみごみした街路や路地は、シュトルモビクと戦闘爆撃機にとって魅力的な目標であった。

包囲陣の北西端にあった第88歩兵師団は、タンガンチャ〜イワノフカ〜モスカレンコから伸びる弧に沿って占めたその戦区を引き上げ、南に5キロのより短い戦線に移動しなければならなかった。リットベアグ男爵の指揮下に置かれた、師団とB軍団支隊の部隊は、トロフィメンコの第27軍の部隊によって発動された新たな攻撃にたいして頑としてとどまらねばならなかった。ゲアハード・メイヤーは、再び彼の連隊、第188砲兵連隊〜2月9日にはコルスンの南東数キロの小村ヤブロノフカに配置されていた〜とともに後退したが、事態が彼の好むようなものとなっていないことに気付いた。

「ゲルマニア」機甲擲弾兵連隊の3名の下士官〜騎士十字章受賞者のグスタフ・シュライバーSS上級軍曹（中央）も含まれている〜が、新型のG-43自動小銃を検分している。ゴロジシチェ近郊にて。（U.S.National Archives）

（ここでは）すべてが、我々が去ったときと同じであった。天候はまだひどかった。晴れれば戦闘爆撃機が戻り、我々はさらにいくつかの車両と馬を失った。村の端の我々の掘っ建て小屋は、手がつけられないままであった…。（我々の陣地は）寒さと溶けた雪と土でぐちゃぐちゃな野外にあった。我々はまったくもって哀れな仕立て屋然として凍えていた。しばしば我々は霧の中から幽霊のように現れ急に過ぎる人影を見て、機関銃用の弾倉を引っつかんだだが、ロシア兵はここでは何もしでそうとはしなかった…。

◆ ◆ ◆

しかし、その他の第ⅩⅩⅩⅡ軍団戦区での戦闘は、激しいものであった。2月9日には、ヴィグラヴェフの西の第323擲弾兵師団の陣地が、ソ連第159要塞地区のいくつかの大隊によって攻撃された。敵部隊の一部は突破し、ドイツ軍の後方支援地域にまで侵入し、反撃によって戦線の裂け目が回復される前に、いくつかの補給、役務部隊を撃破し、蹴散らした。

絶え間無い後退は、リープの軍団のすべての兵士、とくに砲兵を疲弊させ始めた。雪と泥によって、馬の力ぐらいでは、もはや砲をその発射陣地に着かせるあるいは引き出すように、移動させるのには十分ではなかった。歩兵を支援するために間に合うように到着するため、砲手は彼らのカノン砲や榴弾砲を

溶け始めた雪を掻き出して急いで準備した戦闘陣地に入って、暖を取るために雪の中に縮こまる「ヴィーキング」のSS擲弾兵。雪溶けは早くも、1944年2月4日に始まった。（U.S.National Archives）

346

ば、人力で陣地に動かさねばならなかった。オーストリア人で第188砲兵連隊の副官を努めたハンス・メネデター中尉によれば、戦闘のこの段階では、泥はほとんどいかなる移動をも許さなかった。連隊隷下の大隊は可能な限り、彼らの射撃陣地に留まった。ますます危険にさらされている防御陣地にある歩兵に火力支援を与えるために、陣地を変換することが不可避となった場合には、砲は新しい陣地に1メートルごとに全員の手を借りて、移動させなければならなかった。我々はほとんど勢力の限界にあった。自然が我々に不利であったにしてもである。

◆　◆　◆

これやあれやの困難にもかかわらず、第XXXⅡ軍団とその隷下部隊は包囲陣のための陣地に遷移した。包囲陣の中心軸はコルスンに留まったままであった。というのはここには外部の世界との生命線～飛行場～があったからである。犠牲にかかわらず、飛行場は負傷者の脱出と燃料と弾薬の配布が停止しないように、ソ連軍砲兵の射程外〜15から20キロの距離〜に止めて置かねばならなかった。この新たなラインは、突破が実行される前、1日、2日までは保持されねばならなかった〜その後はコルスンとその飛行場はもはや必要とはされなかった。

風雨から逃れる上部の覆いも隠れ場所もなく、長い間、開けた陣地を占めることを強いられては、兵士はすぐに凍傷や各種の病気にかかってしまう。(U.S.National Archives)

これより1日、2日遅ければ、成功の見込みは薄かった〜2月9日には、シュテンマーマン集団はその歩兵連隊の平均的な小銃兵戦力は、150名〜その編成定数のおよそ10パーセント〜の低さにまで下落したと報告している。2月8日だけで、ドイツ軍は350名の戦死者を出し、そして1,100名の負傷兵が空路搬出されるのを待っていた。すでに多くの兵士が戦死している歩兵大隊および中隊は、トラーゼの支援、補給部隊から加えられたものによっていくらかは増強された。しかし、これらの兵士はすぐに戦死し、ほとんど実際の戦闘力の増加は示さなかった。被った戦死者に加えてシュテンマーマンは、突破を発動するために必要な燃料、弾薬の3分の1しか保有していないと見積もっていた。

この機動計画の最も重要な部分は、そこから救援部隊に向かって突破を発動するための、南西の最も有利な陣地を再度占拠することを必要としたことである。この陣地は1週間前にソ連軍に引き渡された、ノボ・ブーダ、コマロフカ、およびクヒルキの村を取り囲む〜アヒルの卵の〜形をした地域であった。もっと大きく重要でさえあるシャンデロフカの町の十字路は、2月9日の朝に放棄されたばかりであった。数日前、これらの村はドイツ軍指導部によってもはや必要でないと考えられたのである。というのも救援部隊はこの方向からではなく、むしろもっと西か南東から近づくはずだからであった。このため、第323擲弾兵師団とフォウクアト阻止部隊の隊員は、真夜中に

「ヴィーキング」司令官ヘアベアト・オットー・ギレSS中将が、突破に先立ち彼の作戦参謀と話をしている。(U.S.National Archives)

1発も撃たずに撤退した。いまや、彼らはそのために流される血の量にかかわらず、再度奪取しなければならなかったのである。

　この機動を遂行するために、シュテンマーマンはまだ攻勢を取ることが可能な、彼の最後の残存部隊～ホーンの師団～彼らは2月7日の始めにレニーナ地区から引き上げられ、いまやコシュマクに配置されていた～「ゲルマニア」、キョーラーの戦車大隊、そしてまた「ヴァローン」旅団、そしてまたB軍団支隊の戦闘団～を使用することにした。これらの部隊は数週間にわたって戦闘を続けて来たが、彼らはまだ十分な戦力、そしてより重要なのは、彼らに割り当てられた任務を遂行するために必要な戦闘精神を有していた。彼らは状況が許す限りコルスンに近い彼らの新しい集結地域で、数日を再編成と彼らのやせ細った兵士の補充にあてた。たとえば、キョーラーの大隊は、2月9日の0830時（午前8時30分）に、そのすべての稼働戦車および突撃砲を、ヴァリヤフスキエに近いゴロジシチェの南の彼らの陣地から、コルスンの町へ移動する命令を受け取った。

　すぐに動き出して、戦車は1400時（午後2時）にコルスンに到着し、装輪車両はこの夜遅く到着した。ゴロジシチェからの泥道はキョーラーの戦車にとって、大きな問題とはならないようであった。しかしこれは例外だった。戦車が不整地を走行できた一方で、「ヴァイキング」とその他の師団の装輪車両は、泥にはまってゴロジシチェからはるかコルスンまで延びるほと

SS第5機甲砲兵大隊「ヴィーキング」の、自走10.5cm砲ヴァスペの1個中隊が攻撃するソ連軍を砲撃している。このような近代的で、機動的火器システムは、繰り返されるソ連軍の攻撃を遅帯させ撃退するため大いに役だった。写真は、1944年2月初め、ゴロジシチェ近郊で撮影されたもの。（U.S.National Archives）

●349　第13章：さまよう包囲陣

んど終わりの無い隊列となり、ソ連空軍を誘う標的を提供した。コルスンに入ると、キョーラーは残る時間を有効に使い、彼の部下に時間が許す限り彼らの車両の整備をするよう命じた。この時点では、彼はフォン・ブレーゼの戦闘団〜彼らは包囲の始めのころから、キョーラーの大隊に配属されていた〜の車両および部隊を含めて、まだ1ダース以上の稼働戦車および突撃砲を保有していた。

キョーラーは、2月10日にギレスSS少将〜当時、コルスンにあった〜から、車両を失った全戦車乗員とトラック運転兵から歩兵中隊を編成し、予備兵力として師団司令部の指揮下に置くよう命じられた。この中隊はヴィットマンSS大尉（有名なティーガーのエースとは無関係）に指揮され、情況が要求すれ

SS機甲擲弾兵連隊「ゲルマニア」第1大隊長SS少佐、騎士十字章受賞者ハンス・ドーア、ゴロジシチェ近郊の彼の大隊指揮所にて。標準的なSS支給物資の、毛皮の縁付きアノラックに、ウサギの毛皮で覆われた冬季帽を着用している。彼の大隊はこの写真が撮られた数日後、重要なシャンデロフカの町を奪取する攻撃を率いた。（U.S.National Archives）

ばどこにでも出動した。この即席の中隊は、歩兵としての訓練がなされていなかったが、4個小隊から成り、全部で220名で、4名の士官に率いられていた。彼らは軽機関銃と小火器で武装していただけだが、翌週中に何度も何度も彼らの価値を証明した。

翌日、この小さな戦闘団は、ソ連軍第294狙撃兵師団による攻撃を撃退する戦闘に投入された。彼らはゴロジシチェ〜コルスン街道に続く線の終点である、コルスン鉄道駅に脅威をおよぼしたのである。この夜、彼らはアルブジノに向かって強行軍をするよう命じられた。そこで彼らはソ連軍の浸透にたいして反撃し撃退した。ソ連軍は防備を粉砕する脅威をおよぼしていた。ヴィットマンと彼の部下は行軍し去った後、彼らは包囲突破が終わる後まで、大隊の残余に見まがうことはなかった。

「ヴィーキング」の機甲部隊と「ヴァローン」旅団は彼らの指定された陣地に時間どおりに移動することができたが、2月10日に開始される包囲突破地域を奪取しようとする最初の攻撃は、ゴロジシチェ包囲陣からの撤退が十分早く進まなかったため、再び2月11日まで延期された。ブライスとフォアマンをひどく苦しめた雪解けは、いまや包囲陣内の部隊にいやというほどに襲いかかった。リープ中将は日記に記入して、「第72および第389歩兵師団、そして「ヴィーキング」師団の、砲兵、重機材、そして馬挽き車両、同じく数百両の負傷者を満載した「ヴィーキング」の自走車両は、ゴロジシチェの泥の中にはま

り込んだ」と書き込んだ。

リープおよびシュテンマーマンの見解では、第８軍および南方軍集団司令部によって設定された時刻表に固執することは、人員、機材に重大な損失を被らせる、だから彼らはもっと時間を与えるよう懇願した。包囲陣の外側と同じく、内側の部隊にも影響を与える情況に、現実に直面して、ヴォーラーとマンシュタインの両者は同意した。その後でさえ、リープは到着する日付、２月１１日はまだ楽観的であると考えていた。「我々はそのときまでには行い得ない。この泥の中では歩兵は１時間に数百ヤード以上は踏破することはできなかった」。彼は日記に書いている。「やりたいのはやまやまだが」

ジーゲル少佐と第２６６擲弾兵連隊は、リープが意味したところを正確に知っていた。彼の連隊が２月８日にクリュスティノフカからコシュマクに近いその集結地点に移動したとき、包囲陣内の唯一の表面の硬い道路は、ゴロジシチェ～コルスン鉄道線路床に沿ったもの、ひとつしかなかった。そこはところどころ砂利が撒かれるか、厚板が敷かれていた。並行して走る鉄道と道路は、ジーゲルによれば、「完全に交通渋滞していた。」歩兵は車両の周りを移動し続けた。多くの兵士が一歩毎に立ち止まって、彼らの靴にも靴下にも吸い付く深い泥からブーツを回収せねばならなかった。さらに他の者は裸足だった。いらだたされて、ジーゲルは彼の乗車小隊に、どの道が取りうることができるかどの道が避けるべきか、情報を持ち帰るよう前方に偵察

ゴロジシチェ近郊で部下の将校の一人と話をするハンス・ドーア。（U.S.National Archives）

に出るよう命じた。

情況を複雑にしたのは、車両が密集して群がった隊列を撃って回るソ連空軍の絶え間無い攻撃であった。これによってしばしば車両は、場合によっては何時間も行動不能となった。ある目撃者によれば、初めの頃はソ連の飛行士は、爆撃あるいは機関銃射撃をするときには、鉄道線路に垂直か斜めに飛んだため、せいぜい1、2輌の車両しかやられなかった。しかし数日後には、彼らはついに鉄道線路のような線状になった目標にたいする攻撃は、高速道路の直上か並列して飛びながら遂行することが最良だと推論するに至ったようであった。ドイツ軍のトラックその他自走車両の損失は、ロケット弾によるものであった。ジーゲルと彼の部下はより幸運だった。彼は「爆弾は全部投下されたにもかかわらず、我々はかすり傷ひとつ無く通り抜けることができた」と記している。

ヴィリィ・ハイムはこの終わり無く連なる罠にかけられた隊列の中に座っていた。彼は彼の戦車大隊の通信士官代理を勤めていたが、一週間前にオルシャナで負傷していた。彼は燃える戦車から脱出しなければならず、顔と腕に火傷を負い感染症にかかってしまった。彼は彼の日記に書いている。彼がコルスン～ゴロジシチェ高速道路上でトラックに座っていたとき…「激しい航空攻撃日記さらされた。底無しの泥沼はすべての機動を困難にした。私自身の状態は非常に悪かった。眠ることもできなかった。空腹でしらみだらけだった…」。最近のインタヴュー

で、ついに彼の大隊の残余〜2月10日にコルスンからヤブロノフカに移動していた〜といっしょになって、彼はどんなうれしかったか語っている。これほどきわどいところを救い出されて、彼は痛みや苦しみにもかかわらず、どれだけ彼の気持ちが高ぶったかを記憶している。彼は知らなかったが、彼は二日間ではなくもう一週間止まらなければならなかった。

ジーゲルと彼の連隊が、この日の夕刻、コシュマクの第72歩兵師団の部隊のための新しい集結地域に到着したとき、彼らは混乱情況にあることに気づいた。フンメル大佐と彼の第124擲弾兵連隊が、どういうわけか道に迷ってしまっていた。師団司令部は隷下部隊がどこにいるか知らないようだった。一夜の休息の後、ジーゲルと彼の部下は、彼らはいまやシュテンマーマン集団の戦闘予備であり、この日、2月9日に、ただちにコルスンに向かって出発する予定になっていることを知らされた。ミュラー大佐の情況伝達の間に、師団 Ia のジーゲルはシュテンマーマン集団の情況が意味するものを完全に理解した。「事態はばら色には見えなかった」彼は記している。ドイツ機は追跡者を振り切り逃げることができたのである。驚いたことにドイツ機は追跡者を振り切り逃げることができたのである。これは鈍く貧弱な武装の爆撃機には実にまれな武勲であった。補給段列はコシュマクに滞在した短い間に、ジーゲルはHe‐111と一群のソ連戦闘機とのドッグファイトを目撃した。驚いたことにドイツ機は追跡者を振り切り逃げることができたのである。これは鈍く貧弱な武装の爆撃機には実にまれな武勲であった。補給段列はコシュマクへ到着すると、数日間の休息を与えられた。大いに助けとなったことに、ジーゲルと彼の部下は

第72歩兵師団第124擲弾兵連隊長、クアト・フンメル大佐。(Photo courtesy of 72.Inf.Div. Veteran's Association)

第88歩兵師団第188砲兵連隊連隊副官、ハンス・クアト・メネデター中尉。(ここに示すのは大尉時代のもの)(Photo courtesy of Hans Menedetter)

マクからの道に迷っていたが、彼らは後になって2月10日の朝に到着し、彼らの貯蔵物資のほとんどを破壊する師団司令部の命令にちょうど間に合った。ジーゲルは、受賞者に鉄十字章を手渡す時間さえ見つけられた。彼と彼の部下はソ連軍の攻撃がうわさされる東側に阻止線を構築するために出動させられたが、誤報であることがはっきりした後に彼らが占拠していた宿舎に戻ることができた。翌日、ジーゲルはなぜ彼の連隊とライバルのロベアト・ケストナーの第105擲弾兵連隊が、他では戦闘が荒れ狂っているというのに、手が空いたままでいられたのか真相を知った。この夜、この2つの連隊はノボ・ブーダで内側の包囲環を突破する最初の試みを導くことになった。第72歩兵師団の比較的のんびりくつろげた日々は去った。この夜、彼らはセリバノフ中将の第5親衛騎兵軍団の部隊との激戦のさなかにあったのである。

レオン・デグレールによれば、ゴロジシチェの「鼻」からの撤退は、計画どおりに行われた。戦後長く後に書かれた彼の説明では、彼は包囲陣内のドイツ軍司令部が、この危機的な期間中に事態を統制し続けることができたそのやり方を称賛している。彼は書いている。シュテンマーマン集団は、事態をたぐいまれな冷静沈着さで掌中に置き続けた。包囲陣内の5、6万名の恐ろしい情況にもかかわらず、命令の中には扇動やせかすような様子を、少しも見つけることはできない。移動は規則正しく冷静に遂行された。敵はどこにおいても、なんとしてもイニ

シアチブを握ることはできなかった。

◆　◆　◆

「ヴァローン」旅団はゴロジシチェからの撤退の後衛を任され、コルスン〜ゴロジシチェ街道で行き詰まった隊列と同じ速度でしか後退することができなかった。命令による撤退が他の数千名の生命を危険にさらすことを実際意識して、「ヴァローン」は彼らに指定された陣地で、隊列がさらに数キロ十分かなたまで撤退できるまで奮闘した。追求するソ連軍第294および第373狙撃兵師団が、彼らの防衛線になんとか浸透し、主要な丘あるいは村を奪取したときはいつでも、「ヴァローン」は即座に反撃を行い、デグレールによれば、「犠牲にかまわず」彼らを追い出した。

2月9日、リッペアートと部下の「ヴァローン」兵は、右翼の隣接部隊、SS機甲擲弾兵連隊「ヴェストランド」第Ⅰ大隊の若きSS兵士らが、第78狙撃兵軍団によって発動された強力な攻撃に直面して道を譲ったため、スタロセリエ〜デレンコベツ防衛線からの撤退を余儀なくされた。デグレールによれば、ソ連軍は払暁の奇襲攻撃を発動し、「ヴェストランド」の大隊をすぐにスキチの村近くの彼らの戦闘陣地から追い出し、生き残りを潰走させた。「我々は彼らがソ連軍の奔流に流し戻され、我々の陣地の後方に集まるのを見た。彼らは明け渡すしか

なかった。彼らの一部は赤ん坊のように泣き叫んでいた」。彼らに代わって、デグレールは記している。これらSS部隊のほとんどは1ヵ月弱「ヴィーキング」とともにあっただけで「1月のどさくさの真っ最中に軍事教練のほんの基本を受けきっていた」。これら不運な坊や達は、疲労と興奮で疲れ切っていた。「ヴェストランド」の大隊が立ち退いたこの突破口からは、ソ連歩兵の2つの隊列が流れ込んだ。リッペアートは、許可を求めることもなく、彼らが包囲される前に彼の旅団に森に引き上げるよう命じた。そこで彼は部隊を集結させ、最悪の事態に備えて身を引き締めた。この許可を得ない撤退は、おそらく地域的な戦術情況を下にすれば必然であったかもしれないが、シュテンマーマン大将の非難を招いた。彼はこの夜のヴォーラー大将への無線メッセージに辛辣に記した。

「ヴィーキング」師団は「ヴァローン」旅団の一部とともに、軍団からの命令に反して、ドレンコベツ〜ナブコフ〜チュートルのラインから撤退した。これは我々の南翼に沿って広範囲に影響をおよぼす、予想外の恐ろしい情況を招いた。撤退の原因は指導と監督の不足である。

「ヴァローン」旅団に好意を抱かなかったのは疑いない。後知恵ではあるが、リープ中将ただひとりではなかったのは、リープとシュテンマーマンの非難は公平なものではなかったようだ。

ギレン少将にとって、このメッセージは激しく感情を傷つけるものであったに違いない。それにもかかわらず、「ヴァローン」旅団と第72歩兵師団の戦闘団には命令が出され、彼らはシュテンマーマンによって支援のために派遣された。これらの部隊は反撃を発動し、この夕方スキチの町を再度奪取し、そこをゴロジシチェのすべて～その補給所と野戦病院もともに～が、最終的に脱出できるまで保持したのである。攻撃はリッペ大SS少佐自身によって指揮され、この夕遅く開始された。「戦闘は手段を尽くして行われ」デグレールは書いている「我々はソ連軍を林の中まで押し戻した。事態は再び、一時的に救われた」。

この重要な陣地が再度奪取されたことで、ゴロジシチェからの脱出が比較的に安全に続けられることができた。厳しく非難された「ヴェストラント」の部隊がこの夜戻ると、彼らは防衛線の左翼で、ベルギーの隣人の防衛線と連絡した。続く2日間、ヴァッフェンSSの最も多国籍な師団の、ドイツ人、ベルギー人、オランダ人、スウェーデン人、デンマーク人、そしてノルウェー人は、ソ連軍を寄せ付けないように奮闘し、シュテンマーマン大将のための余分な時間を稼いだのである。

最終的に、2月10日の夕方、オルシャナの線に沿った最後のドイツ軍陣地が放棄された。彼らの前の、装軌車両と橇を除いては完全に通行不能の道路によって、「ヴァローン」旅団は彼らの残余の装輪車両を消失し、装軌車両に乗って、歩いて、あるいは橇でコルスンに向かった。ソ連軍の追撃開始はゆっくり

底無しの泥沼。包囲陣内の街道上の補給部隊が、彼らのトラックをグチャグチャの泥沼と氷からなんとか引っ張り出そうとしている。(Bundesarchiv 710/3563/6A)

別の防御陣地に移動する途中の、パンツァーファーストを運ぶSS擲弾兵（U.S.National Archives）

としたものだった。というのは雪溶けでオルシャンカは通常の幅の2倍に膨れ上がっていた。旅団の旧陣地で戦死した最後の「ヴァローン」のひとりが、アントニッセンSS少佐であった。彼は旅団の参謀将校で、もっと平和な時代にはゲントの製造業者であった。

大規模なソ連軍部隊が川を渡り、「ヴァローン」旅団の撤退経路を切断しようとしていると報告を受け、彼は小規模な戦闘団を率い、敵の道路を啓開するために反撃に出た。彼と彼の部下はもっと大規模なソ連軍部隊に待ち伏せされ、彼の集団の兵員のほとんど～彼らの多くはユーゴスラビアとルーマニアで募集されたドイツ系住民であった～は、抵抗を続けるアントニッセンとその他少数の兵士を残して逃げ去った。目撃者の報告によれば、迫り来るソ連軍にたいして射撃しているのが、彼が生きて目撃された最後であった。そのとき彼は短機関銃を腰だめで射撃していた。反撃は1時間後に「ヴィーキング」によって実行され、ソ連軍を撃退し川を越えて押し戻した。その後、彼らはアントニッセンの死体を、道路の東30メートルの薮の中で発見した。「それは非常に背の高い男（の死体）で、彼の左袖にはベルギーの国旗が縫い付けられていた」と後にドイツ人士官が報告している。少なくともこれは「この任務を果たす上で手緩くなかった」ひとりの「ヴァローン」であった。

シュテンマーマン集団の部隊が、ゆっくりと包囲陣の形状を変化させ、上級者から伝達された命令にしたがって新たな方向

をとり始めた頃、ヴョーラー大将もまた、彼なりに、変化する情況に遅れまいとしていた。2月10日、彼はリープとシュテンマーマンの両者にメッセージを送り、モレンツィ～ズヴェニゴロドカ方向への包囲突破がまだ実行可能か、リュシャンカに向けてドジュルジェンチィ～ポチャペンチィの線の方向を狙う方が良いか問い合わせた。シュテンマーマン、救援部隊はすぐにシャンデロフカ～ステブレフ地域に向けて、戦車による攻撃を発動する方が良い、というのは彼の軍団は激しい戦闘で釘付けにされ、リープの軍団は実戦力を2個の弱体な大隊にまで減少してしまっているからだ、と答えた。

第8軍参謀長が質問すると、リープは彼が数日前に表明したものよりも、詳細な評価を伝えた。リープは救援攻勢が包囲陣に近づくのを待つよりも、モレンツィからリュシャンカへ経路を変更して、もっと到達可能なものにするよう述べた～これはいまや救援部隊に接近する、より短く容易な経路であった。さらに、シュテンマーマンの軍団に向けた意地の悪い批判として、リープは述べている。

東部戦線の情況は危機的である。何カ所か敵が浸透している。過去48時間の間に、第XI軍団は新しい防衛線を構築することができなかった。(その) 部隊はひどく消耗し戦闘で疲弊していた。(我が) 軍団の戦線は完全であった。我々はスタブレフの南を攻撃中である。東部戦線が停止されなければ、重大な危

が…。(我が) 部隊は良く掌握されている。ブライスのリュシャンカに向かっての、早期の前進が決定的である。

◆　◆　◆

あきらかに、リープは彼の司令官よりはるかに情況を良好に掌握していると考えており、事態は彼が正しいことを証明することになる。シュパイデル中将は答え、リープに全般情況に関する包括的な情報を与えてくれたことに礼を述べ、彼にヴォーラーとマンシュタインの議論を下にして、第III戦車軍団が2月11日にリュシャンカの方向を攻撃することを知らせた。シュパイデルは「我々はできることのすべてをやる。幸運を」という言葉でソ連軍によって防備された包囲の内環を突破でき、シャンデロフカ、クヒルキ、コマロフカ、そしてノボ・ブーダの町を奪取できるという半分まで条件をかなえねばならなかった。しかしこうした攻撃を遂行しうる部隊は、急速にどんどんと減少していった。彼の部下はこれらの村を奪取し、十分長く保持できるだろうか？ そして同じく重要なことに、部隊の士気はもつだろうか？ というのも、ソ連軍は包囲陣を一掃する彼らの最後の攻撃を準備するのと同時に、ドイツ軍の戦闘意欲を挫くために用意された宣伝戦を準備していたのである。

第14章 交渉の試み

「私はあなた方にあなた方が完全に希望の無い情況にあることを理解し、ドイツ人の血を無駄に流すことを止めるよう伝える、たったひとつの考え、たったひとつの希望を持つだけである。自らを救い、ドイツ人民を救うために、こちらに来たれよ」

ドイツ将校連盟による降伏勧告リーフレット

ドイツ軍の救援攻勢が、2月7日にはあきらかに行き詰まったことを受けて、ジューコフとコーニェフは降伏勧告の時期が来たことを確信したようであった。彼らにとって、包囲陣内の絶望的なドイツ軍は明らかに命運が尽きていた～避けようの無い全滅に至るのは、単なる時間の問題でしかなかった。空輸は完全に失敗に終わったようであった。二つの衝角の救援攻勢は、断固として遂行された連軍の防戦と春の雪溶けが結び付いて停止に至り、包囲されたソ連軍はぞっとするような損害を被っていた。実際、第1、第2ウクライナ方面軍の部隊もそれ以上に大きな損害を被ったが、これは勝利を目前とした偉大なる勝利に照らせば、受け入れることが可能であった。

それゆえ、ソ連軍にとって、ドイツ軍に寛大と見える降伏条件を示す機は熟したように思えた。加えてドイツ軍は戦闘開始以来、彼らの士気と戦闘意欲を低下させようと期待する、宣伝の弾幕にさらされていた。心理戦が効果があったかどうかはあまりはっきりしない。というのも、投降したドイツ軍脱走兵はほとんどいないからである。それにもかかわらず、何十万もの降伏勧告ビラが、空中からそして砲弾によって散布された。

拡声器は昼夜を問わず、ドイツ軍に向かって長々と音楽を流したり、もし彼らが正気を取り戻して脱走すれば、彼らを待っている捕虜収容所の捕虜が、比較的に快適にしている様を語った。

彼らは絶え間無く、ソ連軍前線陣地の安全な通行を保証するチケットとなる、降伏勧告ビラを持って前線を越えることを思い出させた。彼らはそうした者は捕虜として良好な取り扱いを受け、戦争が終わったらすぐに家に帰れると約束した。

ひとつとくに巧妙なソ連軍のテクニックは、戦時捕虜収容所で豪華な宴会のため座っている、ドイツ軍捕虜のやらせ写真（あるいはおそらく捕獲したドイツ軍服を着込んだソ連兵士）を撮り、これらの写真をビラに印刷し、飛行機から散布したことであった。もしあなたが私たちがあなたの友人であることに気づきさえすれば、これらはすべてあなたのもの、ビラにはこうあった。

また別のオリジナルのアイデアは、最近捕虜となった個々のドイツ軍兵士を、彼のポケットをタバコとチョコレートでいっぱいにして、彼らの元の前線に送り込むことであった。ドイツ兵が彼らの以前の戦友に会ったら、兵士らは彼らを捕まえた者

戦闘の間、シュテンマーマン集団のドイツ軍部隊は、絶え間無くソ連のプロパガンダ・ビラを投下された。ここに示されている例では、降伏する運命にあるドイツ軍兵士の総数を描き出そうとしている。(From Peter Strassner, Europaeische Freiwillige)

Zögere keinen Augenblick!
Morgen ist es zu spät!

Soldaten! Eure Kompanie ist dem Tode geweiht. Morgen schon ist keiner von Euch mehr am Leben! Eure Kinder werden zu Waisen, Eure Frauen zu Witwen.

Soldat! Besinn Dich doch: **hast Du ein Recht, Deine Familie ihrem Schicksal zu überlassen!**

Denk an den Tag des Abschieds. Wieviel Liebe, wieviel Kummer sprach aus den Gesichtern Deiner Lieben. Deine Frau wollte nicht aufhören, zu weinen. Wie weh tat Dir der Anblick Deiner Kinder!

Du mußt am Leben bleiben!
Um ihretwillen!
Das ist Deine Pflicht!
Weg von der Front!

Versteck Dich, wo Du kannst! Such einen Zufluchtsort bei unserer Bevölkerung! Sie wird Dir beistehen. Wenn Du mit dem Krieg Schluß machst, bist Du nicht mehr ihr Feind.
Oder —

GIB DICH GEFANGEN!
Aber zögere nicht!
Morgen ist es zu spät!

Hitler jagt Dich **in den Tod** —, wir aber zeigen Dir den Weg **zum Leben**. Hör auf uns!

DIESES FLUGBLATT GILT ALS PASSIERSCHEIN BEI DER GEFANGENGABE
ЭТА ЛИСТОВКА СЛУЖИТ ПРОПУСКОМ ДЛЯ ПЕРЕХОДА В ПЛЕН

　このように緊密に調整された心理戦を遂行することは、ソ連は、彼ら自身の人民にたいして遂行したきたおおよそ30年にもおよぶプロパガンダとともに、ドイツ軍との2年半もの戦闘経験から導き出されたものであった。しかし、1941年6月に戦争が勃発したとき、赤軍はこのような組織的な能力は持っておらず、ゼロから作り上げねばならなかった。彼らは政治的に信用できるドイツ地域に関する専門家を見つけださねばならなかった。ドイツ人の国外在住者が用いられたが、信用できないと考えられた。ドイツ人に向けられた初期のソ連軍の心理戦文書の多くは、未完成で不細工なものであり、捕虜の共感を呼ぶものではなかった。バトゥーチンの第1ウクライナ方面軍の政治将校であったコンスタンチン・クライニューコフの言葉によれば、「最初、我々のドイツ人にたいするプロパガンダは、ほとんど成功しなかった。ときおり、それは前線で間違って受け取られた。また別のときには、それはとても賢いとはいえないものだった。」ほとんどのドイツ軍兵士はそれに注意を払わなかっただけでなく、プロパガンダ・ビラの到着を歓迎しさえした。というのも、それは「ドリュッケベアグ」、野戦便所にいかなければならないときに、トイレットペーパーとして役に立ったからである。

　赤軍の心理戦能力を改良するために、赤軍の政治教化局総局は1942年6月27日に、ドイツ兵にあてたプロパガンダは、将来、普通の兵士が理解できそうにない政治的概念よりも、

● 359　第14章：交渉の試み

より彼らの生活に影響する事象に集中すべしとの布告を発した。人間性や正義、そして良心のような道徳上の論点を強調した題材をくどくどと述べた、ビラや放送メッセージのようなプロパガンダ材料を使う代わりに、総局は野戦オペレーターに異なるアプローチをとるよう促した。というのも、ドイツ兵はそうした高尚な理想的概念は持ち合わせないと考えられているである。

布告が述べているところでは、はるかに効果的なのは、敵の強大さへの恐怖と理解を広げるように構成された、心理的な題材を使用することであった。クライニューコフはこのアプローチが前年のスターリングラードの戦いのときに証明されたと主張した。しかし、事実は彼の主張に疑問を投げかけるものであった。この叙述的な戦闘中、ごくわずかなドイツ兵が脱走しただけで、ほとんどの部隊は、救援のいかなる希望が消えうせた後も長く、最後まで彼らの結合力を保持し続けたのである。チェルカッシィの戦いでは両種のタイプのプロパガンダ〜説得と恐怖〜が用いられた。

包囲陣内のドイツ軍の注意をひいたソ連軍のビラのひとつは、外側に並んだソ連軍部隊の数とともに、すべての包囲された部隊の位置と身元を示した地図を描いたものであった。付属のドイツ語の文章は、赤軍の部隊が、彼らがヴォルガ河岸でスターリングラードでしたのと同様に、ドニエプルの包囲陣を取り囲んで鉄の環を構築したことを述べていた。そしてまるでパウルスの不運な第6軍のように、彼らもまた運命付けられているのであった。声明は「降伏して生き延びることを選ぶか、抵抗を続けて死ぬか」と読める文節で終わっていた。まだ突破することができた多くのドイツ軍部隊は、このビラをいまでも彼らの土産としている。目に見える効果は、シュテンマーマン集団の多くの兵士に、救援の試みがより喜んで死ぬまで戦わせようとする単なる見せかけである、と疑わせるのを助長したただけであった。

すべての期待に反して、ソ連の激しい心理戦の結果は、こうしてはなはだしい失望に終わった。ドイツ兵は、この事態と彼らの情況が明らかに希望がないことに関する、彼ら個々人の感情はともかくとして、それにもかかわらず断固として戦い続けた。このプロパガンダ部隊のみじめな様子は、モスクワの赤軍政治教化局の注意をひいた。彼らは調査のため2月初めにコーニェフの第1方面軍司令部に代表団を派遣した。クライニューコフとコーニェフの残りの参謀を驚かせたことには、代表団は局長であるJ・W・シーキン中将に率いられていた。さらに驚かされたことには、シーキンは二人のドイツ人士官を後ろに引き連れて来た。あきらかに、彼らはある種のプロパガンダ用途の秘密兵器であった。しかし、彼らは誰だったのだろうか？ミステリアスなドイツ人ゲストは、ヴァルター・ザイドリッツ＝クルツバッハ大将と、Dr.オットー・コアフェス少将であった。両者ともに前年にスターリングラードで降伏したもの

であった。その間ザイドリッツは第ＬＩ軍団を指揮し、コアフェスは第２９５歩兵師団司令官であった。第６軍の不必要な犠牲、敗北、そして降伏に深く幻滅させられて、両者はまさにヒトラー体制そのものの覆滅と、民主原理に基づいて構築された民族および社会秩序を望む主張を抱くことになった。そうするために、彼ら自身はソ連と結んだのだが、ソ連は彼らを彼ら自身の目的のために使用したのである。

捕虜となっている間に、ザイドリッツとコアフェス、そして多くのドイツ将校（パウルスは憤んだ）が、彼ら自身の組織を作るよう督励され、そしてソ連は戦争の終結を助長する彼らの目的を達成した。もちろん、彼らの方法は大きく異なっていた～ドイツ人達は彼らの同国人が彼らのやり方の誤りに気づくのを望んだが、ソビエトは彼らを変節者をいまのところ、彼らの武器庫の第三帝国軍を弱体化し敗北させるための、別の武器と見なした。

ザイドリッツは部下の士官から、ドイツ将校連盟の理事長の任につくよう選挙された。一方、コアフェスは連盟の事務長に選ばれ、そしてルイトポルト・シュタイデル大佐は、幕僚長に任命された。この組織は、もともとはスターリングラードで捕虜となった３名の将軍と、より階級の低い将校１００名から構成されていたが、組織は１９４３年秋に風向きがドイツ軍に逆風となり始めるとともに成長していった。ザイドリッツの連盟は１９４３年９月に、クルスクにおけるドイツ軍の敗北の余波

の中、モスクワに近いルニョホの捕虜収容所で設立された。連盟は捕虜収容所内で政治的教化を行うことに加えて、週刊新聞「ヴォッヒェンブラット」をも発行し、ドイツ軍部隊に向けて降伏し自由ドイツ委員会に加わることを納得させるよう用意されたメッセージを無線で放送した。ザイドリッツとコアフェスはこの前線への訪問の間、ザイドリッツの組織が従属していた「自由ドイツ委員会」の副委員長に付き添われた。

自由ドイツ委員会は、１９４３年７月１２日に、ソ連の支援でモスクワに近いクラスノゴルスクの第２７捕虜収容所で設立された。主としてソ連在住の国外在住ドイツ人によって構成されており、そのほとんどは１９３０年代初めのヒトラーの粛正によって逃れた共産主義者であった。組織はソ連の監督下に共産主義ドイツを創設するという、彼らの主張への転向者を獲得するために、収容所内で活発に宣伝扇動活動を行った。委員会の委員長は物書きで共産主義活動家のエーリッヒ・ヴァイナートであった。彼は後にドイツ将校連盟の副理事長になる。他方連盟は、当初は本質的に自主的なもので、非共産主義者であった。取り巻く環境に強いられて、両組織は、完全に調和したものではなかったが、共同して活動し、そして彼らでなくともソ連が、自分の思う通りに動かすことに、常に気づかされた。ザイドリッツと彼の組織の、彼らの誤った同国人を正道に戻そうとする試みの効果はすぐに明らかになった。ザイドリッツと他の者によるシュテンマーマン集団の部隊に熱心に降伏を進

第14章：交渉の試み

めるラジオ放送は、ドイツ軍通信傍受部隊によって捕らえられた。彼ら自身の装備でこのような放送を受信できたなら、前線部隊もそうすることは厳重に禁止されていたにもかかわらず、いくつかの部隊はともかくおそらく周波数を合わせたろう。

ドイツ軍によって別の戦術も報告された。無人地帯から、ドイツ軍の軍服を着た将校が出現し、部隊に彼らの装備、戦力、目的等々を質問したのである。このような将校の一人は、二月一一日に第一戦車師団第一機甲偵察大隊本部に現れ、部隊の戦力と戦術配置を問いただし始めたのである。部隊は彼の身元を確認するため師団司令部に問い合わせたところ、司令部はすぐに彼を逮捕するよう命じた。しかしそのときにはその男は消えていた。

包囲陣内の高級将校さえ、ザイドリッツとソ連の注目を免れなかった。二月一〇日、リープ中将はソ連軍航空機によって彼の指揮所上空に投下された、ザイドリッツの彼にあてた手紙を受け取った。手紙の中で、彼はリープに、一八一二年にヨアク将軍が、ナポレオン隷下で戦っていた彼のプロイセン軍団が、ロシアと休戦したときにそうしたように、彼の全部隊を引き連れてソ連側に下るよう促していた。この日遅く、五〇名のドイツ人捕虜がリープの軍団に返された。彼らはそれぞれ彼らの指揮官にたいする手紙を持ち、彼らの戦友に敵の側へ走ることを納得させるよう指示されていた。リープはびっくり仰天させられて、

この夕彼の日記に書いている。「私はザイドリッツを理解することができない。スターリングラードでのできごとが彼を完全に変化させたにしても、私はいま彼がどうして、ジューコフのためにある種の情報将校として、働くことができるのか理解することができない」。

数日後、リープは再びザイドリッツのちょっかいを受けた。第一九八歩兵師団司令官にあてた手紙が、彼の司令部に黒、白そして赤の房をつけて投下されたのである。リープはこれを良い知らせと受け取った。というのもこの師団は、包囲陣内でも彼らのものと同じではなかったからである。リープは考えた、おそらくソ連軍は、我々の実力以上に強力と考えているのだろう。彼らの誤りにもかかわらず、リープはまだ、手紙の空中投下の正確さにいらだたされた。これはソ連軍が正確に彼の司令部がどこにあるかを知っていることを意味したのである。「この連中は絶対に、私の司令部を見つけそこねることはないのだ」と憤慨して彼はこの日遅く記した。

ソ連の協同したプロパガンダの努力が印象的であったのと同じくらい、そのもたらした成果は少なかった。ごくわずかなドイツ兵しか脱走せず、ほとんどはビラを手にすることもなく、放送を真剣には聞かなかった。誰から聞いても、シュテンマーマン集団の兵士は、できうる限り保持し、もし必要とあらば、彼ら自身の自由のために突破も辞さない決意をしていた。自身、東部戦線のベテランであった、アレックス・ブフナー

によれば、「ドイツ軍兵士はソ連軍の捕虜となれば、彼を待っているものが何なのか〜飢え、堕落、そして強制労働によるつらい生活〜、ずっと前からわかっていた。これはプロパガンダのスローガンではなかった」。加えて多くのドイツ軍将校、兵卒は、ザイドリッツとコアフェスを彼らの国家の裏切り者、ソ連軍捕虜として生き延びるために何でもする、しゃべる臆病者とみなしていた。絶え間無いビラを彼らの以前の戦友の神経を消耗させたが、砲兵弾幕や機銃掃射と拡声器による放送はなかった。彼らのまじめな意図とは別に、彼らの以前の戦友の言葉は、彼らの包囲された同国人を共鳴させることには失敗したのである。

ドイツ将校連盟と自由ドイツ委員会の両者は、１９４５年１１月２日に廃止された。戦後、自由ドイツ委員会とドイツ将校連盟の成員の多くが東ドイツに移住し新しい共産主義政権の下で彼らの仕事を見つけた。１９５９年に新しい東ドイツ国防省ビルの竣工を記念する演説の中で、大統領を勤め当時の事実上の独裁者であったヴァルター・ウルブレヒトは述べた。国家は自由ドイツ委員会に大いに感謝しなければならない。というのは、彼らは、戦後すぐの時期に、共産主義ドイツ国家を創設した、構成員の多くを、募集し教化したのである。これらの人々の多くが今日、新しく統一された現在のドイツで、だんだんと世間体を整えている〜そこでは彼らはドイツのメディアによって主義と道義の人々と描かれている〜一方で、包囲陣内で戦っ

た平均的な兵卒にとっては、彼らは永遠にファーターランツフェレーター〜祖国の裏切り者であり、軽蔑と嘲笑にしか値ないのである。

この戦い中に、ほとんど意味あるようなドイツ軍の脱走兵をもたらさなかった失敗の後、ザイドリッツと彼の組織はソ連のご主人様の歓心を失い、以前より前線に出るよう要請されることもなくなったことに気づいた。しかし彼らは、数を増すドイツ人捕虜〜ソ連は１９４３年夏以降、狩り集め始めた〜を政治化するために、まだ役に立つプロパガンダの道具であった。戦後、あきらかに忘恩的なソ連は、１９５０年にモスクワの軍事法廷でザイドリッツを戦争犯罪で訴追し、２５年の禁固刑の判決を下した。彼は１９５５年に釈放され、１９７６年に亡くなった。

それにもかかわらず、東ドイツの国防省は、１９５９年にザイドリッツ、コアフェス、そしてその他の努力をすばらしく評価して、「ドイツのための彼らの戦い」とタイトルをつけて出版した。本書は、ドイツ将校連盟と民族自由ドイツ委員会の名誉を回復するための努力であり、彼らの行動についてかなり詳細な説明をして、ソ連軍の攻勢への彼らの貢献が、元来考えられているものよりはるかに大きいものであるという印象を与えている。もちろん、当時の東ドイツ政府は、新しい国軍〜国家人民軍〜を構築しようとしており、ソ連の下で忠実なドイツ軍の先例を作り出すことを必要としたのである。本書は、少し共産主義びいき気味の論文で、この点に関しては誤りで

あったが、ザイドリッツとその他の人々が彼らの同国人に、彼らのやっていることの誤りを認識させようと行ったことについて、尋常でない長さで説明している。

ソ連とドイツ将校連盟の協同したプロパガンダは、包囲陣内の兵士の他の集団～シュテンマーマン集団の25パーセントを構成していた～14,000名かそこらの「ヴィーキング」と「ヴァローン」旅団の隊員にも全く何の効果も無かった。包囲陣内の誰よりも、彼らは、もし彼らの身がソ連軍の手に落ちたら、特につらい運命が彼らを待っていることを知っていた。

SS特別行動隊【註：SS特別行動隊、アインザッツグルッペは、1938年夏、チェコスロバキア侵攻が予定される中で初めて編成されている。当初の目的は国防軍の進撃に追従し、を前に1941年、独ソ戦の開始とともに、その目的はドイツ国防軍の進撃に追従し、政府の人員と文書を確保することであった。本来、国家保安本部のいくつかの部局が集まって編成された臨時編成の保安部隊であり、解散となり、再び編成されたのは、ポーランド戦時であった。このときは任務が変化し、ナチにとって好ましくないと思われる人間集団を殺戮し、奴隷労働力を確保することにあった。西方戦役でも特別行動隊は編成されたが、このときの任務は再び政府の人員と文書を確保することに戻っていた。その後、なんといっても特別行動隊を有名にしたのは、独ソ戦の開始であった。この戦いでは特別行動隊の任務は、占領地のユダヤ人を駆り集め、排除することに変

わったのである。当初彼らはユダヤ人を射殺していたが、あまりの数の多さのために後にガス室につながるより効率的な殺戮手段が開発される結果となった。4個の特別行動隊のうち、もっとも大規模な殺戮を行ったのは、主にバルト諸国で行動した特別行動隊Aとされる。また彼らは対パルチザン戦にも従事した。特別行動隊によって殺戮されたヤダヤ人、捕虜、ロマ人の数は150万人を越えるとされる】の残虐行為～彼らはソ連との戦争が開始されて以来、何十万ものユダヤ人、パルチザン、そしてその他の無辜の市民を殺害した～は、赤軍によって彼らの組織への全体的な非難を引き起こした。これは、捕虜にするより殺した方がいいという感覚を導き出した。

当時包囲陣北東端に配置されていた、「ヴェストランド」第Ⅱ大隊で勤務したフランツ・ホールによれば、

兵士達は絶え間無く（ソ連の）ビラで降伏するようそそのかされた。中隊の中では、もし事態が悪化した場合、どうやって戦って突破するかに関する計画が、秘密裏に策定された。捕虜？　否！　誰もがこの国で、多くを見、経験して来たのだ。

◆　　◆　　◆

「ヴィーキング」の他の隊員は、ソ連で準備されたプロパガンダ・ビラの質を、ザイドリッツとドイツ将校連盟で起草され

2月8日、ジューコフは密使にシュテンマーマン集団への降伏要求を持って行くよう命じた。最後通牒を持って行くため2名の男が選ばれた。ひとりはI.サヴェリエフ中佐（左）、そして通訳のスミルノフ少尉は、ブランデーでもてなされたが、彼らの提案への答えは無く、彼らの戦線に護衛されて戻された。使節の試みが失敗した後、戦闘は不釣り合いな残忍さで再開された。（Photo courtesy of the Battle of Korsun-Shevchenkovsky Museum, Ukraine）

たものと比較した。ソ連のものは、かなりよく作られたザイドリッツのものと比べると不細工であった。しかし、両タイプともに、完全に信頼性が欠けていることがはっきりしていた。「ヴィーキング」の同業者仲間は、彼らが戦って突破できる見込みがある限り、降伏するより死を望んだ。

しかし、この態度もドイツ将校連盟の努力を遠ざけることはできなかった。コアフェス少将の署名のある、ヘアベアト・ギレ宛の手紙が、空中から「ヴィーキング」の司令部に投下された。これはすべての他のビラが用いたものと同じ題材〜外部からの救援攻勢の助けを受けたドイツ軍の突破の望みは幻である〜を、再度述べていた。そのとき、コアフェスは続けて、ギレのSS部隊が戦闘を続ける理由のひとつは、彼らがもし捕虜になれば、ソ連から戦争犯罪で訴追されることを恐れている事実にあると述べている。彼らが持っているであろうこうした恐れを和らげるため、コアフェスは、ザイドリッツも彼らも2人とも、自由ドイツ委員会とドイツ将校連盟が、彼らにたいして起草されたいかなる法的措置を却下する地位にある、との保証を与えられていると述べている。もちろん、これは彼らが自主的に武器を置き、自由ドイツ委員会に加わるという条件においてのみの話であった。

さらに強調するため、コアフェスは「今日、ヴァッフェンSSの多くの将校および兵士が、すでに我々の隊列で戦ってい

る」と書いた。この声明は、厳しい戦いを経験した多くのSS兵士の笑いを誘った。一体全体なぜ、全くもって憎むべき共産主義者の先頭に立つ、裏切り者の一群に降伏しようというのか、そう彼らは考えた。いくつかの「ヴィーキング」師団史では、ひとつとして、彼らの兵士の誰かが、コアフェス、あるいはザイドリッツの提案を取り上げたとは言及されておらず、そんな者はいなかったようだ。というのは、彼らはこの戦いを、死を賭したイデオロギー上の戦いと見なしていたからである。ヴァッフェンSSの兵士は第三帝国の衝撃部隊であり、敗北を簡単には認めてはならないのだ。何にせよ、これら彼らを味方に引き入れようとする効果のない試みは、おそらく彼らの戦闘を続けようという意欲を高めただけであったろう。確かに、戦闘中に捕虜になったSS兵士は、ほとんどいなかった。

ソ連軍前線部隊は、ドイツ軍の頑強な抵抗が続くことにまごつき始めたのはあきらかであった。結局、道理をわきまえた者達はいまよりずっと前に降伏したのだ、多くのソ連軍将校と兵士はそう考えた。明らかにドイツ軍陣地には見込みが無かった。2月の第2週の初めに、Dr・エアンスト・ブロヒ中佐の第318保安連隊が保持する戦区で発生したひとつのできごとが、この増大するいらだちをわかりやすく示している。このとき前線監視哨を保持する兵士が、彼らの陣地に向かって全速力で襲歩（ギャロップ）して来るソ連軍将校を見つけた。彼が彼らのタコツボに50メートル以内に近づいたとき、機関銃が放たれ馬を殺し騎乗者を振り落とした。彼は真っ逆さまに雪の中に転落したが、負傷することなく地上に落ちた。すぐに彼は彼の手を頭上に上げ、頭を振りながらゆっくりとドイツ軍に向かって歩いて来て降伏した。その後、彼は尋問のため、Dr・ブロヒの指揮所に連れて来られた。Dr・ブロヒの副官は、後にこの将校、若い少佐は強いアルコールのにおいがしていたと書いている。最初彼は彼を逮捕した者と話すことを拒否しており、苦虫をかみつぶした顔で得心して彼らを睨んでいたようだった。タバコを差し出された後で〜彼はこれを受け取った〜彼は少しくつろぎ始めた。彼はドイツ軍戦線に向かい合って布陣した、ソ連軍狙撃兵大隊の指揮官であったようだ。彼はまた、彼が25歳で文学の学生であることを明かした。彼は十分用意ができる前に、大隊長に昇進してしまったように思えた。

彼がなぜドイツ軍防御陣地に向かってあのような自殺的なやり方で、馳せて来たか聞いたところ、彼はこう話した。彼と彼の幕僚は彼の指揮用掩蔽壕で中ぶらりんのソ連軍の勝利のお祝いをしていた。彼は彼の部下にこう話した。大隊はまさに攻撃を継続すべきときだ、というのはファシストはすでに彼らの陣地から撤退したからだ。彼の幕僚は彼に同意せず、ドイツ軍は前の日と全く同じに、実際まだそこにいる、と話した。彼はその後、彼の部下を老婆と臆病者の一団と呼び捨て、ソ連軍将校がどうやって手本を示そうか、例を示そうと言った。彼らはこの

ように酔っ払った彼を止めようとはしなかった。彼は騎乗するように命じ、襲歩でドイツ軍陣地に向かって走りだした。

数時間にわたって、Dr.ブロヒの副官とソ連軍少佐は様々な話題について話し合った。1本のタバコを吸うやいなや、彼は次を無心にした。ドイツ兵にとって、彼はうぬぼれや生意気な男に見え、彼はそう言っていたものの、とても文学の研究に向いているとは思えなかった。ついに彼はなぜ彼が馬に乗ってドイツ軍の情況に見込みがないのを知っていたが、彼はドイツ軍の部下に彼らが防戦を続けることは、もはや意味がないと言いたかったのである。ソ連軍少佐の思考法では、ドイツ軍はすべてを終わりにするまさにそのときであった。彼はどうして彼らが、もう救援部隊が彼らのところに到達する見込みはほとんどないのに、救援部隊の来援を冷静に待って座っていられるか理解できなかった。この夕方、彼は監視をつけてリットベアグ男爵の第88歩兵師団の司令部に連れて行かれた。Dr.ブロヒと彼の副官は、その後、彼に何が起こったか全く知ることはなかった。

ドイツ軍は、彼ら自身の部隊に、そしてソ連軍にたいして、対抗宣伝を試みたが、彼らの敵に可能であったような、多くの資源を投入することはできなかった。実質的にすべてであったのは、包囲された2個の軍団司令部へのラジオ放送で、その後、

これは隷下師団、連隊に、毎日の情況説明の一部として手渡された。放送の一部は、はなはだしく誇大なものであったが〜こうした傾向をマンシュタインは薄めようとした〜、ほとんど成功しなかった。フーベ大将のこうした放送のひとつが好例である。2月10日の日々命令を、フーベはシュテンマーマン集団の包囲された部隊を激励する言葉で結んだ。「我々は包囲環を突破し君たちは切り開く!」。このような声明に加えて、ドイツ軍高級司令部も他のやり方〜リープとシュテンマーマンに彼らがまだ突破していないうちに、騎士十字章を授与しようとしたヴォーラーの試みのような〜で士気を鼓舞しようとしたのである。

包囲された部隊もまた、ソ連軍の防衛線を突破してゆっくりと戦い進む、外部の各々の戦車中隊、そして歩兵大隊からの無線通信を傍受することができた。彼らは確かに20、30キロ離れた戦車戦による、砲弾の命中を聞き、発砲炎を見ることができた。加えて空輸はまだ機能していたことは、重要な士気上の要素となった。2月5日までに、3,000名の負傷兵が安全に空路搬出され、十分な弾薬と燃料がコルスンに空輸、あるいはパラシュートで投下され、彼らが必要なものの最小限のものを供給した。

しかし中でも最も効果的であったのは、絶え間無く流れ込み、包囲された軍団のテレタイプマシンから打ち出される、ブライス、およびフォアマンの軍団からの情況報告であった。こ

第14章:交渉の試み

れらの報告によって、参謀将校は救援部隊の毎日の進行度合いを、コルスンあるいはヤブロノフカのとある農家のイスバスの壁に掛けられた、情況地図に記すことができた。これらの赤と青の鉛筆の線は、すべてを物語った。それはまた2月7日には、救援攻勢が行き詰まったことを物語った。それにもかかわらず、シュテンマーマン集団のほとんどは、この上なく幸せなことにこれらの困難に気づかず、マンシュタインが彼らを助け出してくれるという信頼を保ったままであった。疑いも無く、報告された包囲心理症の患者数は増大したが、これはほとんどは後方支援部隊に、影響を与えた病気のようであった。

このように、失望させられるような少数のドイツ兵だけが、自分から逃亡するか降伏した。ジューコフは遂行された心理戦

代表団はB軍団支隊の作戦参謀のヨハンネス・ゼパウシェケ少佐(ここではドイツ連邦軍の制服を着用したものを示す)に護衛された。(Photo courtesy of Andreas Schwarz and 72.Inf.Div.Veterans Association)

が包囲されたドイツ兵を大量降伏をもたらすようなものとは期待していなかったので、彼はまた彼らに降伏条件を提示することを決断した。これは軍事史上、深遠なる先例を持つ、時の試練を経たテクニックであった。ドイツとの今次戦争中、これは成否半ばを記録していた。第6軍は確かにスターリングラードで降伏した。しかし、その情況はあまりに明らかに希望が無く、パウルスには降伏する以外の選択肢は無かった。他方、デミヤンスク包囲陣、ホルム、そしてヴェリキエ・ルーキの兵営にたいして申し出された降伏条件はうまくいかなかった。救出される見込みが存在する限り、ドイツ兵はしがみついて戦い続けた。ブライスの救援部隊列の機甲先鋒はたった30キロ離れたところで停止したのであり、ドイツ兵は悪くともせいぜいあと数日で解放されるという可能性に固執した。うまくすれば、心理戦は彼らの士気を挫かせたかもしれないが、降伏要求はまだドイツ兵を正気にさせなかったようだ。

ジューコフの命令に応じて、バトゥーチン大将によって、2月8日に代表団がドイツ軍戦線に向けて派遣された。ソ連軍の動機が、コーニェフの言葉(彼の場合ほとんどありそうにないが)によれば、「不必要な流血を避けた」かったのどちらにせよ、彼らは作戦をスピードアップしたかったのかどちらにせよ、彼らは空手で戻って来た。使節のI・サヴェリエフ中佐、通訳のスミルノフ少尉、そしてラッパ手のクズネツォフ二等兵は、アメリカ製のジープでB軍団支隊の前線陣地の前に、1100時(午

前11時）に到着した。交渉の後、サヴェリエフは以下のように記している。

我々が任務に出発した地点は、チロフカ〜ステブレフの線の北およそ300メートルの丘であった。そこから敵の前線は、およそ1,000メートルであった。強い風が吹いていた…。わたしにははっきりわかっていたが、こうした情況下で、この距離では、ファシストはラウドスピーカーによって彼らに呼びかける、我々の試みを聞くことはできなかっただろう。我々はまだ我々の白旗に期待していた。これを我々は目立つように振ったが、見えただろう。彼らは少なくとも初めは、我々のラッパを聞くことさえできなかったのだ。

◆ ◆ ◆

彼らに対していたのは、エベアハード・ヘデアのSS第5野戦修理大隊から派遣されていた、フィービッヒの第112擲弾兵師団第258擲弾兵連隊の部隊であった。

連隊集団司令官ブァグフェルド大尉が、フィービッヒにラッパを吹き鳴らし白旗を振るソ連軍代表団が主防衛線の前に発見されたと報告すると、フィービッヒはすぐにB軍団支隊司令部に電話をかけ、どうすべきかを聞いた。司令官のフォウクアト大佐と彼の副官ははるか東でフォウクアトとともに、包囲陣の

降伏勧告ビラを示されたのに加えて、包囲されたドイツ軍はまた、自由ドイツ委員会〜ドイツに住んでいた、共産主義ドイツ人移住者から成っていた〜のドイツ将校連盟（BDO）のような、それ以前にソ連軍に降伏したドイツ人によって編成された組織とも戦わなければならなかった。ここでは、BDOのシュタイドレ大佐が、おそらく戦闘中に脱走したと思われるドイツ兵との会合を紹介している。（Photo courtesy of the Battle of Korsun-Shevchenkovsky Museum, Ukraine）

南部戦線に沿う戦闘を統御していたので、彼の作戦参謀のヨハンネス・ゼパウシェケ少佐が電話に応えた。

クライニューコフの説明を引用すると、サヴェリエフは、彼と彼のちっぽけな代表団がドイツ軍前線に近づくや否や、彼らは30か40歩んだだけで、機関銃で射撃されたと述べた。立ち止まって、彼はクズネツォフに再びラッパを吹かせ、一方彼の通訳は白旗を振り続けた。その後、彼らはさらに20歩進み、そして再び射撃され、弾丸は彼らを危うくかすめた。3名全員は浅い窪みに伏せ、弾丸が彼らをかすめてヒューヒュー唸り続ける中、旗を彼らの頭上高く掲げ続けた。ついに、彼らの身分を確かめるため、ヘダーの部隊から派遣されたSSの哨兵が彼らに素早く目隠しをして、ドイツ兵はこの使節団をステブレフのフィービッヒの司令部に連れて行った。

そこで彼らは軍団支隊司令部の当直将校のゼパウシェケと、バルト系のドイツ軍通訳に会った。

使節団は典型的なウクライナの小屋に導き入れられ、使節団の目隠しは哨兵によって取り去られ、彼らはドイツ軍将校に会った。サヴェリエフは彼をフォウクアト大佐と思った。ソ連軍将校は彼が話しているのが誰かを知らせるよう要求した。というのは彼は包囲陣内の2名のドイツ軍司令官、リーブ中将とシュテンマーマン大将に届けるメッセージを持っていたからである。ゼパウシェケが彼が誰かをソ連軍将校に話すと、サヴェリエフは失望したようであった。コルスンに連れていかれる代

わりに、彼はB軍団支隊の前線防御陣地まで連れて行かれただけだった。

サヴェリエフはゼパウシェケに質問を投げかけた。これはシュテンマーマン集団の情況に関する情報を得ようとする試みであると、ドイツ軍参謀将校は考えた。彼はまた、彼と彼の使節団が休戦の印の白旗の下に近づいたにもかかわらず、撃ちかけられたことに不平を言った。ゼパウシェケは詫びて、風向きのせいで彼の部下には最初、ラッパが聞こえず、そして監視哨が彼に射撃したのは、彼らが最高の軍服を着て戦場を走るソ連軍参謀将校を見慣れていなかったからだと述べた。ゼパウシェケは代表団になんらはっきりした答えを与えなかったが、彼はソ連軍将校が彼に差し出した2通の白封筒を受け取った。ゼパウシェケは電話をかけると言い訳して、ソ連軍使節団を武装した護衛をつけて外へ連れて行くよう命じた。

ゼパウシェケはヤブロノフカの軍団司令部のリーブ中将に電話すると、彼に、ゼパウシェケが彼とシュテンマーマン大将に宛てられた2通の封筒を持っていることを知らせた。リーブはゼパウシェケに両方の封筒を開封して中身を読むように命じた。両方の手紙ともに、ジューコフ、コーニエフ、そしてバトゥーチンの署名があり、彼らの現在の情況を最も悲観的な言葉で要約した前置きで始まっていた。それは「あなた方の情況は見込みが無く、さらに抵抗することは無意味である。それは単にドイツ軍将校および兵卒の莫大な犠牲を招くだけである」と述べ

ていた。不必要な流血を避けるために、ソ連軍指導者はシュテンマーマンとリープに、以下の条件を受諾することを要求していた。

1. リープおよびシュテンマーマンに率いられた包囲された全てのドイツ軍部隊は、即座に戦闘行動を停止すること。

2. 両司令官は、人員、火器、すべての戦闘装備、輸送、およびすべての軍資材を、損壊せざる状態で、全数量を赤軍に引き渡すこと。

さらにジューコフと2名の方面軍司令官は、休戦したすべての将校および兵卒が、危害を加えられることなく、戦争が終結し次第すぐに本国へ送還されることを保証していた。加えて、降伏したすべての人員は、彼らの軍服、勲章、階級章、私有物、そしてあらゆる貴重品を保持することができる。将校はサーベルの所持が許され、負傷兵には適切な医療処置が施される。終わりに、最後通牒は包囲陣に閉じ込められたドイツ軍部隊は、最後通牒にたいする返答を、遅くとも翌日、2月9日1100時（午前11時）までに返すよう要求していた。返書を携行したドイツ軍使節は、白旗をかけたスタッフカーで、ステブレフ～チロフカ道に沿ってソ連軍戦線に向かって走って行くよう指示され、チロフカの東端で「全権を与えられたソ連軍将校」に会うことになっていた。不吉にも、これは「もし武器を置けとの我々の提案が拒否されたら、赤軍と空軍部隊は包囲されたドイツ軍部隊を撃破する作戦を開始することになるが、この責任は貴官らが負う」と結ばれていた。

ゼパウシェケは、リープにこれは計略であろうと話した。両名ともにブライスと彼の4個の戦車師団はそれほど離れていないと話した。ゼパウシェケは同意し、会話は終わった。彼はサヴェリエフと彼の使節団を小屋に呼び戻し、ソ連軍将校に彼がちょうど、第XXXII軍団司令官のリープ中将と話し、彼に封筒の内容と、返答が予定されている時間を知らせたことを話した。ゼパウシェケは使節に交渉が終わりとなったことを知らせた。最後通牒そのものについては、回答されないままであった。

リープは、もちろん、彼がそう望んだとしても、降伏する権限を有していなかった～これはどうにかシュテンマーマンだけが、そして陸軍総司令部～言い換えれば、ヒットラー自身によっ

第14章：交渉の試み

〜を通じてマンシュタインによって許可が与えられた後でのみ、命じることができるものであった。そしてこれは決してヒットラーが同意するような妥当な提案ではなかった。もし総統がリープがこのとき司令官を解任され拘束下に置かれただろう。おそらく司令官を解任され拘束下に置かれただろう。というのもヒットラーは彼のいかなる将官あるいは兵士であっても、ソ連の下等人種と交渉することを絶対禁じる、非常に厳格な命令を発していたからである。しかし、リープの人間性と勇気のおかげで、彼は少なくともサヴェリエフのメッセージを確かに聞きとった。サヴェリエフは、彼の側としては、いらだちを感じた。彼の抗議にもかかわらず、ゼパウシェケを経てリープからの直接の答えは聞けなかった。ソ連軍は彼らの要求にたいする回答を翌日知るだろうというゼパウシェケの返答が、彼が得た最善のものであった。

ソ連軍将校は、どのようにしてドイツ軍は彼らの回答をよこすかを知りたいと問い、そしてそれは最後通牒に定められたものにしたがっていただきたいと話した。この点で、サヴェリエフは間違いなかった——ドイツ軍はこの件に関して、いかなる形の回答もする気がなかった。彼らの回答は、継続する、激しい抵抗という形式を取ったのである。交渉の終結を受けて、ゼパウシェケは彼のゲストにたいしてホストの役割を演じることを決め、ブランデーとサンドウィッチを勧めた。これは歓待の印であるだけでなく、ソ連軍に、少なくとも彼の司令部はまだ、彼

らの敵が考えているより、もっと長く持ちこたえられる、十分な食料があると示すためであった。サヴェリエフはゼパウシェケの勧めるタバコ、ドイツ製の「アティカ」を断り、代わりに彼自身が手で巻いたパピローシイ（巻タバコ）をくゆらせた。

ブランデースニフター（ブランデーグラス）をかき集めることができなかったため、ゼパウシェケは通常ドイツ軍が歯磨きに使用している、小さなグラスを4つ見つけるよう命じ、ブランデーをいっぱいに注いだ。ゼパウシェケはサヴェリエフと彼の使節団の健康を祈って乾杯し、彼らはグラスをひと飲みで空にした。彼は後に彼らはブランデーをことのほか好み、お代わりを所望したと報告している。ゼパウシェケは喜んで応え、彼らはみなでもう一杯飲んだ。両名ともに友好的に握手をして出発した。サヴェリエフと彼の部下は、彼らのホストに深く謝意を示し、別れを告げた。彼らはその後、帰り旅のために再び目隠しをされて、およそ6時間前に、彼らがドイツ軍戦線に入った、ちょうど同じ場所に連れて行かれた。後に、ゼパウシェケは「これはわたしの軍人としての全履歴の中で、最も記憶に残るできごとだった」と記録している。

もうひとり使節の出発を目撃したのが、エベアハード・ヘデアであった。彼もまた彼らの到着を目撃した。目隠しをされたソ連軍兵士が、護衛に連れ出されドイツ軍防衛線の隙間を通って帰されると、ヘデアはサヴェリエフが彼らの護衛のひとりに、「君たちは本当に明日叱られるだろう」と脅かすように言うの

をふと耳にした。この点に関しては、サヴェリエフは予言者であることが証明されることになる。サヴェリエフは彼自身の戦線に戻る残りの旅について、戦後書かれた記事の中に記述している。その中で、彼は回想している。

我々はすぐに、ドイツ兵が最初に我々を発見した場所と同じ場所にある我々のジープに戻った。すでに遅く、だいたい1830時（午後6時半）ぐらいであった。我々は急いで戻らねばならなかった。我々を護送した将校は、我々を携行して来た白旗で包んだ。我々は白い団子になって、左右をドイツ軍兵士に護衛されて、できうる限り急いで我々の前線に車で戻った。将校は彼の部下が目隠しを取り去った後、我々が振り向かないよう要求した。それで我々は再び同じ場所を見つけることはできなくなったのである。我々が我が軍の塹壕に戻り着いたとき、あたりは漆黒の闇となっていた。我が軍の兵士のひとりは、我々が戻ったのを陽気に笑って歓迎した。

◆　◆　◆

外の選択肢が無くなったのである。

ジューコフはサヴェリエフの交渉の試みの失敗から何かをつかみ出すことを期待して、翌日、リープとシュテンマーマンに提案した休戦条件を詳細に解説した、何千枚ものビラを印刷することを命じ、それら何千枚を空中からドイツ軍陣地の頭上に投下させた。おそらく、クライニューコフによれば、個々の将校および兵士は、彼らの情況の無意味さを理解し、このような寛大な条件を利用しようとしただろう。いったいぜんたい、誰が戦争を生き延び、彼ら愛する者の下へ戻ることを望まないだろうか？　スターリングラードの敗北は、ドイツ兵に何かを教えなかったのか？　あきらかにそうではなかった。というのも最後通牒をもって戦線を越えたのはわずかなドイツ兵だけだったからだ。もっとも、ますます多くの兵卒、さらにはメネデター中尉のようなベテランまでもが、こっそりそれらを手元に持っていたのであるが。結局、誰にもわかりはしないのだ…。

2月9日、ジューコフは、サヴェリエフの報告を下にして、彼の降伏条件は拒絶されたと述べた暗号メッセージをスターリンに送った。彼はまた、最近の捕虜の尋問を下にして、シュテンマーマン集団は激しい損害を被り続け、その将校および部隊は「いまやパニックの瀬戸際の混乱状態にある」と報告している。明らかに、終わりは見えた、あるいは少なくともジューコフとコーニェフの両者はそう考えた。しかし、彼らはサヴェリエフが使節をより長期間聴取することを期待していたろう。いまや、シュテンマーマン集団は、戦う以外およぶドイツ軍との戦闘から充分学んでおり、彼らの敵が、も

● 373　第14章：交渉の試み

しまだなんらかの救出の見込みがあれば、どんなに絶望的な情況でも、ほとんどあきらめることがないことを知っていた。宣伝戦の失敗は、この確信を強めた。それに加えて、ドイツ軍が彼ら自身で突破しようとしていることを示す多くの証拠があった。

2月10日までに、ソ連軍情報部は「ヴィーキング」と第72歩兵師団のコルスン地区への移動を探知していた。これは重要な動きだった～これら二つの部隊は、まだ充分な戦闘力を残している唯一の部隊と考えられていた。ジューコフと部下の方面軍司令官にとって、これはただひとつのことを示していた～ドイツ軍は南西～そこには第Ⅲ戦車軍団の停止した救援部隊列が整列していた～に向かう突破を準備している。万一に備えて、ジューコフはコーニェフにロトミストロフの第Ⅴ戦車軍をリュシャンカ地域に移動させ、ジュマチェンコの第340狙撃兵師団をクラスノゴロドクとモタイェフカの間の地域に移動させるよう助言した。その間彼らは、待機してドイツ軍が別の試みをするのを待った。第1、第2ウクライナ方面軍の勝ち誇った部隊は、彼らが最初の試みを粉砕したと信じたのと同様に、この試みをもまた粉砕する。残念なことに、ソ連軍はドイツ軍が「バルバロッサ」作戦の緒戦で彼らに教えた厳しい教訓～けっしてドイツ国防軍を過小評価してはならない～を、再び学ぶことになる。

戦闘後の戦場掃除で、ソ連兵の検分を受けるドイツ軍車両。手前はフランス製のルノーAHNトラック。向こう側はオペル・ブリッツ3tトラックのようだ。

第15章 シュテンマーマンの攻撃

「心配にはおよばない、同志スターリン。包囲された敵は逃れ得ない」

『ヒットラーの失った戦い』中のイワン・コーニェフの言葉

いまや南方軍集団は、最終的にシュテンマーマン集団にたいして自らの戦力をもって突破し、救援部隊と連絡する準備をするよう命令を起草していたが、事態は予想外に急速に展開した。第Ⅲ、第ⅩⅩⅩⅩⅦ戦車軍団の兵士が、包囲された戦友に到達しようとする他の試みを開始している間に、包囲陣内の部隊は包囲陣を南西～救援の大きな見込みが与えられると思われる方向～に向けようとする骨の折れる努力を始めていた。突破を発動するために最も適した、シャンデロフカ、ノボ・ブーダ、ヒルキ、そしてコマロフカの町を取り囲む突撃陣地を、ソ連軍から再度奪取しなければならなかった。

この地域は、南東から包囲陣への最短経路にまたがっており、ブライスと彼の戦車が充分に近づくまで保持するに良好な防御陣地を与えてくれた。東、南東、北部戦区は、その間、中着実なソ連軍の圧力にさらされながら、紙袋を折り畳むように引き上げねばならなかった。リーブ中将はすでに第Ⅺ軍団に急スピードで撤退するよう述べており、彼らは第4親衛および第52軍にたいして、形ばかりの抵抗をみせているだけのようであった。6個の師団の部隊、砲、そして他の車両は、全くもって不

充分な道路網の中、絶え間無いソ連空軍の空襲にさらされながら、移動しなければならなかった。これらすべては、豪雨と晴れに氷点下と雪が入り交じる、想像しうる最悪の天候の中で、遂行されねばならなかった。両陣営によって経験されたその結果生じた困難は、書き記すことなど不可能であった。

同時にソ連軍は、何ダースもの大小部隊の移動を含む、彼ら自身の準備を行っていた。戦闘のこの段階では情勢は流動的で、両陣営ともに彼らの敵が何をしているのか、本当のイメージは抱いてはいなかった。ソ連側では、ジューコフ、コーニェフ、そしてバトゥーチンは、ドイツ軍はいくつかのタイプの突破発動を確実に計画しているらしいことを知ってはいたが、証拠によれば彼らはどこでこうした攻撃が生起するのか、明白な考えは抱いていなかったことを示しているようである。ジューコフは2つのドイツ軍部隊～ブライス軍団とシュテンマーマン集団～は、リュシャンカ地区で連絡しようとしているようであった。しかし、第1、第2ウクライナ両方面軍の司令官のどちらが、充分なだけの部隊を間に合うように移動させられるかは疑問であった。というのも彼らもまた道路情況に影響されていた

からである。

その間に、第４親衛、第27、そして第52軍は、ドイツ軍にたいして着実な圧力をかけ続けていた。一方、ソ連空軍は、動く者すべてを爆撃し、機銃掃射を加えていた。彼らのますます増大する数的質的優越性にもかかわらず、ソ連軍は、撤退するドイツ軍を追撃することはけっして容易なことではなかったことを認めている。「困難な条件下で」ソ連の戦闘行動後の報告書によれば、「部隊は、激しく戦闘し、それに続いていくかの人口周密地域を占領しながら、前進した」。最大限に努力したにもかかわらず、第52、第４親衛軍は、輪縄がかけられていたのに、ゴロジシチェを占領するドイツ軍部隊を、分断することができなかった。最後の瞬間に、第57歩兵師団と「ヴァイキング」は、彼らの部隊と補給物資のほとんどを引き上げることができた。しかし、一部の負傷兵は置きざりにされ、その後、ソ連軍に殺されたと信じられている。

アドルフ・サリエは「ヴァイキング」通信大隊の軍曹として勤務していたが、捕虜となったどのドイツ兵が処刑さるべきか、誰が命を救われるべきかを述べている、ソ連軍の無線通信を傍受した。サリエによれば、1月30日に包囲陣の北東縁で、ソ連軍部隊にたいするスターリンの命令が放送された。その中では「（敵兵の）軽傷者は、捕虜とされるべきである。重傷者と「ヒビス」〔註：ヒビス（ヒビ）とはドイツ語で志願補助員という意味がある。ドイツ軍に協力して志願した外国人要員全般のこ

とを指すが、その数の多さからもっぱらロシア人を指して使われるようになった。1943年には最低でも60万人も組み込まれ、さらに20万人が戦闘部隊に配属されていた。実際スターリングラードで全滅した第６軍は、25パーセントがヒビスだったとされ、部隊によっては50パーセントの部隊までであったという。反ボルシェビズムの立場から、ドイツに忠誠を誓った例も多いが、一方で生き延びる手段として志願したロシア人も多かった〕は即座に射殺されねばならない」と述べていた。

赤軍兵士は、彼らの側としては、ドイツ軍は負傷兵を生きて敵の手に渡すよりは、しばしば彼ら自身で撃ったと主張している。ただしこれは実証されていない。ゴロジシチェが解放された後、第373狙撃兵師団の狙撃兵連隊で勤務した１兵士であるアレクシィ・フォードロビッチによれば、彼と彼の戦友は放棄されたドイツ軍将校が死んで横たわっていた。そこでは何ダースもの負傷したドイツ軍将校が死んで横たわっていた。全員が頭に銃創を受けていた。ソ連軍の説明が真実であると結論づける気にさせられようがいまいが、ドイツ軍がこれまで彼ら自身の負傷兵の手当と脱出に大きな関心を示して来たこともまた、心に留めなければならない。そしてこのような冷酷な行為は、彼らの側としては、まったくもって矛盾した衝撃を与えるものであることは間違いない。ドイツ軍負傷兵の取り扱いに関するソ連軍の記録は、確かに非の打ち所がないどころではなかった。NKVD部隊がドイツ軍負傷兵を即座に撃ち殺した、それどころか彼らの体を

切断するまでした。多くの実証事例が少なくとも存在した。こうしたできごとはもはや、ドイツ軍を驚かさなかった。これはどちらかと言えば、約束された救援の攻撃の希望を抱いて戦闘を続ける、彼らの激しい欲求を増大させるものであった。

それにもかかわらず、巧妙なドイツ軍の後退とソ連軍の戦術的な成功とが合わさって、2月10日には、シュテンマーマン集団の回りを取り囲む環は、1月28日にもともとあった1,500平方キロから減少して、たった450平方キロにまで縮小していた～その1平方メートル1平方メートルへの、ソ連軍の爆撃、砲撃、機銃掃射は増大するばかりだった。より小さな地域となったことはいくらかは守備を容易にした。というのもシュテンマーマン集団がその貧弱な残存戦闘力を集中することを可能にしたからである。しかし、これは双方向に等しく働いた。より小さな地域を攻撃することによって、包囲の内環を構成するソ連軍の軍、軍団、師団は、いまや真に圧倒的な数的優勢に立つことができるとともに、他方で同時に部隊を外環～いまや忙しく外側からのまた別の救援攻撃の準備をしていた～に派遣することができた。ソ連軍も補給と増援の前進を難題を抱えていたが、これらのほとんどは2月10日までに到着し、いまやドイツ軍に多大なる損害を被らせる配置にあった。

第Ⅲ戦車軍団からシュテンマーマン集団にたいしての突破を遂行する命令は、2月8日夕刻に第8軍からシュテンマーマン集団にたいして発令され、間違いなく安堵をもって受け取られた。シュテンマーマンの幕僚

ソ連軍もまた同様に泥に妨害された。写真では移動野戦炊飯車とそのトラックが一団の赤軍部隊によってドブ泥と格闘している。（Photo courtesy of the Battle of Shevchenkovsky Museum, Ukraine）

はすぐに「ベトリーブスアウスフルーグ（慰安旅行）」作戦の準備を完了し、ノボ・ミルゴロドにある第８軍司令部に送り返した。同司令部は草案を翌朝受領した。いまや「フリリングスグラウベ（春の信仰）」計画は放棄された。というのも第ⅩⅩⅩⅤⅡ戦車軍団がなんとかして包囲陣まで道を切り開く見込みはなさそうだったからだ。第Ⅲ戦車軍団の攻撃だけが、いくらかは成功の見込みがありそうだった。

「ベトリーブスアウスフルーグ（慰安旅行）」が成功するためには、ドイツ軍の残存戦力を集中するために、包囲陣の北、東、そして南翼をまずきつく引き締めなければならなかった。その後、救援部隊が包囲陣からある程度の距離内に近づいたら、包囲された部隊はソ連軍の包囲環を突破する攻撃を遂行し、そして連絡を回復する。このような戦術的計画すべてと同様に、残存燃料と弾薬が持ちこたえるかどうか、ソ連軍が包囲陣を二つに切断することを防げるかどうか等々、あるいはブライスと隷下部隊が充分接近することができるか等々、数多くの仮定を下にしていた。

また別の仮定は、シュテンマーマン集団がそこから彼らの突破を発動するために、良好な陣地を確保できるかどうかがあった。２月10日現在、彼らはまだそれを成していなかった。このため、ゲドケと残る幕僚は、この既述の町で画された地域を奪取する準備的な作戦を計画しなければならなかった。この作戦は実際の突破作戦とほとんど同じくらい困難であることがはっ

高速道路に沿って、泥からキューベルワーゲン〔註：キューベルワーゲン、制式名称 le pkw タイプ82 は、第二次世界大戦中のドイツ軍で最も広範囲に使用された小型乗用車である。ポルシェ博士が設計した有名なフォルクスワーゲンをベースとして強化した車台に、新設計の箱型ボディを搭載している。４×２のままだが、ギア比を変更する等して、不整地行動力を向上させていた。1940年から終戦までに約５万輌が生産された。出力 23.5馬力（後 25 馬力に強化）のポルシェガソリンエンジンを搭載し、最大速度 80km/h を発揮した〕に手を貸して力を合わせて引き出している。（Bundesarchiv 278/859/18）

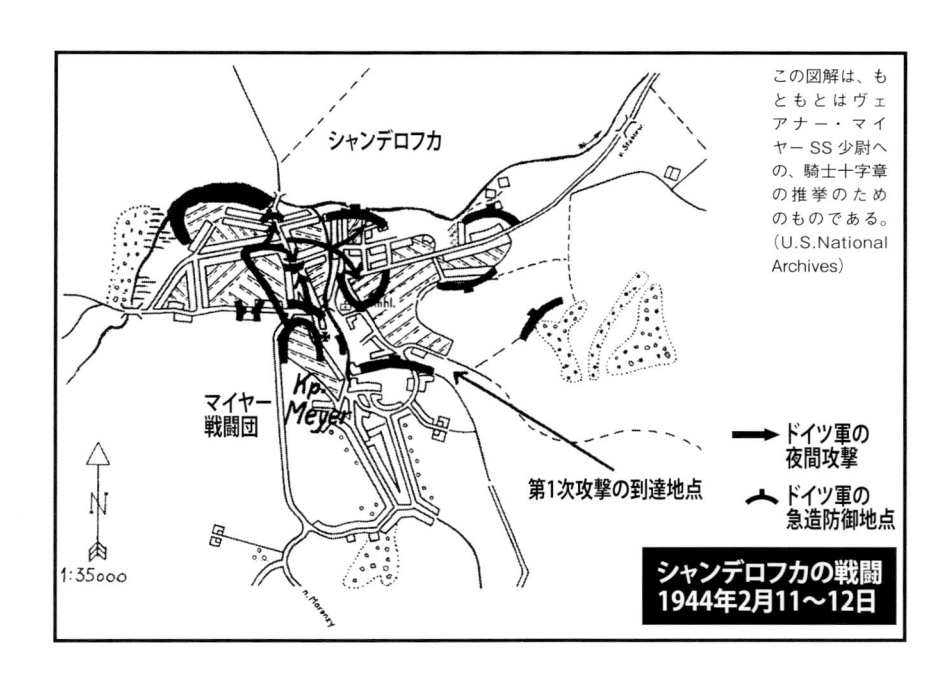

```
この図解は、も
ともとはヴェ
アナー・マイ
ヤーSS少尉へ
の、騎士十字章
の推挙のため
のものである。
(U.S.National
Archives)
```

シャンデロフカ

マイヤー
戦闘団

Kp. Meyer

第1次攻撃の到達地点

➡ ドイツ軍の
　　夜間攻撃

🔺 ドイツ軍の
　　急造防御地点

**シャンデロフカの戦闘
1944年2月11～12日**

1:35000

きりし、この戦闘中に両者がかつて経験したことの無いような激しい戦闘が行われた。

包囲陣の方向を変える作戦、つまり包囲陣を「さまよ」せる作戦は、4つの局面を含んでいた。第8軍の脱出命令を受領したとき、計画の第1局面、第57および第389歩兵師団と、「ヴィーキング」の左翼の「赤」の線までの撤退は、すでに前日の夜に生起していた。この線は、南ではヴァリヤヴァの町からゴロジシチェの北部外縁、そしてオルシャンカ川の線まで走るもので、単に2日間にわたる中間陣地として利用されるように企図されていた。しかしすでに崩壊し始めていた。

次の局面には、2月9／10日の夜間の全南東戦線の「青」の線～この線はグルーシキからデレンコベツの町に走っていた～への引き上げが含まれた。第Ⅲ局面には「ヴィーキング」の大部隊の2月10日の線からの引き上げと、コルスンの近くの終結地点への移動と第72歩兵師団との合流が含まれた。最終局面は、2月11日にリーブの第ⅩⅩⅩⅡ軍団の一部によって発動された陽動攻撃に支援された、シャンデロフカと他の鍵となる町にたいする南西を指向した攻撃が含まれた。

攻撃は突破の準備局面のための部隊の再配置のせいで、1日遅らせねばならなかった。ひどく悪い道路状況、およびこの作戦を遂行する任務を与えられた部隊の陣地への移動があまりに遅かった事実が、シュテンマーマンが延期した主要な理由であった。これは、少なくとも、彼の幕僚に計画を改良するため

ソ連軍の圧力の下、北へペトルシキの村〜1月31日に彼らがクヴィトキへの攻撃を開始した〜に後退した。包囲陣内の他の場所では、部隊は命じられたように戦い、指定された時間に引き上げた。ときには脱出経路が切断され、いくつかの部隊は全滅するまで戦うことを強いられた。2、3の部隊は彼らの陣地から逃げ出し、近接して追撃するソ連軍歩兵大隊、戦車小隊、あるいはコサックの中隊に突破の機会を与えてしまい、最後の瞬間にドイツ軍の反撃で、彼らが一掃されるか撃退されるまでに、大損害を招くことになった。

たとえば、グュンター・ジッターSS大尉によって指揮された「ヴェストランド」第I大隊は、チェレピンに近い彼らの防御陣地が2月10日夕方遅くに、ソ連軍の戦車および歩兵の攻撃を被ったときに、再びその神経をやられ過早に撤退した。これはさらに別の批判を引き起こし、シュテンマーマンの作戦参謀のハンス・シーレ中佐は第8軍に電話した。事態を改善するため、シュテンマーマンは、またその上に、侵入を撃退するために、「ベトリーブスアウスフルーグ（慰安旅行）」の攻勢の衝撃力をもたらすための候補として予備となっていた、第72歩兵師団の一部を投入せざるをえなかった。師団はたった数時間行軍した後にすぐ、この夕方に反撃を行った。このようなときには自慢の武装親衛隊の士気でさえくじけてしまうのなら、陸軍の「普通の」歩兵にはいったいぜんたい何を暗示することになるのか。

に1日の猶予を与えた。その間、まだドイツ軍の手の下にあったゴロジシチェの北方部分は、2月9日午後遅くまでにせっかちに放棄された。このときすぐに解隊されることになる、第389歩兵師団の戦闘団から成る後衛は、彼らの陣地から引きずり出され、トロヴィツの師団と「ヴィーキング」は急ぎ間隙部を閉鎖することを委ねられた。

トロヴィツ少将は、翌日、セリバノフの第5親衛騎兵軍団がヴァリヤヴァとゴロジシチェ鉄道駅の間を突破したときには、彼自身の戦区への危険な侵入に対処しなければならなかった。第57歩兵師団は戦線を数キロ後退することを強いられた。トロヴィツの連隊同様、包囲陣内のドイツ軍連隊は、いまや平均的な戦力は150名でしかなく、彼らの定数の2,008名とははなはだしく離隔していた。シュテンマーマンは、ある連隊などはあまりに多くの損害を被り、戦闘に耐え得る兵力はたった50名！ でしかないとヴォーラーに報告した。

2月9日から11日にかけて、包囲陣はゆっくりと、コルスンの町をその中心軸として旋回し、南西の方向を指し示し始めた。多大なる犠牲を払って防衛された、グリューシキやデレンコベツのような町は、ひとつひとつ放棄された。クヴィトキは、エアエンスト・シェンクの部隊が長期間にわたって守ろうとし続けて来たが、2月9日、これを最後に放棄された。彼の部下は、1週間にわたって町の上の稜線上の防衛線を保持し続けたが、戦闘が包囲陣の辺縁に沿ってほとんどあらゆる地点で荒れ

狂っている間も、Ju-52は、飛行場上空にYakとLaGGの編隊がうろついているにもかかわらず、補給物資を着陸させ、負傷兵を拾い上げ続けた。しかし、エーリッヒ・ハルトマンの中隊でさえ、彼らを常時寄せ付けないようにはしえなかった。彼のMe-109は、弾薬と燃料の補給のために基地に戻らなければならなかった。その間には、コルスン近くの飛行場に駐機したいかなるドイツ軍機も、座りこんだあひるだった。多くの機体がソ連空軍による絶え間無い対地攻撃によって、被弾して燃え上がった。

飛行場に配置された軽対空砲中隊はほとんど毎日シュトルモビクや戦闘機を撃墜したが、絶え間無い攻撃をほとんど妨げることはできなかった。この大虐殺にもかかわらず、負傷兵はまだ空路搬出された。たとえば2月9日には、566名の負傷兵が搬出された。加えて100トンの死活的に必要とされた弾薬に、8,450ガロンのガソリンをもたらした。さらに135個の弾薬および燃料の補給コンテナをパラシュートで包囲陣内に投下した。なんにせよ印象的な行動であったが、まださらに1,100名の負傷兵が脱出を待っていた。

新たなる移動と後退は、平均的なドイツ兵にとっては意味がなかった。彼らは多かれ少なかれこうした物事を考えている暇がなかった。重要なことは、包囲された部隊の大群はまだ戦い生き残るために何でもする気であったことである。第88歩兵師団のゲアハード・マイヤーによれば、

我々が全体情況についてほとんど知らなかったことは、実際非常に良いことだった。誰にも過去数日間にどれだけ包囲陣が縮小したのか、なんら考えを持っていなかった…。我々の士気がどれだけ良好であったことか、これは本当に驚くべきことであった。確かに各人は各自の疑いや不安を抱いていたが、我々は、我々の指導者に他のすべてに優先する尊敬と信頼を持っていた。我々のだれ一人としてあきらめようなどとは考えていなかった。

◆ ◆ ◆

ゴロジシチェからコルスンまで鉄道路床に作られた街道は、まだバンパーとバンパーを接するような交通渋滞のままであり、いまや包囲陣のこの地域でさえ、接近する前線にあまりに近いため、砲兵射撃にさらされていた。

マイヤーによれば、こうした渋滞した道路上を、ある場所からまたある場所に急いで移動する必要があるドイツ軍部隊は、交通渋滞が最も我慢のならないものであったろう。彼の部隊の一部がヤブロノフカからステプラフに移動したとき、マイヤーには町の友軍兵士であふれかえっているように見えた。すべてのイスバスは暖を取ろうとする兵士で鮨詰めとなり、彼と彼の部下の通信兵達にはどこにも寝所はなかった。迷子の兵士や逃亡した兵士はどこにでもおり、多くは自分の部隊を見つけるこ

● 381 第15章：シュテンマーマンの攻撃

とをあきらめていた。ソ連空軍機は町を絶え間無く、爆撃し機銃掃射した。もはやどこでも「後方」と「前線」には、前線での死がより個人的でいきあたりばったりではないことを除いては、ほとんど違いは無かった。

非常にゆっくりと、これら大隊そして連隊の抜け殻は、彼らの旧陣地から移動し新しい陣地を占拠した。ついに突破部隊の準備が整った。南東への3つの町に画された跳躍陣地を奪取するための準備攻撃は、第XI軍団の「ゲルマニア」と第72歩兵師

「ヴァローン」旅団のドイツ人作戦将校ハンス・ドレクセルSS大尉。ここでは毛皮の縁取りのショートジャケットを着込み、手元がカーブしたステッキを持っている。1944年2月9日か10日、デレンコベツ近郊にて。後方にはドイツ軍のハーフトラック牽引車が、捕獲されたソ連軍の対戦車砲を牽引している〔註：76.2mm野砲 ZiS-3 である。ソ連軍は戦前にドイツ・ラインメタル社から37mm対戦車砲を購入し、その後、37mm対戦車砲 M1930 としてライセンス生産した。さらに威力向上のため口径を45mmに拡大した45mm対戦車砲 M1932 として量産した。さらに1941年には57mm対戦車砲 ZiS-2 が導入されている。しかしソ連軍の場合特徴的なのは、いわゆる対戦車砲以外にほとんどの火砲に対戦車能力を与えていることで、それによりとくに有名となったのが、76.2mm野砲ラッチェ・バムであった。ラッチェ・バムというのはドイツ軍によるあだなで、砲の初速が速いため発射音と着弾音が同時に聞こえるとしてこう呼ばれたという。実際には単一の砲ではなく、57mm砲を含むこの手の砲がすべてそう呼ばれていたが、一応代名詞と言えるのが、この76.2mm野砲 ZiS-3 であった。ソ連野戦砲兵部隊の根幹となった76.2mm級の野戦榴弾砲は、開発当初から世界各国との遅れを払拭するため、高初速で長い射程を持つのが特徴であった。最初に製作されたのは M1933 であったが、これは生産を急ぐため122mm野砲の砲架を流用していた。これに対して最初の本格的な生産型が M1936 であった。さらなる改良型が M1939 で取り扱いを容易にするため砲身長が縮められ、全体に軽量化が計られていた。ZiS-3 はその戦時改良型で、マズルブレーキを装着するとともに砲架が改良されていた。1942年終わりより生産が開始され各種部隊に大量に配備された。ドイツ軍も多数捕獲し自軍で使用している〕。（U.S.National Archives）

団、および第XXXXII軍団のB軍団支隊の戦闘団によって2月11日に遂行された。攻撃の楔の左翼で、第72歩兵師団はケストナーの擲弾兵連隊が先鋒となって、ノボ・ブーダの町を奪取し、その後、コモロフカを獲得するために押し出し、後にはジーゲルの第266擲弾兵連隊が続いた。中央ではエーラスの「ゲルマニア」が、2日前に放棄したばかりのシャンデロフカを再度獲得した。はるか右翼では、ヴォルフガング・ブーヒャー大佐が率いるB軍団支隊戦闘団が、ヒルキを獲得し、そして攻勢の右翼をカバーした。

ひとたび目標が奪取されると、彼らの陣地は「ヴァローン」旅団の部隊とB軍団支隊の他の部隊が占拠した。「ゲルマニア」はまだ比較的に元気な部隊であり、次にはシャンデロフカを確保し、一方、第72歩兵師団は移動してコモロフカを奪取する。これら二つの町がドイツ軍の手に入ったら、その後、第88および第57歩兵師団が保持している北部の防衛線は川を越えてロシュ川の南岸に移され、2月12日には、最後にコルスンの町が放棄される。この「ベトリーブスアウスフルーグ（慰安旅行）」の最初の局面が完遂された後は、最終的な突破は1日か最大2日以上遅らせることはできない。これほど多数の部隊がこのような小さな地域に密集することは、強力なソ連軍の反撃を招いてしまう。たしかに包囲陣の一平方メートル一平方メートルが、確実にソ連軍砲火にさらされていた。ドイツ軍は素早く行動しなければならなかった。彼らの戦力は着実に減退し、彼ら

1944年2月9日か10日、ここではドレクセルとデグレールの両者、そして「ヴァローン」旅団の氏名不詳の将校が、デレンコベツの防衛線からの撤退を見守っている。MP-40短機関銃ポーチを携行した将校は、「ヴァローン」旅団司令官のルシアン・リッパートかもしれない。（U.S.National Archives）

帽子を被っていないレオン・デグレール〜このときはSS第5突撃旅団「ヴァローン」の副官をしていた〜が、デレンコベツ近郊のオルシャンカ防衛線に沿って、2月9日〜10日に生起した激しい戦闘の合間に、捕獲されたソ連軍の7.62cm対戦車砲（野砲）を視察している。（U.S.National Archives）

1944年2月9日か10日、「ヴァローン」旅団のハーフトラックが、デレンコベツ防衛線からコルスンの防御陣地に向かって後退している。1輌は2cm対空砲、そして別の車体は10.5cm榴弾砲を牽引している。（U.S.National Archives）

はすぐに限定的な突破を行う戦闘力をさえ失うだろう。

2月11日朝、シュテンマーマン集団は包囲が開始されて以来最初の戦力の報告を第8軍に行っている。これはこれ以上の戦闘が困難であることを示唆する材料となる。17日間の後、第XIおよび第XXXXⅦ軍団の兵力は、付属部隊も含めて、56,000名を数えた。この中には2,000名の負傷兵を含んでいる。1月24日以来、包囲されたドイツ軍はおそらく5,000から8,000名を失ったが、彼らのほとんどは戦闘部門の部隊であった。たとえば、第72歩兵師団は来るべき攻撃に、3個の極めて戦力の低下した連隊でたった450名の歩兵しか展開できなかった。ソ連軍の顎がズヴェニゴロドカで閉じたとき、実際数千名の兵士が包囲陣の外に逃れたが、彼らを増援として空輸しない決定が下され、彼らの多くは実際すでに空路搬出され、不祥数が戦死あるいは捕虜となっていた。何千名の負傷兵はすでに空路ハーク戦闘団に加えられていた。

何千もの支援要員がかき集め部隊に配備されたが、彼らの歩兵としての能力は限定的なものであった。こうして残された少数の戦闘部隊に、前に横たわる戦闘のほとんどが委ねられたのである。軍団および軍レベルの幕僚の見通しでは、人力の情況は実に暗澹たるものであった。一例として、シュパイデル中将は、2月10日夕刻に第1戦車軍のヴェンク少将と電話で話したときに、シュテンマーマン集団は「最後の一撃」をするだけの戦力しかないだろうと話しており、事態が実際どれだけ絶望

なものであるか理解していた。ソ連軍がすぐに経験するように、実際には残されていたのは大きな一撃といって余りあるものであった。

包囲が開始されて以来、初めてチェルカッシィ包囲陣内の部隊は彼ら自身の、どこかの防衛線を回復する、あるいはソ連軍を陣地から追い出すための急いで思いつかれたのではない、大規模な攻撃を発動するのである。これは、ついに彼ら自身が戦い明確な目的を与えられたことを認識させ、一言で伝達されると兵士達の士気を高揚させた。いまやソ連軍が鉄床となり、シュテンマーマン集団が槌となる番であった。ブライスの軍団が南から着実に近づいていることが知られていた信頼感もまた、数週間来初めて多くの兵士が感じ初めていた事実もまた、おそらく、ある者はこう考えたろう。我々はついに地獄からまく抜け出せるのだ。しかし、最初に、彼らは彼らが包囲されて以来、いかなるときよりも懸命に戦わなければならなかったというのも、ソ連軍は激しい奮戦をせずして、彼らを脱出させはしないからである。

2月11日金曜日中、突破地域を奪取するよう選定された部隊は、ステブレフとシャンデロフカの間の地域にある彼らの陣地に移動した。砲兵準備射撃はほとんど予定されていなかったというのは、弾薬は不足しており、緊急時のために取っておかれたからである。この不愉快な知らせは、この日の天気が晴れることが危惧されたが、実際には夕方早くには軽い降雪となり、

これによってある程度攻撃を隠蔽してくれるため、いくらかは和らげられた。ひとたび攻撃発起ラインを越えると、突撃部隊は、後続部隊が彼らに追いつくまで自分たちでなんとかしなければならなかった。もともと開始の予定は2100時（午後9時）であったが、3個の突撃部隊のうちのひとつを2時間遅らせざるをえなかったため、その間に他の2個に前進した。ハンス・ドーアSS少佐の「ゲルマニア」第I大隊の1個小隊は、第XI軍団参謀にとって残念なことに、集結地域への道を見失ったのである。最終的にドーアの部隊が攻撃発起ラインを越えたのは2300時（午後11時）のことで、そのころには北東からの風が、降りしきる雪をトロフィメンコの第27軍の守備兵の目に叩きつけていた。

ドーアの大隊は、「ヴィーキング」の中で最強であったため、シャンデロフカ～第27軍第54要塞地区の2個大隊によって2日前に失われた～の奪取を割り当てられた。これらの部隊、第22火炎放射大隊および第200砲兵機関銃大隊は、すぐにシャンデロフカの内部および周辺の彼らの陣地を固めた。町を奪うことは容易ではなかった。とくに増援の途上にあることが示されていた5親衛騎兵軍団の部隊が、セリバノフの第5親衛騎兵軍団の部隊が、増援の途上にあることが示されていた。

シャンデロフカの村の東の大きな背後で部下の中隊長に訓示をした後、ドーアは彼らにたいして攻撃がどのように行われるのが最善なものとなるか、彼らの考えを述べるよう求めた。ドー

アが中隊に攻撃を先導することを志願するよう求めると、彼が驚いたことには彼の要請への応えは無かった。誰ひとりとして任務を行うことに乗り気では無かった。ドーアは、びっくりしおそらく彼の部下の指揮官達の「SS精神」の欠如に怒って、ヴェアナー・マイヤーSS中尉の第1中隊に攻撃を先導するよう命じ、彼はマイヤーの部隊に同行することを告げた。

夜襲を成功させるために、ドーアの部隊は町の東に大きなバルカ（涸谷）を用い、それによって姿を隠して、シャンデロフカの南外縁に近づいた。峡谷から出た後、彼らは右に曲がり目標の中央を攻撃し、通りを一本ずつ奪取していった。雪と風が、彼らの近づく音を覆い隠した。大隊が町の南端に最も近い峡谷の縁に到着したとき、ドーアとマイヤーは敵陣地を偵察するために前に出た。彼らが帰るときに、彼らは暗闇の中、2名のソ連軍哨兵に発見された。彼らは即座にマイヤーの部隊のだれかに撃ち倒された。

奇襲の効果が失われたため、ドーアは即座に部下に攻撃を命じた。雄叫びとともに、「ゲルマニア」の兵士は峡谷の隠れ場所から飛び出し、町の端のソ連軍防御陣地になだれ込んだ。さらに2名の哨兵が向かってくる一群の兵士に立ち向かおうとして撃たれた。収束手榴弾によって、一群の掩蔽壕が処理された。ジョーレン・カムSS中尉の第2中隊、そしてオットー・クラインSS中尉の第3中隊は、左翼と右翼のソ連軍陣地を包囲するため出撃し、マイヤーの部隊は主要街路を越えて、そして町

SS機甲擲弾兵連隊「ゲルマニア」第1大隊長、ハンス・ドーアSS少佐。戦闘中のいつかである。（U.S.National Archives）

の外れで停止した。彼らはそこで手短に再集結した。

何分か後、マイヤーとその部下は町にたいする攻撃を再開した。町の守備兵はその間に完全に目を覚ました。彼らが建物の最初の列に近づいたとき、ひとりの兵士が仕掛けられたトリップワイヤーにつまづいた。そのワイヤーは火炎放射器を、彼らの頭上数フィート（1メートル強〜数メートル）に燃え上がるゼリー状のガソリンの奔流を放射させるように仕掛けられたものであった。予想外のブービートラップによってほんのしばらくはパニックになったものの、負傷者は出なかった。マイヤーと彼の部下はすぐに町にたいする戦闘を開始し、一軒一軒を争う戦闘を行った。カムの中隊が加わり、ドーアとマイヤーの部隊は、ほとんど夜中激しい市街戦を演じ、最終的に夜明け前にシャンデロフカ南部のソ連軍守備兵のほとんどを追い出すか殺害した。

翌朝、2月12日朝0700時（午前7時）、ほっとした様子のシュテンマーマン大将に〜彼は8時間前に攻撃が開始されて以来、なんら情況報告を受けていなかった〜少なくともシャンデロフカの一部は再びドイツ軍の手中に落ちたと報告した。町の南部外縁では、ソ連軍部隊のいくつか個別の包囲陣は、朝遅くに一掃されるまで抵抗を続けた（P379地図参照）。

しかし、シャンデロフカの残部は、まだ奪い取らねばならなかった。守備兵は極めて激烈に抵抗したため、ドーアは昼間の攻撃は除外せざるを得ず、代わりに、カムの中隊を先導にした

● 387　第15章：シュテンマーマンの攻撃

第105擲弾兵連隊のベンダー少尉。彼の歩兵砲中隊は、連隊ではベンダーのオルガンとして知られていた。これは「カチューシャ」のニックネーム（スターリンのオルガン）をもじったものである。(Photo courtesy of 72.Inf.Div. Veteran's Association)

2215時（午後10時15分）に開始される夜襲を行うことが選択された。一軒一軒を争う戦闘で何ブロックか侵入した後、カムの部隊は、その後、3時間にわたって、重機関銃と対戦車砲によって釘付けにされた。手詰まりとなり、マイヤーは～彼の隷下の第1中隊は何時間にわたってカムの後方にあった～、独断で行動することにした。というのは、彼の大隊長からの命令を待ったら、罠にかけられた戦友達にとって致命的になることがはっきりしていたからである。

西に向かって弧を描いていた放棄されたソ連軍の塹壕を遮蔽に使用して、マイヤーと彼の中隊は後方から発見されることなく敵陣地に近づいた。彼の中隊がカムの部隊を釘付けにしているソ連軍守備兵のすぐ近くにいることに気づくと、マイヤーとその他少数の兵は塹壕から飛び上がり、最初のソ連軍陣地に向かって走った。不運にも彼の中隊のほとんどは、自殺的な企てに思えたので、命をかける危険を犯そうとせずに、彼らがいた場所に留まった。2個の手榴弾を使用して、マイヤーはすばやく1門の対戦車砲を破壊し、前進し続けた。塹壕から見て、彼の中隊の残余は士気を鼓舞され、おそらくは個人の武勇の証しを見せられて恥じたのだろう、「フラー」と声を限りに叫びながら、彼らの退避壕から飛び出して戦闘に加わった。

彼らはすぐに中隊長と彼に従った少数の勇者に合流し、ソ連軍陣地をシステマティックに掃討し始め、最終的にカムと彼の部下を解放した。両中隊にはすぐにオットー・クラインの中隊

が加わり、その後、敵の拠点の残された陣地への攻撃を開始した。11時間の戦闘の後、翌日1000時（午前10時）にはシャンデロフカのすべてがドイツ軍の手に落ちた。再び、ソ連軍防御陣地にたいするドイツ軍の夜襲の有効性の戦術的価値が証明された。いくつか迂回された敵狙撃兵とその他の抵抗は残り、ドーアの大隊は翌日を捜索に費やしたが、ほとんどの戦闘は終わった。ドーアの損失はたいしたことは無かったが、守備するソ連軍は重大な損害を被った。

実際、守備兵のほとんどすべてが、戦死するか捕虜となった。敵の戦死者はあまりに多かったため、だれも彼らをわざわざ数えようとはしなかった。二夜目の攻撃だけで、10門の対戦車砲、2門の歩兵砲、そして何挺かの重機関銃を捕獲し、さらに48名を捕虜にした。1時間のうちに、マイヤーの部隊の一部は勤務中の敵連隊幕僚を奇襲し、3名の将校を捕虜にした。ソ連軍連隊長はSSの捕虜になるよりも自殺の道を選んだ。シャンデロフカへの攻撃とそれに続く市街戦においてマイヤーがとった重要な指揮官としての役割にたいして、彼の名は騎士十字章に列せられた。

その日の午後、ドーアの部隊がシャンデロフカの防備を固め敵の反撃を撃退する備えをしている間に、彼の連隊の残余が合流した。キョーラーの戦車大隊は、この日早く彼らに加わることが予定されていたが、その代わりに前日北東に、コルスン鉄道駅近くでの、ソ連軍の突破を撃退するため、ヴィットマン

SS中尉の歩兵中隊とともに、急ぎ戻ってしまっていた。ヴィットマンと彼の部下が留まる一方、キョーラーは彼の戦車を回り右させ、シャンデロフカに向かわせた。彼はそこで戦っている「ヴィーキング」の残余と合流することを期待していたが、その代わりにまた別のソ連軍の浸透を撃退するためサバドスキーに転用された。

彼らがいないことは、その日の午後に痛感された。シャンデロフカは大量の砲兵射撃に支援された約200名の敵歩兵大隊と1輌のT-34に攻撃され、驚く「ゲルマニア」の兵士を防御陣地に釘付けにした。この攻撃は、スキプチンチィの方向から、おそらく第202狙撃兵師団によって発動されたもので、実際村の中にまで持ち込まれ、そこではドイツ軍とソ連軍がすぐに白兵戦を演じることになった。情況は夜更けまで混沌とし、ドイツ軍が最終的に優勢となった。しかしその過程で彼らは大きな損害を被った。最終的に要衝シャンデロフカ～平時にはレンガ工場が唯一の目印となるちっぽけな農村でしかなかったのだが～はドイツ軍の掌中に落ちた。

右翼では、ブッヒャー大佐のB軍団支隊戦闘団による攻撃は、はるかに困難な局面になった。彼は1個師団の連隊群をもって行動するのではなく、4個の別々の連隊集団から、間に合わせの突撃部隊を縫い出さなければならなかったのであった。これらの部隊は、第255、第323、および第332擲弾兵師団からのもので、これまで一度も一緒に行動したことがなく、ブッ

ヒャーはスクリプチンチィ、ヒルキ、そしてペトロフスコエの村の奪取に取り掛かる前の2月11日の夕方までに、指揮、統制、機構を構築するという避けることのできない職務を負った。そしてまた最後の瞬間に彼の部隊を集結できたのである。というのは第678擲弾兵連隊は、ヴィグラヴェフ近郊での戦闘～第88歩兵師団の部隊が交替した～から離れて、攻撃の数時間前に到着したばかりであったからである。

まさにこの連隊戦闘団は、ヴィグラヴェフを再度奪取する戦いで、町を保持しようとしたソ連軍第337狙撃兵師団のいくつかの歩兵中隊を一掃して頭角を現した。彼の部隊の立場としては、さらに良かったことは、ソ連軍の野戦炊飯車、トラック1輛分の冬季衣料、そしてその他大量の糧食を捕獲したことであった。第678擲弾兵の兵士は、確実にこれらの物品を、先に続く戦闘にうまく活用することができた。彼らは何週間もまともな食事も取れず、冬季衣料も不足していた。連隊集団の業績について詳述した報告書はまた、捕虜となった3名のソ連軍将校は、「逃亡しようとして撃たれた」と述べて、それ以外では成功した作戦に、わずかに酸っぱい味付けをつけ加えていた。

ブッヒャー戦闘団は、シャンデロフカの北東1キロの集結地点から、予定通りに2200時（午後10時）に出発した。シャンデロフカの北方外縁を彼らの最初の目標、スクリプチンチィまで走る2キロの長さの峡谷を静かに移動して、ブッヒャーと彼の部下はほとんど1発も撃つこと無く南から村を奪取することができた。0700時（午前7時）までには、村はドイツ軍の手中に落ちた。ソ連軍捕虜の尋問～彼らの多くが両手を腰に当てたそうな叫びによって眠りからたたき起こされた～によって、ブッヒャーと彼の部隊は、これまでは報告されていなかった、第202狙撃兵師団と相対していることが明らかになった。第676連隊集団をスクリプシンツィの確保に残して、ブッヒャーと残余は南へ彼らの2番目の目標、2キロ離れたヒルキの村に向かって、押し出して行った。

再び、ソ連兵の寝込みを捕まえて、ブッヒャーの部隊はほとんど抵抗を受けずに村の中まで歩いていき、眠っている敵部隊を駆り集めた。彼らはドイツ軍の捕虜となったことで、当惑し驚いたようであった。村の真ん中に止まっていた1輛のT-34は、乗員は中で眠っており、収束手榴弾で撃破された。彼らはこの日の彼らの3番目、そして最後の目標、小村ペトロフスコイエに向かって出発した。そこはヴョーラーとフーベの両者が、シュテンマーマン集団とブライスの第Ⅲ戦車軍団との連絡を成し遂げることを期待した場所であった。ブッヒャーと彼の部下が、文字通り壁にぶち当たったのがまさにここであった。

1時間後、彼らは丘を昇ってペトロスコイエに向かって攻撃を続け、ブッヒャーと彼の部下は当初は町の東側の入り口を確

保することができた。しかし、彼らが丘の上にある村の陣地を固める前に、ドイツ軍は２個ソ連軍狙撃兵大隊の予期せぬ反撃を受けた。この攻撃によって彼らは撃退されてほとんど１キロも丘を下った。ヒルキに戻って、ブッヒャーの司令部は急ぎ夕方に向けて防衛線を組織し、翌日再びペトロスコイェの奪取を試みる計画を立てた。Ｂ軍団支隊の比較的にうまくいった行動は、この日を最後に終わりとなった。ペトロスコイェは奪取していなかったものの、少なくともヒルキは確保し、これは突破地域の確保の助けとなった。しかし南方でははるかに巨大な戦闘が進行中であった。これはチェルカッシィ包囲陣の全戦闘において最も成功した小部隊行動のひとつを特徴づける戦闘であった。「ヴィーキング」とＢ軍団支隊の部隊がシャンデロフカ、ヒルキとスクリプチンツィの孤立した陣地で戦っている一方、第72歩兵師団の兵士は第５親衛騎兵軍団との戦闘にいまも取り掛かろうとしていた。

現在までのところ割り当てられた戦闘をこなしていたものの、ロベアト・ケストナー少佐の第105擲弾兵連隊は、戦闘早期にいくつか計画された撤退の流れの中で、そのあまりにも早く引き上げて、その姉妹連隊のひとつ、ジーゲルの第266擲弾兵連隊の嘲りを招いていた。おそらく過去数週間にわたって「予備役連隊」の兵士によって彼らに投げ付けられた、下品な言葉と侮蔑に刺激されて、トリエル〜そこで連隊は1936年に創建された〜の兵士達は、すぐに立派にやって

ひとたびドイツ軍指導部が、包囲された部隊と救援部隊の両者による協同した打撃によって包囲を突破すると決断すると、包囲陣内の部隊は南西に攻撃するために、再編成しなければならなかった。写真は、コルスン外縁で小休止をしている「ヴィーキング」のⅣ号戦車。〔註：Ⅳ号戦車Ｇ型である。機関銃の前にアンテナ避けが装備されており、1942年11月以降に生産された車体であることがわかる。また砲塔左右には発煙弾発射機が装備されており、これによって1943年２月から５月の間に生産された車体と言える。もうひとつ車体、砲塔にシェルツェンが装備されていないことで、1943年４月以前に生産されたこともわかる（ただし車体シェルツェンに関しては取れてしまうことも多いが）〕。(Photo courtesy of Kaisergruber)

第15章：シュテンマーマンの攻撃

のけることになった。ロベアト・ケストナーは、第105擲弾兵連隊の剛健な傑出した指導者であり、彼の赴くところのどこにおいても自信をほとばしらせた。彼はがっしりして頑健な男で、部下達全体の上に立ち、彼らにとって力～これは戦闘の残り数日間に、ますます不足する産物となった～の主柱となったようであった。彼は12年間という短い期間に、二等兵から少佐に昇進したが、これはいかなる軍隊にあってもすばらしい偉業であった。

ケストナーは1931年10月に共和国軍に招集され、1937年に歩兵将校に任命され、1939年9月にはポーランドで戦った。1943年までに東部戦線で勤務し、少佐の階級に昇進し、すでに1943年4月1日には連隊の指揮を委ねられていた。彼はドニエプル川の防衛戦における彼の任務によってすぐに柏葉を加えられた。12月11日には騎士十字章を授けられ、来るべき戦闘における指揮を委ねられた。

ケストナーの連隊は、ノボ・ブーダとコマロフカの2つの重要な村を奪取する任務を与えられた。最初の目標であるノボ・ブーダは、モリンツィの町の方向からのソ連軍の攻撃にたいして、突破破地域の東翼を守る役割を果たす、北から南に走る稜線に沿っていた。ノボ・ブーダが奪取された後で、そこは後方に近接して追従していたジーゲルの連隊に引き渡され、ケストナーと彼の部下は、前進してコマロフカを奪取した。ノボ・ブーダの西2キロに位置するこの村の保有は、ドイツ軍が2つの町

の間に広がる低く連なる丘の稜線に沿って、強力な東西の防衛線を構築することを可能とした。その間にこれらの町とヒルキ、そしてシャンデロフカの兵士が、360度全周防御の一方で彼らの最終的な突破発動の準備をしていた。

主たる問題は、ケストナーの見るところでは、任務の大きさではなく～タラシチャに近い彼の集結地点とノボ・ブーダの間の土地が敵に有利である事実であった。2週間前にクヴィトキの近くでエアンスト・シェンクが直面したのと同様な情況下で、ケストナーと彼の部下は何の遮蔽物も無く丘を昇って攻撃しなければならなかった。さらに悪いことに、彼の斥候はソ連軍がタラシチャの南西1キロの稜線に沿って、良好にカモフラージされて構成された防御陣地を構築していると評定していた。ケストナーと彼の部下がソ連軍に近づくときに、遮蔽物として使用できるバルカ（涸れ谷）や窪みはほとんど無く、ソ連軍は彼らが集結地域を張られるや否や彼らを視認することができた。彼は敵の戦力を確認するためのいかなる偵察活動も厳しく禁じた。というのも、彼は犠牲を不必要に生じさせる余裕など無いと感じていたからである。

ケストナーの情況評価では、また彼の支援砲兵は、弾薬の不足に悩まされており、限定的な支援、短時間の集中射しか与えられないことが彼にはわかっていた。それゆえに彼の攻撃を支援するいかなる形の弾幕射撃も、全く問題外であった。ソ連

軍陣地の第一線にどのようにして近づくかは、彼の心に重くのしかかった。戦後に書かれた報告書の中のケストナーの弁では、これらの事実と彼自身の見積もりによって、彼は白昼の攻撃は全くもって現実的でないという結論に至った。

この結論に到達したのは、ケストナー一人では無かった。シュテンマーマン大将はすでにすべての攻撃が、2月11日の夜2100時（午後9時）に開始されるよう命じていた。夜襲は昼間の攻撃よりも統制がより困難であった、というのも部隊は道に迷う、あるいは事故で友軍部隊を撃ちやすいが、夜襲は敵の持つ武器の火力指向能力を制限することで、奇襲となる可能性を増大し、攻撃者側に敵防衛線の一点に彼の部隊の大分を集中し指向することを可能にする。夜襲の不利はケストナーが彼の部下の将校、兵がこの挑戦に耐え得ると考えた〜というのは彼らは夜間戦闘を経験しており、そして万一の訓練ができていた〜ことによって軽減された。これは、続くシュテンマーマン集団の突破は彼らの攻撃の成功にかかっているという現実とあいまって、おそらく彼らの部下の成功への欲求を強めた。

攻撃の成功を保証するため、ケストナーは先鋒小隊に彼らが携行しうるかぎり多数の火力を与えることを決断した。こうするために、攻撃梯団はほとんど全員が機関短銃を装備する彼らはまた攻撃に随伴するＭＧ－34〔註：ＭＧ－34は第二次世界大戦中のドイツ軍の主力機関銃である。もともとはラインメタル・ボル

ジヒ社で開発されスイス軍に採用されたソロトゥルン1930（ＭＧ30）をドイツ軍向けに改良したものである。1934年に制式化され、1936年から量産が開始された。弾薬にはドイツ軍の主力小銃であったＫａｒ98Ｋと同じ7・92㎜×57弾を使用する。標準装備の二脚を使用して軽機関銃として、三脚架に据え付けて重機関銃にも使用できる汎用機関銃の先駆であった。毎分900発と発射速度が高いのが特徴であった。反面銃身がすぐ過熱するため、予備銃身を用意しスムースに交換できるよう配慮されていた。50発入りサドル型弾倉、250発ベルトリンクから給弾された。ＭＧ-34は、歩兵火器としてだけでなく、車載機銃、対空機銃としても広範囲に使用された〕およびＭＧ－42機関銃チームによって、大きく増強された。この最初の突撃波の背後には、連隊幕僚が自走2㎝対空砲〔註：電撃戦は、戦車部隊の機動力による快進撃とともに、空中砲兵としての航空機の用法を確立した。その効果は、フランス電撃戦、アフリカ戦線、ロシア戦線といかんなく発揮された。しかし、航空戦力を有するのはドイツ軍だけではない。もちろん空軍が制空権を獲得するのが理想だが、常に可能であるわけではない。このためドイツ軍ではこれにたいする対抗手段をも用意していた。こうして多数の火砲が対空兵器としてデビューしたが、これらの砲は、自動車化されたとはいえ牽引式であり、機動戦を展開する戦車部隊に随伴するのは困難であった。このため、対空砲、機関砲を自動車ないしハーフト

SS大尉ならびに騎士十字章受賞者、ハンス・ドレクセル。「ヴァローン」旅団ドイツ人作戦将校で、1944年2月半ばの作戦の陰の頭脳となった。この写真では、彼の毛皮の縁取りのジャケットを革製オーバーコートと交換している。(U.S.National Archives)

彼の部隊が大胆な夜襲でシャンデロフカの包囲環を突破した。第72歩兵師団第105擲弾兵連隊長、ロベアト・ケストナー中佐。(Photo courtesy of 72.Inf.Div.Veteran's Association)

ラックに搭載するなどの手が打たれた。自走2cm対空砲は、この時期までに実用化されたものとしては、2cmFlak30ないし38を車載化したもので、1tハーフトラック、8tハーフトラック、Sdkfz-251ベースの車体が存在する（Ⅰ号戦車ベースの対空車両もあるが、これはスターリングラード戦で全滅したとされるので、ここには登場しないであろう。それ以外にも各種の軽および中型トラックに搭載されたものも存在した）。1tハーフトラックベースの車体は、Sdkfz-10/4および5 2cm対空砲搭載1t牽引車台である。本車は1tハーフトラックの操縦席より後部をフラットなプラットフォームとして、そこにFlak30（Sdkfz-10/4）ないし38（Sdkfz-10/5）2cm対空砲を全周旋回式に装備したものである。非装甲だが、一部は車体前部および操縦席部に装甲板を取り付けていた。1944年までに610輌が生産されている。8tハーフトラックベースの車体は、Sdkfz-7/12cm38式4連装対空砲搭載8t牽引車台である。本車は8tハーフトラックの操縦席より後部をフラットなプラットフォームとして、そこにFlak38 4連装2cm対空砲を全周旋回式に装備したものである。非装甲だが、一部は車体前部および操縦席部に装甲板を取り付けていた。1944年までに319輌が生産されている。Sdkfz-251ベースの車体は、Sdkfz-251/17中型装甲兵員車（2cm）である。C型をベースとした車体は車体後部の兵員室にFlak38を搭

載し、左右を起倒式にして射界を確保したものである。ただし本車は10輌しか生産されていない。D型をベースとした車体は、Flak38を小型砲塔に装備して兵員室に装備したもので、1944〜45年に少数が生産された）とともに追求した。砲兵支援は第72砲兵連隊第1中隊と連隊が保有していた2門の残存歩兵砲によって与えられた。これらの砲が雪と泥をかき分けて歩兵砲に確実に追従できるようにするために、2組の馬がそれぞれの砲のろにくくりつけられた。砲の後ろには連隊の残余の馬が従った。後衛には連隊の別の2cm自走対空砲が派遣された。

クルスクの戦い以来の7ヵ月におよぶ絶え間無い作戦行動、そして2週間の包囲の後で、第105擲弾兵連隊にはたった346名の将校および兵が任務に適するのみであった。残りは野戦病院か、オリョール突出部からドニエプルに広がる間に合わせの墓地に横たわっていた。弱体ではあったものの、同連隊は限定的ながら攻勢作戦を遂行する能力残すと思われていた数少ない連隊のひとつであった。戦力不足の連隊を率いるために、ケストナーは彼の他にはたった2人の将校～連隊副官ホッペ少尉、そして大隊長代理のマチアス・ロス少尉～しか有していなかった。ケストナーの突撃部隊を増強するために、ホーン大佐は第72野戦補充大隊に連隊に隷属するよう命じており、連隊はおおよそ2倍の規模となっていた。

補充大隊の343名の将校および兵士は、ほとんどが数日前までは事務員かトラック運転手であったが、歓迎されるべき増

援であった。この部隊は外でも無い、第266擲弾兵連隊の（ベンダー・オルガンの名声の）歩兵砲中隊長、畏敬すべきベンダー少尉が率いていた。彼は貸し出されていたのだが、これは彼がコルスンへの後退中に彼のすべての砲を失っていたからであった。彼を助けるのが、シェッファー首席主計長であった。ケストナーによって、「優れた部隊指揮官」と判断された。この689名のつぎはぎの部隊をもって、ケストナーは突破に先立つ最も劇的な戦闘のひとつに乗り出そうとしていた。彼の部隊は何千ものソ連軍部隊と数ダースの戦車にたいして穴にこもっていた。まさにシュテンマーマン集団の生存こそがケストナーの任務の成功にかかっていた。

暗くなった後しばらくして、ケストナーは彼の連隊を、タラシチャ南西外縁の攻撃陣地に移動させた。月の無い闇夜であったが、新しく積もった雪に反射した星明かりが、部隊が攻撃準備をし、最後の計画修正を可能とする十分な照明を提供した。彼らが以前にもしばしばそうして来たように、兵士は彼らの機関短銃をチェックし、手榴弾が彼らの腰のベルトの適切な位置に押し込まれ、装備の吊り紐が正しく固定されているのを確認した。そして何か食べる物を持っていれば、ひとかけかふたかけ口にした。しかし、兵士のほとんどは比較的に良く休養がとれていた。というのは、コシュマクで予備として2日間送っていたときに、ひどく必要とされていたいくらか眠ることができたからである。

ケストナーはすでにこの戦区を保持していた部隊、クリスチャン・ゾンタークの第88歩兵師団第248擲弾兵連隊の戦闘団との連絡路の調整に、いくらか時間を費やした。彼らが待機している間に、ソ連軍の配置を確定するためにソ連軍の防御陣地まで這って昇って行った哨兵が戻り、彼らに気づかれずに近づくのに最善の方法は何かケストナーに知らせた。この情報を下にして、彼は連隊は最初に比較的に防備の弱い陣地を攻撃することを決めた。最終的に、2030時（午後8時半）（彼が予定したよりも30分早く）に彼と彼の部下は、比較的に安全な彼らの陣地から出て、ソ連軍の前線の方向に向かった（地図12）。

音を立てずに、ドイツ兵は、彼らの中に分け入り、前方1キロに横たわる長い斜面を昇って行き、ソ連軍戦闘陣地の第一線に近づいた。守備兵が彼らを見たときには、もう間に合わなかった。その後、白いカモフラージュ服を来た最初の突撃波は、一発も撃つこと無く素早く守備兵を片付けた。連隊主力がソ連軍陣地の突破口を通って押し進む間に、増援の小隊は敵翼側を迂回するため扇形に広がった。比較的容易に、連隊は縦深に梯団を組んだソ連軍陣地を突破し、彼らの奇襲の効果を証明した。ソ連軍部隊のほとんどは、何が起こったかわからないまま死んだ。先鋒部隊が押し進むとともに、自動車化されたまた馬挽の重機材が後方に近接して続いた。この時点でソ連軍は気づき、セリシチェ西の小さな森からケストナーの連隊の側面に射撃して、彼らの前進を妨害しようとしたが、効果は無かった。彼の部隊のほとんどはすでに通り抜けていたのだ。ジーゲルの連隊を一掃し、ケストナーの後方に延び続ける左翼のソ連軍を、ケストナーの後方に押し出した。

ケストナーと彼の部隊は次の目標、200高地が、予期せぬ困難に直面した。砲兵連隊の馬挽の10・5cm榴弾砲中隊には、丘の北東斜面に積もった巨大な砲を丘の上に引っ張り上げるのに精一杯働いた。1時間以上にわたって奮闘した後、突撃部隊は深夜近くになって200高地の上に到達し、それが占拠されていないことを発見した。この位置から、ケストナーの連隊は南に向かって、スヒニィの村からシャンデロフカに向かう道路に沿って北西に移動する、ソ連軍の交通を観察することができた。これはおそらく、新しい陣地に移動するセリバノフのコサックの隊列だったのだろう。

ケストナーは30輌のトラックと何輌かのトラック搭載カチューシャを数えてから、2門の2cm対空砲に位置につくよう前進を命じた。200メートルの射撃距離から、対空砲兵は隊列の先頭車両に砲火を浴びせ、それらを燃え上がらせると、雪に覆われた風景が浮かび上がった。ドイツ軍砲手は系統的に自分のやり方で動き砲を隊列の後方に向けると、すべてを撃ちまくった。カチューシャの砲手は彼らのロケット弾をドイツ軍に向けて発射しようとしたが、あまりに近かったために、12・2cm弾頭は被害を与えることなく彼らの頭を飛び越した。彼らも

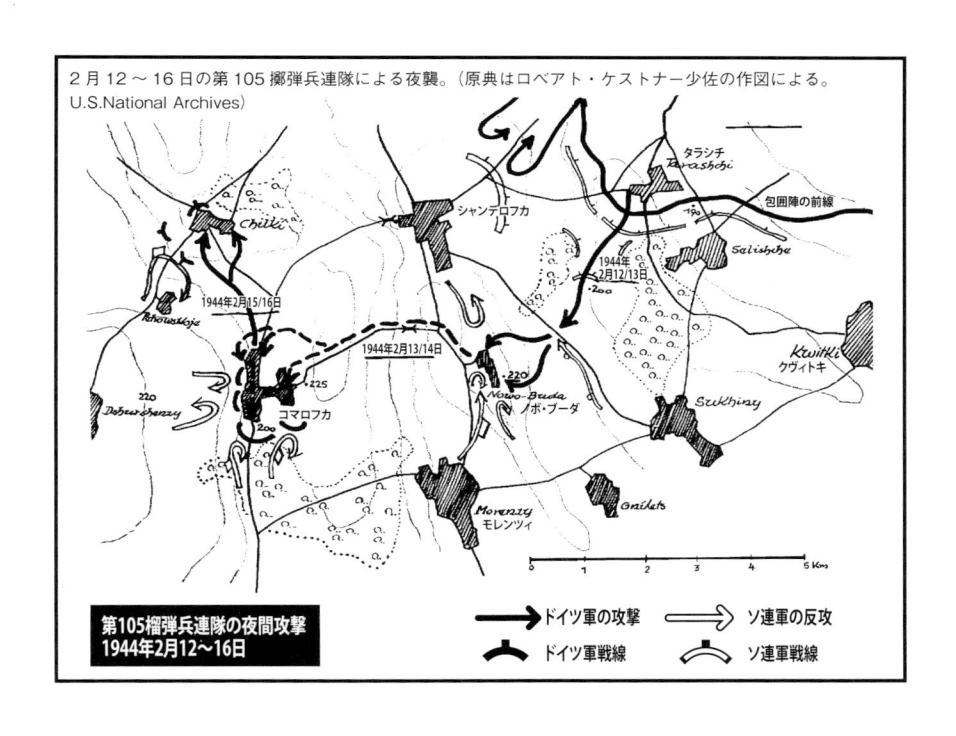

2月12〜16日の第105擲弾兵連隊による夜襲。(原典はロベアト・ケストナー少佐の作図による。U.S.National Archives)

第105榴弾兵連隊の夜間攻撃 1944年2月12〜16日

→ ドイツ軍の攻撃　⇒ ソ連軍の反攻
⌢ ドイツ軍戦線　⌣ ソ連軍戦線

　また、対空砲部隊の正確な射撃ですぐに撃破された。この成功に気を良くして、ケストナーの兵士達は、意気揚々と前進し続けた〜おそらく事態は最終的に思いどおりにいくだろう！戦術編成を整理し後方の部隊が追いつくのを待つため短時間休止した後、ドイツ軍は新たな目的意識を持って素早く動き出した。ソ連軍車列を待ち伏せした場所からすばやく2キロを走破して、先鋒部隊は彼らの次の目標、ノボ・ブーダの外観を0100時(午前1時)に見つけた。村に直接攻撃を仕掛けるよりも、ケストナーは挟撃行動を取ることに決め、村を北および南から攻撃するために部隊を派遣した。ドイツ兵が音も無く匍匐前進すると、守備兵からは一発の射撃も無く、彼らは明らかに熟睡していた。敵の夜襲によって完璧に奇襲され、守備するソ連軍部隊のほとんどは戦うこと無く降伏した。1時間半後、村全部とそれを取り巻く地域は、ドイツ軍のものとなった。
　本当に最小限の実際の戦闘とほんのわずかな犠牲が報告されただけで、第105擲弾兵連隊は重要地点を奪取して5キロ前進し、250名のソ連兵部隊を捕虜とし、24輌のトラック、そして5門の対戦車砲を捕獲した。しかし、少数のコサックと何両かの荷車は、南および南東に逃走し彼らの司令部に新たなドイツ軍の攻撃を警報した。この夕方の残りは、何も無く過ぎた。ケストナーは、ソ連軍の反撃が来るまで時間がかからないことに気づいており、部下に村に全周防御陣地を構築するよう命じた。シャンデロフカ、あるいはモレンツィの方向からのソ連軍

● 397　第15章：シュテンマーマンの攻撃

のあらゆる襲撃を寄せ付けないために、砲兵に2門の砲をそれぞれ接近路となりうる街路を火制するように据え付けることを命じた。2門の2㎝対空砲は機動反撃部隊として運用するため、予備として留め置かれた。士気は高かった。ケストナーは朝早く部下の陣地を視察している間に、夜襲は「計画された突破の成功に不可欠な、兵士の自信を呼び覚ました」ことに気づいた。

ジーゲル少佐～もまた、彼の部下の士気が目に見えて改善されたことに注目した。彼の連隊は先鋒ではなかったが、彼と彼の部下はまだなんとかして彼らの攻撃成功へ貢献したことを見せつけようとしていた。というのも彼らはケストナーの攻撃波が残した迂回されたソ連軍部隊を一掃したからである。ジーゲルの連隊はまた、最後のほんのわずかな間であったものの、ノボ・ブーダの攻撃の最後の段階にも加わった。彼の連隊はこの夕方、その左あるいは北翼を攻撃から守って、第105擲弾兵連隊とともに釘付けにされた。その北では、セリシチェを保持する部隊とノボ・ブーダを連絡して、フンメル大佐の第124擲弾兵連隊～ホーン～の3個の連隊の中で最弱の連隊～が展開していた。彼の連隊群に指揮統制を施すために、ホーン大佐は彼の指揮所をコルスンからステブレフに移動させた。そこで彼の幕僚は、混乱の真っ只中で、彼等の司令部のための退避所を探した。このようにして、薄っぺらいフィールドグレイの戦線が、いまや旧防衛線から南東に～救援が用意されている方向に広がった。

ドイツ軍がノボ・ブーダの内部および回りに新しい戦闘陣地を掘削している間に、彼等は北方2キロのシャンデロフカ～そこではハンス・ドーアのSS部隊が一軒一軒市街戦を戦っていた～からの発砲音を聞くことができた。そこ以外はどこも静かだった。

ジーゲルはケストナー同様、翌日、何がもたらされるかを知っていた。ジューコフとコーニェフは彼等の内環が突破されたことに気づくと、彼等は疑いも無く彼等が転用しうる限りの部隊と戦車を、ドイツ軍にたいして投入するだろう。少なくともジーゲルは彼とケストナーの連隊が彼等の敵から被った敗北の中で、わずかな喜びを享受することができた。代わりにソ連軍は、シュテンマーマン集団に奇襲された～少なくとも彼等はこの時点で

想像を絶する最悪の道路情況の中で、再集結が実行された。歩兵の歩行ペースは一時間あたり1キロに低下した。(Bundesarchiev 711/435/33)

1944年2月半ば、ゴロジシチェからコルスンへの途上で、泥を抜けて骨折って進む、「ヴィーキング」が「ヴァローン」旅団のSS車両の隊列。ほぼ間違いなく彼らは、ちょうど町の北縁にあるコルスン中央駅を出発したところで、丘を昇って町の中心～そこにはロシュ川にかかる橋がかかっていた～に向かうところであろう。(U.S. National Archives)

包囲陣内からの攻撃はほとんど予想していなかった。ドイツ軍が彼等の幸運を喜んでいる一方で、シャンデロフカ、ノボ・ブーダ、そしてヒルキの失陥が報告されたときのソ連軍陣営内の反応は正反対のものであった。もし包囲されたドイツ軍外部の援助無しにここまでできるのだとしたら、これはまさに何の予兆となるのだろうか？　事態の予期せぬ成り行きは、すぐにスターリンを激怒させた。しかし、しばらくの間、ソ連軍のドイツ軍の攻撃にたいする反応は、現地の司令官ができる限りの限定的なものであった。一方、ニュースは赤軍の指揮通信網を浸透して上っていった。

2月12日の朝は、わずかに氷点下を上回る気温で明けた。この日遅く雨が降り始め、戦場は再びぐちゃぐちゃになり、一日中、荒れ狂った戦闘にとって適当な背景を作り出した。少なくともノボ・ブーダの部隊にとっては、十分平穏なものとなり始めた。シャンデロフカ、ヒルキ、そしてペトロフスコイェで戦闘が続いている間に、ケストナーとジーゲルの連隊の兵士達は、避けることのできないソ連軍の反撃はどこに行われるかを考え始めた。彼等はたいして待つことはなかった。1000時(午前10時)、ドイツ軍監視哨はシャンデロフカ方向から、3輌の戦車に支援された1個歩兵大隊から成るソ連軍が攻撃して来たことを報告した。この攻撃は、据え付けられたドイツ軍砲兵の直接照準射撃によって、そのうちの2輌の戦車を破壊されて、素早く粉砕、撃退された。

ソ連軍の攻撃は明らかにノボ・ブーダを再度奪取しようとの意図で行われたものではなく、少数の部隊によって、南方に逃れようとする「ゲルマニア」の攻撃を押し止めようとしたものようであった。彼等は午後、別の大隊にさらに多くの戦車で再び丘を越えて戻って来て、第72歩兵師団を攻撃し、さらに4輌の戦車を失った。ジーゲルの部隊が保持するノボ・ブーダ北部外縁に侵入しようとするソ連軍の試みは、アルベアス軍曹とトラック運転手から成る彼の小隊が反撃しソ連軍がドイツ軍防衛線を突破することを防いだことによって阻まれた。政治将校に率いられた突撃部隊は一掃された。

町の南部を保持していたケストナーの部下は、この日南方から〜そこにはモレンツィがあった〜の何度かの攻撃と戦った。1100時（午前11時）には、ソ連軍は1個大隊の歩兵と2輌の戦車をもって、町そのものへの侵入に成功した。30分の戦闘の後、この攻撃は撃退され両方の戦車ともに、収束手榴弾とパンツァーファーストを使用して接近戦で破壊された。事態は実に活発化して来た。幸運にも救援は途上にあった。この朝早く、師団は「ヴィーキング」が「ヴァローン」旅団を、ノボ・ブーダにおけるドイツ軍防衛線を増強するために送り、彼等は午後早くであろうことを知らされた。ジーゲルの連隊は町から完全に外に出て、ノボ・ブーダからセリシチェまで走る本格的な防衛線を構築した。ケストナーの部隊は町の北半分を引き継ぎ、一方でルチエン・リッパートの「ヴァローン」は村の南および南西部分を防衛することになった。

ジーゲルは、まったくもって彼の新しい配置を喜んでいなかった。再び彼の部隊は、広く開けた地形の防御陣地を占めることを強いられた。彼の部下に日中弾薬と食料を絶やさず補給することは、ほとんど不可能であった。というのは彼の5キロの幅の戦区に動く物はすべて、擲の注意を引き射撃されるからであった。ジーゲルはまた「ヴァローン」にも感心しなかった。この日の午後遅くのノボ・ブーダのドイツ軍指揮所での、レオン・デグレールとの会談について書いている。ベルギーのレキスト（ベルギーファシズム）の指導者が問い続けたのは、どこ

ゴロジシチェの大きな町からコルスンへの、唯一の通行可能な道路は、2つの町を結んでいる鉄道路床上であった。2月6日頃から、第57、第72歩兵師団、そして「ヴィーキング」の部隊は、後退するためにこの唯一の経路を使用せざるをえなかった。(Bundesarchiev 241/2187/13)

が部隊、重火器等々を配置する最高の位置かではなく、「いつ我々は包囲陣から脱出に成功するのだろうか？」であった。他のだれもがおそらく同様の考えを持っていたのだろう。罠から抜け出す方法はただひとつしかなく、それは戦うことであった。

もちろん、「ヴァローン」は一週間にわたって継続して行動しており、オルシャンカ川の防衛線の占領においては良く戦った。デレンコベツの町の周辺では、彼らは第２９４狙撃兵師団によって率いられ、そのたびに彼らが追い出された町を奪取しようとした、数次にわたる断固とした攻撃に耐えた。しかし、デグレールの心配した態度が示したように、彼らの楽観主義にもひびが入り始めた。２月１０日に、彼は「ヴィーキング」司令部から彼の指揮官、リッペアトに、ドイツ軍が「完全なる殲滅から免れる」と知らされ始めたようだ。デグレールによれば、たった１００のうちの４か５だと見積もられると知られた。チャンスは、デグレールに現実主義がもたげ始めたようだ。デグレールは彼方に、「お互いを眺めて、我々はぞっとした。我々は、彼方に、蜃気楼の中のように、我々の子供の顔を見た。すべてが失われるときは遠くは無い」。この信念の堅い楽観主義者でさえ、ついにドイツの窮境のひどさを理解し始めた。たったひとつの認識が普通でなかった点は、デグレールがそうなった一週間前に、他のドイツ人将校のほとんどは同じ結論に達していたことであった。

デグレールと「ヴァローン」の残りの者は、２月１１日の夕刻、デレンコベツ周辺の戦区を「ヴェステランド」に引き継ぎ、翌朝ノボ・ブーダ～そこで旅団は突破地域を奪取し保持する戦闘に参加することになっていた～に前進するという命令を受け取ったとき、間違いなく安堵感を感じた。敵から離脱することにはいくらか困難があったが、「ヴァローン」は１３３０時（午後１時半）までには、アルブシノ近郊の道路上にあり、２時間半前に彼らの旧陣地から完全に引き上げていた。コルスン中心部を通過している頃、リッペアトは部下に車両から降りて町を整列して、声を限りに歌いながら行進するよう命じた。まだ町を保持していた多くのドイツ兵にたいして、これは幻想的な光景であったにちがいない！このような情況下で軍歌を歌うということを想像されたい！町の南端で、「ヴァローン」は隊形を再度整え彼らのわずかに残された車両に乗り込み、水力発電用のダムに架けられた仮設橋を通ってロシュ川を渡った。

この日の朝、コルスンの「ヴィーキング」の司令部での短い休止の間に、デグレールとリッペアトはギレSS少将が、野戦電話でハインツ・デブのSS第５機甲偵察大隊が、朝早くに「ヴァローン」が通過したすぐ後に、アルブシノから追い出されたことを知らされて怒っているのを目撃した。その陥落によってソ連軍は、コルスンからたった３キロの距離に進出することになり、彼らは町の南西の飛行場を射撃することが可能になる。驚いたことには、ギレは顔面が真っ赤になり、彼のふしだらけの杖をひっつかむと、彼のフォルクスワーゲンに飛び乗

り、アルブシノの方向に走り去った。そこはヴィットマン大尉の歩兵中隊が反撃に投入され再度奪取された。「ヴァローン」デグレール、そして「ヴァローン」の残りの者は、疑い無く回れ右してこの攻撃に参加することを免れたことでほっとして、1130時（午前11時半）にはノボ・ブーダの外縁に到達した。

リッペアトとデグレールと彼の旅団のほとんどは、数日間全く睡眠できず、朝早く泥道を移動したことで疲れ果てた。目を覚ましているために、デグレールとその他多くは覚醒剤～パイロットを長い飛行の間目を覚ましていられるように開発された人工の刺激剤～に頼った。デグレールが「ヴァローン」がその戦力の終わりに到達したと考えていた一方で、ケストナー少佐は違った考えをしていた。旅団の先鋒隊列が午後早く到着し始めた頃、彼は「ヴァローン」がまだ6輌の突撃砲、4輌の自走対戦車砲、そして平均してそれぞれ50名の戦力を有する4個小銃中隊を有する～これはケストナーの意見によれば、ノボ・ブーダにおける（我々の）戦力をかなり増加させるもの～と知らせた。

彼らの到着はジーゲルの連隊の、前述の開放された陣地への移動と、ケストナーの連隊の午後遅くの町の北部への転換を促進した。その間にもソ連軍は村にたいして、探りを入れる攻撃を続けていた。しかし、第105擲弾兵連隊は長く心配する必要はなかった。夕方早いうちに、司令官は師団からこの夜、ノボ・ブーダから離脱し、連隊の次の任務の要であるコマロフカの村に前進する準備をするよう、新たな一連の命令を受け取った。

た。彼の部下は彼の戦区を「ヴァローン」旅団に引き渡し、その後、彼らがこの鍵となる町の防衛を受け持った。「ヴァローン」の戦闘能力は、再び試されることになった。というのは、その夜までにソ連軍指導部は、ついにドイツ軍の夜間の成功の規模を理解し、すでにイニシアチブを再び獲得するため部隊に行動を命じていたのである。

ソ連軍の指揮組織は、ほとんど一日にわたって何が起きたのか正確にはわからなかった。ドイツ軍の前進に関して、一連の予期せぬ夜襲の経路となった、あるいは撃破された、各種の中隊、大隊、連隊、そして師団から、報告が上がって来るには時間が必要だった。間違いなく、これら下級指揮官～大尉、少佐、そして大佐～は、油断無く警戒している包囲陣からドイツ軍が逃れたニュースをうまく伝えようとした。最終的にコーニェフ元帥は自ら、「ナチが前線の連接部を突破できる…という考えは受け入れがたかった」と語っている。しかし、戦場の現実を無視することは難しかった。コーニェフ自身の言葉では、「ナチは第27軍の防衛線を通って突破に成功した。彼らは不運にも戦力が不足し、かつ広い戦線を保持していた…これは作戦の中で最も危険かつ広い局面であった。実際、そうだった。しかし、次に起こったことは、コーニェフとかつての庇護者、ジューコフとの関係を歪めると同時に、この危険な状況下で、ソ連軍の指揮系統に不必要な動揺を与えることになったとして、ソ連の歴史家の争いの種となった。

ともかくも、スターリンは2月12日の朝半ばには、(おそらく政治将校のチャンネルを通じて)ドイツ軍が包囲の内環を突破し、いくつかの村を奪取したことをすでに知っていた。誰が知らせたかは、今日に至るまで分からないままである。この知らせはますますもって、ソ連の独裁者を怒らせたに違いない。というのもジューコフと二人の方面軍司令官は、包囲されたドイツ軍がいまにも完全に崩壊し、勝利は彼らの掌中にあることを示すような趣旨の報告を、モスクワへずっと続けてはっきりと流し続けたのである。救援部隊の立ち往生と包囲陣の分解をもってして、どうして彼らがすでに突破したなどということがあろうか？

最初にスターリンの激怒を感じたのはコーニェフであった。彼は2月12日の昼頃、スタフカの高周波無線通信網を通じて呼び出しを受けた。コーニェフは記事の中で、スターリンの怒りについて述べている。

(スターリンは) 我々は全世界に聞こえるように、大規模な敵集団をコルスン～シェフチェカコフスキィ地区に包囲したと発表したが、しかしスタフカは包囲されたドイツ軍が第27軍の戦線を突破し、彼ら自身の部隊に向かって移動しているという情報を持っている、と言った。「貴官は隣接する方面軍について何か知っているか？」彼は問いただした。

この盛り上がった鉄道路床は、絶え間無いソ連空軍戦闘爆撃機による攻撃によって、すぐに「死の街道」と名付けられた。
(Photo by Adolf Salie courtesy of Willy Hein)

第15章：シュテンマーマンの攻撃

◆◆◆

コーニェフはスターリンがこれほど真剣になるほど十分良くわかっていることが分かっていた。彼は彼の言葉を非常に注意深く考えてしゃべらなければならなかった。誰であろうとスターリンに連絡したのは、コーニェフは考えた、「少々不正確な報告をした」のだ（コーニェフの自身の回顧録の中では認めていないが、実際には報告は完全に正確なものであった）。スターリンの怒りを和らげ、彼にコーニェフが十分情況を理解していることを示すために、コーニェフはスターリンにコーニェフの方面軍は、ロトミストロフの第5戦車軍と第5親衛騎兵軍団に突破戦区に向かい、「彼らを罠の中に押し戻し、第1ウクライナ方面軍との連絡を確保」するよう命じて、敵の突破路を確実に閉鎖するように、すでに必要な手を打ったと話した。

実際、コーニェフがスターリンに説明した部隊の移動は同日の朝早く、ジューコフによって命じられていた。しかし彼らは実際のドイツ軍の攻撃とは何の関係もなかった。これは本質的に予防措置であった。というのは近隣の各所のソ連軍幕僚すべてにとって、ドイツ軍が南方か南西方～救援部隊が接近しつつある方向～に突破しようとすることは明らかだったからである。誰も突破が生起する正確な場所は予想できなかったが、ジューコフはおそらく感じており、できるだけ多くの部隊を包囲陣の内側と外側のドイツ軍の間の回廊に送り込むことを主張した。ただその数だけが決めなければならない事柄であった。ジューコフ自身の言葉によれば、「…我々は敵がまさに連絡を達成する戦力を持ちたいと感じとることができた」。

ジューコフの命令を考察すると、彼は主としてブライスとフォアマンの救援部隊を考慮することに関心があり、ドイツ軍の突破を過大に心配してはいないことを示している。ロトミストロフとセリバノフの部隊の移動は、すでにコーニェフのスターリンとの無線による会話のはるか前に発令されており、このことからコーニェフは単に彼が不意を突かれた事実を覆い隠し、作者不詳の報告書の本当の真実を否定して、独裁者に彼はすでに事態を「支配」していたと知らせることで、非難を回避しようとしたという結論が導かれる。

ジューコフもまたスターリンの電話には驚かされた。スターリンはコーニェフとの会話を済ませた直後であったに違いない。2月12日の朝、ジューコフは風邪で床についていた。高熱に侵されて、彼がちょうど寝入ったとき、彼の副官、L・ミニューク将軍が乱暴に彼を起こした。「何だ？」ジューコフが眠そうに尋ねた。「同志スターリンの電話です」とミニュークが答えた。ジューコフはベッドから跳び起き、無線機に突進した。さにスターリンであった。彼は怒って要求した。「私は夜に敵がバトゥーチンの地区をシャンデロフカ地域からヒルキとノボ・ブーダへと突破したと聞かされたばかりだ。貴官はそれについて何か知っているか？」。もちろんジューコフは知らなかっ

1944年2月10/11日、コルスン鉄道駅近くで「ヴィーキング」の隊列が、泥の中にはまり込んでいる。(Photo by Adolf Salie courtesy of Willy Hein)

　た。彼は情況を調べ、彼に報告するよう命じた。ジューコフはすぐにバトゥーチンに電話した。彼はスタフカの調整官に、ドイツ軍が実際「2、3キロ押し出した」が、停止した、と知らせた。ジューコフはバトゥーチンに、この新たな情況にたいしていくつか付加的な助言を与え、その後、スターリンに折り返し電話した。その後、スターリンが言ったことは、彼を驚かせ激怒させた。

　明らかに、コーニェフはスターリンに、彼が戦後の戦闘に関する解説の中で述べたことよりも、かなり多くのことを話したに違いなかった。ジューコフはスターリンに報告することさえできず、コーニェフが彼に語ったことを聞かされた。コーニェフはスターリンに、包囲されたドイツ軍の撃破を任務とするすべての部隊の指揮権を、即座にコーニェフの第2ウクライナ方面軍に隷属させるよう提案したことを聞かされた。実際これはトロフィメンコの第27軍が、コーニェフに隷属することになることを意味した。ジューコフは抗議して、終局は実にはっきりと見えており、このように最後の瞬間に指揮権をひとつの司令部から他の司令部へ移行することは、「作戦の進行を遅らせる」だけである、と独裁者に穏やかに述べたが、この提案は意味を為さなかった。しかしスターリンは、コーニェフの助言に従うようすでに決心していた。そして彼はこれで終わりにしなかった。

　彼はまた、コーニェフの提案を下にして、バトゥーチンはこ

第15章：シュテンマーマンの攻撃

の地域でさらに作戦を遂行するすべての任を解かれ、代わりにほとんど100キロもはるか西の「ロブノ〜ルーツク〜ドゥブノ地区の第13および第60軍の作戦を個人的に監督する」よう命じた。おそらくコーニェフは町の喪失の責任を、公平さに疑問があるのにバトゥーチンに着せたのである。そうであったことを証拠は示しているようだ。罠にかけられたドイツ軍を最終的に殲滅することで、コーニェフは彼自身と彼の方面軍の名声を示すことができるのである。ジューコフが反論する隙もなく、その後、スターリンは彼に、彼、ジューコフはいまやブライスとフォアマンの救援部隊の経路に並んだ部隊の指揮をとり、今後いかなる突破をもあらゆる犠牲を払って阻止する責任を負うよう話した。これをもって、スターリンは電話を切った。

ジューコフは彼自身の命令を起草することもできず、スタフカのアントノフ将軍によって起草され、スターリンが承認した詳細な作戦命令を含む無線メッセージを送られた。これはコーニェフがスターリンに与えた提案とともに、部隊の移動に関係する詳細な情報を文書に書き出したものであった。第180、第337、そして第202狙撃兵師団、そしてまた第54および第159要塞地区を含む、トロフィメンコの第27軍の指揮は、深夜に第2ウクライナ方面軍に引き渡された。バトゥーチンの方面軍は、まだ彼らへの補給とコーニェフからの命令の伝達の任を負っていた。ジューコフは作戦の「監督」から解放され、接近するドイツ軍救援部隊に抵抗する部隊の行動を調整す

疲弊してコルスン鉄道駅に到着した、「ヴィーキング」のトラック（Photo by Adolf Salie courtesy of Willy Hein）

第72歩兵師団第105擲弾兵連隊の、マチアス・ロス中尉。彼の特技はソ連軍戦線を通過する夜間偵察、警備任務の遂行であった。(Photo courtesy of 72nd Infantry Division Veteran's Association)

る責任を負う、すなわち第1、第2親衛戦車軍そして第6戦車軍、同じく第40軍の事実上の指揮権を与えられることになった。

コーニェフがジューコフにたいして、いかなる感謝の念を感じていたかは～1941年にスターリンが彼を審問し不適格者として訴追することを望んだとき、ジューコフはコーニェフのために介入した～記録されていない。このときから長い時間がたち、コーニェフは急速にスターリンの最も有能な将軍の一人となっていった。赤軍の輝ける星の一人で、コーニェフのライバルであるバトゥーチンは、2月11／12日のドイツ軍の突破攻撃を停止させることができなかっただけでなく、彼の方面軍がブライスの接近する救援部隊にたいして示した貧弱な能力を申し立てられて恥をかかされた。彼は実質的にスターリンによって解任され、主戦場から遠く離れた二次的な作戦の指揮を執るために西に行くことを命じられた。

これはバトゥーチンを怒らせた。彼は彼が戦場から外されることを命令されたニュースを聞いて、命令を受け取った後すぐにジューコフに電話した。バトゥーチンはジューコフが主張するところによれば、情況の命じるままの「極めて感情的な人物」であったが、ジューコフがこのもっともらしい降格を用意したものと非難し、怒って述べている。

同志元帥殿、貴官はすべての人々の中で、間違いなく本官が何日間も立ったまま眠ることなく、勢力のすべてを（この）作戦に費やして（来た）ことを知っております。その後でなぜいま本官がこの偉大な作戦の完遂から追いやられるのでしょう？本官は我が部隊をも誇りとしており、本官はモスクワが第1ウクライナ方面軍の兵士に敬意を表することを望む。

◆
◆
◆

ジューコフは熱くなった彼の部下に、命令はスターリンから直接来たもので、彼もまた命令は不公平なものであると考えていると話した。近づいて、ジューコフは彼に言った。「ニコライ・フェードロビッチ…貴官と本官は兵士である。ならば不平

● 407　第15章：シュテンマーマンの攻撃

を言わずに命令を遂行しようではないか」バトゥーチンは、いくらかいやいやながら言った。「命令には従う」ジューコフはこの日（2月12日）以後、シャンデロフカからリュシャンカへの敵の突破の試みは一掃されたと述べて、この事件に関する彼の説明を終わりにした。しかしこれは真実では無かった。しかし、ジューコフとコーニェフがどんなにスターリンを喜ばせようとしても、単にドイツ軍は一切脱出しなかったと述べるだけでは十分ではなかった。

ジューコフ、コーニェフ、バトゥーチン、そしてスタフカは、単に不意をつかれただけだった。接近するブライスとフォアマンの救援部隊に集中して、彼らはドイツ軍の内環を突破しようという試みがこんなに早いとは、そしてそれが起こる正確な場所を予想していなかった。彼らはまた、包囲陣内のドイツ軍が実際よりはるかに弱体ではなはだ混乱していると考えていた。このドイツ軍の能力の過小評価にあいまって、彼らの敵が論理的な既決として夜襲を選択したこととあいまって、ドイツ軍の奇襲の要素を我が物とすることを確かにした。シャンデロフカを別にして、ノボ・ブーダ、スキリプシンチィ、そしてヒルキの町は、ほとんど一発も撃たずに奪取されたのである。この成り行きは、シュテンマーマン集団の突撃部隊にとって、実に驚くべき簡単さであった。しかし事態はいまにも変化しようとしていた。計画変更の影響を受けた最初のソ連軍部隊は、セリバノフのコサック軍団であった。2月11日の0430時（午前4時30分）、

ドイツ軍が攻撃を開始する前に、セリバノフはすでに彼の軍団をクヴィトキ～ヴァリャヴァ地区～そこで彼らはトロヴィツの第57歩兵師団と戦っていた～からステブレフ方向に動かす命令を受け取っていた。彼らの新しい陣地に向かう夜間行軍は容易なものではなかった。というのも夜間の降雪に加えて、この日は雨が降ったからである。彼らの疲労したポニーは、疲労困憊どころではなくなった。コサックもまた行軍経路に沿って、いかなる新しいドイツ軍部隊とも遭遇しようとは予想しておらず、彼らは彼らの新しい陣地への行軍に、ドイツ軍が夜襲を開始したとおおむね同じ時間に取り掛かった。前に述べたように、セリバノフの軍団の部隊はこの夕遅く、スピニュイからシャンデロフカへの道路に沿って移動中に、ケストナーの部隊に待ち伏せされた。2月12日の朝、第63騎兵師団は、砲をブライスの軍団の方向に向けて、グニロイ・ティキチェに沿った新たな陣地に占位した。軍団の残余は、まだセリシチェとモレンチィの間の道路上にあった。2月12日午後早くセリバノフが最初にドイツ軍の攻撃の規模を知らされたとき、部隊はこのように配置されていたのである。

セリバノフは、彼の方面軍司令官のコーニェフから、彼の軍団は突破してシャンデロフカとノボ・ブーダを奪取したドイツ軍部隊を、包囲し撃破する任務をあたえられたと指示されていた。この命令に応じて、隷下の第63騎兵師団はグニロイ・ティキチェに沿った彼らの新陣地を別の部隊に引き継いで、軍団～

リュショフの第4親衛軍に隷属された〜の残余と合流するよう命じられた。セリバノフは彼の軍団が任務に耐え得るか、十分確信が持てなかった。彼の軍団の戦闘後報告書で彼は、軍団は非常に悪い状態だったと述べている。彼の部下と彼らの乗馬はほとんど3週間にわたって途切れる事なく行動しており、彼らは物資の不足とともに、間欠的な雪解けによってひどさを増した通行不能の道路に苦しんでいた。

補給、とくに弾薬と燃料に関しては、実質的に停止した。戦車と突撃砲、砲兵機材、そしてトラックが、いかに彼の軍団が戦った経路に沿って散らばり、破壊、故障、あるいは泥の中にはまってしまったかを述べている。それにもかかわらず、彼は彼の師団に適切な命令を下した。彼らが最初に注目した目標は、ノボ・ブーダであった。そこは2月12日の午後と夕方に、第11そして第12親衛騎兵師団によって攻撃された。多くの場合彼らは何の準備も無く行軍の隊列から直接攻撃に加わった。この日ケスナーとジーゲルの連隊とともに戻って来ることになる、これらの部隊だった。彼らは3番目の師団が撃退したのは、

ドイツ軍は、彼らの側としては、ソ連軍陣営内の成り行きには気づいていなかった。強力な部隊が彼らにたいして勢揃いしていることを知っていたにしても、彼らは命令されたとおり攻撃を続ける以外ほとんど選択の余地はなかった。彼らにはひとつの方法しかなかった。それは前進し続けることであった。ブッヒャー大佐と彼のB軍団支隊戦闘団は、2月12日、ペトロフス

1944年2月半ば、デレンコベツ、ゴロジシチェ防衛線からの撤退から、「ヴィーキング」か「ヴァローン」旅団どちらかのSS擲弾兵が休息を取っているところ。アコーディオンとそれを演奏しているところさえ見える。この作戦中の天候が、多くの隊員が彼らの冬季戦闘服を脱いでしまうほど、暖かかったことに注目。彼らはすぐにそうしたことを後悔することになる。(U.S. National Archives)

コエに向かう彼らの攻撃を続けるよう命令された。ケストナーと部下の擲弾兵は、2月12/13日の夜に、彼らの攻撃を続けコマロフカを奪取するよう命じられた。「ゲルマニア」はまだシャンデロフカの掃討に忙殺されていた。実際、ソ連軍はすでに反撃を開始していたが、これまでのところ彼らは思い悩むことは無かった。ヒルキとシャンデロフカの守備兵は、これまで達成したことに満足したようで、夜間穴にこもっていた一方で、ケストナーは違った。彼はコマロフカを奪取せねばならず、それは早いほど良かった。

第105擲弾兵連隊によるこの攻撃の遂行を助けるために、ホーン大佐はケストナーに師団の最後の3輌の7.5cm対戦車自走砲〔註：ドイツ軍は多種多様な対戦車自走砲を開発したが、その主力であるのが傑作対戦車砲、7.5cmPaK40を搭載した、7.5cm対戦車自走砲であろう。捕獲したフランス戦車車体を流用したものも製作されているが、少数でもあり例外的なものと言える。主力となったのは、Ⅱ号戦車の車体を流用したマルダーⅡと、38（t）戦車の車体を流用したマルダーⅢである。マルダーⅡは制式名称はⅡ号戦車台搭載7.5cm PaK40/2と呼ばれる。Ⅱ号戦車F型車体をベースとして、砲塔および戦闘室上部を撤去した車体中央部に、新たに薄い装甲板で囲ったオープントップの戦闘室を設け、限定旋回式に7.5cm対戦車砲を装備している。開発は1942年5月に開始され、プロトタイプは6月初めに完成した。すぐ生産は開

この写真では毛皮の縁取りのアノラックを着込んだ2人のSS擲弾兵が、コルスンの南西のどこかの干し草の山の中の退避所から、冒険的にも抜け出している。1944年2月10日か11日のもの。一人は手紙を書いているが、小銃と手榴弾はすぐ手の届くところに置かれている。（U.S. National Archives）

始され、1943年6月までに576輛が新造され、さらに1943年7月から44年3月にかけて75輛が、前線から引き上げられた戦車車体から改造されている。マルダーIIIは、2種類が存在し、それぞれ制式名称は、7・5㎝PaK40／3搭載38（t）戦車H型、7・5㎝PaK40／3搭載38（t）対戦車自走砲M型であった。H型は38（t）戦車G型車体と略同型のH型車体を使用し、マルダーIIと似たような形で、砲塔および戦闘室上部を撤去した車体中央部に、新たに薄い装甲板で囲ったオープントップの戦闘室を設け、限定旋回式に7・5㎝対戦車砲を装備している。開発は1942年5月に開始され、プロトタイプは6月初めに完成した。しかし生産はすぐには開始されず11月からで、1943年4月までに242輛が新造され、さらに43年に175輛が戦車車体から改造されている。一方M型は完全に異なり、自走砲専用に設計されたM型車体を使用していた。この車体はエンジンを中央部に移動し後部を戦闘室としており、砲を搭載するため十分な広さが確保でき、また車体甲板の重量配分も適切化されていた。後部の戦闘室はやはり薄い装甲板で囲ったオープントップで、限定旋回式に7・5㎝対戦車砲を装備している。開発は1943年初めで、2月にプロトタイプを見たヒトラーはすぐに量産することを命じた。生産開始は1943年4月からで、駆逐戦車のヘッツァーに引き継ぐため生産が中止された1944年5月までに975輛が完成している。これらの車体は、主として戦車駆逐（対戦車）大隊に配属された」

そうでなければ、ケストナーは前夜、うまくいくことがはっきりした同じ戦術編成を選んでいた。夜襲を発動する前に、彼は班長のマチアス・ロス大尉に、目標の偵察を行うよう命じた。彼が戻ると、ケストナーはノボ・ブーダからコマロフカに通じる道路には敵がいないことを知らされた。自走対戦車砲が攻撃に随伴できるのかどうかの問題には、ロスの経路上の小流にかかる橋が、3輛の軽装甲車両の重量を支えることができるという応えによって答えが出た。コマロフカに関しては、敵に占拠されており、ロスは町からシャンデロフカ～そこでは戦闘騒音をまだ聞くことができた～に通じる道路を走るかなりの数の車両の交通を目撃した。

コマロフカの敵が大勢で町を占拠しているようであったため、夜襲にかかっているようであった。目標そのものは実際お互いに隣り合い込んったふたつの小さな町であった。町の東（西の誤植？）側部分は、丘の頂きに隣り合って作られた家々が密集して小さく固まっていた。町の低い部分は、はるかにまばらで、シャンデロフカへの道路に沿って広がっていた。正面攻撃は問題外であった。再び、ケストナーは挟撃行動を取ることにした～彼の部隊の一部は北から町の西部を攻撃し、一方、他の部分は東か

ら町の東部を攻撃する。

2段階に分かれた攻撃は、2100時(午後9時)に開始される。ロスの配下の歩兵大隊は、北から町の西部を攻撃する。この攻撃にはずみがついたら、彼はケストナーと連隊の残余に、東からの彼らの担当する攻撃を開始するよう信号することになっていた。両部隊はその後、ソ連兵を掃討して、町の真ん中で握手する。

砲兵中隊および歩兵砲中隊は背後に密着して追従し、もし必要であれば敵の守備兵にたいして力を貸せるよう備える。3輌の自走対戦車砲と自走2㎝対空砲は、攻撃が進捗するまで隠蔽された配置に留まる。というのは、彼らのエンジンと履帯の騒音は、敵に彼らの接近を知らせることになるからである。

ケストナーとロスの部下は、音も無く動いた。ガスマスクコンテナ、あるいはエントレンチングツール（猿臂）のような、すべての金属製装具は固縛されるか取り外された。タバコを吸うことは禁じられた。雪と泥を通って、彼らはゆっくり前進した。2時間半後、コマロフカを見下ろす丘に到達した。そこで彼らはふたつの突撃集団に分かれた。ロスと彼らの部下は地表の窪みを隠蔽するために用い、北西から北方の包囲を開始した。月の無い闇夜で、ケストナーは町の東側の外観をほとんど見分けることができなかった。西側は、窪みの中にあり、全く見ることができなかった。すぐに火力支援を与えるために、彼は随伴する2門の砲兵機材に急いで射撃配置に

つくように命じた。ケストナーは見守りつつ、時間がゆっくりと過ぎるのを心配して待った。0100時(午前1時)、最終的に、ロスはケストナーに、彼と彼の部下が攻撃配置についたことを無線で知らせた。

ロスの斥候は大隊の本隊の先頭にたって移動し、8名のソ連軍の哨兵を発見すると、彼らが警報を発する前に素早く倒した。ロスと部下は町に暴れ込んだが、長く連なるトラックの車列に乗り込んだソ連軍歩兵部隊に出会ってびっくりした。ロスはすぐに情況を把握すると、2挺の重機関銃に位置につくよう命じた。零距離射撃で、MG-42と随伴歩兵は、自動火器による射撃を、トラックの回りに立っているソ連軍部隊に浴びせ、トラックは燃え上がった。猛烈な射撃によってなぎ倒された、わずかに残った生き残りは、白兵戦で倒されるか捕虜となった。

ロスが町の西側を奪取すると、ケストナーは彼の担当の東側からの攻撃を開始した。ロスの攻撃を逃れ町のこちら側へと流れ出たわずかな残存ソ連軍部隊は、ケストナーの部隊に捕捉され倒された。掃討はこの朝1030時(午前10時30分)まで続いた。

前夜のノボ・ブーダへの攻撃と同様に、コマロフカもたやすくドイツ軍の手に落ちた。ケストナーの連隊は、敵の戦死体196を数えたのにたいして、自らの犠牲者は1ダースを下回った。彼らはまた敵51名を捕虜にし、4輌のトラック、そして多数の迫撃砲、小火器、その他火器を捕獲した。ソ連軍の大隊は〜確実に第7親衛空挺師団所属であったが〜事実上一掃さ

れた。ケストナーは師団長に滞りなく攻撃の成功を知らせ、師団長はその後、この情報をシュテンマーマンの作戦将校に伝達した。0740時（午前7時40分）、シュテンマーマン集団は第8軍に簡潔に通信した。「0400時（午前4時）以来、（我が部隊は）コマロフカの南部および東部に侵入した」。

コマロフカを奪取することは、そこを守ることと同じではなかった。ケストナーはソ連軍の反応が、遠からず訪れることがわかるだけの十分な経験を有していた。しかし町の防御にはいくつかの難題が課せられていた。西側部分は窪地となっていたので、貧弱な観測および火網しか与えられなかった。彼はロスの歩兵大隊と3輛の自走対戦車砲を、町のこの箇所に配置することに決めた。もし敵が彼らのすぐ西に横たわる丘を越えて来るなら、防備は堅くしなければならない。町の南部～そこからの道はポチャピンチィの村に通じていた～の防備は、2cm対空砲に支援された連隊の予備中隊に委ねられた。歩兵榴弾砲中隊（砲2門）および砲兵中隊（砲4門）は、町の上方あるいは東側に配置された。そこからは彼らは、西および南方からのどちらから来る敵の攻撃にたいしても支援することができた。

コマロフカを保持する部隊とノボ・ブーダを連絡するため、ベンダー少尉の指揮する第72野戦補充大隊が陣地に配置された。この部隊～2月11日の夕刻以来、ケストナーと彼の連隊に随伴して来た～は自身ではほとんど重火器を有していなかったが、守り抜くことができた。ここは地形が攻撃側

死のハイウェイに沿って。「ヴィーキング」のトラックが彼方で燃えている。（Photo by Adolf Salie courtesy of Willy Hein）

SS擲弾兵が低い丘の背後でしゃがみこんで、MP-40に新しいマガジンを装填している。どこかゴロジシチェ近郊にて。(U.S. National Archives)

1944年2月半ば、ゴロジシチェ近郊での厳しい遅帯戦闘中に、たばこを一服するSS擲弾兵(U.S. National Archives)

ゴロジシチェで、「ヴィーキング」の負傷兵がトラックに積み込まれている。(Photo by Adolf Salie courtesy of Willy Hein)

に極めて不利であった。というのはソ連軍はドイツ軍〜彼らは両方の町の間に広がった丘の頂きに沿って穴を掘っていたからである。彼らの回りの戦いが北、西、そして東（シャンデロフカ、ヒルキ、そしてノボ・ブーダ）に広がるにつれ、第105擲弾兵連隊の兵士達は、この日残りの間は比較的平和に過ごした。しかし、それも長くは続かなかった。ケストナーは後に思い出しているように、「我々はすぐに我々がこれまで経験しないような、激しい戦闘の渦中にいることに気が付いた」のであった。

この感情はリープ中将にも反響した。彼は2月12日の午後に、ブッヒャー大佐がペトロフスコイエを奪取する、新たな企てを率いている間に致命傷を負った直後に、ヒルキを訪問した。「このように、ひとり、そしてまたひとり逝ってしまう」とリープは彼の日記に書き込んだ。彼は書いているが、ヒルキの事態は、「将校が常に（部隊の）背後にいない限り、もはや何も行われない」彼がこう記載するほどひどく見えた。リープは戦闘により密着するように、司令部をステブレフからシャンデロフカに移動させた。実際あまりに近いため、リープは彼が携行していた余分な荷物を捨てることにした。

彼は彼の従兵に彼の予備の制服を贈り、彼の個人的な文書類（もちろん日記は除いて）を燃やさせ、彼の馬を「私より彼らにふさわしい」、こう言って彼の滞在している小屋の中に入れさせた。彼は続く数日間は激しい戦闘に彩られることになり、

できるだけ身軽に行動すべきであることがわかっていた。シュテンマーマンと違って、リープはポジティブな態度を取り続けたようで、彼の部下の指揮官や部隊に現れ、彼らの士気を高めるだけ用心深く彼らの戦闘陣地に現れ、彼らの士気を高めようとした。もちろん、彼はまた、前線の実際の状態をなく把握し、隷下の大隊、連隊の能力を判定しようとしており、彼の統帥のすばらしさは折り紙つきであった。

2月13日の朝までには突破地域のほとんどの部分はドイツ軍の手中にあり、シュテンマーマンは今や包囲陣の北および北東地域を「崩壊させ」、これらの防衛線を保持していた部隊をロス川の南に移動しなければならなかった。コルスンはあきらめねばならず、飛行場は放棄される。しかし、少なくとも困難な局面は終わったようであった。いまやシュテンマーマン集団のすべての部隊のしなければならないことは、ブライスの救援部隊の到着を待つことであった。包囲陣はその救援者までの半分を歩んだ〜いまやそれは、残りの行程を来る、第Ⅲ戦車軍団の戦車と部隊次第であった。

〈以下、下巻につづく〉

第15章：シュテンマーマンの攻撃

【翻訳者紹介】

斎木 伸生（さいきのぶお）

　1960年12月5日、東京生まれ。早稲田大学大学院法学研究科修士課程修了。経済学士ならびに法学修士。外交史と安全保障をテーマに、ロシア（ソ連）、フィンランドをはじめ、東欧の小国の安全保障政策を研究。現在はミリタリー・ジャーナリストの第一人者として独自の視点で取材と執筆活動を行い、専門誌に寄稿している。主な著書に『ソ連戦車軍団』（並木書房）、『ドイツ戦車発達史』（光人社）、『世界の無名戦車』（三修社）、『フィンランド空軍史1・第2飛行団戦闘機写真集』（大日本絵画）、『第二次世界大戦のフィンランド軍』（イカロス出版社）がある。

東 部 戦 線 、 極 寒 の 悪 夢
チェルカッシィ包囲突破戦 上巻
HELL'S GATE
The Battle of the Cherkassy Pocket
Janualy-February 1944

発行日／2007年10月5日　初版第一刷

著　者／ダグラス・E・ナッシュ
訳　者／斎木 伸生

発行者／小川 光二
発　行／株式会社大日本絵画
〒101-0054　東京都千代田区神田錦町1-7
Tel：03-3294-7861（代表）　Fax：03-3294-7865
http：//www.kaiga.co.jp
編　集／株式会社アートボックス
Tel：03-6820-7000（代表）　Fax：03-5281-8467
http：//www.modelkasten.com

監　修／小川 篤彦
装　丁／八木 八重子
レイアウト／梶川 義彦
印　刷／大日本印刷株式会社
製　本／株式会社関山製本社
ISBN978-4-499-22948-7 C0076

◎本書に掲載された記事、図版、写真等の無断転載を禁じます。
©2007／大日本絵画